全国建设行业中等职业教育规划推荐教材【园林专业】

园林花卉学

(第二版)

康亮 ◎ 主编

中国建筑工业出版社

图书在版编目(CIP)数据

园林花卉学 / 康亮主编. —2版. —北京：中国建筑工业出版社，2008(2023.5重印)
全国建设行业中等职业教育规划推荐教材（园林专业）
ISBN 978-7-112-09849-1

Ⅰ. 园… Ⅱ. 康… Ⅲ. 花卉—观赏园艺—专业学校—教材 Ⅳ. S68

中国版本图书馆 CIP 数据核字(2008)第 033097 号

责任编辑：陈　桦　时咏梅
责任设计：赵明霞
责任校对：孟　楠　王　爽

为了更好地支持相应课程的教学，我们向采用本书作为教材的教师提供课件，有需要者可与出版社联系。
建工书院：http://edu.cabplink.com
邮箱：jckj@cabp.com.cn　　电话：(010) 58337285

全国建设行业中等职业教育规划推荐教材（园林专业）
园 林 花 卉 学
（第二版）
康　亮　主编

*

中国建筑工业出版社出版、发行（北京海淀三里河路9号）
各地新华书店、建筑书店经销
北京天成排版公司制版
北京市密东印刷有限公司印刷

*

开本：787×1092 毫米　1/16　印张：18¼　字数：441 千字
2008 年 6 月第二版　2023 年 5 月第二十次印刷
定价：39.00 元（赠教师课件）
ISBN 978-7-112-09849-1
(33470)

版权所有　翻印必究
如有印装质量问题，可寄本社退换
（邮政编码　100037）

本系列教材编写委员会

编委会主任： 陈　付　沈元勤

编委会委员（按姓氏笔画排序）：

马　垣　王世劲　刘义平　孙余杰　何向玲　张　舟
张培冀　沈元勤　邵淑河　陈　付　赵岩峰　赵春林
唐来春　徐　荣　康　亮　梁　明　董　南　甄茂清

前　言

　　本书是按照中等职业技术教育的要求和园林类专业的培养目标以及《园林花卉学》的教学大纲编写而成的，适用的教学时数为80～100学时。

　　本书主要叙述了花卉的分类、花卉与环境因子的关系、花卉的栽培设备、花卉的栽培管理、花卉的装饰应用等，并对在园林中常用的、有发展前途的280多种花卉进行了全面介绍。由于花卉学的内容涉及面较广，种类繁多，南北差异性较大，且花卉事业发展迅速，为此，本书在编写过程中，力求做到内容充实，结合实际，兼顾南北，注重科学性、知识性、实用性的原则。并在每章后附有思考题，便于学生对章节内容加以更好的理解和掌握。本书为全国中等职业学校园林绿化、园林设计、园林花卉等专业的教材，同时还可供农、林、城市建设等相关专业及行业的人员参考。

　　本书第二版在原第一版的基础上做了一些改动，删除了一些陈旧的知识，增加一些新知识、新理念和新工艺，使全书的内容更贴近实际，同时为体现职业教育的特点，增加了实习实训的内容，以加强学生的实际操作能力。

　　本书收录了部分所讲述植物的彩色图片，可从如下地址下载：www.cabp.com.cn/td/cabp 16553.rar，下载密码为16553。

　　本书由上海市园林学校康亮担任主编（负责编写绪论、第1章、第2章、第7章第7.1节和7.5节、第8章第8.1节、第8.4节和第8.5节、第10章），北京市园林学校段向红（负责编写第3章、第4章、第7章第7.2节、第7.3节和第7.4节、第9章）、天津市园林学校王英（负责编写第5章、第6章、第8章第8.2节和第8.3节、第11章）协助编写，并经上海农学院秦文英教授主审。书中所用部分插图引用了《中国高等植物图鉴》、《园林花卉》、《中国花经》、《上海园林植物图说》等书的附图；在编写本书的过程中，自始至终受到各学校领导和同行及朋友的大力支持和帮助，在此一并致谢。

　　由于编者水平有限，错误和不足之处在所难免，敬请读者批评指正。

目 录

绪论 /1
  0.1 园林花卉学的概念和内容 /2
  0.2 中国花卉栽培的历史和现状 /2
  0.3 我国花卉园艺事业的展望 /5
  0.4 花卉栽培的作用 /6

第1章 花卉分类 /9
  1.1 依生长习性及形态特征分类 /10
  1.2 依观赏部位分类 /11
  1.3 依栽培方式分类 /12
  1.4 依园林用途分类 /12
  1.5 依花卉原产地分类 /13

第2章 花卉栽培与环境因子的关系 /15
  2.1 温度与花卉生长发育的关系 /16
  2.2 光照与花卉生长发育的关系 /17
  2.3 水分与花卉生长发育的关系 /19
  2.4 空气与花卉生长发育的关系 /20
  2.5 土壤、肥料与花卉生长发育的关系 /21

第3章 花卉栽培的设施与器具 /25
  3.1 温室 /26
  3.2 温室的附属设备 /30
  3.3 花卉栽培的用具及机械 /32

第4章 花卉繁殖与良种保存 /35
  4.1 有性繁殖 /36
  4.2 无性繁殖 /40
  4.3 组织培养 /48
  4.4 花卉良种保存、繁育 /50

第 5 章　花卉的栽培管理/55
- 5.1　一、二年生花卉的栽培管理/56
- 5.2　宿根花卉的栽培管理/59
- 5.3　球根花卉的栽培管理/60
- 5.4　水生花卉的栽培管理/61
- 5.5　盆栽花卉的栽培管理/62
- 5.6　鲜切花的栽培管理/68

第 6 章　花期控制/71
- 6.1　花期控制的理论依据和准备工作/72
- 6.2　花期控制的技术措施/74

第 7 章　露地花卉/79
- 7.1　一、二年生花卉/80
- 7.2　宿根花卉/108
- 7.3　球根花卉/133
- 7.4　水生花卉/148
- 7.5　木本花卉/155

第 8 章　温室花卉/167
- 8.1　温室一、二年生与宿根花卉类/168
- 8.2　温室球根花卉类/188
- 8.3　温室木本花卉类/195
- 8.4　温室多肉多浆花卉类/209
- 8.5　温室观叶植物/221

第 9 章　地被与草坪植物/243
- 9.1　地被植物/244
- 9.2　草坪植物/246

第 10 章　花卉的应用/253
- 10.1　花卉的室外应用/254
- 10.2　花卉的室内应用/260

第 11 章　花卉生产和贸易/269
- 11.1　花卉生产/270
- 11.2　花卉贸易/273

附录　实训计划/277

参考文献/284

绪 论

内容提要：了解园林花卉的概念，了解园林花卉学的内容，理解花卉的发展历史及现状。

0.1 园林花卉学的概念和内容

0.1.1 园林花卉的概念

园林花卉具有狭义和广义的两种含义。

狭义的园林花卉仅指以观花的一类草木植物。

广义的园林花卉指的是以观花为主，包括观芽、观茎、观叶、观果等的一类植物。

0.1.2 园林花卉学的概念

园林花卉学是以广义的园林花卉为对象，研究花卉分类、生物学特性、栽培繁育、应用管理的一门学科。

0.1.3 园林花卉学的内容

主要内容有花卉的生物学特性及其与外界环境的关系，有系统地探讨其生长发育的规律，栽培管理措施、育种方法和综合利用等。

园林花卉的栽培也可以根据栽培目的、任务不同，分为生产栽培和观赏栽培两类。

(1) 生产栽培：是以商品性切花、盆花、种苗和种球为主的生产事业，它为社会提供花卉消费，进入市场流通，集约性生产和受市场供求规律支配是其重要特征。因此，它要求有精湛的栽培技术和完善的生产设备。近代科学技术的进步，促进了花卉繁殖栽培技术的更新，从传统的生产栽培技术不断地充实新的内容，使生产栽培发展迅速。

(2) 观赏栽培：栽培花卉以观赏为目的，着重应用栽培者自身的美化，是自给的或供给的花卉消费，如公园、广场、工厂、学校、医院及庭院中所栽培的花草、树木。其意义在于美化和改善人民群众日常工作和生活的环境，体现精神文明和物质文明。目前，观赏栽培不仅在城镇日益普及深入，在农村也开始受到农民重视。

0.2 中国花卉栽培的历史和现状

0.2.1 我国有丰富的花卉种质资源

我国土地辽阔，地势起伏，气候各异(地跨热带、温带、寒带三带)。因此花卉种类极多，既有热带、亚热带、温带、寒温带花卉，又有高山花卉、岩生花卉、沼泽花卉、水生花卉等，为世界上花卉种类和资源最丰富的国家之一，素有"世界园艺之母"之称。

梅、兰、菊、牡丹、芍药、山茶、海棠、水仙、荷花、杜鹃花几乎是家喻户晓的传统栽培花卉。杜鹃花在世界总数约900种，我国有600种，除新疆、宁夏之外，各省皆有分布，而以西南山区最为集中。英国爱丁堡植物园、美国阿诺德植物园内大量的杜鹃花，很多都来自于中国。报春花世界约有500种，我国有390种，是著名的草花。从云贵高原到松辽平原都有野生的报春花。北方高山草甸的胭脂花，每当夏季来临，一片鲜红，一望无际，景色迷人。现在世界上广为栽培的大樱草和四季樱草均引自我国。百合花在世界上约有100种，我国有60种，如兰州百合、崂山百合、台湾百合、通江百合、南京百合、鹿子百合、王百合、黄土高原的山丹丹、长白山麓的大花卷丹，都有很高的观赏、食用和药用价值。龙胆在世界上约有 400 种，我国约 230 种，它是"高山花坛"的重要成员，是温带城市布置园林的上好材料。蔷薇在世界上有 150 种，我国约 100 种，主要分布于北部各省。我国的香水月季、月月红和十姐妹输入欧洲后，与当地及西亚的各种蔷薇杂交而育成了名噪全球的现代月季。欧洲庭园中的茶花引自我国云南，以后又转入北美并获得巨大的发展，培育出许多优良品种。兰科植物，我国也有丰富的资源，除传统的地生兰之外，还有北部山区的大花杓兰，唇瓣如囊，独具一格。台湾、华南、云贵山区还有很多的附生兰，如贝母兰、金钗石斛、万带兰、指甲兰等等，都是极好的花卉。至于其他可供观赏的各种草花，可供垂直绿化的蔓藤植物，可作观果观叶的植物，也都千姿百态，不胜枚举。有人统计我国的草本植物有两万余种，可作花卉栽培的至少有几千种；木本植物有七千余种，可供观赏栽培的少说也有千种以上。

据史料记载，自 17 世纪初，荷兰和英国商人到达中国以后，我国栽培的名贵花卉开始传到欧洲，引起了西方园艺界的极大兴趣。1840 年鸦片战争以后，我国花卉的种质资源大量外流，从而使欧洲的园林植物大为充实。英国爱丁堡皇家植物园史密斯教授根据邱园引种名录统计，在欧洲庭园中引种成功的植物种类中，来自亚洲特别是中国的植物占绝大多数。如今，银杏、珙桐、木兰、樱花、醉鱼草、连翘、金缕梅、八仙花、茶花、月季、杜鹃、丁香，以及射干、翠菊、飞燕草、石竹、百合、樱草等等，从春到秋，万紫千红，开遍了欧美和世界其他各地。甚至有人说："没有中国植物，就不能成为园林。"这确实值得我们引以为荣。

0.2.2 我国花卉栽培历史和现状

我国不仅是一个花卉资源丰富的国家，而且栽培历史也极为悠久。

我国最早从何时进行花卉栽培目前无法考证，但可以说，在文字出现以前花卉就随着农业生产的发展，而被人们所利用了。早在公元前 11 世纪的商代，甲骨文中已有"园"、"圃"、"枝"、"树"、"花"、"果"、"草"等字。在浙江余姚的"河姆渡文化"遗址里，有许多距今 7000 年前的植物被完整地保存着，其中包括稻谷和花卉，如荷花的花粉化石。在河南陕县出土的距今 5000 余年的代表仰韶文化的彩陶上，绘有花朵纹饰。

战国时期，在《诗经·郑风》中载有"维士与女，伊其相谑，赠之以芍药"、"彼泽之陂，有蒲有荷"。《诗经》记载了 130 多种植物，其中不少是花卉。

至秦汉年间，栽植的名花异草进一步增多，据《西京杂记》所载，当时搜集的果树、花卉已达 2000 余种，其中梅花即有候梅、朱梅、紫花梅、同心梅、胭脂等很多品种，说明当时人们已开始欣赏、应用花和果了。

西晋时，从越南输入了奇花异木数十种。《南方草木状》(304 年)，是我国最早的一部地方花卉园艺书籍，书中共收录草、木、果、竹 80 种，记载了各种奇花异树的产地、形态、花期等。东晋戴凯之在《竹谱》中，记载了 70 多种竹子，乃是中国第一部园林植物专著。这一时期民间已开始栽培菊花和芍药。

隋代花卉栽培日趋兴盛，此时芍药已广泛地被栽培。

唐朝是我国封建社会中期的全盛时代，花卉的种类和栽培技术有了进一步的发展，梅花、菊花和牡丹等东传日本。

宋朝是花卉栽培的重要发展时期。当时造园栽花之风甚盛，尤其是北宋之东京(今开封)、西京(今洛阳)、南宋之临安(今杭州)、平江(今苏州)更为突出。"寿山艮岳"是宋徽宗赵佶主持所建，始修于1117年，历时十余年，广罗山石，博引奇花，成为当时最著名的皇家园林。这一时期同时出版了大量的园林专著，有王观等所著的《芍药谱》、刘蒙等所注著的《菊谱》、王贵学的《兰谱》等。

元朝为文化的低落时期，花卉栽培也日趋走下坡路。

明朝花卉栽培又日趋兴盛，不仅有大量花卉专类书籍出现，而且出现了一些综合性的著作，如王象晋的《群方谱》、宗翊的《花谱》、程羽文的《花小品》等。并对插花艺术进行了研究，袁宏道的《瓶史》是我国第一部论述插花的专著。

清朝前期花卉栽培方面有所发展，而清末，由于帝国主义的侵略，我国丰富的花卉资源及品种屡被掠夺，大量输出国外，花卉事业日渐衰退，大量良种散失。但这一时期内，帝国主义者在我国沿海各大城市安家落户，为了满足他们自己的需要，国外的大批草花及温室花卉输入我国。

在民国时期，花卉事业只在少数城市有局部的、短期的零星发展。主要的花卉专著有：陈植的《观赏树木学》、章君瑜的《花卉园艺学》、周字瑛的《木本花卉栽培法》、李驹的《圃学》、陈俊愉、汪菊渊等的《艺园概要》等。

新中国成立以来，花卉栽培从士大夫阶级手中转向人民大众，中国人民爱花的本性有了很大的发挥，无论是栽培种类上还是技术上都有较大的发展。及至十年动乱时期，花卉事业又横遭摧残，甚至把它从众多的科学门类中剔除掉，花卉品种损失殆尽。直到1978年党的十一届三中全会以后，我国开始进入了一个伟大的历史转折时期，花卉园艺事业进入了一个空前的兴盛时期。近数年来各类花卉的专业学术讨论会，在全国园林学会、花卉协会和各级地方园林学会和专业协会的组织领导下，广泛地开展活动。园林教育事业和科研也有了很大的发展，园林绿化专业在高校、中专、职校和技校都有设置，几乎遍及全国所有省份，培养了大批的专业人才。花卉栽培已经从国营发展到民营，花卉生产专业户遍及全国各地。在花卉生产上，引进国外的先进技术和设备，由传统的栽培管理向现代化技术发展，花卉生产已经成为社会商品经济的一个组成部分。近年来，全国各地出版了一批专业报刊，如《大众花卉》、《花卉》、《园林》和《花卉报》等。同时，出版了大批花卉书籍。由陈俊愉、程绪珂主编的《中国花经》，是目前我国最权威、最完备的一部花卉百科书，该书收录了2354种花卉，不仅有栽培种，也有野生种，不仅有常见品种，还有许多新品种和珍稀品种。1987年4月在北京举行了第一届全国花卉博览会，姹紫嫣红，百花争妍，这是一次展示建国以来花卉事业成果的盛会。1997年4月在上海举办了第四届花卉博览会与首届花卉交易会，把这一盛会推向了一个新的高潮，为今后花卉生产、经营、科研、教学等起到了更大的推动作用。

我国花卉业从无到有，从小到大，生产规模持续快速发展；品种结构日趋合理；国内市场占有率稳步提高，出口花卉快速成长；科技水平和设施装备水平获得较大提升，并形成了以企业为主导、广大花农为主体的发展新格局。花卉产业已经发展成为我国农业经济和生物资源开发创新产业中一个最具活力的新兴产业。

与其他优势产业比起来，花卉产业更具有独特的发展空间。以云南省为例，自1995年以来，云南省花卉业产值年均增长达30%，鲜切花生产规模及产量均居全国第一。

单出口一项，目前云南花卉出口的主要品种不仅有传统的康乃馨、满天星、情人草等，玫瑰、百合以及蝴蝶兰等高档鲜切花、高档盆花的出口更是迅速增长。目前云南蝴蝶兰已批量进入美国市场，康乃馨、玫瑰、百合、黄樱等鲜切花不仅在俄罗斯市场上有一定的销售规模，在澳大利亚、加拿大也受到了欢迎。

2005年，云南省花卉企业达到350家，花农达15000多户，种植鲜切花49870亩，生产鲜切花

18亿枝，80%以上鲜切花销往国内70多个大中城市，国内市场占有率达50%以上。云南鲜切花还销往日本、韩国、中东等国家和地区以及我国的香港、台湾地区，去年创汇1540万美元。

0.3 我国花卉园艺事业的展望

近年来花卉生产采用了新技术、新设备，如用组织培养、无土栽培，广泛应用塑料大棚及现代化的大型温室，使花卉事业得到了很大的发展。由露地栽培转向设施栽培，使花卉生产能做到四季鲜花不绝，全年供应。由于人们物质生活水平的不断提高，对花卉的需求量不断增加，这也推动了花卉事业的发展，同时也不断改善了人们的生活环境，逐步做到了我们的生存环境鲜花盛开、五彩缤纷。

我国的花卉培育有悠久的历史，积累了很多宝贵经验，这些宝贵经验亟待我们去总结继承。同时，我国与世界水平相比还有很大差距。因此，花卉事业的前途是广阔的，任务是艰巨的。总的来看主要有以下几方面的任务：

0.3.1 扩大种类

我国拥有丰富的野生花卉资源，但由于产业发展时间较短，这些丰富的资源还没有得到充分的开发利用。还有很多野生资源亟待我们去开发利用、引种驯化，使野生种变为栽培种，使沉睡于山野的奇花异卉登堂入室、装点园林，为社会经济建设服务。

0.3.2 培育新品种

目前大规模商品化种植的花卉品种，几乎100%是从国外进口的，由于对我国花卉品种知识产权保护的现状还缺乏信心，外商又不愿把好的花卉品种输出给我们，导致我们的花卉品种落后于国际市场，缺乏竞争力。以云南为例，除了康乃馨和为数不多的非洲菊等云南本土培育的品种外，其余的全靠从国外进口。而拥有"鲜花之都"美誉的荷兰，每年都会产生约700个拥有自主知识产权的新品种，这成为荷兰花卉在国际竞争中立于不败之地的根本。

0.3.3 改进栽培技术

我国拥有发展花卉生产得天独厚的自然条件，但由于种植技术、生产管理以及设备的相对落后，导致花卉产品的品质难尽如人意。虽然也能生产出高品质的花卉，但数量规模还不大，比例也小，这使我们的产品在国际市场竞争中往往只能以价格优势竞争，很难有太大作为。这就要求我们对花卉生产进行科学化栽培管理，以最大限度地满足花卉植物的生长发育，生产出较高品质的花卉。同时，有很多技术问题需要解决，要用更多的新技术来改进我们的栽培手段，如用育苗盘栽培、改良栽培介质等。

0.3.4 扩大生产规模

随着我国改革开放，要办一流城市，把城市办成国际化的大都市，对花卉的需求量再也不是停留在小打小闹上了，花卉的应用要求成一定的"气候"，不仅要求有质高整齐的花卉，而且要求达到一定的量，以形成一种大色块的装饰效果，这就要求生产商能做到定时定量地供应整齐划一的花卉品种，形成一定的生产规模。

0.3.5 形成先进的产业链

我国的交易方式落后和社会化服务体系发展滞后。现行的花卉交易方式，一种是在市场的面对面交易，另一种是种植者直接发给经销商。目前也有些较大的花卉批发市场，但其农贸市场式的交易方式已远不适应花卉产业的发展，无法提供真正高效、快捷的交易服务；花卉产业的发展，需要社会化服务的配套支持。目前"产业规模快速增长，出口服务体系滞后"的矛盾，已影响了我国花卉产业的健康发展。

0.3.6 加速人才培养

目前花卉的技术人才实质上还是非常短缺的，特别是培养高层次的技术人才以及高级技工更是迫在眉睫。因为在当今高速发展的社会中，花卉生产也应跟上时代的脚步，只有不断地总结，不断地积累，不断地更新，选择最佳品种，丰富城市的色彩，才能使花卉事业得到更进一步的发展。

0.4 花卉栽培的作用

0.4.1 花卉栽培在社会经济上的重要性

花卉栽培是人类经济、文化发展的产物。今天人们已经从各方面认识到花卉园艺事业已不再是一种奢侈品，而是现代文明生活所必须的一部分了。当今世界，尤其是经济发达的国家，都十分注意花卉栽培，其已成为农业生产中的一个重要组成部分。在国际市场上，新鲜的切花、盆花、球根花卉和干切花年消费总额已超过100亿美元。许多国家把出口花卉作为换取外汇、增加国家收入的财源。

花卉生产从一个侧面反映了一个国家文化、科学技术的进步。近代科学技术促进花卉栽培技术的发展：从20世纪30年代起，植物技术的研究与应用，兰花非共生育苗、无病毒人工育苗，以及这一方法在菊花、大岩桐、秋海棠、香石竹、秋水仙等一系列花卉上的应用，加上在栽培条件如光照、温度、水分、空气等调节装置方面的改善，使花卉繁殖技术有了很大的提高。20世纪50年代塑料工业的兴起，发展了大面积结构简易和双层充气的聚氯乙烯温室，结合自动化设施已广泛应用于切花、盆花和花坛用花的生产。光周期现象的发现，对花卉生产影响很大，现在利用控制日照处理，可以使菊花、象牙红、矢车菊、翠菊等许多花卉全年开花应市。其他如栽培基质、肥料、生长调节物质、切花保鲜与延寿、组织培养和生物工程的研究成果都大大地促进了世界花卉园艺事业的发展。

同时，花卉园艺的研究也充实和发展了某些科学，在遗传学、生理学、物种进化、栽培植物起源等基础科学方面作出贡献。现在观赏植物的研究对象已扩大到1000种左右。许多花卉不仅有观赏价值，同时也是重要的经济植物，如芍药、桔梗、牵牛、鸡冠、百合、贝母、白芨等等，都是常见的药用植物；如茉莉、珠兰、晚香玉、玉簪、香堇、小苍兰、香根鸢尾等都是重要的香料植物。许多重要的科学研究课题和工业原料也常取材于花卉植物。

0.4.2 花卉栽培在文化生活中的地位

1) 在园林绿化中的作用

园林绿化是社会主义城市建设、环境保护不可缺少的组成部分，花卉栽培在园林绿化中的地位尤为突出。花卉植物以其色彩鲜艳、种类丰富、组合方便等特点，常常是环境布置的重点素材。用以布置花坛、花境、花带、装饰园林和覆盖土地，能够使一片片绿色的土地，更加五色缤纷、绚丽多姿，为人民创造一个舒适优美的工作、娱乐和休息环境。人们生活其中，欣赏自然，得以焕发精神、消除疲劳，有助于身心健康。

广阔的地面为花坛、草坪及地被植物所覆盖，不仅绿化环境，还能起到防尘、杀菌和吸收有害气体的作用；大面积的绿化，还可以起到防止水土流失，增加空气湿度，吸收二氧化碳和增加大气中氧气的作用，为人们的健康提供良好的环境条件。

2) 在文化生活方面的作用

除公共绿地需要绿化、彩化、香化之外，随着人民生活水平的提高，他们对切花、盆花的需要也在日益增加。居室绿化、生活环境的美化、公共场所的装饰、会场的布置、佳节喜庆、亲朋交往、婚丧礼仪、外事活动，无不需用大量的花卉。花卉是最美丽的自然产物，不仅给人们以美的感受，也是精神文明的象征。

复习思考题

1. 什么是园林花卉、园林花卉学？园林花卉学的任务是什么？
2. 园林花卉栽培的作用是什么？

第1章 花卉分类

内容提要：掌握园林花卉的主要分类方法及各类分类的特点，了解各分类间相互关系和对应的植物种类。

1.1 依生长习性及形态特征分类

1.1.1 一、二年生花卉

是指个体发育在一年内完成或跨年度才能完成的一类草本观赏植物。通常它又分为两类。

1) 春播秋花类（又称一年生花卉）

是指花卉植物的寿命在一年之内结束，即生活周期是不跨年度的。通常在春天播种，当年夏秋季节开花、结果。如凤仙花、鸡冠花、孔雀草等。典型的一年生花卉多数原产于热带或亚热带，特点是喜高温，不耐寒，遇霜后即死亡。

2) 秋播春花类（又称二年生花卉）

是指花卉寿命需跨年度才能结束，即生活周期是在两个年度中进行的。通常在秋季播种，于第二年春季开花、结果。如金鱼草、金盏菊、三色堇等。二年生花卉多数原产于温带。特点是要求凉爽，能耐一定的低温，忌炎热，遇高温死亡。

1.1.2 多年生草本花卉

指个体生命在三年或三年以上的草本观赏植物。栽培的主要类型有：

1) 宿根花卉

指开花、结果后，冬季整个植株或仅地下部分能安全越冬的一类草本观赏植物。它又包括：

(1) 落叶宿根花卉　指春季萌芽，生长发育开花后，遇霜地上部分枯死，而根部不死，以宿根越冬，待明春继续萌发生长开花的一类草本观赏植物。如秋季开花的菊花，春末夏初开花的芍药。它们主要原产于温带地区的寒冷处，特点是抗寒性较好。

(2) 常绿宿根花卉　指春季萌发，生长发育至冬季，地上部分不枯死，以休眠或半休眠状态越冬，至翌年春继续生长发育的一类草本观赏植物。如中国兰花、君子兰等。它们主要原产于温带地区的温暖处，特点是耐寒性较弱。

宿根花卉的常绿性及落叶性随着环境条件因子发生变化，则二者会发生互为转化的情况。如麦冬类在上海地区栽培时表现为常绿性，而它在北京地区栽培时则表现为落叶性，这是植物种类对环境适应性的一种表现。

2) 球根花卉

是指地下部分具有膨大的变态根或变态茎，以其储藏养分度过休眠期的一类多年生草本观赏植物。球根花卉按其形态的不同可分为五类：

(1) 鳞茎类　指地下部分茎极度短缩，呈扁平的鳞茎盘，在鳞茎盘上着生多数肉质鳞片的花卉。它又可分为：

① 有皮鳞茎　鳞叶在鳞茎盘上呈层状排列，在肉质鳞叶的最外层有一膜质鳞片包被着。如水仙、风信子、郁金香等。这一类花卉储藏时可置于通风阴凉处干藏。

② 无皮鳞茎　鳞叶在鳞茎盘上呈复瓦状排列，在肉质鳞叶的最外层没有膜质鳞片包被。如百合等。这一类花卉在储藏时需埋于湿润的沙中进行沙藏。

(2) 球茎类　指地下茎膨大呈球形，它内部全为实质，表面环状节痕明显，上有数层膜质外皮，在其(球茎)顶端有较肥大的顶芽，侧芽不发达。如唐菖蒲、香雪兰等。

(3) 块茎类　指地上茎膨大呈块状，它的外形不规则，表面无环状节痕，块茎顶端通常有几个发芽点。如大岩桐、马蹄莲等。

(4) 根茎类　指地下茎膨大呈粗长的根茎，它为肉质，具有分枝，上面有明显的节与节间，在每一节上通常可发生侧芽，尤以根茎顶端处发生较多，生长时平卧。如美人蕉、鸢尾等。

(5) 块根类　指地下根膨大呈块状，芽着生在根茎分野界处，块根上无芽，富含养分。如大丽花、花毛茛等。

3) 多肉多浆植物

是指茎、叶肥厚多汁，具有发达储水组织的一类多年生草本花卉。这一类植物的种类繁多，如仙人掌、昙花、令箭荷花、宝石花，常见的种类主要涉及八个科：仙人掌科、大戟科、番杏科、萝藦科、景天科、龙舌兰科、百合科、菊科。

4) 水生花卉

是指终年生长在水中或沼泽地中的多年生草本观赏植物。按其生态习性及与水分的关系，可分为：

(1) 挺水植物　根生于泥水中，茎叶挺出水面。如荷花、千屈菜等。

(2) 浮水植物　根生于泥水中，叶片浮于水面或略高于水面。如睡莲、王莲。

(3) 沉水植物　根生于泥水中，茎叶全部沉于水中，仅在水浅时偶有露出水面。如莼菜、狸藻。

(4) 漂浮植物　根伸展于水中，叶浮于水面，随水漂浮流动，在水浅处可生根于泥中。如浮萍、凤眼莲。

1.1.3　木本花卉

指茎木质化的，以观花为主的一类多年生植物。多为灌木及小乔木。如牡丹、月季、山茶、梅花、杜鹃等。

1.2　依观赏部位分类

花卉植物依观赏部位来分类主要是按观赏花卉的花、叶、果、茎等器官来进行分类的。它是指某一器官具有较高的观赏价值，为主要的观赏部位。

1.2.1　观根类

观赏价值较高的为气生根。如榕树。

1.2.2　观茎类

这一类植物的茎较奇特，或者叶退化，造成植物体的茎呈叶状，具有较高的观赏价值。如绿玉树、竹节蓼、假叶树、文竹等。

1.2.3　观叶类

这一类植物叶子的叶形和叶色较奇特，具有较高的观赏价值。由于它观赏期长，故目前是国际上比较风行的一类，很受人们的欢迎，发展前途广泛。如龟背竹、花叶万年青、苏铁、变叶木、蕨类植物等。

1.2.4　观花类

这一类植物的主要观赏部分为花朵，是花卉中的主要类别，多为花色鲜艳的木本和草本植物。

如茶花、月季、菊花、非洲菊、郁金香等。

1.2.5 观果类

这一类植物的果实形状和色彩较鲜艳,并具有较长的挂果期,观赏价值较高。如东珊瑚、观赏辣椒、佛手、金橘等。

1.2.6 观赏其他类

有些植物的芽有特殊的观赏价值,如银柳。有些植物的花托膨大,构成了主要的观赏部位,如球头鸡冠。还有些植物看上去"花朵"很美,但并非花瓣,而是其他部分的瓣化,如象牙红、马蹄莲、三角花观赏的是苞片,紫茉莉、铁线莲观赏的是瓣化的花萼片,美人蕉、红千层观赏的是瓣化的雄蕊。

1.3 依栽培方式分类

1.3.1 露地花卉

指在露地育苗或虽经保护地育苗的阶段,但主要的生长开花阶段仍在露地栽培的一类花卉。这一类主要包括:花坛草花、宿根花卉以及部分球根花卉。如三色堇、翠菊、一串红、鸢尾等。

1.3.2 温室花卉

指主要生长发育阶段在温室内进行的一类观赏植物。它们主要原产于热带及亚热带地区。根据花卉对温室的不同要求又可分为:

1)冷室花卉

这一类花卉只需栽植于普通温室中,要求冬季室温在 0～7℃。如棕竹、苏铁、瓜叶菊等。主要原产于暖温带地区和亚热带地区。

2)低温温室花卉

这一类花卉要求冬季室温在 7～12℃。如天竺葵、樱草类等。主要原产于暖温带、亚热带地区,为半耐寒性花卉。

3)中温温室花卉

这一类花卉要求冬季室温在 12～18℃。如仙客来、橡皮树等。主要原产于热带和亚热带地区,为不耐寒性花卉。

4)高温温室花卉

这一类花卉要求冬季室温在 18℃ 以上,有的甚至高达 30℃。如变叶木、洋兰、王莲等。主要原产于热带地区,为喜温性花卉。

1.4 依园林用途分类

1.4.1 盆栽花卉

指植株分枝丰满,株形圆整,花朵大,花形奇或多花密集,观赏期长的花卉。如大岩桐、兰花、瓜叶菊等。

1.4.2 花坛花卉

指用于绿地、庭院花坛内的花卉。一般是植株低、丛生性强,花色、花期整齐一致的花卉。多数是一、二年生花卉。如雏菊、一串红、金鱼草等。

1.4.3 花境花卉
指用于绿地、庭院花境内的花卉。一般是条形、直线形的植株，花色、花期变化较丰富的花卉。多数是宿根花卉。如鸢尾、萱草等。

1.4.4 棚架花卉
指种植于棚架、花架上的花卉。一般是具有攀缘能力或藤本形状的花卉。如牵牛、茑萝等。

1.4.5 阳台、窗台花卉
指用于花槽内种植的花卉，常布置在阳台或窗台上，具有直立和半蔓性相结合、开花和观叶相陪衬的组合类花卉。如月季、橡皮树、仙人球、彩叶草、绿萝等。

1.4.6 切花
指用于花卉装饰，花期长、花色艳丽、花朵整齐、耐水养、花枝长的一类花卉。包括切取花枝或枝叶。如唐菖蒲、香石竹、菊花、郁金香等。

1.4.7 地被植物
指绿地中大面积覆盖地面种植的花卉。一般是植株低矮、丛生性强、具有较高观赏价值的花卉。以多年生花卉为主。如大花酢浆草、葱兰、韭兰等。

1.4.8 岩生花卉
指种植于特殊的假山石或岩石园内的花卉。一般是花色艳丽、花期变化丰富的花卉。如石竹、白头翁等。

1.4.9 主题园花卉
指具有相同科属、相同观赏特点或生境一致的能够组合种植在一起的一类花卉。如牡丹、芍药、花毛茛，另外还有蕨类植物等。

1.5 依花卉原产地分类

1.5.1 中国气候型
中国气候型亦称大陆东岸气候型。这一气候型的特点是夏热冬寒，年内温差较大，夏季降水量较多。属此气候型的地区有：中国的大部分地区、日本、北美东部、巴西南部、大洋洲东部、非洲东南部等地。依冬季气温的高低可分为温暖型及冷凉型。

1) 温暖型

包括中国长江以南、日本南部、北美东南部等地。原产的花卉有：中国石竹、福禄考、天人菊、美女樱、矮牵牛、半支莲、凤仙花、麦秆菊、一串红、报春花、非洲菊、百合、石蒜、马蹄莲、唐菖蒲等。

2) 冷凉型

包括中国北部、日本东北部、北美东北部等地。原产的花卉有：翠菊、黑心菊、荷包牡丹、芍药、菊花、荷兰菊、金光菊等。

1.5.2 欧洲气候型
欧洲气候型亦称大陆西岸气候型。其特点是冬季温暖，夏季凉爽，一般气温不超过 15～17℃，降水量较少，但四季较均匀。属此气候型的地域有：欧洲大部分、北美西海岸中部、南美西南部、新西兰南部等地。原产的花卉有：雏菊、矢车菊、剪秋罗、紫罗兰、羽衣甘蓝、三色堇、宿根亚麻、喇叭水仙等。

1.5.3 地中海气候型

地中海气候型以地中海沿岸气候为代表。其特点是自秋季至次年春末降雨较多；冬季无严寒，最低温度为6～7℃；夏季干燥、凉爽，极少降雨，为干燥期，气温为20～25℃。多年生花卉常呈球根状态。属于该气候型的地区有南非好望角附近、大洋洲和北美的西南部、南美智利中部、北美洲加利福尼亚等地。原产这些地区的花卉有：风信子、郁金香、水仙、香雪兰、蒲包花、天竺葵、君子兰、鹤望兰等。

1.5.4 墨西哥气候型

墨西哥气候型又称热带高原气候型。特点是周年温度约14～17℃，温差小，降雨量因地区不同，有的雨量充沛均匀，也有集中在夏季的。属该气候型的地区除墨西哥高原之外，尚有南美洲的安第斯山脉、非洲中部高山地区、中国云南省等地。主要花卉有：大丽花、晚香玉、百日草、一品红、球根秋海棠、金莲花等。

1.5.5 热带气候型

该气候型的特点是常年气温较高，约30℃左右，温差小；空气湿度较大，有雨季与旱季之分。此气候型又可区分为两个地区：

(1) 亚洲、非洲、大洋洲的热带地区。原产该地的花卉有：鸡冠花、凤仙花、蟆叶秋海棠、彩叶草、虎尾兰、万带兰、非洲紫罗兰、猪笼草等。

(2) 中美洲和南美洲热带地区。原产该地的花卉有：紫茉莉、大岩桐、椒草、美人蕉、竹芋、水塔花、卡特兰、朱顶红等。

1.5.6 沙漠气候型

该气候型的特点是，周年气候变化极大，昼夜温差也大，降雨少，干旱期长；多为不毛之地，土壤质地多为沙质或以沙砾为主。属该气候型的地区有非洲、大洋洲中部、墨西哥西北部及我国海南岛西南部。原产花卉有：仙人掌类、芦荟、龙舌兰、龙须海棠、伽蓝菜等多肉多浆植物。

1.5.7 寒带气候型

气候特点是气温偏低，尤其冬季漫长寒冷，而夏季短暂凉爽。植物生长期只有2～3个月。我国西北、西南及东北山地一些城市，地处海拔1000m以上的也属高寒地带，栽培花卉时要考虑到气候型的因素。属该气候型的地区有阿拉斯加、西伯利亚、斯堪的纳维亚等寒带地区及高山地区。主要的花卉有雪莲、细叶百合、镜面草、龙胆等。

复习思考题

1. 花卉依生长习性及形态特征可分为哪几类？
2. 花卉依栽培方式可分为哪几类？
3. 花卉依园林用途可分为哪几类？
4. 什么是一、二年生花卉、宿根花卉、球根花卉、水生花卉、多肉多浆植物、木本花卉？各举数例。
5. 花卉依原产地来分可以分为哪几类？各有何特点？

第 2 章　花卉栽培与环境因子的关系

内容提要：掌握温、光、水对花卉栽培的关系及与其相关的植物类别，掌握空气影响植物生长的基本过程，了解土壤和肥料与花卉栽培的关系，能够熟练地使用主要的施肥方法。

花卉在生长发育过程中除受自身遗传因子影响外，还与环境条件有着密切的关系，不同的花卉对环境有不同的要求，它们在长期的系统发育中，对环境条件的变化也产生各种不同的反应和多种多样的适应性。因此，只有充分地了解了组成环境的各个因素，全面地掌握它们之间的相互关系，才能够科学地进行栽培管理，使花卉达到最佳的观赏效果，并创造理想的园林效果。

2.1 温度与花卉生长发育的关系

温度与花卉植物的生长具有密切的关系，它是影响花卉植物的重要因素之一；离开温度条件花卉植物就不能正常生存。

2.1.1 花卉对温度的需要

根据花卉植物对温度的不同要求，一般可分为三类：

1) 耐寒性花卉

这类花卉能够忍受0℃以下的低温，能露地越冬（即指冬季不需要保护就能安全越冬）。它们往往原产于寒带和温带以北。如三色堇、霞草等。

2) 半耐寒性花卉

这类花卉耐寒能力一般，对于0℃左右的低温，需稍加保护才能安全越冬。它们主要原产于温带的较暖处。如美女樱、福禄考、毛地黄等。

3) 不耐寒性花卉

这一类花卉耐寒性较差，一般不能露地越冬，遇霜后便会枯死，不能耐5℃左右的低温。它们一般原产于热带及亚热带地区。如一串红、百日草等。

根的生长，最适点比地上部分要低3～5℃，因此在春天，大多数花卉根的活动要早于地上器官。掌握一些木本植物根已开始活动、树液已流动，而芽尚未萌动的时机进行嫁接，对提高成活率很有利。

植物的光合作用最适点比呼吸作用要低一些。一般花卉的光合作用在高于30℃时，酶的活性受阻，而呼吸作用在10～30℃之间每递增10℃，强度加倍。因此在高温条件下不利于植物营养积累。酷暑盛夏，除喜热花卉之外应采取降温措施。

各种花卉从种子萌发到种子成熟，对于最适温度的要求常随着发育阶段而改变。如一年生花卉的种子发芽要求较高温度，幼苗期要求温度较低，以后成长到开花结实对温度要求又逐渐增高。二年生花卉种子发芽在较低温度下进行，幼苗期要求温度更低，而开花结实则要求温度稍高。

郁金香花芽和叶芽的形成最适温度为20℃，茎的伸长最适为13℃。山茶花的花芽分化在25℃左右最适，而开花时以10～15℃最适。唐菖蒲球茎在5℃左右开始萌芽，10℃以上生长缓慢，20℃左右生长发育最适，35℃以上对生长极为不利。盆栽金橘10℃左右开始生长，22～25℃生长最适，30℃以上生长不利。可见，研究并掌握各种花卉生活中的基点温度，特别是各个发育阶段中的最适温度，对花卉栽培十分重要。

花卉的生长发育，不但需要一定的热量水平，而且还需要一定的热量积累，这种热量积累常以积温来表示。花卉，特别是感温性较强的花卉，在各个生育阶段所要求的积温是比较稳定的。如月季从现蕾到开花所需积温为 300～500℃，而杜鹃由现蕾到开花则为 600～750℃。又如短日照的象牙红从开始生长到形成花芽需要 10℃ 以上的活动积温 1350℃，它在大于 20℃ 气温环境中仅需两个多月就能形成花芽并能开花，而在 15℃ 的环境中就需要 3 个月才能形成花芽。了解各种花卉原产地的热量条件，它们在生命过程中或某一发育阶段所需的积温，对于引种推广或促成栽培与抑制栽培工作都很有意义。

此外，温度控制与种子和种球的储藏、切花的储藏和延寿也都密切相关。

2.1.2 花卉对温度周期变化的适应

温度的周期现象包括年周期和日周期变化两种。

温度的年周期变化，对于原产低纬度热带花卉的生长发育影响不明显。原产温带和高纬度地区的花卉，一般均表现为春季发芽，夏季生长旺盛，秋季生长缓慢，冬季进入休眠。但也有在盛夏季节转入休眠的，如郁金香、仙客来、红花石蒜、香雪兰等。吊钟海棠、天竺葵，虽无明显休眠期，但高温季节也常常进入半休眠状态。这样的休眠是植物生理功能在不利环境条件下的代谢平衡，经过休眠后的花卉，在下一阶段常生长发育得更好。

由于温度年周期节律变化，有些花卉在一年中有多次生长的现象，如代代、佛手、桂花、海棠等。在秋季生长的秋梢，常由于面临严冬，枝条不充实，不利于着花，应予以控制。

春化现象也是花卉对温度周期的适应，一年生花卉常需在子叶开展之后经过一段 0～5℃ 的低温期才可能有花芽分化；牡丹、芍药的种子如进行春播，则不能解除上胚轴的休眠；丁香、碧桃若无冬季的低温，则春季的花芽不能开放；为了使百合、水仙、郁金香在冬季开花，就必须在夏季进行冷藏处理。

昼夜温差现象是普遍存在的，白天适当的高温，有利于光合作用；夜间适当的低温可抑制呼吸作用，降低对光合产物的消耗，有利于营养生长和生殖生长。适当的温差还能延长开花时间，使果实着色鲜艳等。各种花卉对昼夜温差的需要与原产地日变幅有关。属于大陆气候、高原气候的花卉，昼夜温差 10～15℃ 较好；属于海洋性气候的花卉，昼夜温差 5～10℃ 较好；原产低纬度的花卉，在昼夜温差很小的情况，仍可生长发育良好。

花卉生长适应于一年中温度周期性变化，形成相适应的发育节律，称物候。极大多数花卉从发芽、生长、现蕾、开花、结实、果实成熟、落叶、休眠等生长发育阶段，均与当时的温度值密切相关。了解地区气温变化的规律，掌握花卉的物候期，对有计划地安排花事活动非常有用。

2.2 光照与花卉生长发育的关系

光是绿色植物生存的不可缺少的条件，它是光合作用的能源，没有光也就没有绿色植物。一般讲光对花卉植物的影响主要有三方面，即光度、光质、光周期。

2.2.1 光度

光度即光照强度，是平面上单位面积所受到的光量，通常以肉眼所感受到的照明为准。光照强度的单位为勒克斯(lx)。一般认为日光度为 100000lx，阴天的光度在 100～1000lx 左右，白天室内的光度在 1000lx 左右。根据花卉植物对光度的不同要求可分为：

(1) 强阴性花卉 这类花卉不能适应强烈光照，一般要求荫蔽度保持 80%，指在 1000～5000lx 光照强度的条件下能正常生长的花卉植物。如蕨类植物、天南星科的一些花卉植物。

(2) 阴性花卉　这类花卉稍耐阴，一般要求荫蔽度为50%，一般指在5000～12000lx光照强度的条件下能正常生长的花卉植物。如秋海棠科花卉、万年青、玉簪、麦冬等。

(3) 中性花卉　这类花卉在光线较充足的环境中生长良好，但夏季阳光强烈时需稍加遮荫，一般指在12000～30000lx光照强度的条件下能正常生长，或对光照强度要求不严格的花卉植物。如扶桑、天竺葵、紫茉莉等。

(4) 阳性花卉　这类花卉主要是指一些喜阳的，在光线十分充足的情况下生长良好，如受光不足，则植物生长受到影响。如月季、荷花、香石竹、一品红等。

2.2.2　光质

一般地说，花卉生长发育是在日光的全光谱下进行的，但是其中不同的光谱成分对光合作用、叶绿素等色素的形成、向光性、光的形态建成等光反应有不同的效果。

在光合作用中，绿色植物只吸收可见光区(380～760nm)的大部分，通常把这一部分光波称为生理有效辐射。其中红、橙、黄光是被叶绿素吸收得多的光谱，有利于促进植物的生长；青、蓝、紫光能抑制植物的伸长而使植株矮小，有利于促进花青素等植物色素的形成；在可见光中绿色光波很少被绿色植物吸收利用，有人称之为生理无效光。在不可见光谱中紫外线也能抑制茎的伸长和促进花青素的形成，它还具有杀菌和抑制植物病虫害传播的作用。红外线是转化为热能的光谱，它能使地面增温并增加植物体的温度。

花卉在生活环境中受光质的影响很大。在高原、高山地区，太阳辐射所含的蓝、紫光及紫外线的成分多，因此高原、高山花卉常具有植株矮小、节间较短、花色艳丽等特点。花青素是各种花卉的主要色素，它来源于色元素，产生于阳光强烈时，而在散射光下不适于生成，因此在室外花色艳丽的盆花，移置室内较久后，便会发生叶色和花色变淡现象，影响观赏。

根据不同光质成分对花卉生长发育不同的影响，可以用人工改变光质以改善花卉栽培的环境条件。在室内可以人工模拟自然光源，荧光灯与白炽灯配合或使用高压汞灯，使花卉生长健壮。近年来有色薄膜在植物栽培上应用，受到国内外广泛重视。太阳光通过有色薄膜时光谱成分被有选择地透过与吸收，这样膜内光质可因膜的颜色不同而发生变化，如浅蓝色膜可以大量透过光合作用需要的380～490nm波长的光波，因而大大有利于光合过程。

2.2.3　光周期

光周期就是指每天白天的光照时数与黑夜无光照时数的昼夜交替。根据各花卉植物对开花所需的每日光照时数的不同把花卉分为：

(1) 短日照花卉　指在花芽分化时，每天光照时数在12h或以下才能完成的花卉植物。如菊花、象牙红、一串红等。

(2) 长日照花卉　指在花芽分化时，每天光照时数在12h以上才能完成的花卉植物。如紫茉莉、唐菖蒲、飞燕草、荷花等。

(3) 中日照花卉　指在花芽分化时，无论光照时数在12h以上，还是在12h以下，都能使植物完成花芽分化而开花的花卉植物。如仙客来、香石竹、月季等。

了解了花卉植物开花过程对日照长短的反应，对改变花卉的花期具有重要的作用。利用花卉的这一特性可以促使花卉提早或延迟花期。如使短日照花卉长期处于长日照的条件下，它只能进行营养生长，不能进行花芽分化、形成花蕾开花。而如果采用遮光的方法，可以促使短日照花卉提早开花，反之，用人工加光的方法可以促使长日照花卉提早开花。

2.3 水分与花卉生长发育的关系

植物的一切生理代谢活动都必须在适当的水分环境中才能进行。但是植物种类不同，对水分要求有明显的差异。花卉栽培就是要按照各类花卉的需水习性结合它们的生长发育状况予以适宜的水分管理。

2.3.1 花卉对水分适应的类型

1) 水生花卉

长期生长在水中或水分饱满的土壤中，体内具有发达的通气组织。水下器官通常没有角质层和周皮，因而可以直接吸收水分和溶解于水中的养分。它们的根大都短而缺少分枝，因而它们适宜于水中生活而不能忍受缺水的干旱条件。

2) 陆生花卉

陆地花卉又可分为旱生花卉、湿生花卉和中生花卉。

旱生花卉多原产于常年性干旱地区，它们耐旱能力强，不宜水分过多。园林花卉中还有不少原产于季节性干旱地区的，它们在生长季节并不耐旱，但在夏季多呈休眠状态，以其地下营养器官适应干燥炎热的环境。

湿生花卉要求土壤湿度或空气湿度很大。温室花卉中还有一些附生花卉要求空气湿度大的阴湿环境。还有些沼生花卉则具有陆生到水生的过渡类型习性。

介于旱生与湿生之间，大多数均属中生花卉，它们对生境要求也介于二者之间，生活于晴雨有节、干湿交替的环境中。

2.3.2 花卉栽培对水分的要求

各类花卉对环境中的水分有不同的要求，同一花卉在不同的生长发育时期，对水分的要求也有差异。水分过多、过少均能引起生长发育不良，它不仅关系到花卉的观赏价值，甚至影响花卉的存亡，因此要看对象不同分别对待。种子发芽时要有足够的水分。种子萌发后，在苗期需水不多，但应保持土壤湿润。蹲苗期可适当控水，有利于根系的延伸。处于营养生长旺盛期的花木，需水量最多。进入花芽分化阶段，是由营养生长转入生殖生长的转折时期，需水量较少，因此在花卉栽培上常采用减水、断水等措施以抑止枝叶生长，促使花芽分化。进入孕蕾和开花阶段，水分不能短缺。花后土壤不可过湿。果实与种子成熟阶段宜偏干一些。花卉在休眠阶段应减少或停止供水，保持土壤不过分干燥即可。

环境中的水分形式表现于空气中湿度和土壤含水量。空气中的相对湿度过大，往往使一些花卉的枝叶徒长，成为落蕾、落花、落果的主要原因。同时由于植物生长柔弱，降低了对病虫害的抵抗力。此外，在成熟期也会妨碍植物的开花和开药，造成授粉不良或花而不实的现象。但许多喜阴的观叶植物，则需要较大的空气相对湿度，否则色泽暗淡，降低了观赏价值。土壤湿度不仅直接影响根部对水分、养分的吸收，也会使土中空气的容量发生较大的变化，直接影响根的吸收和土壤中微生物的活动，因而影响到地上部分的生育。水分过多，特别是排水不良的土壤，常会引起根系窒息。一般认为大多数花卉植物在生长期间最适的土壤水分大致为田间持水量的50%~80%，有利于维持植物体内水分平衡。

在花卉栽培上常采用减水、断水等措施以促进花芽分化。而花色与水分关系较密切，要有适当的湿度才能显现出各品种所固有的色彩。一般水分缺乏时花色变浓，这是由于缺水时色素形成过多所造成的。

2.4 空气与花卉生长发育的关系

空气的成分，含氧21%、氮78%、二氧化碳0.03%，另外还有其他气体和水蒸气。随着工业生产的发展，空气常受到不同程度的污染，含有对植物生长有害的物质。

2.4.1 空气与花卉的生长发育

空气中氧气和二氧化碳与花卉的关系最为密切。氧气是呼吸作用所必须的，二氧化碳是光合作用的主要原料。

空气中的氧气含量对植物生活的需要是足够的，但土壤中氧气含量比空气中的要低得多，通常只有10%～12%，特别是质地黏、板结、无结构、含水量高的土壤，常因空气不足，植物根系不发达，生长不良。各种植物的根，大都有向氧性，花卉盆栽选用透气性较好的瓦盆最好，陶盆次之，釉瓷盆一般只作套盆，不宜直接栽花。瓦盆中花卉的根系在盆壁相接的土壤中最丰富，陆生植物根系中的大部分都集中分布于浅土层，都与根的向氧性有关，通常要求土壤疏松、排水良好，实际是要求土壤有良好的透气环境。在花卉栽培中的排水、松土、翻盆、扦盆以及清除花盆外的泥土、青苔等工作，都有改善土壤通气条件的意义。

不同花卉的种子发芽对氧气的反应常不一样。如矮牵牛能在含氧量很低的水中正常发芽；大波斯菊、翠菊、羽扇豆的种子如浸泡于水中，就会因缺氧而不能发芽，而含羞草、石竹只有部分能发芽。大多数花卉的种子都需要空气含氧量在10%以上的潮湿土壤中发芽，土壤中空气含氧量在5%以下时，很多种子不能发芽，因此储藏种子，在密闭缺氧和低温条件下能较长期地保持发芽率。

空气中二氧化碳的浓度对光合强度有直接影响。一般二氧化碳浓度增加，光合强度也随之加大，如浓度过大，超过常量的10～20倍，会迫使气孔关闭，光合强度下降。白天阳光充足，植物的光合作用十分旺盛，若此时空气流通不畅，环境闭塞，叶幕层附近二氧化碳的浓度急剧下降。二氧化碳的浓度低于正常空气中浓度的80%时，常影响光合作用顺利进行，使花卉的营养状况恶化。因此田间栽植或盆花布置不可太密，应留有一定的株行距或风道，温室栽培更应注意通风换气，以调节空气中二氧化碳的浓度，农业上应用二氧化碳作根外追肥，增产效果显著。据试验利用燃烧液化石油，1kg可生产3kg的二氧化碳气体，很适合冬季温室使用。

风是空气的流动，轻微的3～4级以下的风，不论对气体交换、植物生理活动、开花授粉等都有益。但过强的风，特别是8级以上的风，往往有害，形成落花落果、蒸腾过速、新植花木的枝干摇曳而伤根的现象。

空气中适当地增加某些气体，能对植物产生特殊的作用。如正在休眠的杜鹃，在每100kg空气中加入10ml40%浓度的2-氯乙醇，经过24h就可以打破休眠，提早发芽开花。郁金香、小苍兰等在每100kg空气中加入20～40g的乙醚，经1～2昼夜也能催醒休眠提前开花。

2.4.2 空气中的有害物质与花卉的抗性

空气中的各种气体对花卉的生长发育有不同的作用，有的气体为花卉生长所必需，有的气体又相当有害。随着工业的发展，空气污染日趋严重，致使大气中除了花卉生长所必需的气体之外，还含有一些对花卉生长不利甚至有害的气体。有些花卉具有适应和抵抗有害气体的能力，成为重要环保植物；有些花卉经受不住有害气体的侵袭，以致受害死亡。了解花卉与各种气体的关系，对于正确选择绿化用花卉，科学管理花卉的栽培环境，以及对花卉生产基地的选择等均有重要意义。

目前在工业集中的城市区域大气中的有害物质可能有数百种，其中影响较大的污染物质有粉尘、二氧化硫、氟化氢、氯、氯化氢、硫化氢、一氧化碳、沥青、光化学烟雾、氮的氧化物、甲醛、氨、乙烯以及汞、铅等重金属及其氧化物粉末等。在这些物质中以二氧化硫、氟化氢、氯、光化学烟雾以及氮的氧化物等对花卉植物危害最为严重。但是不同的污染物质对不同的花卉植物危害程度不一，有的花卉植物抗性很强。

对有害气体抗性较强的花卉可分为以下几类：

(1) 抗二氧化硫　二氧化硫是工厂燃料燃烧而产生的有害气体，当空气中二氧化硫含量增至0.002%时，甚至于0.001%时，便会使花卉受害，而且浓度愈高，危害越严重。二氧化硫由气孔侵入叶部组织后，叶绿体被破坏，组织脱水并坏死。表现症状是在叶脉间出现许多褪色斑点，严重时致使叶片黄化脱落。各种花卉对二氧化硫的敏感程度不同，出现的症状也不同，对其抗性较强的花卉有金鱼草、蜀葵、美人蕉、金盏菊、百日草、晚香玉、鸡冠花、大丽花、唐菖蒲、玉簪、酢浆草、凤仙花、石竹、菊花、紫茉莉、地肤、茶花、扶桑、月季、石榴、龟背竹、鱼尾葵等。对二氧化硫敏感的花卉有矮牵牛、波斯菊、蛇目菊等。

(2) 抗氟化氢　氟化氢是氟化物中毒性最强，且排放量最大的一种，主要来源于炼铝厂、磷肥厂及搪瓷厂等厂矿。氟化氢由气孔或表皮吸收进入细胞内，经一系列反应转化成有机氟化物而影响酶的合成。其危害症状首先在幼芽幼叶发生，先是叶尖及叶缘出现淡褐色病斑，然后向内扩散，逐渐出现萎蔫现象。氟化氢还能导致植株矮化，早期落叶、落花、不结实。对氟化氢抗性较强的花卉有凤尾兰、大丽花、一品红、天竺葵、万寿菊、倒挂金钟、山茶花、秋海棠类、一串红、牵牛、紫茉莉、半支莲、葱兰、美人蕉、矮牵牛、菊花等；对氟化氢敏感的花卉有唐菖蒲、郁金香、万年青、杜鹃花等。

(3) 抗其他有害气体　在工矿比较集中的地区，空气中还含有其他许多有毒气体，如乙烯、乙炔、丙烯、硫化氢、氯化氢、一氧化碳、氯气、氰化氢等，它们对花卉植物都有严重危害。这些有害气体大部分来自工厂烟囱排放出的烟尘，有时也会由工厂排出的废水中散发出来。

抗氯气的有：代代、扶桑、山茶、鱼尾葵、朱蕉、杜鹃、唐菖蒲、一点樱、千日红、石竹、鸡冠花、大丽花、紫茉莉、天人菊、月季、一串红、金盏菊、翠菊、银边翠、蜈蚣草等。

(4) 抗汞　含羞草。

2.5　土壤、肥料与花卉生长发育的关系

2.5.1　土壤与花卉生长发育的关系

土壤是栽培花卉的重要介质，土壤质地、物理性能和酸碱度都不同程度地影响着花卉的生长发育。一般要求栽培土壤能够达到养分充足，富含腐殖质，物理性状好，保肥性能好，蓄水能力和排水性能也好。

对于露地栽培的花卉来说，由于根系能够自由伸展，所以对土壤的要求一般不太严格，只要求土层深厚，通气和排水良好，并具有一定的肥力。然而，在花卉栽培中，很多情况下都是作为盆栽，特别是温室花卉，由于花盆的容积有限，花卉生长往往受到很大的限制。为此在栽培中就必须人工配制培养土，以满足花卉生长发育的需要。

配制培养土的材料通常有腐殖质土、园土、厩肥、河沙、泥炭、砻糠灰、木屑等。培养土的类型很多，它们是根据各种类、习性的不同，将所需的材料按一定的比例配制而成的。而常用的培养

土主要有以下几种：

(1) 黏重培养土　园土6份、腐叶土2份、河沙2份，适合栽培大多数的木本花卉。

(2) 中培养土　园土4份、腐叶土4份、河沙2份，适合栽培大多数的一、二年生花卉。

(3) 轻松培养土　园土2份、腐叶土6份、河沙2份，适合栽培大多数的宿根和球根花卉。

土壤的酸碱度(即pH值)与花卉生长发育有着密切的关系，它影响土壤的结构，影响花卉植物营养元素的有效性。各种花卉对土壤的酸碱有着不同的要求，但大多数的花卉都适宜栽植于中性或微酸性、弱碱性的土壤中。

2.5.2　肥料与花卉生长发育的关系

在花卉栽培中肥料是非常重要的，但是恰当地使用肥料则尤为重要。而肥料的性质与花卉的生长、发育有着极重要的关系，如果使用不当将有害无益。

1) 主要肥料元素对花卉生长发育的作用

(1) 氮肥　氮肥对植物的生长极为重要，因为它是合成蛋白质的主要元素，蛋白质则又是植物细胞中原生质的主要成分，所以氮肥对植物生长来讲是重要肥料。施足氮肥能使花卉植株生长良好而健壮，如果氮肥过多会阻碍花芽的形成，枝叶徒长，对病虫害缺乏抵抗能力；过少则会使花株生长不良，枝弱叶小，开花不良。

(2) 磷肥　磷肥是构成原生质不可缺少的元素。细胞质、细胞核中均含有磷，它对植物的呼吸作用、光合作用、糖分分解等方面均有重要作用。它能促进植物成熟，有助于花芽分化及开花良好，还能强化根系，增强植物的抗寒能力。故在寒冷地区可稍多施肥，促其成熟，提高植株的抗寒能力。如果缺乏磷肥会影响开花，即使能开花也会出现花朵小、花色淡等现象。

(3) 钾肥　钾肥是构成植物灰分的主要成分，其可以使植物枝干强韧，并能使植物体内蓄积碳水化合物，也能增强花卉的抗寒、抗病能力。如果钾肥过多会导致植物体内缺乏钙、镁，对生长发育有阻碍作用。

(4) 微量元素　微量元素因为所需的量极微，所以一般花卉生长中很少出现缺微量元素的现象，但偶尔也会产生，如山茶、栀子、茉莉等常因缺乏铁、锰、镁等元素，而产生失绿现象。其他，如硼能提高花卉的抗寒能力；铜、钙、锌、钼等能促使花卉的生长发育，增强花卉对病虫害及过干、过旱等不良环境的抵抗能力。

2) 主要的花卉用肥

(1) 厩肥及堆肥　厩肥及堆肥在花卉栽培中除作培养土的配制材料外，还经常作为基肥使用。因其是一种有机肥料，富含有机质，使用后能改良土壤的物理性状，使土壤松软、透气性好，它们是沙质土及温室花卉栽培中常用的肥料。其浸出液也可作为追肥使用，但都必须经发酵腐熟后方可使用。

(2) 动物粪肥　它是一种完全肥料，施用适当能使花卉生育充实。因其发酵时会放出高热，故必须充分腐熟后才能加以使用，以免造成根系灼伤，影响植物生长。作为液肥施用时，应进行稀释。

(3) 饼肥　饼肥是指各种油粕，如豆饼、花生饼、菜籽饼等。这是花卉栽培中使用较多的肥料，含有氮肥及磷肥，故为一种良好的花卉肥料，但必须经发酵腐熟后方可使用。可以作为基肥使用，也可作为追肥使用。

(4) 骨粉　骨粉是一种富含磷质的肥料，也是一种迟效性肥料，与其他肥料混合发酵更好。作为基肥使用，可提高花卉品质及加强花茎强度，效果显著，肥效长，是一种良好的花卉肥料。

(5) 草木灰 草木灰主要是一种钾肥，它的肥效较高，但易使土壤固结。可拌入培养土中使用，也可拌入苗床使用，以利于起苗。

(6) 硫铵及尿素 这是无机肥料，是一种化肥，也是速效氮肥。所以在花芽分化形成时期必须停止使用，温室花卉及各种盆栽花卉，必须配成稀薄溶液浇施，一般800~1000倍。

(7) 过磷酸钙 过磷酸钙也是一种无机肥料，是一种速效磷肥，连续施用有使土壤呈酸性的缺点。也可作为基肥使用，但必须与土壤充分混合，不能与草木灰或石灰同施。作为追肥使用，应稀释100倍，在花前使用，有利于开花良好。

(8) 石灰 石灰可以中和土壤酸性及促进肥料分解，但石灰在花卉的生长发育上的需要量不是很大。在我国南方酸性土壤中适量施用，对花卉的生长发育很有利，特别对蔷薇、香石竹等花卉施用后能使花色鲜艳，开花时间长。

3) 施肥方法

花卉的施肥是很细致的工作，各种不同的花卉，有不同的要求，所以花卉的施肥必须根据花卉的种类、不同的生长发育阶段、季节的不同，以及根据肥料的种类、性质不同而有不同的施肥方法。但大体而言，花卉的施肥方法，主要是作为基肥及追肥两种方法施肥。

(1) 基肥 一些木本花卉、球根花卉、宿根花卉都要施基肥，因其生长时间长，所以每年冬季必须施基肥，以供来年生长发育之需。球根花卉可在球根下种时施足基肥，以供抽芽开花及长新球之需。基肥一般多施用迟效性的有机肥料，施肥时间多在秋冬季节，落叶以后。

(2) 追肥 一般花卉除施基肥以外，还必须施追肥。追肥多为速效性的液体肥料，都在其生长所需的时候施用。如开花之前追施磷肥，开花后追施氮肥，春季萌动时追施完全肥料。追肥的次数有每月1次、每两周1次、每周1次。浓度一般为原液的10%~30%左右，最高不能超过50%。

(3) 根外追肥 根外追肥就是在植株的叶面喷液体肥料，或是将配好的营养液喷施于叶面或植物体上，由叶面及枝干吸收后传到体内。一般在花卉植株生长高峰时期在体外喷射1%的过磷酸钙溶液，每7d喷一次，这样能使植株生长健壮、叶色浓而肥厚、花色鲜艳、花朵大、花期长。

复习思考题

1. 什么是耐寒性花卉、半耐寒性花卉、不耐寒性花卉？
2. 什么是短日照花卉、长日照花卉、中日照花卉？
3. 了解了花卉对光周期的反应，对花卉栽培有何意义？
4. 简述花卉栽培对水分的要求。
5. 简述主要肥料元素对花卉生长发育的作用。
6. 主要的花卉施肥方法有哪几种？

第3章 花卉栽培的设施与器具

内容提要：本章学习花卉栽培的设施，主要包括温室、塑料大棚、冷床与温床、荫棚以及机械化、自动化设备、各种机具和容器等。

由于花卉种类繁多、产地不同，对环境条件的要求亦不同；而我国幅员辽阔，各地区的地理条件和气候条件相差极大，为了使花卉在不适于生长的地区和季节也能生长开花，就需要提供一个人工环境。目前，世界各国的花卉栽培已转入到设施栽培，花卉栽培不再受地区、季节的限制，从而能够将来自世界各地、要求不同生态环境的花卉汇集一地，进行周年生产，满足人们对花卉日益增长的需求。目前，花卉生产伴随着大型化、自动化和工厂化，完全进入了大规模的商品化生产。

3.1 温　　室

温室是覆盖着透光材料，带有防寒、加温设备的建筑。

我国温室园艺发展历史悠久，早期采用烟道加温和油纸窗透光，晚间盖以草席的花窖，成为现代温室的雏形。玻璃温室是在18世纪以后出现的；近几十年，随着塑料工业的发展，塑料大棚被广泛采用。20世纪70年代后期和80年代初期国外温室及内部设施水平迅猛发展，自动及半自动机械设备操作逐步代替了原始设备及手工操作。

3.1.1 温室的类型与结构

温室的种类可以按外形、温度高低、用途、植物种类和温室结构等几个方面来区分。

1）按外形分类

(1) 单窗面温室　结构简单，仅向南的立窗为采光的窗面，依前窗的安装角度分为前窗直立式和前窗倾斜式。这类温室冬季室内光线较多，保温效果好，夏季室内大部分无光线，因此主要作盆花越冬之用。由于单窗采光，光照不均匀，植物容易偏向生长。

(2) 双窗面温室　又称不等屋面温室。南侧立窗及屋顶为采光的窗面。又因采光面所占温室跨度的比例不同分为2/3式、3/4式和全坡式。保温、光照条件较好，夏季可以稍加采用。

(3) 等屋面温室　又称1/2式、双面温室、鞍形温室。屋脊两侧对称，屋顶及周围立窗均能采光，宜南北纵列。这类温室采光均匀，室温也较均匀，通风良好，可周年利用。

(4) 连续屋面温室　又称连栋温室，由等屋面温室连接而成。这种温室多为大面积温室，可以进行商品性生产，比起不连栋温室节省能源，室内温度均匀稳定，保温性能增强。

(5) 拱形屋面温室　应用比较先进的可弯曲的材料制成，屋顶做成拱形，并且是连续的。

(6) 其他　多作展览温室使用，建筑形式很多，有方形、圆形、半圆形的各种复杂的形式；屋面亦有用有色玻璃装饰的，以满足美观的要求。

2）按温室的温度分类

由于温室所栽培的花卉种类不同而对温度要求也有所不同，一般可分为：

(1) 高温温室　室内温度一般保持在18～30℃之间，供栽培热带植物或冬季促成栽培用，如洋兰及亚热带木本花卉，也称这种温室为热温室。

(2) 中温温室　室内温度一般保持在12～20℃之间，供栽培亚热带花卉及要求温度低一些的花卉，如海棠类，也称这种温室为暖温室。

(3) 低温温室　室内温度一般保持在7～12℃之间，供栽培暖温带花卉之用，如瓜叶菊、樱草之类，也称这种温室为冷温室。

(4) 冷室　室内温度一般保持在7℃以下，可供一般花卉越冬用，如华北地区栽培的梅花、杜鹃、桂花等。

3) 按用途分类

根据温室应用目的不同，而分为以下几种：

(1) 生产温室

这类温室以花卉的生产、栽培为主，依其内容的不同又可分为繁殖温室、盆花温室、切花温室。

繁殖温室是专为花卉繁殖幼苗使用的温室。建筑可低矮些，内设播种床、扦插床，床下有增加底温的装置，室内有喷雾、遮荫设施。

盆花温室是栽培盆花用的，内部需设有花架和水池。为使全日皆有光照，以双面温室为佳。

切花温室主要以培养切花为主，不设花架，全部为良好的栽培池。室内要有充足阳光及良好的灌溉、通风设施。

(2) 展览温室

陈列各种植物，专供观赏游览之用，多设置在公园、植物园等公共场所中。外部要式样美观、高大，内部要适于花卉生长，结合园林艺术配置形成自然景观，要有引导游人观赏、行走的道路。我国许多城市中都建造有不同类型的展览温室。国外也有很多历史悠久、形式新颖的观赏温室。

(3) 科研温室

设置于学校和科研单位专供内部教学、科研之用。外形不追求美观，以坚固、实用、经济为原则，内部对各种环境因子的控制与调节要求较高，常需配备较先进的设备、仪器，如加温、降温、湿度、采光等自动化或电脑控制。

4) 按植物种类分类

同一类花卉植物，对于环境条件的要求是相同的，因此，一个温室只培养一种花卉，是非常合理的。这种专类温室大致可以分为：

(1) 兰花室　热带气生兰要求高温及荫蔽环境。华北一带的地生兰，一般冷室即可栽培。

(2) 棕榈室　主要栽培热带棕榈类及观叶植物，需要高大的屋顶和宽敞的地栽面积，冬季保持中温或高温，夏季还需适当遮荫及良好的通风条件。

(3) 海棠类室　栽培各种秋海棠，要求温暖湿润的环境。

(4) 蕨类植物室　栽培蕨类观叶植物，要求荫蔽和潮湿的环境，冬季保持低温或中温，夏季要有较高空气湿度。

(5) 多肉多浆植物室　主要栽培多肉多浆类植物，要求阳光充足及干燥的环境。

(6) 花木室　供栽培各种不耐寒的花木使用，一般室温要求中等偏高，如三角花、白兰、米兰等。

(7) 果木室　主要培养热带及亚热带果树，如香蕉、咖啡、可可、芒果、柑橘类等。

(8) 王莲室　一般设于植物园，供王莲观赏栽培，高温温室内要有一定面积水池和充足的光照条件。

5) 按结构材料分类

温室建筑材料主要由框架材料及覆盖材料组成，一般可分为：

(1) 砖木结构温室　温室的墙壁、地基以砖石、水泥构筑，其余部分(如温室骨架门窗)全部以木材制作。施工简易、轻便，但木材易腐烂，有遮光现象。

(2) 钢结构温室　除墙壁和玻璃窗外，各骨架都用钢材。优点是遮光面积小，可充分利用日光；缺点是钢材易生锈，需年年油漆维修，热胀冷缩常使玻璃破碎。

(3) 铝合金结构温室　全部采用铝合金构件，覆盖物采用玻璃或钢化玻璃，这种具有天沟的连栋式温室，可无限延伸。优点是透光性好，维修费用省，使用年限长，但投资费用高。

(4) 镀锌钢材温室　现代化温室中普遍采用镀锌钢材为框架，覆盖材料有玻璃、塑料薄膜等，常见的有：

① 玻璃钢温室　采用互轮式的玻璃钢(丙烯树脂加玻璃纤维或聚氯乙烯加玻璃纤维)作覆盖材料，具有施工容易、缝隙少、保温性能好的优点，但不阻燃。

② 双层充气薄膜温室　美国、加拿大应用较多。采用双层充气薄膜覆盖温室四周，其优点是：投资费用低，仅为玻璃温室的60%；保温性能好，可以节省燃料，比起玻璃温室可节能40%～45%。缺点是：冬季光照不足，室内湿度较大；早春有时室温上升过高，会影响植株品质。可以通过补充光照和加强通风来解决不足。

③ 双层硬塑料板温室　双层硬塑料板之间的空隙0.6～1cm不等，每间隔1.2m或更多一些有一道纵向间壁。优点是节省能源，透光性能好，不需养护，施工方便。

硬塑料分三类，它们是聚丙烯酸酯类塑料、聚碳酸酯类塑料和新型复合材料，后者是在聚碳酸双层塑料板上覆一薄层聚丙烯酸酯塑料，兼具了双方的优点：透光性能好，不变黄，耐冲击，阻燃等；但费用较高。

④ 夹层充气玻璃温室　温室屋顶采用内充二氧化碳气体的双层密封玻璃。优点是节能，透光性好，使用寿命长，不燃。缺点是自重大，框架结构需加强；北方地区积雪融化慢，因为上面一层玻璃较冷。

3.1.2　温室内的设施

良好的温室必须具备良好的室内设施，以调节内部的温、光、水、气，使花卉植物获取适宜生长的环境。随着温室向着大型化、科学化、机械化、电气化、管道化发展，进而用电脑控制，温室内的设施已越来越复杂，设备要求越来越高。下面为几项主要的温室内设施：

1) 加温、降温设备

(1) 加温与保温设备

温室除了利用太阳辐射自然升温外，还需进行人工加温。加温设备有以下几种：

① 烟道加温　是直接用火力加温的方法，其设备组成有：火炉(炉膛)、烟囱和烟道。火炉与烟囱置于室外，烟道设置在温室内一侧或两侧地面上。烟道有瓦筒的，也有用砖砌的。这是最简单易行的方法，在我国花卉生产的土温室中常见，设备费用低，但温度不易调节，近烟道处与远离烟道处冷热不均，室内空气干燥，烟尘和二氧化硫污染严重。

② 锅炉加温　有水暖和气暖两种。在锅炉房内将热蒸汽或热水送入温室内的散热器，使温室升温。回水再回入锅炉循环加热。气暖升温快，但冷却也快。水暖较优于气暖，可保持室内温度均衡，是较为实用的加温方法。

③ 电加温　多用于温室内局部加热。由电源、散热电线、自控装置组成。将有绝缘装置的散热电线埋入土中，用以提高土温，所需的散热量可用电热线摆放的疏密情况来决定。

④ 地热以及工厂余热加温　某些地区可利用当地充裕的地热资源或附近工厂排放出的废热水给温室加温，十分经济。但同时要注意加强管理和建立自控系统。

⑤ 保温幕　现代化温室中均采用保温幕作保温装置，夏季还可用来遮荫、降温。保温幕架在温室上空，依靠机械传动，覆盖整个温室，与屋面之间形成隔热层，有效地保持住室内温度；夏天可以减弱热空气的进入，保持室内凉爽。

(2) 降温设备

现代温室中有一种必不可少的装置，称作水帘，它通常是用经过特殊处理的瓦棱状的纸制物组装而成，吸水性强，不易腐烂，厚约10cm，可以通过弯曲的小孔隙通气，温室的北面(从顶部一直到近地面1m处)全部装置这种材料。水帘工作时，从上至下水流不断。在水帘的对面，也就是南面，对应装有几组大型排风扇，排风扇由电脑操纵，当温室内的温度超过某一规定数值时，排风扇开始启动。这时热空气经过水帘被冷却后进入温室，加上室内的水分快速蒸发吸收热量降温，二者共同作用，可使温室内气温明显降低。

细雾加湿系统现已被一些温室采用。它是在高温季节，在花卉植物2m以上的空间喷雾，这些细雾未落到叶片及人身体上时便已汽化；降温效果好，节水效果高，降温均匀。

2) 加光、遮光设备

(1) 补光　温室多是以自然光作为主要光源。为了在阴雨天使喜光植物得到充分光照，又为了使长日照花卉能够周年供花，就需要在温室内设置灯源，以增强光照强度和延长光照时数。

(2) 遮光　同时还设置有遮光幕及自动控光装置。

(3) 遮荫　夏季在温室内栽培花卉时，常由于光照太强而导致室内温度过高，影响花卉正常生长发育，需要遮荫。采用的方法有：

① 覆盖帘子　在温室外部覆盖苇帘或竹帘，可根据需要编织成不同密度。

② 遮荫幕(网)　是一种耐燃的黑色化纤织物，孔隙大小可依花卉要求而定。有的上面粘有宽度不同的、反射性很强的铝箔条，遮荫度在25%～99.9%。

③ 涂白　将生石灰加水后，喷洒在温室外面的玻璃屋面上，能经久不落。由于白色能减弱太阳光，从而起到减弱室内光强的作用。

3) 喷雾设备

温室内需要保持一定的空气湿度，因此必须备有喷雾设施，安装在高处，能根据需要自动喷雾，达到一定湿度要求时自动停止。喷雾设备必须有水管、喷头、旋转器、自控装置等。

4) 灌溉设备

(1) 灌水法　将供水管高架在温室内，从上面向植物全株进行喷灌，既使植物和土壤得到了水分，又能起到降温和增加空气湿度的作用，是大型现代化温室花卉生产较理想的一种灌水方式。

(2) 滴灌法　滴灌设备在现代化温室中被广泛采用。采用这种方式进行盆花灌溉有很多优点：节水，保持土质疏松，不会溅起泥土和沾湿叶片，可与施肥、用药结合。缺点是安装费用高，使用时应经常检查有无堵塞等情况。滴灌设备中的细小塑料管的一端有小喷头和固定器，另一端插在总管上，总管上共有20根细管，总管与水管连接，用定时器控制。

5) 通风、换气装置

温室为了蓄热保温都有良好的密闭条件，然而密闭的同时造成了高温、低二氧化碳及高有害气体浓度。通常可利用温室天窗、侧窗进行换气。在大型温室中，均设有自动启闭门窗的装置，以及安装一定数量的排风扇，进行通风换气。另外，温室中还必须有二氧化碳充气设备，以便随时补充二氧化碳，满足植物生长需要。

6) 花床或花架

为了节省劳动力和温室面积,现代温室对花床作了十分重要的改革。

(1) 滑动花架

一般每间温室,除了纵向的花床外,还需留有多条通道,以便进行操作,却致使温室的有效利用面积只有总面积的2/3左右。20世纪80年代初期出现了滑动花架,使用它,每间温室只需留有一条通道,温室的有效面积可以提高到86%～88%,并节约燃料及各种费用。

滑动花架是将花床的座脚固定后,用两根纵长的镀锌钢管放在花架和座脚之间,利用管子的滚动,花架可以左右滑动。当上面摆满盆花时,于任何一端用手即能容易地拉动,变换通道位置。

(2) 活动花框

这种大量节约劳动力的活动花框在20世纪70年代中出现于荷兰。可以减少人工搬摆盆花的劳动消耗,能够使大量盆花很轻易地从温室移到工作室、荫棚、冷室或装车的地方。

花框呈长方的浅盘状,大小一般为1.2m×3.6m～1.5m×6m,框边高10～12cm,用铝制成,很轻,框放在两条固定的钢管上,框底有滚筒能在钢管上滚动。每个花框可以推滚到过道,装车后移向目的地。这种框除了能沿钢管纵向移动外,还能左右滑动40～50cm,留出人行通道。固定钢管在冬天还可以通热水,兼作加温用。

7) 传送装置

国外大型生产温室内用来运输盆花的传送带装置,形式多样。一般每节长为3m,宽为15cm,并装有轮子,以便移动。如用多节连接起来安放在花架间的过道里,传送东西的能力更强,可上坡、下坡、转弯,直达目的地。

3.2　温室的附属设备

在温室附近还有一些与温室配套的附属设备,如温床、冷床、塑料棚、荫棚、组培室及其他附带的建筑设备。

3.2.1　温床和冷床

温床和冷床是一种简易的低矮设施,用以培育小苗,其中加温的称温床,不加温的称冷床。

温床、冷床的形式相同,一般均为南低北高的框式结构。床框常常用砖或水泥砌成,或直接用土墙筑成,宽约1.2m,北面高约50～60cm,南面高约20～30cm,长度不等。床框上面覆盖玻璃窗或塑料薄膜等透光材料,床框应便于开启操作。

温床的加温通常有发酵加温和电热加温(电热加温已在温室一节述及,可参照)。发酵加温是利用一些有机物在堆积过程中会发酵分解放出热量,将酿热物铺在床下以增加床内温度。酿热物下层为发酵迟缓的碎草、落叶,可以防止热量散失,上层为快速发热的牛、马粪。等到温度趋于稳定后,加上培养土,可以使用。

不论是温床、冷床都要注意管理,于中午前后适当通风,夜晚要覆盖草席等保暖防寒。苗床北部需加设风障,以御冬季寒冷的北风,搭设风障应就地取材,如秫秸、芦苇、细竹子、蒲席等,高度一般为2.5～3.5m。

温床主要供冬、春季节提早育苗用;冷床主要利用太阳热,常用于温室或温床育成的苗,在移入露地前,先移入冷床,达到幼苗锻炼的目的,以使它逐渐适应露地生长,或提前播种,球根花卉提前植球，以提早开花，再或是一些较耐寒的花卉，冬季可在冷床越冬。

3.2.2 塑料大棚

塑料棚是花卉栽培上一项经济实用的设备，除简单的支架外，棚架上盖上塑料薄膜就可以使用。其优点很多，如造价低、设备简单、容易安装、拆迁方便等。分固定式塑料棚和简易塑料棚两种。

塑料大棚可用竹片、钢材、水泥柱等材料做成拱形棚架，覆盖一层塑料薄膜。棚的规格一般是长30～50m，宽6～8m，中间高1.8～2.5m，边高1～1.5m，两端各设有一个活动门。大棚两侧的薄膜可以卷起实行通风，夏季根据需要可以将薄膜全部拆去。一般以单栋棚为好。

3.2.3 荫棚

荫棚是花卉栽培必不可少的设备，可以减弱光照、降低温度。大部分温室花卉在夏季移出温室后，都要置于荫棚下养护。一些露地切花生产、在夏季进行扦插或播种等，也要在荫棚下进行。荫棚大致可分为永久性荫棚和临时性荫棚两类。

靠近温室附近设置的荫棚是永久性的，它要求通风良好、水源方便和不能积水。用钢管和水泥做支架，高度2～2.5m，棚架上覆盖竹帘、苇帘或遮荫网，根据需要调整好覆盖密度。永久性荫棚内有些设有水泥花台，可将花盆放置在花台上，以免雨水浸泡花盆；若无花台，地面上最好铺上煤渣、陶砾或粗砂以便排水，还可防止下雨时泥土溅污枝叶。

用在露地切花栽培或播种床、扦插床上的荫棚属于临时性荫棚，高度在1m以下。一般用木材做支柱，上面覆盖遮荫网，等到不再需要时，可全部拆除。

3.2.4 组织培养室

主要用于组织培养。在花卉生产中，有些用于组织培养进行大量繁殖，或是保存种质，以及科学试验。

组织培养室主要由无菌操作室、培养室、化学试验室、灭菌室及工作室等组成。无菌室里要有超净工作台，并安装紫外灯，随时进行灭菌。无菌室外设有准备室，备有消过毒的工作服、帽子、拖鞋等。培养室内要有空调装置及自控装置，并设有培养架，架上装有荧光灯进行人工照明，全室保证恒温在25～26℃之间，除照明设备外还需有暗室设备，以进行暗培养。如果是进行液体培养，需设有摇床和转床。

化学试验室里要有工作台、各种化学药剂、蒸馏水、各种仪器、器皿、烘箱、冰箱以及天平等；在它的一端设小灭菌室，里面有水、电、煤气等装置，以进行高温、高压灭菌。

3.2.5 其他附带的建筑设备

(1) 工作房　花卉操作有很多细致的室内工作，如翻盆、上盆、移栽、嫁接、分级、包装等，都需在与温室相连的工作房中进行。

(2) 种子房　花卉的种类繁多，每个种均有不同的园艺品种及变种。种子房根据种子贮藏的要求，必须干燥通风、荫蔽冷凉，最好有空调设备，还要有装盛种子的容器、贮藏架。除种子外还有球根花卉的球根，也需要妥善地贮藏，贮藏过程中必须备有标签，注明日期、种或品种名，严防混杂。

(3) 晒场　选择南向空旷的地方，设一水泥地坪，作为晒场。对盆花用土进行曝晒、消毒，以及进行种子采收后的晾晒、干燥。

(4) 工具材料室　花卉栽培需要多种工具。大大小小的机具设备，各种复杂的材料、花盆等，都需井井有条地存在工具材料室中。

3.3 花卉栽培的用具及机械

3.3.1 花盆及其他用具材料

1) 花盆

花盆是培养花卉的容器，底部有排水孔。为了满足盆花在生产、陈设及观赏上的不同需要，花盆在质地、外形、大小上有许多类型。

(1) 素烧盆　又称瓦盆、泥盆，用黏土烧制而成，有红盆和灰盆两种，是生产上最常用的盆。虽然质地粗糙、不够美观，但排水、透气性能良好，适宜花卉生长，且价格低廉，故广为采用。通常为圆形，大小规格不一，常用的口径与盆高相等，一般有10cm(3寸盆)、13cm(4寸盆)、16cm(5寸盆)、20cm(6寸盆)、23cm(7寸盆)、26cm(8寸盆)，直至40cm(1尺2寸盆)、50cm(1尺5寸盆)。据其高矮可分为高脚盆或低脚盆。还有一种多个排水孔的30cm直径的浅盆，为播种盆。

(2) 紫砂盆　用陶土烧制，江苏宜兴生产者最著名，质地有紫砂、红砂、白砂、乌砂、春砂、梨皮砂等种类。外形有圆形、正方形、长方形、椭圆形、六角形、梅花形等，外有刻字装饰。紫砂盆素雅大方，色彩调和，十分古朴，只是透气性能较瓦盆要差，适于作室内装饰，或制作盆景，栽种兰花等名贵花卉。陶盆也有上釉的，有白、贡蓝、青、红和描花等各种式样。

(3) 瓷花盆　盆面有彩画，造型美观，色彩鲜明，质地精细，不透气，不利于植物生长，多作套盆应用，套于瓦盆外面，满足观赏要求。

(4) 兰花盆　主要为气生兰及附生蕨类专用盆，盆壁有各种形状之孔，使用时以蕨根、棕皮、苔藓或泥炭块将植物固定在盆中，根可从盆孔中伸出来，给予湿润的生长环境，满足气生根的需求。也有用木条制成框架种兰的，作用同前，可悬挂观赏。

(5) 木盆　一般依花木大小而定，无固定规格。用于栽种大型的观赏花木，两侧有把手，便于搬运。

(6) 水盆　盆底无排水孔，可以盛水，浅者用于山石盆景，培养水仙；大的为荷花缸，可以栽植荷花和睡莲等。

(7) 塑料花盆　质地轻巧，大小、形式不一，有硬塑料和软塑料制品。用于移苗或栽培，因其透气性能差，使用时需配以疏松介质。还可以制成各种规格的播种穴，用于大型机械化播种育苗。

(8) 其他容器　拼制活动花坛的种植钵或种植箱，外形美观、简洁，色彩淡雅、柔和，制作材料有玻璃钢、泡沫砖、混凝土和木材等。

2) 手工用具及其材料

花卉栽培中，有许多手工用具和材料都是经常要用到的。

(1) 浇壶　主要是给盆花浇水用，装上喷水(又称莲蓬头)即可进行喷水，喷水眼有粗、细之分，可以按植物生长阶段及习性不同，灵活取用。

(2) 喷雾器　小型手压喷雾器用来喷播药剂，防治病虫害，或作局部喷雾，增加空气湿度。

(3) 修枝剪　用于修枝整形、播穗剪截等。

(4) 小剪刀　用于草花、嫩枝的修剪和去除烂叶等，制作嫩枝播穗和接穗。

(5) 切接、芽接刀　用于嫁接繁殖。切接刀选用硬质钢材，是一种有柄的单面快刃小刀；芽接刀用一种优质钢制成，刀刃很薄，刀柄的另一端有一片树皮剥离器。

(6) 松土耙　可以用钢丝拧成，给盆花松土用。

(7) 草帘　主要用作冬季温室、冷床、温床覆盖防寒。

(8) 苇帘、遮荫网　主要用于荫蔽、防暑。遮荫网又称寒冷纱，现代温室大量采用，具有不同规格，可以不同程度地削弱日照强度和降温。

(9) 材料　用于绑扎支柱的竹竿、棕丝、钢丝、塑料绳；还有各种标牌、塑料薄膜，以及温度计、湿度计等材料。

3.3.2　机械设备及电脑控制系统

1) 机械设备

现代的温室中，花卉生产已不再是人工操作，而是越来越多地改为机械操作，大大提高了生产效率和质量，节省了人力，更能满足花卉商品化生产的要求。但成本高，更适于大型化生产。常用的机械设备有播种机、上盆机、自动施肥机、鲜花分级机、切花计数机、剥叶除刺机、切梗机等。

播种机工作时，将每粒种子分别播在播种盘上的各个小块土团中，待发芽长苗后，只要拣起土团，放入盆穴中，而不需要抹苗、分拣、移植等措施。

2) 电脑控制系统

在使用电脑控制之前，温室内自动控制环境的装置都应用电动的自控装置，根据探测器及光敏装置调节温室内的温、湿度。冬天温度下降时能启动加热装置，夏天温度太高时能自动开启排风扇及水帘。但因为只有一个探测器，只对室内一个固定地点进行了探测。电脑却可以根据分布在温室内各处的许多探测器得到的数据，算出整个温室内所需要的最佳数值，而使温室的环境控制在对植物最适宜的情况下，效果较为理想，但投资大。随着大规模温室的发展，电脑控制必然会逐步地推广运用起来。

复习思考题

1. 依外形、温度、用途、植物种类、结构材料等的不同可分别将温室分成哪些类型？
2. 现代化温室的建筑材料有哪些？各有什么特色？
3. 叙述主要的温室内设施应包括哪些内容？专为现代温室配备的设施有哪些？
4. 温室附近与之配套的附属设备有哪些？它们各自的用途是什么？如何建造？
5. 结合实际调查花盆的种类，它们在使用效果上有何不同？
6. 花卉栽培常用的手工用具和材料有哪些？它们分别是用来做什么的？
7. 现代化温室中的机械设备有哪些？与原始手工操作相比，机械操作的优越性何在？
8. 温室内为什么要安装电脑控制系统？
9. 你所在地区的温室状况如何？你认为应采取哪些改进措施？

第 4 章　花卉繁殖与良种保存

内容提要：了解花卉有性繁殖的主要环节及花卉营养繁殖的主要类型和方法，掌握各花卉繁殖的技术要点并加以熟练应用。

花卉繁殖和良种保存是花卉栽培中很重要的一环，是繁衍后代、保存种质资源的手段。由于花卉种类繁多，其繁殖方法各异，只有适时地正确选择繁殖方法，才能提高繁殖数量，使幼苗生长健壮。概括起来有以下几类。

有性繁殖，也叫种子繁殖，种子是两性结合的产物，因此用种子繁殖出来的新个体兼有父母本的性状，此过程也就称为有性繁殖。

无性繁殖，也叫营养繁殖，是利用植物的营养器官经过人工培育而产生新植株的方法。通常又包括扦插、嫁接、压条、分生等方法。

组织培养，是在无菌和人工控制的条件下，将植物的一部分组织或细胞在培养基上培养出大量的新个体的方法。是目前比较先进的繁殖方法。

4.1 有性繁殖

凡是容易采收到种子的花卉均可进行播种繁殖，如一、二年生草花，多用种子播种繁殖。一部分异花授粉的花卉，常常得到一些天然杂交种，从中可以选出一些新品种。种子繁殖的优点是：繁殖量大，方法简单，所得苗株根系完整，生长健壮，寿命长；种子便于携带贮存、流通、保存和交换；利用种子具有遗传性和变异性可培育新品种。缺点是：变异性大，且劣变多于优变，往往不能保存品种原有的优良性状，许多木本花卉，采用种子繁殖后，开花较迟。进行有性繁殖时，应该注意种子的品质、种子的采收与储藏、播种前的准备、播种时期、播种的方法及管理几个环节。

4.1.1 种子的品质

优良种子是播种育苗成败的关键，品质恶劣的种子常致生产失败。特别是花卉栽培的种类很多，同种内又往往有许多品种，其花朵、形态、色泽各异。因此，除一般栽培植物对种子品质的要求以外，还须注意种子的品种纯正，才能符合对种子品质的要求，达到发芽正常、生长健壮、品种准确无误。

1) 优良种子的品质

(1) 品种正确

有了正确的种子，才能获得所期望的品种植株。品种不正确或品种混杂的种子常给栽培工作带来失败。所以在留种、选种和采种过程中，应采取各种措施，以保证播种后代具有纯正的优良遗传品质。

(2) 发育充实

在同一品种的种子里，种粒大而饱满的，重量也大，所含营养物质较多，种胚发育健全，其发芽率和发芽势均高，发芽后生长健壮。成熟度高的种子品质较好，外形充实饱满，色深而有光泽。种子大小的分级如下：

① 大粒种子　粒径在 5.0mm 以上，如牵牛花、美人蕉、牡丹等。

② 中粒种子　粒径在 2.5～5.0mm 之间，如矢车菊、金鸡菊、紫罗兰等。

③ 小粒种子　粒径在 1.0～2.0mm 之间，如三色堇、长寿花、桔梗等。

④ 细小粒种子　粒径在 0.9mm 以下，如矮牵牛、四季海棠、金鱼草等。

(3) 富有生活力

新采收的种子比陈旧的种子生活力强，发芽率和发芽势高，幼苗健壮抗性强。贮藏不当或病瘪种子生活力均很低。另外，花卉种类不同，其种子寿命长短差别也较大，如翠菊、福禄考、长春花等，发芽年限在 1 年左右；鸡冠花、凤仙花、万寿菊等发芽年限在 4~5 年，而虞美人、金鱼草、三色堇等发芽年限在 2~3 年内。

(4) 纯净无杂质

无枝叶、果皮、尘土、石块和杂草等夹杂物，以便计算播种量和减少除草的工作量。

(5) 无病虫害

种子是传播病虫害的重要媒质。种子上常常有各种病虫的孢子和虫卵，因此要加强种子病虫害的检疫。

2) 外界环境因子与种子品质的关系

外界环境因子尤其是温度和湿度能影响种子的品质。种子在贮藏期间要保持一定的温度和湿度，主要使种子呼吸量减低，使其仅能维持生命而消耗量很小，以保持种子的活力，所以种子一般应贮藏在低温、低湿的条件下。一般说，种子贮藏温度不可高于 30~35℃，最适宜的温度是在 25℃ 以下。种子贮藏期间过分潮湿，容易受潮霉烂，即使不霉烂也会使内部产生一些生理上的变化，如淀粉转化为糖；反之，过于干燥，也会失去发芽力。

4.1.2 种子的采收与储藏

1) 留种母株选择

为了得到优质种子，一定要对留种的植株进行株选，留种母株必须选择特别健壮，能体现品种特性而无病虫害的植株。要在始花期开始选择，以后要妥善栽培、精细管理。大面积栽培，应选地势高燥、阳光充足的地方辟留种地，进行留种母株的专门培养。并适时施足肥料，以保证种粒肥大饱满。在种植时为了避免品种间机械的或生物的混杂，对一些近缘的异花授粉花卉要隔离种植。还要对母株经常进行严格的检查、鉴定，淘汰劣变、混杂植株。同时还要注意，有时也会产生一些优变植株，发现后立即标好标签，进行观察、记录，以便作为一个品种收藏。

2) 采种

采收花卉的种子，一般应在其充分成熟后进行。采收时要考虑果实开裂方式、种子着生部位，以及种子的成熟度。花卉的种子很多都是陆续成熟，采收宜分批进行。对于蓇葖果、荚果、角果、蒴果等易于开裂的花卉种类，为防其种子飞散，宜提早采收，或事先套上袋子，使种子成熟后落入袋内。采收的时间应在晴天的晨间进行，因为这时空气湿度较大，种子不致一触即落。而对种子成熟后不易散落的花卉种类，可以一次采收，当整个植株全部成熟后，连株拔起，晾干后脱粒。采收的种子一般经过干燥，使其含水量下降到一定标准后贮藏。

3) 种子贮藏

种子采收后首先要进行整理。晾干脱粒过程中需要曝晒的，一定要连壳或连株曝晒，或上面加以覆盖后曝晒，或在通风处阴干。避免将种子曝晒于阳光下，否则会使种子丧失发芽力。此后要去杂去壳，清除各种附着物。

种子处理好后就可以贮藏了。种子贮藏的原则是抑制呼吸作用，减少养分消耗，保持活力，延长寿命。密闭、低温、低湿都是抑制呼吸作用的办法，所以应将充分干燥后的种子放在密闭的容器中，置于 1~5℃ 的低温条件下妥善地贮藏。但也有例外，有些种子采收后要进行沙藏，如芍药、月季等；有些种子必须贮藏在水中，如睡莲、王莲。

4.1.3 播种前的准备

1) 选种

在播种前，先要检查种子是否是所需繁殖的花卉，名称与实物必须一致。然后选择当年的新种，要求种粒饱满，具有该花卉品种应有的色泽和光泽，并且品质纯正。

2) 种子的处理

多数种子不需处理即可直接播种。细小的种子，如四季海棠播种时最好掺入沙土拌种，以利于播种均匀。一些大粒种子或种皮坚硬发芽困难的种类需适当处理，以加快出苗速度和保证出苗整齐。处理的方法，一般有以下几种：

(1) 浸种　播种前用冷水或温水将种子浸泡，可起催芽作用，一般浸泡2～24h，水温越高，浸泡时间越短。如仙客来、君子兰等播种前均需浸种。

(2) 剥壳　对果壳坚硬不易发芽的种子，需将其壳剥除后再播种。如黄花夹竹桃等。

(3) 挫伤种皮　美人蕉、荷花等种子的种皮坚硬不易透水、透气，很难发芽。可在播种前在近脐处将种皮略加挫伤，再用温水浸泡，种子吸水膨胀，可加速发芽。

(4) 药剂处理　用浓硫酸等药物浸泡种子，有软化种皮、明显改善种皮透性的作用，之后必须用清水洗净播种。处理的时间从几分钟到几小时不等，视种皮质地而定，勿使药液透过种皮，伤及胚芽。

(5) 冷藏或低温层积处理　对于一些要求低温和湿润条件下完成休眠的种子，如牡丹、鸢尾、蔷薇等常用冷冻或秋季湿沙层积法来处理。第二年早春播种，以打破休眠，发芽整齐迅速。

(6) 拌种　主要用于一些细小的花卉种子，可加细沙拌匀后播种。当这些细小的种子在使用精量播种机播种前需要经过丸粒化处理。

4.1.4 播种时期

播种的时间应根据当地的气候条件，花卉的特性及其需要开花的时间而定。

1) 露地花卉播种期

露地一年生草花采用春播，南方约在2月下旬至3月上旬；中部地区约在3月中旬至下旬；北方约在4月上、中旬。需要提早开花的，如北方"五一"节花坛用花，可提前2～3个月在温室、温床或冷床(阳畦)中育苗。

露地二年生草花为秋播，南方约在9月下旬至10月上旬；北方约在8月至9月初。冬季在寒冷地区大多数种类需入温床或冷床越冬。

宿根花卉和木本花卉多为春播，一些要求低温与湿润以完成休眠的，必须秋播。尤以种子成熟后即播为佳。

2) 温室花卉播种期

温室花卉播种一年四季均可进行。大多数种类在春季1～4月播种，少数种类如瓜叶菊、报春花、蒲包花、仙客来等通常在7～9月间进行。有些温室花卉的种子寿命极短，如四季秋海棠等应随采随播。

4.1.5 播种的方法及管理

1) 地播

多数露地花卉均先将种子播于露地苗床，经分苗培养后再定植，有些直根系的花卉不耐移植或攀缘生长，如虞美人、花菱草、香豌豆等，可在花坛内直播，以免移植时损伤根系。

(1) 苗床整理　选择通风向阳、土壤肥沃、排水良好的圃地，施入基肥，整地作畦，然后进行播种。

(2) 播种方式　根据种类可选择点播、条播或撒播几种不同的播种方式。条播管理方便，通风、透光有利生长；撒播出苗量大，占地面积小，但出苗不整齐，疏密不均，如不及时间苗，易烂苗，用于大量的细小种子而又较粗放的种类；点播也称穴播，用于大粒种子，播种量不如以上两种大。

(3) 播种深度　也即覆土的厚度，需视种粒大小、土质、气候而定。一般覆土深度为种子直径的2~3倍，大粒种子宜厚，小粒种子宜薄；以土壤条件看，黏质土壤保水好宜浅播，过深不易出土，沙质土壤保水弱，表层易干燥，宜深播；以气候条件看，干旱季节播种宜深，潮湿多雨季节宜浅。总之，原则是要利于种子吸水，利于幼苗出土的情况下决定其播种深度。

(4) 镇压覆盖　播种之后，为使种子与土壤紧密结合，便于从土壤中吸收水分而发芽，要将床面压实。镇压后，可在畦面上覆盖一层稻草，以保持水分，还可减少杂草。

(5) 浇水　镇压覆盖后立即浇水。一般用细眼喷壶喷洒，或采用自动喷雾机喷雾。如土壤湿润可不立即浇水，但浸水处理过的种子应立即浇水。干旱季节亦可在整地后先浇透水，待水分渗入土中后，再播种覆土，如此可以较长时间地保持土壤处于湿润状态。

(6) 播种后的管理　播种后，要保持苗床的湿润，但给水要均匀适量，不可使苗床有过干、过湿现象。在播种初期水分要稍多，以保证种子吸水膨胀的需要，发芽后适当减少，以土壤湿润为宜。暴雨期间，需防雨水冲刷床面。要经常观察出苗情况，种子发芽出土后，需立即拆除覆盖物，逐步见阳光。真叶出现后，施淡肥一次。幼苗过密，要适当间拔，去掉过密、生长纤弱的苗，使留下的苗得到充分的阳光和养料。间拔后还需立即浇水，以免留苗因根部松动死亡。幼苗有4~5片真叶时，进行移植，放宽株行距。

2) 盆播

播种盆一般采用盆口较大的浅盆或浅箱，浅盆以深10cm、径30cm、底部有5~6个排水孔者为常用。盆底孔上盖以瓦片，下部铺粗粒土以利排水，上层装过筛、消毒过的细土，颠实、刮平即可播种。细小种子掺后撒播，大粒种子点播。播后用细筛视种子大小覆土，之后用压板压土。极细小的种子，如大岩桐、蒲包花等的覆土极薄，以不见种子为度，或不覆土，仅用木板轻压即可。

盆播给水多采用浸盆法。将播种盆浸到水槽里，下面垫一倒置空盆，以利水分向上渗透，至盆面湿润立即取出。浸盆后用玻璃和报纸覆盖盆口，防水分蒸发和阳光照射。夜间将玻璃掀去，使之通风透气，白天盖好。早春和冬季播种的，注意给予低温。

出苗后立即掀去覆盖物，逐步见阳光，可一直用浸盆法给水或用细眼喷壶浇水。当长出1~2片真叶时可仍用浅盆移植。

3) 穴盘育苗

也称为容器育苗，是采用各种容器并配合相应的机械化设备进行播种作业的育苗方法。容器为多穴的穴盘，由聚乙烯薄板吸塑而成，外形规格为540cm×28cm，常见的有392穴、288穴、128穴、72穴等几种。进入苗盘的基质必须进行筛选粉碎、搅拌均匀等加工处理。使用精量播种机每穴播入一粒种子，淋透水后立即送入催芽室，温度为25~30℃，相对湿度为95%以上。大约3~5d幼芽开始露头，5~6d约有60%~70%的幼芽出土，可移至育苗室。育苗室的温度为12~15℃，相对湿度为70%~80%，穴盘中基质含水量应在60%~70%，注意调整光照、湿度、温度及通风情况。

穴孔越小，苗龄越短，脱盘前要浇1次水，使苗脱盘容易，也有利于运输。

穴盘育苗操作简单、快捷；出苗率高，成苗率高，苗生活力强；提高温室利用率，降低成本；小苗生长一致，提高种苗质量，有利于规模化生产。

4.2 无性繁殖

利用植物营养体的一部分，经过扦插、嫁接、分生、压条等方法繁殖，而获得新植株，称为无性繁殖法(又称营养繁殖)。其优点是能够保持品种的优良性状，提早开花结实。许多观赏价值较高的品种常常雌雄蕊退化，不能结实或种子发育不成熟，无法用种子繁殖后代。还有一些珍贵的花卉为保存其品种特性，避免因用有性繁殖而产生性状变异，也必须用无性繁殖。无性繁殖的时间受限制较少。缺点是繁殖量较小，材料携带没有种子方便。无性繁殖是我们花卉栽培中常用的方法。

4.2.1 扦插繁殖

扦插繁殖是利用植物营养器官的再生能力，切取根、茎、叶的一部分，插入不同基质中，使之生根发芽成为独立的新植株。扦插繁殖是花卉栽培中最常用的一种营养繁殖方法，并占有重要的地位。它包括：枝插、叶插、芽插、根插等。

1) 扦插成活的原理

植物营养器官的一部分，遭受损伤或切除之后，仍能再行生长，称为再生能力。利用植物的再生作用，把枝条等剪下插入土中，在其末端能自行生根，上部仍能发出新芽，再形成完整植株。支配植物再生作用的物质，主要有两种：一为创伤生长素，植物营养器官受伤部位的死细胞及创伤细胞的原生质，经分解作用而产生创伤生长素，可使这一部分的细胞分裂，发生新组织；二为植物体内芽及叶柄等处产生的生长素，这种生长素也能促进植物的再生力。

当插条伤口受到上述两种生长素的刺激后，在适宜的环境中，经过一定的时间，就会发生愈伤组织，常从其上发生新根。愈伤组织由切口形成层部分产生的量最多。也有的不发生愈伤组织而直接生根。故愈伤组织的多少，与生根并没有直接的关系。

植物组织内的根原体，是插条发根的起源，它原存于植物组织内，或受环境变化而形成，由此发生新根。这种不定根发生的时候，有冲破皮层而生出的，有冲破愈伤组织而生出的。这种根原体的有无及多少，与遗传性有很大关系，故植物种类及品种不同，其生根难易是有很大差异的。除此之外，还受枝龄、枝内养分的多少，以及各环境因素的影响。

2) 扦插生根的环境条件

(1) 温度　不同种类的花卉，要求不同的扦插温度。一般花卉种类适宜生根的温度为15～20℃，嫩材扦插宜在20～25℃，热带花卉植物可在25～30℃以上。当插床基质内的温度(底温)高于气温3～6℃时，可促进插条先生根后发芽，提高成活率。

(2) 湿度　插穗在没有生根以前，为了保持体内的水分平衡，必须使环境有较高的湿度，一般插床基质含水量要控制在50%～60%，基质含水量过多造成通气不良常常是插条腐烂的主要原因。插床附近要保持较高的空气湿度，尤其是软材扦插时，通常要求空气相对湿度为80%～90%。

(3) 光照　软材扦插一般都带有叶片，便于在阳光下进行光合作用以促进生根。试验证明，插穗中碳水化合物含量愈充足，其生根率愈高。但阳光太强，温度升高，蒸发量加大，会导致插条萎谢。因此扦插初期要适当遮荫，当根系大量生出后，可逐渐给予充足的光照。

(4) 空气　插条在插床里时时进行呼吸作用，尤其是当插穗愈合组织形成后，新根发生时呼吸作用增强，此时扦插床中水分应相应减少，氧气要供应充实。理想的扦插基质是能经常保持湿润，又能通气良好。

3) 扦插床和扦插基质

(1) 扦插床

少量的扦插，可以利用扦插盆或扦插箱，室外可以露地作畦扦插，也可以做成简易的扦插繁殖床。扦插繁殖床的做法是用砖或水泥砌成长20m以内、宽1～1.2m、高0.25～0.30m的床框，底部垫炉渣或砾石等作排水层，上层铺扦插基质，稍加压紧就可扦插。简易插床上常用塑料薄膜覆盖，并有遮荫条件。

全光照喷雾插可加速扦插生根，成活率大大提高，使许多扦插不易成活的植物都能扦插成功。插床的床底装置有电热线及自动控温仪器，使扦插床保持一定温度。插床上还装有自动喷雾的装置，由电磁阀控制，按要求进行间歇喷雾，增加叶面湿度的同时降低温度，减少蒸发和呼吸作用。插床上不加任何覆盖，充分利用太阳光照，叶片照常进行光合作用。

(2) 扦插基质

由于插条在生根前不能吸收养分，所以基质中不需含有丰富的营养物质。适于作扦插基质的材料很多。露地扦插时应选用疏松的沙质壤土。盆插和扦插床中常用河沙，若与保水力强的泥炭混合使用，扦插效果更好。另外还有砻糠灰、山泥等，以及近年来生产上常用的蛭石、珍珠岩、炉渣、水等扦插基质，应用这些基质进行扦插，成活率均很高。扦插基质应经过消毒后使用。

4) 扦插的种类和方法

扦插的种类因扦插材料不同分为枝插、叶插、芽插和根插。

(1) 枝插

是花卉繁殖中普遍采用的方法。因扦插的季节、枝条的木质化程度不同可分为嫩枝插和硬枝插。嫩枝插是采用正在生长的嫩枝或半木质化枝条作为插穗(图4-1)。大多数木本花卉均宜在雨季扦插，即当第一次生长终了之时，在长江流域进行嫩枝扦插多以6～7月好。温室花卉周年都可以在室内进行，不受季节限制。

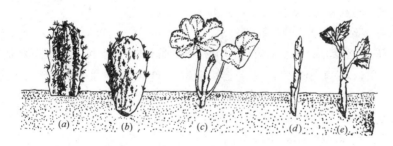

图4-1　几种花卉的嫩枝扦插示意图
(a)三棱剑；(b)仙人掌；(c)天竺葵；(d)菊花；(e)月季

草本花卉的插穗宜选枝梢部分，组织宜老熟适中，过于柔嫩易腐烂，过老则生根缓慢，如菊花、香石竹、一串红等。木本花卉中应选发育充实的半木质化枝条，如顶端过嫩，扦插时不易成活，应截去不用，然后视其长短截成若干个插穗。嫩枝插穗一般保持3～4个芽，其长度取决于花卉种类的节间长短，10cm左右即可。枝条上保留顶部2～4枚叶片，以便在其光合作用过程中制造养料促进迅速生根。但叶片过多时，由于蒸发量过大而使凋萎，反不利于成活。基部剪口应靠近节部，因大部分花卉易在节下生根。切口要平滑。为了防止嫩枝萎蔫，最好随采随插，插入深度为插穗的1/2。

仙人掌与多肉多浆植物，剪取后应放在通风处干燥几日后再扦插，否则易引起腐烂。

硬枝插是用已经木质化的枝条作为插穗进行扦插。插条应选择生长势旺盛、节间短而粗壮、无病虫害的一、二年生枝条，有利于生根成活。硬枝插的时期多在秋季落叶后至来年萌芽前的休眠期进行。春插要早。在芽未萌动前插入土壤，秋插宜在土壤结冻以前。

插穗剪取的方法是：枝条采集后，通常截取中段有饱满芽的部分，剪成15cm左右的小段。上剪口的位置在芽上方1cm左右，下剪口在基部芽下0.1~0.3cm，并削成斜面。也有在剪截插穗时，在当年生枝条的基部，略带少许二年生枝条或一段二年生枝条，称为带踵插及带锤插，应用于桂花、南天竹及松柏类等效果较好。

插穗准备完毕，即可将插穗斜插或直插于苗床中，插入深度约为全长的2/3，为避免插穗基部破裂，先用相似粗细的木棍打孔后再进行插入，插后压实浇适水。

(2) 叶插

叶插法是用全叶或一部分叶作为插穗的一种扦插方法。作为插叶的叶，必须具有生根发芽的能力，常为具有肥厚的叶肉及粗大的叶脉而发育充实的叶片。叶插发根部位有叶脉、叶缘及叶柄之别，故需要掌握好发根部位，扦插时使发根部位插入土中或接近地面。扦插一般是在温室内进行，需保持高温高湿条件。

叶片扦插用于叶脉发达、切伤后易生根的种类，常作全叶插或片叶插。蟆叶海棠扦插时，先剪除叶柄，叶片边缘过薄处亦可适当剪去一部分，以减少水分蒸发，将叶片上的支脉于近主脉处切断数处，平铺在插床面上，使叶片与介质密切接触，并用竹枝或钢丝固定，则能在支脉切伤处生根(图4-2)。落地生根可由叶缘处生根发芽，可将叶缘与介质紧密结合。这种扦插方法也叫平置法叶插。另外也可将一个叶片切成数块(每块上应具有一段主脉和侧脉)分别进行扦插，使每块叶片上形成一个新植株，如虎尾兰、豆瓣绿、秋海棠类等均可用此法，即片叶插。

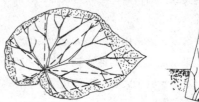

图4-2 蟆叶秋海棠片叶插

叶柄扦插用于叶柄发达，易发根的种类。将带叶片的叶柄插入沙中，以后由叶柄基部发根生芽，也可将半张叶片剪除，将叶柄斜插土中。大岩桐叶插时，叶柄基部先发生小球茎，之后发生根与芽，形成新的个体。豆瓣绿(图4-3)、非洲紫罗兰、球兰、菊花等均可采用此法。

鳞叶扦插是指百合可剥取肉质鳞叶进行扦插。于7月挖起鳞茎，干燥数日，剥下鳞叶插入湿沙中。40~60d后，在鳞叶基部可发生小鳞茎。

(3) 芽插

插穗上仅具一芽，可以节省材料。取2cm长、枝上有较成熟的芽(带叶片)的枝条作插穗，芽的对面略削去皮层，将插穗的枝条平插入土中，芽梢隐没于土中，以免日光直射。叶片露出土面，可在茎部表皮破损处愈合生根，腋芽萌发成为新植株。此法也用于叶插不易产生不定芽的种类，如橡皮树、山茶、桂花、天竺葵等(图4-4)。

图4-3 全叶插(豆瓣绿)　　　　　图4-4 芽插法

(4) 根插

用根作插穗的扦插方法叫根插。适用范围仅限于易从根部发生新梢的种类。时间春、秋均可,结合分株进行。粗大的根可扦插,如芍药、荷包牡丹、补血草等,可将其粗壮的根剪成5~10cm左右一段作为插穗,全部埋入床土或顶梢露出土面,注意上下方向不可颠倒。小的草本植物的根,可切断后进行撒播,如蓍草、宿根福禄考、肥皂花等,其根可剪成3~5cm的小段,然后用撒播的方法撒于床面后覆土即可。苗床保持湿润,并保持全光照以提高土温,才能尽快成苗。

5) 扦插后的管理

硬枝扦插与根插的管理较为简单,北方要防止早春寒害。嫩枝扦插应精细管理,才能生出根来,管理的方法主要是浇水、遮荫等,防止蒸发失水后影响成活。主要是由于扦插时还没有根,不能吸收水分,叶片又不断在蒸腾,上下水分不能平衡。故在扦插初期不但要保持扦插床的湿润,而且要求较高的空气湿度,经常喷水;发根时晨夕可逐渐通风透光,减少灌水,并逐渐增多日照,随时进行除草、除虫等工作,生根、长新芽后施淡肥一次,植株壮实后可以移株。芽插、叶插多在温室内进行,也要精细管理,注意遮荫,防止失水。

6) 促进生根的方法

影响扦插能否成活的因素很多,除温度、水分、阳光、空气和介质等环境因素外,插条本身的质量也是影响其生根的主要内在因素。因此,在扦插时应选择生长健壮、发育充实、无病虫害的枝条作插穗。

为了促进插条提前生根,可人为地对插条进行处理。具体有以下两种方法:

(1) 生长激素处理

促进植物生根的激素很多,其中效果较好的有吲哚乙酸(IAA)、萘乙酸(NAA)、吲哚丁酸(IBA)。浓度表示方法多用百万分之一,简写ppm。常用的有粉剂和液剂两种。粉剂处理是将植物生长激素均匀地混入滑石粉中,插时在插条基部沾上少量此粉。嫩枝插常用浓度为500~2000ppm,硬枝插或生根困难的种类可适当加大浓度或几种植物生长激素混用。液剂处理是将插条浸泡在含有一定浓度的植物生长激素的水溶液中,并处理一定的时间。配制液剂时先将称量好的植物激素溶解于95%酒精中,然后加水稀释至所需要的浓度。一般草本花卉5~10ppm,木本花卉30~100ppm,浸泡12~24h。或用500~1000ppm的激素溶液浸泡1~2s。水溶液容易失效,宜现配现使用,不宜长期保存。植物的种类不同,枝条的发育阶段不同,要求激素的浓度、处理的时间也有不同,应区别对待,一般浓度不能太大,太大反而对生根起抑制作用。生长素处理对茎插有显著作用,但对根插及叶插效果不明显,处理后常抑制不定芽发生。

(2) 物理处理

物理处理的方法很多，如低温处理、热水处理、电流处理、环剥处理、黄化处理等，但应用均不广泛。

4.2.2 嫁接繁殖

嫁接是把需要繁殖的植物的枝或芽移接到另一植株上，使之形成新的个体。用于嫁接的枝条称接穗，嫁接的芽称接芽，被嫁接的植株称砧木，接活后的苗称嫁接苗。嫁接可以保持品种的优良特性，常用于梅花、月季等，提早开花结果，提高适应能力。缺点是繁殖量少，操作烦琐，技术要求高。在花卉栽培中常应用于观赏价值高，但扦插不易成活或者不产生种子的重瓣品种。

1) 影响嫁接成活的主要因素

嫁接成活的原理主要是由于细胞具有再生能力。在接穗和砧木的伤口产生愈伤组织，填充在接穗与砧木之间缝隙中，使砧木与接穗连接起来，愈伤组织进一步分化出输导组织，使砧木与接穗之间的输导系统互相沟通，形成统一的新的个体。因此形成层细胞的密切贴合并很快产生愈伤组织，是嫁接能否成活的重要环节。此外砧木和接穗能否愈合，还要看砧木与接穗是否有亲和力。亲缘关系近的亲和力强，嫁接成活率高，亲缘关系远的就难以成活或根本不活。所以嫁接多在同属内、同种内或同品种的不同植株间进行。当然嫁接成活率还与嫁接后的管理，以及操作技术的熟练程度有很大关系。

2) 砧木与接穗的选择

砧木要选择与接穗亲缘关系近，抗性强，适宜本地生长种类的健壮植株，以一、二年生实生苗为好。接穗应从品种特性强的壮年、健康植株上采取，枝条要充实，芽要饱满，砧木应较粗于接穗或相等。

3) 嫁接时期

(1) 休眠期嫁接 一般在春季植株萌动前2~3星期，即3月上、中旬进行，而有些萌动较早的种类在2月中、下旬进行。因此时砧木的根部及形成层已开始活动，而接穗的芽即将开始活动，嫁接成活率最高。秋季嫁接约在10月上旬至12月初进行。

(2) 生长期嫁接 在生长期进行的嫁接主要为芽接，多在树液流动旺盛之7~8月进行，因此时枝条腋芽发育充实而饱满，而砧木树皮容易剥离。另外，靠接也在生长期进行。

4) 嫁接方法

嫁接的主要原则为切口必须平直光滑。接穗要用快刀稳削，使削面平直，不致形成内凹。绑扎嫁接部分的材料，现在多用塑料薄膜剪成的长条，既有弹性，又可防水。花卉常用的嫁接方法有枝接、芽接、平接、根接等。

(1) 枝接

以枝条为接穗。枝接的方法有很多，花卉上应用较多的有切接、劈接和靠接。

切接法在选定砧木时，水平截去上部，在其一侧纵向切下约2cm左右，稍带木质部，露出形成层。将选定的接穗，截取长5~6cm的一段，其上具有2~3个芽，将下部削成2cm左右的斜形，在其背侧末端斜削一刀，插入砧木，使它们的形成层相互对准密接(对线)，见图4-5。

劈接也称割接法。先在砧木离地10~12cm左右处，截去上部，然后在砧木横切面中央，用嫁接刀垂直切下3~5cm，接穗枝条保留2~3个芽，下端削成楔形，插入切口，对准形成层，用塑料膜带扎紧即可。劈接多用于较粗的砧木。菊花生长季嫁接以及开花乔木的嫁接多用此法(图4-6)。

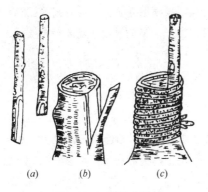

图 4-5 切接的步骤

(a)截削接穗；(b)劈开砧木；(c)插入接穗和绑扎

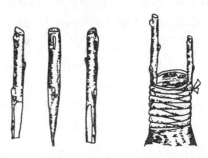

图 4-6 劈接

靠接一般多用于采用其他嫁接不易成活的花木，如用小叶女贞做砧木嫁接桂花等。靠接在生长季节进行，在夏季进行较好。预先将靠接的两株植株移置一处，各选定一个粗细相当的枝条，在靠接部位相对削去相等长的平口，深至近中部。接时要使形成层密切结合，或至少对准一侧形成层，然后用塑料薄带扎紧，待愈合成活后，将接穗自接口下方剪离母体，并截去砧木接口以上的部分，则成一株新苗(图 4-7)。

(2) 芽接

是花卉栽培中应用较多的方法。最常用的是T字形芽接，操作简单迅速，成活率高。嫁接时将枝条中部饱满的侧芽选作接芽，剪去叶片，保留叶柄，在接芽上方 5~7mm 处横切一刀，深达木质部为度，然后在接芽下方 1cm 处向芽的位置削去芽片，芽片成盾形，连同叶柄一起取下，再稍带木质部(某些植物可不带木质部，如月季)。在砧木离地面 5~8cm 处的一侧横切一刀，再从切口中间向下纵切一刀长 3cm，使其成T字形。用芽接刀轻轻把皮剥开，将盾形接穗芽片插于T字口内，紧贴形成层，并使两者的上口紧密对合，然后使剥开的表皮合拢包住接穗，最后用塑料膜带扎紧，注意露出芽及叶柄(图 4-8)。

图 4-7 靠接法

1—砧木和接穗的削口；2—砧木盆苗；3—接穗枝条；
4—留尾靠接的接穗剪断部位；5—砧木苗的短剪部位

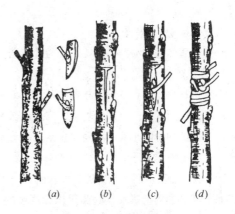

图 4-8 T字形芽接法

(a)自接穗上削取接芽；(b)将砧木的皮层割开；
(c)将芽片插入砧木皮层内；(d)绑扎

芽接后约一星期左右,当用力触动接芽上的叶柄,如能自然脱落,并且芽片皮色正常,说明已嫁接成活。相反就说明还没接活。如果时间来得及,可以换一个方向补接一次。待愈合后,将砧木的接口以上部分的枝条剪去即可。

(3) 平接

又名对口接。一般用于嫁接仙人掌类,在温室内一年四季均可进行。

嫁接时先将砧木上面削平,保留的高度根据需要而定。再将接穗基部也削成一个平面,然后平面切口对接在一起,注意中间髓心对合,最后用细绳连盆底绑扎固定,放半阴干燥处,一周内不可浇水。保持一定的空气湿度,防止伤口干燥。待成活拆去扎线,拆线后一星期可移到阳光下进行正常管理(图4-9)。

图4-9 仙人球平接方法示意图
(a)切削砧木;(b)切接穗;(c)砧木与接穗对合;(d)用尼龙线绑扎固定

(4) 根接

此法是用根作砧木,如牡丹的嫁接,即是用芍药根作砧木,牡丹作接穗,多采用劈接法。一般于秋季在温室内进行。

5) 嫁接后的管理

各种方式嫁接后都要注意剥除砧木上的萌芽,使砧木养分能集中供应给接穗。剥芽要及时,可分多次进行。嫁接部位低的要壅土保护接穗,待成活后逐步除去。成活后,嫁接部位绑扎的塑料膜带要及时解除。其他如除草、浇水均应正常进行。

4.2.3 分生繁殖

分生繁殖依植物种类不同,可分为分株法和分球法两类。

1) 分株繁殖

多用于丛生型或容易萌发根蘖的花灌木或宿根花卉。用人工分开以后再行种植。根据原来植株的大小可分成两株或三至四株均可,方法比较简单,但繁殖量不是很大。根据种类不同,方法也有所不同,分株的时间也有所不同,多半在冬春季节;分株苗已有根系,栽植后应注意浇水,保持土壤湿润,无须特殊管理。

(1) 丛生型及带萌蘖花卉的分株繁殖 一些丛生型的花卉,在秋季或早春可掘起株丛,一般可分2~3株种植,如蜡梅等。萌蘖为母株旁萌生的小植株,称为分蘖、吸芽或吸枝,可将其带根切下,另行种植,成为新植株,如菊花、凤梨、芦荟等。还有依靠走茎繁殖的,如吊兰、虎耳草等;依靠匍匐茎繁殖的,如狗牙根、野牛草等。

(2) 根茎类的分株繁殖 利用根茎进行繁殖,用刀将地下根茎分割成数块,每块需带3~4个芽,另行栽植，如美人蕉、鸢尾等。

(3) 块根类的分株繁殖　利用块根进行繁殖，如：大丽花的块根，常呈簇状，着生于茎的下部，芽也着生于此，而块根上没有芽，故切割繁殖时，每块必须带有根茎部位的芽，才能生长。

2) 分球繁殖

利用球根花卉的地下部分球茎、块茎、鳞茎等产生的小球进行繁殖。分球繁殖的季节主要是春季和秋季。一般球根掘取后将大、小球分开，置于通风处，使其经过休眠期后再分别进行种植。

(1) 球茎类的分球繁殖

有些球茎，如唐菖蒲，在其母球旁侧产生许多中型及小型的球茎，在母球之上可产生大型的新球。小球当年能开花；中球分球后需经2年栽培，方能开花；小子球经3年栽培后才能开花。

(2) 鳞茎类的分球繁殖

有些鳞茎，如百合、水仙、郁金香等，由多数鳞片组成，内为主芽，鳞片之间有侧芽，母鳞茎发育中期后，其四周有小鳞茎形成，可在生长停止时，掘起分离。

生产中，为获取多量的小鳞茎，可在栽培中采用割伤法，使大鳞茎发育受抑，并产生不定芽而形成小鳞茎。

百合的叶腋间，可发生珠芽，为芽的变体，这种珠芽取下后播种，可产生小鳞茎，栽培2~3年后，方可形成大鳞茎。

4.2.4　压条繁殖

将母株的部分枝条或茎蔓压埋在土中，待其生根后切离，成为独立新植株的繁殖方法。压条是一种不切离母体的扦插法，生根过程中的水分、养料均由母体供给，管理容易，多用于扦插难以生根的花卉，或一些根蘖丛生的灌木。

压条能保存母本的优良特性，可以弥补扦插、嫁接不到之处，操作技术简便，但繁殖量不大。为了促进生根，常将枝条入土部分进行环状剥皮或刻伤等处理。选条要根据压条方法来决定，一般要选用成熟而健壮的1~2年生枝条。如在植株基部堆土压条，枝条大小都可用，不必选条。曲枝压条要选择能弯曲、近地面的枝条。高空压条要选壮实的枝条，高低适当的部位。取条的数量，一般不超过母株枝条的1/2。落叶阔叶花木适宜早春或秋季进行，常绿花木多在梅雨季节进行。压条时注意压紧，依其生根快慢决定切离母体的时间。如月季等可当年切离，桂花等要第二年切离。压条的方法很多，主要有以下几种：

(1) 普通压条　靠近地面而向外开展的枝条，先进行刻伤处理后，弯入土中，使枝条先端向上。较软的细长枝蔓也可平埋土中。为防止枝条弹出，可在枝条下弯部分压砖石或插入小木叉固定，再盖土压紧，生根后切割分离。绝大多数花灌木、草本、藤本都可采用此法(图4-10a、图4-10b)。

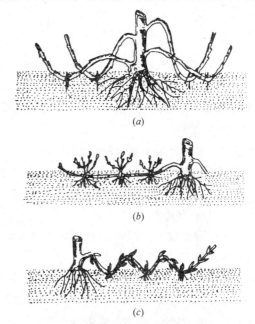

图4-10　普通压条法示意图

(a)单枝压条法；(b)连续压条法；(c)波状压条法

(2) 波状压条　用于枝条长而容易弯曲的种类,将植株弯曲牵引到地面,在枝条上进行数处切伤,将每一伤处弯曲后埋入土中。生根后,分别切开移植,即成为数个独立的新个体(图4-10c)。

(3) 堆土压条　也叫壅土压条。选用丛生性的种类先行重剪,促其萌发多数分蘖,第二年将萌发枝条基部刻伤,并在其周围堆土呈馒头状,待枝条基部根系充分生长后切离,重新栽植。常用于丛生而枝条硬直的花木(图4-11)。

(4) 高空压条　是在离地较高的枝条上给予刻伤等处理后,外套容器(竹筒、瓦盆、塑料袋等),内装苔藓或细土,经常保持湿润,一个月后可生根,待其生根后切割下来成为新植株。此法适用于基部少分枝又不宜弯曲作普通压条的花卉,如米兰、杜鹃、月季等(图4-12)。

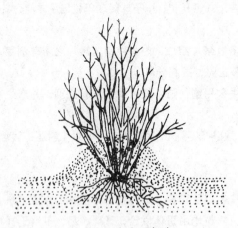
图4-11　壅土压条法

图4-12　高空压条

4.3　组织培养

用组织培养的方法进行繁殖是一项先进技术。其优点是:耗费母株材料极少,又能快速进行繁殖;能繁殖得到去病毒的壮苗;能防止常规发育过程中感染病的危险,在较短时间内引进新的栽培种或品种;利用降低温度、限制组织材料生长的方法贮备花卉品种,可大大节省人力物力,提高工作效率和质量。

组织培养早在20世纪初即已开始,已有八十多年的历史。在某些花卉的商品生产中,已成为极有效的繁殖手段。近年来发展很快,并广泛用于花卉繁殖。

4.3.1　培养基和培养条件

1) 培养基成分

培养基的成分主要包括无机盐类(分大量元素和微量元素)、有机物质(即维生素等)、生长调节物质以及碳源等四类。

(1) 无机盐类　植物所需的十大元素,除碳、氢、氧由水和空气中供给外,其他氮、磷、钾、硫、钙、镁、铁等七种均需加到培养基中;微量元素有硼、锰、锌、钼、钴、碘、铜等。

(2) 有机物质　主要是维生素和氨基酸,如B_1和B_6以及烟酸等。

(3) 生长调节质　主要有细胞分裂素和生长素两类。目前用得较多的细胞分裂素有:激动素(KT)、6苄基嘌呤(BAP)、玉米素(2T)及异戊烯基腺嘌呤(Zip)等,能促进芽的分化。生长素有吲哚乙酸(IAA)、吲哚丁酸(IBA)、萘乙酸(NAA)和2,4—D,能促进生长。

(4) 碳源　因组织培养时植物体处于他养情况下,故必须有能源供给,主要是蔗糖。

2) 培养基的种类

培养基的种类很多,如 MS、ER、B5、SH、HE 等培养基。在花卉组织培养中用 MS 培养基最多。

3) 培养条件

培养条件,按培养对象的种类不同而有所不同,温度条件一般在23～26℃左右的恒温条件下。光照条件对器官形成有作用,一般范围是1000～3000lx,每日12～16h,高于3000lx有强烈抑制作用。培养室要求清洁卫生,减少污染。

4.3.2　花卉组织培养的途径

在花卉组织培养实践中,用植物的组织或细胞培养成植株,也就是试管培养,可以通过三条途径来进行。

(1) 通过器官发生　通过培养的组织,产生芽及根。器官发生由于培养材料的不同又可分为两方面:一是培养花卉植物的茎尖产生大量芽,再将芽分离转移培养成植株;二是培养花卉植物器官外植体产生不定芽,发育成植株。

(2) 通过愈伤组织分化成株　将花卉植物体的一小片组织培养成愈伤组织,再诱导分化成芽和根,成为完整植株。

(3) 通过胚状体发生　由培养的植株产生愈伤组织,再通过悬浮培养,或直接产生大量的胚状体,再发育成完整植株。

4.3.3　花卉组织培养的操作方法

花卉组织培养的操作可分为培养基配制、消毒灭菌、接种、培养、试管苗移栽等几方面。

1) 培养基配制

选定培养基以后,需把大量元素、微量元素、有机物都配成母液,扩大倍数为稀释液,贮存备用。使用时,根据所需配制的量,在稀释液中加一些蔗糖、铁盐等制成营养液,然后吸取需用量,加入培养基中,再测其酸碱度(一般 pH 值在5.5～6.5之间即可),最后加琼脂煮沸后分装入三角瓶或试管中,封口待用。

2) 消毒灭菌

消毒灭菌非常重要,关系到组织培养的成败。污染的途径是器皿、用具、材料的带菌,以及接种室的空气、墙壁、地板等的不清洁,故必须针对所提及的几方面,进行严密的消毒灭菌。

(1) 培养基消毒　将配制分装好培养基的三角瓶或其他容器放入高压灭菌锅中,在 $1kg/cm^2$ 的压力下,经20min高压灭菌即可。

(2) 器皿与用具的消毒　接种用具及玻璃器皿、洗涤材料用的无菌水,用牛皮纸包好后和培养基一起放在高压灭菌锅中消毒灭菌。

(3) 接种室消毒　接种室的地面及墙壁,在接种前后均要用1∶50的新洁尔敏湿性消毒。每次接种前还要用紫外线灯照射消毒30～60min,并用70%的酒精,在室内喷雾,以净化空气,最后是超净台台面消毒,可用新洁尔敏擦抹及70%酒精消毒。

(4) 材料处理及消毒　花卉组织培养取嫩茎、花托、叶柄、叶片均可,取得材料后,需先清理,去掉多余部分,然后冲洗、洗涤剂洗涤、漂清后放入接种室或超净台上,用70%的酒精浸泡半分钟,进行表面消毒，再在10%的漂粉溶液中消毒10min左右，取出后用无菌水冲洗4~5次，即可接种。一般材料的选择以幼嫩部分为好，草花用嫩茎、花托为好；球根花卉用茎顶、鳞茎盘、鳞叶等为好。

3) 接种

接种用的钳子、解剖刀、接种针等均需在火焰上消毒后用，用后再消毒。将消毒好的材料置于培养皿中，用解剖刀切去其边缘，再切成小块接种在培养基上，使组织块与培养基密合，不得将材料陷于培养基中，接好后随即将瓶口封好待培养。

4) 培养

接种完毕后即可置于培养室，在恒温、加光条件下进行培养，培养一段时间后，根据情况将材料从诱导愈伤组织的培养基转到分化配养基(也有只用一种培养基就可直接诱导分化成绿苗的)，最后转移到生根培养基上。

5) 试管苗移栽

试管苗发根后，必须随即转移到栽培基质中去，这种基质可以用培养土、蛭石、珍珠岩等配成。将试管苗从瓶中取出，洗去残存的培养茎，移植到准备好的基质中去，随即用细喷壶喷水后加玻璃或塑料罩，3~4d内不必浇水，以后浇些清水，1周后见苗已挺直，可去罩浇培养液(用过去所用培养基的大量及微量元素减半配成)，以利生长，2~4周后可进行常规栽培。

4.4 花卉良种保存、繁育

花卉栽培在我国有悠久的历史，历代出现并创造了极为丰富的花卉品种，但由于保存不善，良种多有遗失，品种间亦多混杂，草花品种更是严重退化。因此，花卉品种的改良繁育，保存优良品种，选育出更好的品种，是亟待解决的问题。

近百年来，由于遗传学科的飞跃进步，植物的育种技术也日益提高。同时，各国的花卉工作者进行了世界性的花卉种质资源搜集工作，通过长期而广泛的再生产过程，导致了各种花卉都产生了与传统类型相比更加优良的系统和新品种。良种繁育是运用遗传育种学的理论与技术，不断提高良种品质的一整套科学的种苗生产技术，绝非单纯的种苗繁殖。

4.4.1 花卉品种退化的原因

1) 机械与生物学混杂

机械混杂发生在采种、晒种、贮藏、包装、调运、育苗、移栽、定植等栽培繁殖过程中，把一个品种的种子或花苗，机械地混入另一个品种的种子或幼苗中，从而降低了前一个品种的纯度和品质，此后进一步引起生物学混杂，造成品种进一步严重退化。由于品种间或种间一定程度的天然杂交，造成在一个品种的遗传性内混入另一些品种的遗传基础，表现出花型紊乱、花期不一、高度不整齐、花色混杂、重瓣变为单瓣。生物学混杂不但降低了品种的纯度和典型性，且在以后的年代中还将陆续发生分离和进一步的生物学混杂。

2) 生活条件和栽培方法不适合而引起退化

生活条件和栽培方法不适合品种种性的要求，从而引起遗传性的分离和变异，引起品种退化。如三色堇由于生活条件的不良，由大花品种变成开小花，花色由鲜艳变暗淡，花瓣变薄等等。

3) 生活力衰退而引起退化

长期营养繁殖使得良种得不到有性复壮的机会，使内部矛盾逐渐削弱致使生活力降低；长期自花授粉，降低生活力，使品种退化；在相同条件下栽培，如同一品种在同一地点，用同一方法长期栽培，也会造成生活力衰退。

4）病虫长期为害

很多花卉，尤其是球根花卉、温室花卉，由于病虫为害而引起退化。如郁金香的"彩衣病"（纯色被破坏，出现异色斑点、条纹）；大丽花、香石竹的病毒病等。

4.4.2 保持与提高优良品种种性的措施

1) 防止遗传性劣变与分离的措施

(1) 防止混杂

① 防止机械混杂

采种必须有专人负责，落到地上的种子宁可不要。采种后应立即标认品种名称，无名称的种子要舍去。容器必须干净，不能有旧种子。晒种时品种间要隔开一定距离，避免被风吹动混杂。

播种要选无风天气，相似品种最好不在同一畦内播种育苗。灌水时应注意防止冲走种子，而不使混杂。播种地段必须当时插标牌，并画下播种图。播种和定植地应该合理轮作，以免隔年种子萌发出来造成混杂。移苗过程中必须严格注意去杂和插木牌，并画出移植定植图。在移苗、定植、初花期、盛花期和末花期各个不同时期，分别进行若干次去杂工作，是防止机械混杂的有效措施。

② 防止生物学混杂

不同品种间的天然杂交授粉，是造成花卉实生苗混杂的主要原因。防止生物学混杂的基本方法是隔离。隔离有空间隔离和时间隔离两种方法。

生物学混杂的主要媒介是昆虫和风力传粉。空间隔离是把易天然杂交的各品种间距离隔大些，或设置障碍来减少传粉机会。隔离的方法和距离随风力大小、风面情况、花粉数量以及播种面积等而不同。

时间隔离可分跨年度与不跨年度两种。不跨年度的是在同一年内进行分期播种、分期定植，把开花期错开，这种方法适用于某些光周期不敏感的花卉。对于种子寿命较长的花卉，可以将容易杂交的品种隔年栽培。

在实际工作中，由于一个花圃的土地面积有限，给品种隔离带来一定困难，采用时间隔离方法较好。也可组织其他单位分区播种，以分区保管品种资源。

(2) 控制性状表现

优良品种都直接或间接地来自野生种，这些野生性状在栽培条件良好的条件下处于潜伏状态（隐性），但是当生活条件与栽培方法不适合品种种性要求时，优良性状就会被潜伏的野生性状代替。所以，提供优良的栽培条件和栽培技术是防止品种退化的重要措施之一。

① 良种繁育地段的土壤要排水良好，土质疏松。

② 合理施肥，注意用混合肥料及适当多施磷、钾肥。

③ 扩大营养面积，加大株行距。

④ 适时播种和扦插，合理修剪以及合理轮作和加强病虫害防治等。

(3) 注意个体选择

选择能有效地控制显性和隐性的比率。选择品种典型性高的单株、花序和种子等。其后代的生长发育往往会有不同的表现。比如用一、二年生充实枝条的中段作繁殖材料就不容易退化。先开的花比晚开的花、花盘边缘的种子比中央的种子更能准确地遗传母体的花形和花色。

选择不但能保持良种优良遗传性的稳定，同时也是保持与提高生活力的最有效的措施。尤其是对于由花授粉的植物更是如此。任何品种生活力的降低都不是普遍发生的，单株之间有很大的差异。所以，只要注意这些差异的选择，就能有效地保持品种生活力的水平。

2) 提高品种生活力，防止品种退化

品种生活力是指该品种对不良环境的抵抗能力。生活力的衰退一般认为是由于长期营养繁殖、长期自花授粉、长期栽培在相同的条件下而产生的。提高品种生活力的方法有：

(1) 改变原有的生活条件

改变播种期和扦插繁殖期，可以使实生苗各个发育阶段遇到与原来不同的生活条件，以增加内部的矛盾性而提高生活力。

将长期在一个地区栽培的良种，定期换到另一个地区繁殖栽培1～2年，再拿回来栽种，或直接将两地区相同品种互换。这些处理都能在一定程度上提高品种的生活力，其原因是充分利用两地区在气候、土壤等方面的差异，增加内部矛盾。另外，用高温或低温处理种子都能在一定程度上提高植物的生活力和抗性。

(2) 人工辅助授粉和杂交

人工补足天然授粉的不足以保证花粉供应和扩大选择授粉的范围，一般在同品种内进行。当母体的性细胞选择了生活力强的雄细胞结合后，可使后代生活力大大加强。

在保持品种特性不变的前提下，用品种内不同植株进行杂交，利用有性过程，增加内部矛盾，使后代的生活力提高。还可以在特别选出的具有杂种优势的品种组合中进行品种间杂交，利用杂交一代所产生的杂种优势来提高品种生活力，增进品质和抗性等。植物品种间杂交可促使植物产生变异，从中选择新品种，代替或更换退化了的旧品种，这是防止品种退化、提高种性的最根本、最有效的方法。

所谓杂交优势的利用，是指生产上只利用杂交的第一代(F1)，它具有生长旺盛、性状一致等优点，其后代(杂种第一代、第二代……)由于性状分离、生长势减退，故不能再利用了。目前先进花卉生产国的一、二年生草花种子有不少是杂种一代，如四季海棠、矮牵牛、三色堇、天竺葵等，市场上都以杂种一代种子出售。

制造一代杂种的步骤为：通过自交创造纯化的自交系；通过不同自交系间的相互杂交取得各杂交种；通过各杂交种的相互比较，确定优良杂交组合；将选定的亲本自交系分别隔离繁殖，并在隔离区上制造杂交种一代供商品出售。

杂种一代的生产具有极大的经济效益，生产种子的单位对它所创造的杂种组合具有专利权。人们只能买到它所生产的杂种一代种子，而无法买到亲本纯系。因为杂种一代生产的杂种二代是分离、混杂而无用的，所以人们只能年年向该生产单位购买他们所需要的杂种一代种子。

(3) 营养繁殖

同一植株的不同部分，就发育阶段来讲可能是异质的，各部分生活力的复壮能力也有差异，阶段发育愈年幼的部分生活力复壮的能力愈强，相反则愈低。例如用根冠顶部新生一年生枝条作繁殖材料，如：菊花用外围根际萌发出来的脚芽作繁殖材料，而不用老株的侧芽和顶芽；牡丹等落叶灌木用土壤中新萌发出来的根蘖苗作繁殖材料，而不用老枝的先端枝条等等，都可以增加营养苗的生活力。

总之，保持品种优良性的方法很多，只有综合地加以运用才能最有效地防止品种退化。事实上各种退化原因也是相互联系甚至相互转化的,所以防止退化的措施的综合性也就显得特别重要。

良种退化后,虽然在某些情况下可以恢复,但较困难,而且需较长时间,有些品种退化后甚至难以恢复,所以应以预防为主。品种恢复一般可采用多次单株选择和品种内杂交法,且需要在优良的栽培条件下进行。

复习思考题

1. 什么是花卉的有性繁殖?有性繁殖的优缺点是什么?
2. 为什么说优良种子是花卉播种育苗成败的关键?优良的花卉种子应具有怎样的品质?
3. 花卉种子应如何采收并贮藏?
4. 播种前怎样选种?部分花卉种子播种前进行处理的目的和方法是什么?
5. 怎样掌握露地及温室花卉的播种期?
6. 怎样进行地播和盆播?播后怎样管理?
7. 穴盘育苗有何特点?
8. 什么是花卉的无性繁殖?都有哪些方法?无性繁殖有哪些优缺点?
9. 什么是扦插繁殖?扦插成活的原理是什么?
10. 扦插在什么条件下易生根?为什么全光照喷雾插成活率高?
11. 由于扦插材料不同,可分为哪几类扦插?叙述并掌握这几种扦插的方法及播后管理。
12. 促进扦插生根的方法有哪些?
13. 分株繁殖多用于什么样的花卉?操作要点是什么?
14. 以一常见球根花卉为例,说明分球繁殖的过程。
15. 压条繁殖的特点是什么?有什么注意事项?
16. 由于植物特性不同,压条形式各异,花卉植物常见用哪些压条方法?
17. 什么是嫁接繁殖?有何优缺点?
18. 怎样选择砧木与接穗?
19. 怎样掌握嫁接时期?
20. 花卉植物采用嫁接繁殖常用的方法有哪些?嫁接后如何管理?
21. 作为一项先进的繁殖技术,组织培养用在花卉繁殖上有哪些优点?
22. 组织培养的培养基成分由哪些物质组成?培养基的品类以及花卉组织培养常用的培养基是什么?培养条件如何?
23. 花卉组织培养是通过哪些途径形成植株的?
24. 通过实践,掌握组织培养的操作方法?
25. 什么是花卉的良种保存、繁育?其重要性是什么?
26. 导致花卉品种退化的原因有哪些?
27. 为保持与提高优良品种种性,常采取哪些措施防止遗传性劣变与分离?
28. 如何提高品种生活力并防止退化?
29. 为什么人们要使用杂种一代花卉种子,其制造过程是怎样的?

第 5 章　花卉的栽培管理

内容提要：掌握露地花卉、温室花卉的栽培管理要领，了解切花生产的主要环节，能够根据生产目的及花卉的不同生长发育时期，适时、合理地运用不同的栽培管理措施使花卉健壮生长。

5.1 一、二年生花卉的栽培管理

一、二年生花卉是草本花卉，均可以用种子繁殖。其繁殖系数大，从播种到开花生长迅速，花期集中在春、秋两季，采收种子后植株死亡。因此，一、二年生花卉的栽培方法大致相同，但根据其产地、习性、耐寒程度的不同，可将其分为春播和秋播两大类。一、二年生花卉的栽培管理除了做好栽培地选择、整地、作畦、适时播种等，还应做好如下工作：

5.1.1 间苗

间苗俗称疏苗，即将过密之苗拔去。种子撒播于苗床出苗后，幼苗往往密生、拥挤、茎叶细长、瘦弱，不耐移植。所以当幼苗发芽，子叶展开后，视各种花苗的大小和生长速度开始间苗。

间苗时应去密留稀，去弱留壮，使幼苗之间有一定的距离，分布均匀。间苗常在土壤干湿适度时进行，并注意不要牵动留下幼苗的根系。间苗应分2~3次进行，每次间苗量不宜大，最后一次间苗称定苗。间苗的同时应拔除杂苗和杂草。间苗后需对畦(床)面进行一次浇水，使幼苗根系与土壤密接。拔除的幼苗常弃之，但如移植易成活或种子采取困难的种类仍可利用，重新栽植。

通过间苗可使空气流通、日照充足、防病虫，同时也扩大了幼苗的营养面积，使幼苗生长健壮。间苗实质上也是对花卉苗期的选优去劣的选择育种过程，只有健壮的幼苗，才能形成健壮的植株。

间苗常用于主根明显，须根少，又不易萌发出不定根，不耐移植的种类，如虞美人、花菱草、香豌豆、牵牛、茑萝、矢车菊、飞燕草、紫茉莉、霞草等。这些花卉可运用直播法，将种子直接播种在畦地，经间苗、定苗即成。

5.1.2 移植与定植

露地花卉中，除去一些不耐移植的种类需直接播种以外，大多数花卉均先在苗床育苗，经几次移植，最后定植于花坛或花圃畦地等处。移植也包括扦插苗生根后的分栽。

1) 移植

移植包括起苗和栽植两个过程。起苗时，若是幼苗和易移植成活的大苗，可以不带土即土壤成块掘起、捏碎，拣出幼苗。若是较大花苗和移植难以缓苗而又必须移植的，可以带土即用移植铲先在幼苗根系周围将土切分，然后向苗根底部下铲将幼苗掘起。注意勿使土团散开，土团的直径可为苗高的1/2~2/3。起苗后应按株行距迅速栽植。株行距可视苗的大小、苗的生长速度及移植后的留床期而定。栽入时要使根系舒展、不卷曲，防止伤根。不带土的应将土壤压紧，带土的压时不要压碎土团。种植深度可与原种植深度一致或再深1~2cm，过浅易倒伏，过深影响分枝。栽后用喷壶浇透水。

移植时期可视苗的大小。第一次移植，可在幼苗长出4~5枚真叶或苗高5cm时进行。移植应选土壤不干、不湿的时候，还应避免烈日、烈风，最好选阴天或降雨前，若是炎热、晴天须在傍晚，若光照充足温度高的时期移植，常须搭棚遮荫若干天，以减少蒸发避免萎蔫，缩短缓苗期，提高成活率。

移植的作用与间苗相同，并且在移植过程损伤了根系，伤口愈合后易产生许多不定根，进而形成发达的根系，增强了吸收能力，再移植不易萎蔫，同时也有抑制徒长的作用。

对于那些不耐移植的花卉，应尽量少移植，若必须移植时应尽早移植，并带土团进行。

2) 定植

将具有 8～10 枚真叶或苗高 10～15cm 的花苗，按绿化设计的要求，栽种到花坛、花境或其他类型的绿地等不再移植的地方称定植。起苗和栽植的办法同移植，但一般为带土栽植，以利成活，栽后必须充分浇水。

定植前，要根据花卉的需要施基肥。一、二年生花卉生长周期短，根系分布较浅，在排水良好的沙质壤土、壤土或黏质壤土上均可生长，但以富含有机质的壤土为宜。整地深度可为 20～30cm，表土肥要多并疏松。定植时，苗间的株行距视栽植地的土壤条件和花苗冠幅的大小或配植要求而定，使到达成龄花株的冠幅互相能衔接又不挤压。

5.1.3 水肥管理

1) 灌溉与排水

灌溉用水以清洁的河水、塘水、湖水为好，井水和自来水可经贮存一、二天后再用。新打的井用水之前应经过水样化验，水质呈碱性、含盐质或已被污染的水，不宜应用。

灌溉时间因季节而异。夏季为防止因灌溉而引起土壤温度骤降，伤害苗木的根系，常在早晚进行，此时水温与土温相近。冬季宜在中午前后。春、秋季视天气和气温的高低，选择中午或早晚。如遇阴天则全天都可以进行灌溉。

灌溉方法因花株大小而异。播种出土的幼苗，一般采用漫灌法，使耕作层吸足水分，也可用细孔喷水壶浇灌，要避免水的冲击力过大，冲倒苗株或溅起泥浆沾污叶片。对夏季花坛的灌溉，有条件可采用漫灌法，灌一次透水，可保持园地湿润 3～5d。也可用胶管、塑料管引水浇灌。大面积圃地、园地的灌溉，需用灌溉机械进行沟灌、漫灌、喷灌或滴灌。

灌溉的次数，由季节、天气、土质、花卉本身生长状况来决定。夏季因温度高蒸发快，灌溉的次数多于春、秋季。而冬季则少浇水或停止浇水。同一种花卉不同的生长发育阶段，对水分的需求量也不同。花卉枝叶生长盛期，需较多的水分；开花期，要保持园地湿润；结实期可少浇水。一、二年生花卉多为浅根性，因此不耐干旱，应适当多灌溉，以免缺水造成萎蔫。

根系在生长期，不断地与外界进行物质交换，也在进行呼吸作用。如果圃地、园地积水，则土壤不通气、缺氧，根系的呼吸作用受阻，久而久之，因窒息引起根系死亡，花株也就枯黄。所以，圃地、园地排水要通畅、及时，尤其在雨季，力求做到雨停即干。对于较怕积水的花卉，宜布置在地势高、排水好之园地。

2) 施肥

花卉在生长发育过程中，植株从周围环境吸收大量水分和养分，所以必须向土壤施入氮、磷、钾等肥料来补充养料，满足花卉的需要。施肥的方法、时期、施入种类、数量与花卉种类、花卉所处的生长发育阶段、土质等都有关。通常施肥分为：

(1) 基肥　基肥也称底肥。选用厩肥、堆肥、饼肥、河泥等有机肥料加入骨粉或过磷酸钙、氯化钾作基肥，整地时翻入土中。有的肥料如饼肥、粪干有时也可进行沟施或穴施。这类肥料肥效较长，还能改善土壤的物理和化学性能。

(2) 追肥　追肥是补充基肥的不足。在花卉的生长、开花、结果期，可定期追施充分腐熟的肥料，及时有效地补给花卉所需养分，满足花卉不同生长、发育时期的特殊要求。追肥的肥料可以是固态的，也可以是液态的。追施液肥常在土壤干燥时，结合浇水一起进行。一、二年生花卉所需追肥次数较多，可10～15d一次。

(3) 根外追肥　根外追肥即对花卉枝、叶喷施营养液，也称叶面喷肥。当花卉急需养分补给或遇到土壤过湿时，可采用根外追肥的方法。营养液中养分的含量极微，很易被枝、叶吸收，此法见效快，肥料利用率高。将尿素、过磷酸钙、硫酸亚铁、硫酸钾等，配成0.1%～0.2%的水溶液。雨前不能喷施，应于无风或微风的清晨、傍晚或阴天施用，要将叶的正反两面全喷到。一般每隔5～7d喷一次。根外追肥与根部施肥相结合，才能获得理想的效果。

为了了解某种植物吸收养分的种类及多少，目前国内外一般都分别采集植物的根、茎、叶等器官，测定其对各种养分的吸收率。一般花卉在幼苗期吸收量少，在中期茎叶大量生长至开花前吸收量呈直线上升，一直到开花后才逐渐减少。准确施肥还取决于气候、管理水平等。施用时不能沾污枝叶，要贯彻"薄肥勤施"的原则，切忌施浓肥。

水肥管理对花卉的生长发育影响很大，只有合理地进行浇水、施肥，做到适时、适量，才能保证花卉健壮地生长。

5.1.4　修剪与整形

通过修剪与整形可使花卉植株枝叶生长均衡，协调丰满，花繁果硕，有良好的观赏效果。一、二年生花卉常用的措施是摘心。

摘心是指摘除正在生长中的嫩枝顶端。摘心可以促使侧枝萌发，增加开花枝数，使植株矮化，株形圆整，开花整齐。也有抑制生长，推迟开花的作用。

一、二年生花卉中，常需要进行摘心的花卉有一串红、百日草、翠菊、金鱼草、福禄考、矮牵牛等。但对以下几种情况不应摘心，如植株矮小、分枝又多的三色堇、雏菊、石竹等；主茎上着花多且朵大的球头鸡冠花、凤仙花等；以及要求尽早开花的花卉。

此外，对于牵牛、茑萝等攀缘缠绕类和易倒伏的可设支架，诱导牵引。

5.1.5　中耕与除草

1) 中耕

中耕是在花卉生长期间，疏松植株根际土壤的工作。通过中耕可切断土壤表面的毛细管，减少水分蒸发，可使表土中孔隙增加而增加通气性，并可促进土壤中养分分解，有利于根对水分、养分的利用。

在春、夏到来后，因进行移植、定植，而使株行距加大，空地易长草，且易干燥，所以应及时进行中耕。一般在雨后或灌溉后，以及土壤板结时或施肥前进行。在苗株附近应浅耕，离苗株稍远处可略深，注意别伤根。植株长大覆盖土面后，可不再进行中耕。

2) 除草

除草的目的是除去园地的杂草，避免其与花苗争夺水分、养分和阳光。杂草往往还是病虫害的寄主，因此一定要彻底清除，以保证花卉的生长发育。

除草要除早、除净，还要清除杂草根系，特别要在结实前清除。除草方式有多种，可用手锄、机械耕和化学除草剂。除草剂如使用得当，可省工省时，但要注意安全。要根据花卉的种类正确使用适合的除草剂，对使用的浓度、方法和用药量也要注意。此外，运用塑料膜覆盖地面，既能保湿又能防治杂草。

总之，中耕可同时除草，但除草不能代替中耕。而且，中耕在无草时也应进行。

5.1.6　防寒越冬

我国北方的冬季寒冷，冰冻期又长，露地生长的花卉须采取防寒保暖措施，才能安全越冬。

一年生花卉春季播种，在夏秋季开花结实后，于秋末枯死。因此对于一年生花卉在结实后，及时采种并将种子储藏好即可。需要做好防寒工作的主要是二年生花卉。二年生花卉是秋季播种，以幼苗越冬。在我国北方，二年生花卉主要是在冷床越冬。对于石竹、雏菊、三色堇等耐寒性较强的二年生花卉，在京、津地区也可采用覆盖法越冬，即用干草、落叶、马粪、草席、塑料薄膜等进行覆盖。

一、二年生花卉品种容易退化，为保持品种的优良性状，要采取相应的措施，同时应做好轮作、种子的采收与储藏工作。总之，一、二年生花卉从播种到开花需要的工序环节多，栽培管理要求精心细致，其应用水平，可以作为衡量园林绿化水平的重要指标之一。

5.2 宿根花卉的栽培管理

宿根花卉是多年生草本花卉，均以无性繁殖为主。其生活力强，一次栽植后可多年生长，栽培管理粗放，主要花期在春、秋两季，也有夏季开花的种类。宿根花卉又可分为常绿宿根及落叶宿根。常绿宿根，一个单株可以进行多年栽培。落叶宿根，有些种类必须每年繁殖新株，在新株上开花，也有的种类在老根上自行抽芽开花。宿根花卉的栽培管理与一、二年生花卉的栽培管理有相似的地方，但由于其自身的特点，决定其应注重以下几方面：

5.2.1 种植

宿根花卉从播种到开花所需的时间较长，而其萌蘖多，所以主要采用分株繁殖的方法。宿根花卉的根系均较强大，并能深入地下，种植前应深翻土壤。整地深度一般为40～50cm。因其一次种植后不用移植可多年生长，因此在整地时应大量施入有机质肥料，以维持较长期的良好的土壤结构，以利宿根花卉的正常生长。

种植宿根花卉应选疏松肥沃、土层深厚、排水良好的土壤，地势较高，通风良好之处，株行距约40～50cm。若播种繁殖的先育苗，其幼苗喜腐殖质丰富的疏松土壤，而在第二年以后以黏质壤土为佳。栽植时间可在春季3月中、下旬至4月上、中旬，也可秋季落叶后、土壤封冻前。宿根花卉可根据其生长速度定期分株，整地、补肥后再种。一般每隔2～3年或5～6年进行更新复壮一次。

5.2.2 生长期的管理

播种繁殖的宿根花卉，其育苗期应注意浇水、施肥、中耕除草等工作，定植后一般管理比较简单、粗放，施肥也可减少。但要使其生长茂盛、花多花大，最好在春季新芽抽出时施以追肥，花前、花后可再追肥一次。秋季叶枯时可在植株四周施以腐熟厩肥或堆肥。

宿根花卉与一、二年生花卉相比，能耐干旱，适应环境的能力较强，浇水次数可少于一、二年生花卉。但在其旺盛的生长期，仍需按照各种花卉的习性，给予适当的水分，在休眠前则应逐渐减少浇水。

宿根花卉修剪整形常用的措施有：除芽，多用于花卉生长旺盛季节，将枝条上不需要的侧芽于基部摘除，如在培育标本菊时；剥蕾，剥除侧蕾或过早发生之花蕾，如芍药、菊花的栽培过程中；绑扎、立支柱、支架，此为防止倒伏或使株形美观所采取的措施，如栽培标本菊、悬崖菊、大立菊等时常用。大株的宿根花卉定植时，要进行根部修剪，将伤根、烂根和枯根剪去。

5.2.3 休眠期的管理

宿根花卉的耐寒性较一、二年生花卉强，无论冬季地上部分是落叶的，还是常绿的，均处于休眠、半休眠状态。常绿宿根花卉，在南方可露地越冬，在北方应温室越冬。落叶宿根花卉，大多可露地越冬，其通常采用的措施有：

(1) 培土法　花卉的地上部分用土掩埋，翌春再清除泥土。如芍药等花卉。

(2) 灌水法　利用水有较大的热容量的性能，将需要保温的园地漫灌。此举又提高了环境的湿度，从而达到保温增湿的效果。大多数宿根花卉入冬前都可采用这种方法。除此之外，宿根花卉也可以采用覆盖法保护越冬。

5.3　球根花卉的栽培管理

球根花卉亦为多年生草本花卉，均以分球繁殖为主。其种植容易，花开整齐。球根花卉按栽培季节，可分为春植球根和秋植球根。春植球根在春季植球，夏秋开花，秋季起球，球茎越冬。秋植球根在秋季植球，经冬季后春季开花，夏季来临之前起球，球茎越夏。因此球根花卉的栽培管理，应做好如下工作：

5.3.1　栽植

球根花卉对土壤要求较严，大多数的球根花卉喜富含有机质的沙壤土或壤土，尤以下层土为排水好的沙砾土，而表土为深厚的沙质壤土最理想。也有些花卉如晚香玉、水仙、葱兰、石蒜等，则以黏质壤土为佳。整地深度可为30～40cm。磷肥对球根的充实及开花极为重要，可常用骨粉配合作基肥。有机肥必须充分腐熟，否则招致球根腐烂。

球根栽植的深浅，因种类和栽培目的而异。一般为球高的3倍左右。但晚香玉、葱兰以覆土至球根顶部为适；而百合类中，多数种类要求深度为球高的4倍或过之。球根较大或数量较少时常穴栽，球小而量多时常开沟栽植。株行距也应视植株大小而定。一般大丽花为60～100cm，风信子、水仙为20～30cm，葱兰为5～8cm。在栽植时，还应注意分离小球，以免分散养分而开花不良。最好大、小球分开栽植。球根花卉种植初期，一般不需浇水，如果过于干旱则应浇一次透水。

5.3.2　生长期的管理

球根花卉大多根少而脆，断后不能再生新根，因此栽后于生长期间绝不可移植。其叶片大多数少或有定数，栽培中应注意保护，避免损伤。否则影响养分合成，不利于新球的生长，也影响开花和观赏。花后正值新球成熟、充实之际，为了节省养分使球长好，应剪去残花和果实。球根花卉中除大丽花等少数几种花卉，根据需要应进行除芽、剥蕾等修剪整形外，其他花卉基本不需要进行此项工作。但为生产球根而栽培时，为了使地下部分的球根迅速肥大且充实，也要尽早剥蕾以节省养分。此外中耕除草时注意别损伤球根。球根花卉大多不耐水涝，应做好排水工作，尤其在雨季。生长期间不要缺水，保持土壤湿润。花后仍需加强水肥管理。春植球根花卉，秋季掘出贮藏越冬。秋植球根花卉，冬季在南方有的可以露地越冬，在北方常在冷床或保护越冬。

5.3.3　球根的采收和贮藏

1) 球根的采收

球根花卉在停止生长、进入休眠后，大部分种类的球根，需要采收并进行贮藏，度过休眠期后再栽植。

(1) 采收的原因　春植球根在寒地为防冬季冻害，常于秋季采收贮藏越冬。秋植球根夏季休眠时，如留在土中，易因多雨湿热而腐烂。球根采收后，便于分大小、优劣，合理繁殖和培育或供布置观赏、出售等用。在新球或子球增殖较多时，如不采收分离，会因拥挤而生长不良。发育不够充实的球根，采后置于较干燥、通风条件下，能促进后熟，否则在土中易腐烂、死亡。同时，采收后可将土地翻耕，加施基肥，有利于下一季的栽培。也可在球根休眠期间栽种其他花卉。因此，在大规模的专业生产中，即使采收球根的工作量较大，仍每年进行采收。在园林应用中，如地被覆盖、嵌花草坪、多年生花境及其他自然式布置时，有些适应性较强的球根花卉，可隔数年掘起和分栽一次。

(2) 采收的时间和方法　采收应于生长停止，茎叶枯黄未脱落，土壤略湿润时进行。采收过早，养分尚未充分积聚于球根中，球根不够充实；采收过晚，茎叶枯萎脱落，不易确定土中球根的位置，采收时受损伤且子球易散失。采收时可掘起球根，除去过多的附土，并适当剪去地上部分。春植球根中的唐菖蒲、晚香玉可翻晒数天，使其充分干燥；大丽花、美人蕉等可阴干至外皮干燥，勿过干，勿使球根表面皱缩。大多数秋植球根，采收后不可置于炎日下曝晒，晾至外皮干燥即可。经晾晒或阴干的球根就可进行贮藏。

2) 球根的贮藏

(1) 贮藏前的准备　贮藏前应剔去病残球根。数量少而又名贵的球很，病斑不大时，可用刀将病部剜去，并涂上防腐剂或半溶的石蜡及草木灰等。易受病害感染者，贮藏时最好混入药剂或先用硫酸铜等药液浸洗，消毒后再贮藏。

(2) 贮藏方法　对于通风要求不高，球根需保持一定湿度的种类，如美人蕉、大丽花、百合等，可用微湿的锯末、细沙、谷糠等，将球根堆藏或埋藏起来。量少可用盆、箱贮藏，量大可堆于室内地上或挖窖贮藏。

要求通风良好、充分干燥的球根，如唐菖蒲、风信子、郁金香等，量大可于室内设架，铺以席箔、苇帘等，将球根平摊于上(晚香玉可编辫悬挂室内)。量少可放浅箱、木盘、竹篮、布袋中，置于通风处。

贮藏的环境条件，春植球根应保持室温4～5℃，不可低于0℃或高于10℃。秋植球根于夏季贮藏时，应使环境干燥和凉爽，室温在20～25℃左右，切忌闷热潮湿。在贮藏过程中，必须防止鼠害及球根病虫害的传播，应经常检查。

5.4　水生花卉的栽培管理

园林中的水生花卉，从广义来讲，还包括沼生及湿生的草本植物，种类极为繁多。用于园林观赏的水生花卉，主要属于挺水植物及浮水植物。水生花卉有着丰富的种类和花型，在园林的水景布置方面起着重要的作用。

5.4.1　水生花卉的生长环境

水生花卉对于水分的要求，因种类不同有较大的差异。水深要根据不同的类型来定，挺水、浮水花卉一般60～100cm；近沼生习性的宜20～30cm。若水位过深处种植怕水深的种类或品种时，可用砖砌起来抬高种植穴。水生花卉宜使用新鲜、流动的水，水的流动能增加水中的氧的含量及净化作用。所以完全静止的小水面并不适合水生花卉的生长，有些水生植物需生长在溪涧或泉水等流速较大之处。小范围栽培可通过换水来解决。大多数水生花卉均要求阳光充足和开阔通风之处。

5.4.2 水生花卉的繁殖方法

水生花卉主要用分生和播种繁殖。以分生繁殖为主，一般在春季萌芽前进行。适应性强的种类，初夏尚可分栽，方法与宿根花卉类似。播种应用少，多数种子干燥后即丧失发芽力，故成熟后应播种或贮于水中。水生鸢尾类、荷花及香蒲等少数种类，其种实可干藏。播种方法为水池内盆播，即将种子播于有培养土的盆中后，再将盆浸入水中。

5.4.3 水生花卉的栽培管理

栽培中应做好水生花卉休眠期的保护工作。耐寒的水生花卉，直接栽在深浅合适的水边和池中时，冬季不需保护，休眠期间对水的深浅要求不严；半耐寒的水生花卉，在池中栽时，应在初冬结冰前提高水位，使根丛位于冰冻层以下即可安全越冬；不耐寒的种类通常均盆栽，春季搬到室外露天下或沉到池中布置，秋季连缸取出，倒除积水，保持土壤不干，放于不冻冰之处（地窖或冷室），也可直接栽于池中，秋冬掘起贮藏，常沙藏于地窖。

水生花卉宜含有丰富腐殖质的黏质土，塘土必须肥黏。栽植的池塘，池底有丰富的腐草、烂叶沉积，并为黏质土。新挖掘池塘，没有丰富的腐草、烂叶沉积，不为黏质，会缺乏有机质，栽植时必须施入大量的肥料，如堆肥、厩肥等。为了防止各类水生植物交错生长，最好在水下修筑大小不等的定植池。盆栽用土应以塘泥等富含腐殖质丰富的黏质土为适。水生花卉种植前宜施基肥，生长过程中一般不必施追肥。若夏季移栽水生植物，大多需要带土坨和使用营养钵。移栽后要及时补水，保持湿润。运到工地后要进行遮荫处理。

防止鱼类等生物损害，保持良好水质。为防止鱼类等生物噬食水生花卉，也为控制蔓延，常于水中围以铅网，上缘稍露出水面，以免影响观瞻。水体水质混浊，小范围内可撒放硫酸铜除之，大范围则放养金鱼藻（*Ceratophyllum demersum*）、狸藻（*Utricular aurea*）等水草或鲫螺、河蚌等进行生物防治。

水生花卉具有绿化和美化环境、净化水质、保持水面洁净、抑制有害藻类生长，使园林景色更加丰富、生动等作用，目前应用得越来越广泛。

5.5 盆栽花卉的栽培管理

盆栽是花卉栽培上应用最多的。因盆栽花卉具有搬移方便、易于人工控制等优点，因此很多花卉种类都进行盆栽。栽培管理好盆栽花卉，除了要调节好温度、湿度、光照、空气等环境因子外，还应注意以下几方面：

5.5.1 盆栽基质

盆栽花卉由于根系活动的范围受到限制，且盆栽的花卉种类多，要求各不相同，因此对栽培基质的质量要求更高。盆栽花卉的栽培基质，一般要经过人工的配制。这种经人工配制的，供盆栽花卉用的土壤叫做培养土。理想的培养土，应该养分丰富、通风良好、有合适的保水和排水能力以及适宜的酸碱度。培养土是由各种土壤材料配制而成的。

1) 培养土的材料和制备

(1) 材料　配制培养土常用的材料有腐叶土、壤土、河沙、泥炭土、塘泥、蛭石等多种物质。各地可以就地取材，根据不同要求进行配制。

① 腐叶土　腐叶土有天然的，可以直接到山里去收集，也可人工制作。在秋季收集落叶，与土

壤、马粪等分层堆积，也可混拌堆积，随堆随浇水和稀薄的人粪尿。半年后翻堆一次，次年即可腐熟，然后翻开、过筛、晒干、收贮备用。筛出的残渣仍可再次堆腐。

腐叶土是常用的配制培养土的材料，腐殖质含量高，透水性与持水量都好，呈微酸性。堆制腐叶土也可以混入木屑、树皮、稿秆、稻壳等植物残骸，以及其他畜粪等材料。如混入松柏类针叶树的落叶，还可以提高土壤的酸度。

② 泥炭土　又称草炭、泥煤。它是古代湖沼地带的植物被埋藏在地下，在淹水和缺少空气的条件下，分解不完全的特殊有机物。泥炭密度小，孔隙度高，对水和氨有很强的吸附能力，保肥力强，是常用配制培养土的好材料。也可单独使用，用以栽培杜鹃、山茶等喜酸性的花卉。

③ 塘泥　池塘中的沉积土。有机质丰富，常在秋冬挖出，经晾晒风化，敲碎过筛成直径2～3cm的小块备用。可以单独使用，也可用作配制培养土的材料。

④ 壤土　选择田园中表层熟化的壤土、沙壤土，这是配制培养土的主要成分。

⑤ 河沙　可作为配制培养土的材料，以改善土壤的通气、排水性能。也可以单独使用，作扦插床基质。

⑥ 蛭石　是云母状硅酸盐，经高温形成的膨体物质。其密度小，孔隙多，持水力强，有良好的吸热、保温性能。可用来配制培养土及做扦插基质和花卉无土栽培基质。但使用时间长，容易致密，使通气和排水性能变差。

此外，还可利用的配制培养土的材料有木屑、木炭、树皮、砖瓦渣、珍珠岩、草木灰、石灰等。

(2) 配制　一般培养土的配制多以腐叶土(或泥炭土)、壤土、河沙三种为主要材料，依三者所占的比例不同，可分为轻松培养土(3∶1∶1)、中性培养土(2∶2∶1)和黏重培养土(1∶3∶1)。花卉的种类不同或同一种类，在不同的生长发育阶段，对培养土要求的配比情况不一致。目前国内对培养土的主要分类方法是将常用的培养土分为以下六类：

① 扦插成活苗(原来扦插在沙中者)上盆用土　2份黄沙、1份壤土、1份腐叶土(喜酸植物可用泥炭)。

② 移植小苗和已上盆扦插苗用土　1份黄沙、1份壤土、1份腐叶土。

③ 一般盆花用土　1份黄沙、2份壤土、1份腐叶土、0.5份干燥厩肥、每4kg上述混合土加入适量骨粉。

④ 较喜肥的盆花用土　2份黄沙、2份壤土、2份腐叶土、0.5份干燥厩肥和适量骨粉。

⑤ 一般木本花卉上盆用土　2份黄沙、2份壤土、1份细碎盆粒、0.5份腐叶土、适量骨粉和石灰石。

⑥ 一般仙人掌科和多肉植物用土　2份黄沙、2份壤土、1份细碎盆粒、0.5份腐叶土、适量骨粉和石灰石。

美国加利福尼亚大学标准培养土是用细沙和泥炭配合，细沙、泥炭用于扦插苗床的比例为75∶25，用于盆栽花卉的比例为50∶50或25∶75，盆栽杜鹃和茶花的比例为20∶100，可根据不同花卉选择应用。

因花卉的种类、基质材料和栽培管理经验不同，不可能有统一的基质配方，但其总的趋向是要降低基质的容量，增加总孔隙度和增加空气和水分的含量。任何材料若和土壤配合，要显示该材料的作用，用量至少等于总体积的1/3～1/2。各地可根据各地区的习惯、特点、材料来源，选出适合本地区的配制方法。

(3) 贮藏培养土制备一次后剩余的需要贮藏以备及时应用。贮藏宜在室内设土壤仓库，不宜露天堆放，否则养分淋失和结构破坏，失去优良性质。贮藏前可稍干燥，防止变质，若露天堆放应注意防雨淋、日晒。

2) 无土栽培

栽培花卉的基质不只限于一般土壤，无土栽培是用营养液或各种栽培基质加营养液的方法栽培花卉。目前已广泛用于现代化的温室花卉生产，使花卉生产向规范化、工厂化方向发展。无土栽培是高经济效益的无污染栽培方式，其优点是清洁卫生、无杂草；省水，养分不易流失；节约土地且不受土地限制；花卉生长健壮，花大色艳，产量高；显著地防止病虫害滋生，使出口花卉容易达到检疫标准。无土栽培常使用的栽培基质和营养液如下：

(1) 栽培基质　水培，以水为培养基质。在水中加入各种营养元素配制成营养液，将花卉直接浸泡在营养稀释液中，植物生长吸收各种营养元素，营养液能充分利用。矿物质的基质，如石英沙、蛭石、珍珠岩等。用以填充容器或装填栽植床，栽植后再浇灌营养液。含有机质的基质，如泥炭、树皮、蕨根、棕皮、苔藓、锯末、甘蔗渣等。可根据不同种类花卉的栽培需要，经过适当粉碎后再填充于容器固定植株，栽植后浇灌营养液。

此外，目前还有用岩棉、陶粒等作为栽培基质的。

(2) 营养液　营养液是进行无土栽培的关键，它要求各种营养元素要达到平衡、适量，才有利于植物的生长和发育。因此必须经过对正常生长的花卉进行营养分析，并经过反复的栽培实践，才能正确配制、使用好营养液。目前常用的营养液有汉普营养液（克每升水）：

硝酸钾(KNO_3)0.70，硝酸钙[$Ca(NO_3)_2$]0.70，过磷酸钙[$CaS_4 + Ca(H_2PO_4)_2$]0.80，硫酸镁($MgSO_4$)0.28，硫酸铁[$Fe_2(SO_4)_3$]0.12，硼酸(H_3BO_3)0.0006，硫酸锰($MnSO_4$)0.0006，硫酸锌($ZnSO_4$)0.006，硫酸铜($CuSO_4$)0.0006，钼酸铵[$(NH_4)_6Mo_7O_2)_4 \cdot 4H_2O$]0.0006。

其他配方的营养液，如凡尔赛营养液，及各种花卉的营养液，如菊花营养液、唐菖蒲营养液等，都是根据花卉的具体需要，对其中的种类和含量适当增减而成的。

(3) 无土栽培的方式　无土栽培最关键的问题是考虑供给植物适宜的营养和给根以充分的通气条件。其他环境条件如温度、光照等与有土栽培相同。无土栽培采用的方式多种多样，目前常用的无土栽培有水培和基质培两种。

① 水培将花卉的根系完全悬浮在营养液中，根颈以上的枝叶，必须用一层惰性基质或其他方法固定，同时注意营养液内要有足够的通气条件，且要处于黑暗中。因此，需要有专制的设备。目前我国因装置设备费用太高，只有北京、上海、广州等大城市引进国外成套水培设施安装运行，其他地区大多使用设备简单的土方法进行水培种植。除一般水培法外，常用的还有营养膜栽培、漂浮培、雾培等。

② 基质培先将植物栽培在清洁的各种非土壤的基质中，然后把营养液施入基质里，植物从中获得营养、水分和氧气的栽培方法称基质培。随着无土栽培的发展，基质培有多种设施形式，除平面栽培还有充分利用设施空间进行的立体栽培，如柱状栽培等。

5.5.2　上盆、换盆、翻盆

1) 上盆

播种苗长到一定大小或扦插苗生根成活后，需移栽到适宜的花盆中继续栽培，以及露地栽培的花卉需移入花盆栽植的都称上盆。

花卉上盆首先要选择与花苗大小相称的花盆,过大过小皆不相宜。一般栽培花卉皆以素烧盆(即泥瓦盆)为好,若盆土的物理性能好也可用其他质地的花盆。栽植时先将花盆底部排水孔垫上碎瓦片,然后装土。可根据花苗的习性,在盆的下层先填入一些粗粒土、炉渣、砖瓦渣和适量的底肥,上层再装填细的培养土,土面距盆口依花盆的大小而定,约1~5cm左右。花苗栽于盆的中央,栽植深度略深于根颈。

点播的花卉和扦插苗,成活后长到一定大小可以直接上盆。若是撒播而成的幼小苗,常在上盆前先进行一次盆内移植即抹苗。一般在出现一片真叶或在子叶展开后即可进行,苗间距离1~2cm。抹苗之前先将有小苗的原盆(床)和准备将苗抹入其中的新盆充分浇水,再用手将苗提起或用尖头的竹片将苗挖起,并用竹片插穴,植苗于穴中。种植深度应适当,以不埋没子叶和生长点为度。

2) 换盆

随着花卉的生长,需要将已栽的盆栽花卉,由小盆移换到另一大盆中称换盆。换盆应由小到大逐渐进行,不能一下换入过大的盆中。

换盆方法与上盆相似。先使原盆土稍干,然后将全株带土脱盆而出,去部分肩土后放置于新的大盆中央,四周填入新的培养土,稍加压实即可。

换盆的时间和次数因花卉种类而异。生长速度比较慢,冠幅变化不大的花卉,可以一年甚至两年换盆一次,在休眠期即停止生长之后或开始生长之前进行,常绿花木可在雨季进行。生长迅速,冠幅变化大的花卉,可根据生长状况及需要随时进行换盆。

3) 翻盆

盆栽已多年的花卉,为了改善其营养状况,要进行分株、换土,称翻盆。翻盆的花卉多为植株已充分长成,所以翻盆时盆的大小不变。翻盆一般1年或2年一次,在休眠期进行。根部患病或有虫害,可随时翻盆进行换土和处理。翻盆方法与换盆相似,但应将原土团上的绿苔、肩土及四周外部旧土除去,同时结合地上部修剪,并剪去老根、枯根。

上盆、换盆、翻盆后均要浇足一次透水,使根系与培养土密接。以后可保持土壤湿润,不宜多浇,以免土壤过湿,引起根系伤口腐烂。并要注意遮荫,必要时喷水保持枝叶湿润,一周左右,待稳定成活以后即可逐渐转入正常管理。

5.5.3 水肥的管理

1) 浇水

盆栽花卉的水分管理与露地花卉有相似之处,但盆花由于根系生长局限于一定容器之内,因此浇水必须适时适量,要求比露地花卉更为细致、严格。

盆花浇水量及浇水次数要看花盆的大小、质地和盆土的性质。花盆小,表面积相对加大,干燥快,浇水次数要增加;而盆大则相反。泥盆渗水性能比陶盆要强得多;新泥盆比旧泥盆渗水强。愈是质地致密的花盆,愈应控制浇水。盆栽土壤多用培养土,培养土使用的材料虽有不同,但一般培养土的透水、通气性和持水力都较好,易干不易涝,故浇水要及时。此外,还需要按不同的种类习性、生长发育状况、气候条件、摆放地点等区别对待。喜湿、叶大柔软的花卉多浇,喜旱、叶小蜡质的花卉少浇;生长健壮、旺盛的花卉多浇,病弱、休眠的花卉少浇;夏季天热多浇,冬季寒冷少浇;晴天多浇,阴天少浇;高温温室、光照充足处多浇,低温温室、荫蔽处少浇;疏松土壤多浇,黏性土壤少浇。大多数盆栽花卉都应间干间湿,不干不浇,浇则浇透,透而不漏,即盆底孔微有水渗出即可，如渗漏过多，不仅浪费水，也淋失土壤中的养分。有些喜湿的观叶植物则应保持湿润。

判断盆花需不需要浇水，常根据盆钵的音响、土色、手感来判断。用手指轻弹一下花盆，发出沉闷浊音，说明土壤潮湿不需浇水，而发出钢亮声，则需浇水。土壤颜色变浅时说明土壤已干燥，需要浇水，土壤呈深色时说明土壤潮湿不需浇水。用手触摸土壤干燥时，或手捏土壤，土壤粉碎时，说明盆土已干燥必须浇水，反之，手触土壤潮湿，手捏呈团时则不必浇水。

浇水的时间常因季节气候而变。春秋季节宜于上午10时至下午4时之间，冬季以中午前后为宜，夏季浇水则以清晨和傍晚为宜。要注意水温与土温应较为接近，两者差异不要超过5℃，以避免根部受到较强的刺激而影响生长。也可先将浇花用水放置一段时间，这样既能消除水与盆土之间的温差，又能使自来水中的氯气等有害气体散发掉。为了提高灌水的质量，也可将水中加入一定比例的有机酸(如柠檬酸、醋酸)或硫酸亚铁等，进行酸化处理。

盆花浇水的方法，常用的有：①浸盆法：将花盆坐入水中，让水沿盆底孔慢慢渗入盆土，直至盆土全部浸透。此法多用于细小种子盆播及幼小花苗的盆内移植。②喷壶洒水法：此法洒水均匀，最为常用，可以按花苗大小选用不同孔径的喷壶。用喷壶洒水要注意浇透，切忌只见盆土表面潮湿或半截水。③浇壶浇水法：多用于较大的盆栽花木。④沙床供水法：将细沙或其他吸水材料铺在水平台或沙床内，并使之经常保持湿润，将盆花置放在沙上，利用毛管作用从盆底吸水。此法所用盆土宜质地均匀，不要用孔隙太大的材料。此外，还可用水管、滴灌、喷灌等方法。

盆花不但要经常浇水，以保持土壤湿润，有时还要注意喷水。新上盆的幼苗和尚未生根的扦插苗，常需经常喷水保湿。有些原产热带的兰科、凤梨科、天南星科的喜湿植物，也要经常喷水。喷水有叶面喷水、地面喷水或空中喷雾等方式，其目的在于增加空气的湿度和降低气温。温室花卉如湿度过高，也可以开窗换气以调节室内的湿度。

2) 施肥

(1) 基肥　盆栽花卉的基肥，应在上盆、换盆、翻盆时施用。如豆饼、粪干、蹄角片、过磷酸钙等，一般是放置盆底或盆的周围，但不可使植物根系直接接触肥料。若用粪干作基肥，必须与土壤掺匀，以防浇水后粪干胶结成层，影响水分渗透。

(2) 追肥　盆栽花卉追肥可在花卉生长发育期进行，常分为撒施和浇施两种。撒施是将粪干、豆饼、麻酱渣等碾碎撒于盆内并与盆土掺匀。浇施是将豆饼、蹄角片、麻酱渣浸泡成液肥，然后兑入一定清水(5~10倍)，稀释后浇施。也可追施无机肥，如复合化肥、尿素、磷酸二氢钾等。

盆栽施追肥，应选择晴朗天气的上午进行，要先松土待盆土稍微干燥后再施肥。施肥后应立即用清水喷洒叶面，以免肥液污染叶面，次日再浇一次水。追肥以薄肥勤施为原则。

(3) 根外追肥　对盆栽花卉也可进行根外追肥。

总之，施肥的种类、用量、时期、次数等，应根据花卉的种类、生长发育阶段、季节、肥料性质、土壤等因素综合考虑。

5.5.4　修剪与整形

盆栽花卉中，几乎全年都有不少种类在生长发育，因而修剪与整形是盆栽花卉栽培中一项常年不断的工作。

1) 修剪

是对植株的局部或某一器官的具体剪理措施。通过修剪可以调节和控制生长发育或改变花期，减轻植株负担，延长寿命。

(1) 剪截　有疏枝与短截两种方式。疏枝是将枝条自基部完全剪去，主要用于枯枝、病虫枝及其他不要的枝条。疏枝后可改善花株内部通风透光条件，使枝条分布均匀，养分集中在有效枝条上，更有利于开花结果。短截是将枝条仅仅剪去一部分，以控制株形，抑制过旺的生长势。依短截程度的不同，又分为强剪和弱剪。一般休眠期常进行强剪，强剪可诱发新枝，更新树势。生长期常进行弱剪，弱剪可控制枝条生长、均衡树势，诱发侧枝以利再度开花。短截时要注意留芽的方向和剪口位置，如需要新枝向上生长，留内侧芽；若要新枝向外方向斜向生长，则留外侧芽。剪口高于所留芽1cm，不宜过高或过低。

(2) 摘叶、摘花与摘果　摘叶是摘除影响光照的过密叶片，以利生长和开花。此外，病叶和基部的黄叶也要及时摘除，以保持整洁美观。

摘花一是摘除残花，二是摘除生长过多以及残缺僵化等不美的花朵，以节省养分和利于嫩芽、嫩枝的生长。

摘果是摘除不需要的小果。

与露地花卉相似，摘心、除芽、剥蕾、剪根等措施，盆栽花卉中也经常用到。

2) 整形

整形是整理花卉全株的外形和骨架，通过各种修剪措施以及支缚、作弯等达到美化造型、调节生长发育的目的。

为了提高盆栽花卉的观赏价值，常将旱金莲、令箭荷花等绑扎成屏式；将小苍兰、绿萝等绑扎成单柱式；将虎刺梅、三角花等绑扎成圆球式；将蟹爪兰绑扎成圆盘式；对一品红、梅花等则主要进行作弯，以降低植株高度，提高观赏价值。发财树进行编辫，富贵竹修剪整成塔形等。为了使枝条不易受损伤，支缚、作弯等工作常在浇水前或中午前后进行。

5.5.5　盆栽花卉的摆放

温室内栽培花卉，必须考虑充分利用温室面积，达到增加生产、提高花卉质量的目的。特别是在一个温室中同时栽培多种花卉时，更需要根据温室不同部位的条件，结合花卉的习性、状况统筹安排摆放，一般要考虑以下几点：

(1) 根据花卉的生长状态安排　为了温室的整体美观，应高的在后、矮的在前；为了都能得到较好的光照，则高的在北面、矮的在南面，否则反之。大盆间可摆放对光照要求不严的小盆，下垂的花卉可以悬挂起来。

(2) 根据温室性能及花卉习性安排　喜高温的花卉放在高温温室，喜冷凉的放在低温温室。同一温室中近门和侧窗处温度变化较大，需较高温度的花卉安排在近热源的地方；需较低温度的安排在离热源较远的地方或门窗附近。喜光花卉放在南面，耐阴、喜湿的花卉放在北面或花架下面、边缘，怕潮湿的花卉摆放于高燥通风处或下面放一倒置花盆。

(3) 根据季节安排　在我国许多地区的温室盆栽花卉，冬季进温室，夏季出温室，因而冬季应结合室内情况安排，株间距离可小些。夏季出温室后，有的摆在阳光充足处，有的摆在荫棚下，也有的仍留在温室，均要安排在通风的地方，株间距离也应大些。

(4) 根据花卉不同的生长发育阶段安排　在同一种花卉的不同生长发育阶段也要作不同的安排，如新播种、扦插的，应放在温度稍高的遮荫处，生根、发芽后，可逐渐移到温度稍低、光照充足的地方。处在休眠期的花卉，对温度、光照等要求不严，可加大密度放于次要地方，当其转入生长期后，则应移入有一定光照的地方，随着植株生长和枝叶的扩大，较大地调整盆距。

(5) 结合开花需要安排　可根据我们对开花的要求安排。如花蕾已形成要促其立即开花的花卉，可放在温暖的地方；需要抑制开花的，可放在冷凉、干燥的位置上。需长日照的花卉可安放在灯光下或阳光能照射到的位置上，需要短日照的可安放在避光处。

盆栽花卉的摆放，并不是一次安排就绪就可以了，而是要根据季节、各种花卉的生长发育阶段等加以调换位置。另外要作好温室面积的利用计划，当一种花卉出圃后，应有另一种花卉及时将空出的温室面积使用上，不使其空闲。

目前花卉的生产朝着专业化方向发展，一个温室中通常只栽培一二种盆栽花卉，这样花卉的摆放就便于统一了。总之，盆栽花卉的摆放应在满足植物生长、发育的要求且管理方便的前提下，从平面排列和立面排列两方面来考虑，尽量提高温室的利用率。

5.5.6　盆栽花卉的出入室

春季天气转暖，由于室内温度过高、通风不良，易使花卉徒长、产生病虫害，因此除热带种类外，大多数花卉需移出温室栽培。北方一般在4月末至5月初陆续移出。由于温室内温度、湿度较高，适宜花卉的生长，所以花卉生长快，茎叶也较柔嫩。露地条件显然不同于温室条件，因此在变换其环境时，首先应该经过锻炼，使其逐步适应。其措施如下：

(1) 加强室内通风　在花卉出室前，白天可开窗通气，以后随着气温回暖再昼夜开窗通气，使室内外环境条件逐渐接近，使茎干坚硬增加抵抗力。

(2) 降低室内温度　在花卉出室前先降低室温，或将要出室的花卉移到温度较低的室内，通过逐渐降低温度，以增强花卉对外界的适应力。

(3) 增强光照　花卉经一冬温室中养护，阳光照射比较少，出温室前可先增加光照时间，也可变换盆花的放置地点，将花架下面、边缘及后面的花卉，移到光照充足处，使其趋向老熟强硬，亦可提高花卉对外界抵抗力。

(4) 少浇水　减少浇水，降低空气和土壤湿度，有利盆花老化，增强抵抗力。有的花卉可适当修剪。

(5) 少施氮肥　出室前最好少施或不施氮肥，可酌量施些钾肥，防止茎叶幼嫩，增强其抗性。花卉出室后应注意夏季养护，防雨、防风。

秋季气温逐渐下降，北方9月末至10月初，上海地区常在10月下旬至11月上旬，将盆栽花卉移入温室中进行养护管理，否则容易因温度过低、早晚的霜冻造成冻害。进室前对盆花需修剪整理，刚进温室的盆花，盆距可大一些，温室的门窗多开一些，以后逐渐关闭，进行加温养护。

总之，花卉出入温室的时间，可按各地气候情况及花卉的耐寒性进行安排。冷室贮藏的落叶花木耐寒力强可先出室，一般常绿的花木应在晚霜期以后再出室，高温温室花卉最后出室。要做到"抢进，不抢出"，"先进室的后出室，后进室的先出室"。

盆栽花卉的栽培管理除了应做好上述各项工作以外，还应注意转盆、松盆以防止花卉生长偏向一方，防止盆土板结空气不流通。还可以在花卉出室后，对温室进行消毒与维修，给盆栽花卉提供一个良好的生长环境。

5.6　鲜切花的栽培管理

鲜切花是指切取有观赏价值的新鲜的用于花卉装饰的茎、叶、花、果等植物材料。鲜切花是花卉装饰的主要材料，常用于插花和花艺中。鲜切花的周年生产是根据鲜切花的生物学特性，创造适宜其生长发育的环境条件，以达到周年供应的目的。

鲜切花生产具有很多特点，如单位面积产量高、收益大；生产周期短，可周年供应；包装、贮运简便；消费量大、市场广阔；易于组织大规模生产等。因此，鲜切花生产越来越受到重视，花卉业已成为世界上最有发展前途的产业之一。鲜切花的周年生产的目标是提高鲜切花质量，降低成本，做到使鲜切花周年、均衡地供应市场，获得较好的经济效益。

达到鲜切花的周年生产目标的途径：①选择适宜的切花品种：适地适花，适销对路，掌握花卉的习性及其对环境的要求。②必要的设施。③获得理想的采后质量：做好采收、贮存、运输和保鲜工作。④减少周年生产中所必需的设施投入和能耗：自然花期和设施栽培相结合。鲜切花的周年供应可通过异地调配，来满足市场供应。

进行鲜切花生产，首先要选择适宜作为切花用的种类。目前有切花、切叶、切枝、切果等栽培，其中以切花为主，不论栽培面积，还是产量，在鲜切花中占有绝对优势。近几年切叶植物的栽培发展也很快。鲜切花因种类不同，所以有各种不同的栽培技术（其基本的栽培管理工作相似，见其他章节），但它们都需要进行收花、分级、包装、运输、贮藏等工作。

5.6.1 收花

收花应在植物组织水分充足、气温凉爽时剪切，剪切下之花枝应尽快放于阴凉、湿润之处。大量生产切花，夏季通常傍晚剪切，通宵进行分级、计数及捆扎，以便清晨送往市场。多数花卉宜在含苞待放时剪取，并根据气温的高低灵活掌握。天暖可剪取开放程度小的，天凉时需剪开放较充分者。还应根据切花的种类来掌握适时的收花时间，如大丽花、一品红、马蹄莲、非洲菊等，需剪近盛开者；月季、郁金香、百合、香石竹等宜剪含苞或半开的；蜡梅、碧桃、梅花、银芽柳等可在充分着色而未开放时剪取；唐菖蒲、小苍兰，要求整个花序上开第一朵花时就可采收。一般剪花要求花梗长，球根花卉剪花时要将花葶全部剪下，并注意尽量多保留叶片。总之剪切部位的选择，既要满足切花使用的需要，又要保证植株能正常地生长发育。

切叶的采收是当叶色由浅绿色转为深绿色，叶柄坚挺而具有韧性，叶片已经充分发育完成时，将整个叶片从叶柄基部取下进行采收。

5.6.2 分级

在畦地剪取切花时，应按照大小和优劣将它们分开，并区分花色、品种，按一定的数量放置一处，如全部采完后再进行分级和记数，不但费工费时，还会加大损耗。切花的分级标准主要依花枝的长度，花朵的质量、大小、开放程度及品种之优劣等。花枝长、花大而质优或花数较多、开放程度适宜、品种珍贵者可为一级品。2000年国家已颁布了《鲜切花产品等级标准》。

出圃的切花要按品种、等级并按一定数量捆成束，以便进入市场供给选择、议价与计数。捆绑时既不要使花束松动，也不要过紧而将花朵挤伤。每捆的计数单位因切花种类和各地习惯不同而不同。一般花朵大、易碰损或贵重稀少的切花，花束枝数少，反之较多。也有以重量为单位。切下的叶片，要将叶片摆平相叠，分束绑扎。

目前已经有月季分级机，可根据花茎长短自动分级。香石竹计数机，能根据需要将香石竹花枝按一定数目分束。

5.6.3 包装

当天使用和就地供应等不必长途运输的切花常不需包装，可将花枝基部泡在水中备用。需长途运输的，常将花束全部或花朵部分用塑料袋套上，更珍贵者常单枝或数枝包装成盒。国际上花卉出口的包装都有一致的标准和程序。装箱时将包装好的切花分层平卧装入长方形的、打孔的纸箱内,各层之间放纸衬垫,以减少挤压和机械损伤。对向地性弯曲敏感的切花,如唐菖蒲、花毛茛、小苍兰、水仙等,包装和运输均应垂直放置,以防止尖部弯曲。

5.6.4 运输

鲜花的运输,具有很强的计划性,以时间短、保持鲜花的质量为原则。切花最好迅速运达目的地,所以长途运输多采用空运,也有用汽车、轮船运输的。在运输途中要注意保湿、防止风吹、日晒、雨淋和温度的剧烈变化。运到之切花,对已有萎蔫现象的,应先将其平摊在铺有席子的阴凉地上,然后向整枝切花喷水,经一段时间后切花的枝叶即可舒展,然后再集中插入水中保养。如果过分萎蔫时,可将全枝浸入水中数小时,多能恢复正常。注意不要把切花和水果蔬菜摆放在同一场所。

5.6.5 贮藏

搞好切花的贮藏,可以解决市场淡旺季供应平衡,提高切花质量,显著地增加花卉生产的经济效益。切花贮藏的方法、条件及可能贮藏的时间,因花卉的种类而异。通常可采用下列方法:

1) 药剂预处理

一般是将药剂配成水溶液,对花材进行预处理后,再进行贮藏。药剂的主要功能是灭菌防腐、促进吸水,增加营养,抑制枝叶水分过度蒸腾,抑制植物体内乙烯的产生。常用的药剂有 STS、蔗糖、硝酸银、生长调节剂等。因此可以根据花卉选用适合的药剂进行预处理,以延长切花的贮藏寿命,提高贮藏后的观赏效果。

2) 贮藏方法

(1) 低温贮藏　低温贮藏是贮藏鲜花最常用、最有效的方法。切花在低温(0℃左右)贮藏,生命活动微弱,呼吸缓慢,能量消耗少,乙烯的产生也受到抑制,从而延缓了衰老过程。同时,在一定程度上能够避免色变、形变以及微生物的侵袭。因此,低温贮藏十分重要。一般切花贮藏温度为2~4℃,但一些热带、亚热带的切花品种,如安祖花、热带兰等,在这种温度下贮藏,就要受到冻害,一般应贮存在8~15℃的温度下。

(2) 气控贮藏　这种方法是通过控制氧和二氧化碳的比例,达到降低呼吸、减少养分的消耗。一般氧的含量应在 0.5%~1%,二氧化碳的浓度一般在 0.35%~10%。也可以通过输入氮气来达到保鲜的目的。

(3) 降压贮藏　把气封贮存室的气压降到标准大气压以下,可以延缓切花衰老过程,与常压下贮藏的切花相比,贮藏寿命延长。

目前在国家已颁布的月季等鲜切花产品等级标准中,对主要鲜切花产品的包装、运输和贮藏技术均有要求。

复习思考题

1. 一、二年生花卉的栽培要点?为什么要进行间苗、移植?
2. 宿根花卉栽培管理的要点是什么?
3. 如何栽培管理球根花卉?如何进行球根的采收和贮藏?
4. 如何养好盆栽花卉?
5. 切花生产具哪些特点?如何进行收花和贮藏?
6. 了解国家已颁布的《鲜切花产品等级标准》。

第6章 花期控制

内容提要：理解花期控制的理论依据，了解催延花期的意义和应做的准备工作，掌握有关概念和花期控制的方法，能够解决生产上存在的问题，达到预期的效果。

自然界中各种植物，都有各自的开花期。用人为的方法改变花卉的开花期，称作花期控制，又称催延花期或不时栽培。为使花卉提前开放的栽培为促成栽培；为使花卉延期开放的栽培为抑制栽培。

花期控制可使花卉集中在同一个时间开花，可举办展览会；为节日或其他需要提供定时用花；也能使花卉均衡生产，解决市场供花旺淡季的矛盾；使不同期开花的父、母本同时开花，解决杂交授粉上的矛盾，有利于育种工作；在掌握开花规律后把一年一次开花改为一年二次或二次以上开花，缩短栽培期，可提高开花率，产生经济效益。因此，花期控制在多方面都有一定的应用价值，具有重要的社会意义与经济意义。

我国北京、上海、南京、广州等地都举办过"百花齐放"展览会，摸索、总结出许多有效的、符合科学理论的经验。国外对花期控制也很重视，欧美在圣诞节、元旦、感恩节、复活节、母亲节，都有控制花期的栽培。日本的很多研究项目都和节日市场对花期控制的需要有关。如今花期控制已经成为许多花卉周年生产的常规技术了。

6.1 花期控制的理论依据和准备工作

6.1.1 花期控制的理论依据

控制植物开花，要根据植物的生长发育规律及其对外界环境条件的需要，人为地创设或控制相应的环境条件，以促进或延迟花卉的生长发育，达到花期控制的目的。花期控制的依据如下：

1) 营养生长

植物开花首先要有一定的营养生长，使植株长到一定的阶段，才能进行花的分化。如紫罗兰要有 15 片叶子，风信子球要有 19cm 周长。从观赏角度看，开花植物也应有适当大小的体形，才能显示花叶并茂。

2) 花的分化

植物由营养生长转化为生殖生长的阶段叫做花的分化。分化的条件是：

(1) 花芽分化前的营养状态必须达到开花时的标准　从生产实践上观察，对植物供肥太多，就只长叶不开花；供肥太少而植物过分瘦弱，也往往不开花。花芽分化前的营养状态应当是适中的、充实的。

(2) 花芽分化的适当温度　各种植物花芽分化的温度各不相同，有的需要高温才分化花芽，有的需要低温才分化花芽。高于或低于其花芽分化的临界温度时，就不能分化花芽。有的植物在花芽分化前还需要低温春化。

(3) 花芽分化的适当光周期　受光周期影响分化开花的植物，其需要光周期的时数因植物种类不同而不同，品种间也有差异。

3) 花的发育

(1) 适当的温度　花芽分化后，并不一定都能顺利地发育，很多花木春末夏初就进行花芽分化，但整个夏季花芽不膨大，而是到秋季迅速膨大。

(2) 光的照度　花在光照条件下进行发育，光照不足常会促进叶子旺盛生长而有碍花的发育，甚至落蕾。如月季在适当温度下，产花量与光照度的曲线一致。

(3) 适合的光周期　多数植物在花芽分化后自然开花，但有的仍需要在一定的光周期下完成花的发育，否则会逆转到营养生长中去，或使已形成的花蕾畸变。如菊花即是。

4) 花茎伸长

二年生花卉、宿根花卉及一些秋植球根花卉，常需要低温才能抽薹、伸长。

5) 休眠

多年生球根花卉、宿根花卉及木本花卉，在不利的生长季节里有一个休眠期。导致休眠的因子主要是日照，其次是温度和干旱。一旦环境条件转变，就能迅速恢复生长。一般北方物种休眠所需要的低温偏低，时间较长；而南方物种休眠所需的低温偏高，时间较短。

能延长休眠期的因子主要是低温，其次是干旱。延长低温时间，可使植物继续休眠；把球根贮存在干燥环境中，也可延长休眠期。人为地延长和缩短休眠期，是花期控制的重要措施。

6) 开花环境

如果开花环境不符合要求，即使具有肥大的花蕾，也会急剧落蕾或萎缩。因此应创造适合的温度、光照、水分、养料等外界环境，以达到预期的目的。

6.1.2　花期控制的准备工作

1) 确定用花时间和地点

了解要求开花的起止日期和地点，并对当地的气候条件、要求开花期及其前期的气候条件有所了解。

2) 确定花卉种类和适宜的品种

在确定用花时间以后，首先要选择适宜的花卉种类和品种。一方面被选花卉应能充分满足花卉应用的要求，另外要选择在确定的用花时间比较容易开花、不需过多复杂处理的花卉种类，以节省处理时间、降低成本。同种花卉的不同品种，对处理的反应常是不相同的，有时甚至相差较大。因此为了提早开花，应选早花品种；若延迟开花，则应选用晚花品种。

3) 根据花卉的性状、所处的生长发育阶段，确定具体的技术措施

应了解花卉的性状，如开花习性、着花方式、始花年龄与植物健康等。另外，植物开花是按着一定规律进行的，要了解植物生长发育现状、进行到哪一阶段，然后采取针对性的措施，才能收到预期的效果。

花期控制时除了选定适宜的技术途径及正确的技术措施，还需掌握市场供求信息，具有成本核算等经济概念。

4) 要有完善的处理设备

花期控制时应尽量利用自然季节的环境条件，以节约能源、降低成本。在自然条件不能满足花期控制的需要时，可以配合使用处理设备。花期控制的主要设备有温度处理的控温设备、冷藏室，日照处理的遮光和加光设施及喷雾装置等。

5) 栽培条件和栽培技术

花期控制能否成功、效果好坏，除取决于处理措施是否科学和完善，栽培管理也是十分重要的。优良的栽培环境加上熟练的栽培技术，可使处理植株生长健壮，提高开花的数量和质量，提高商品价值，并可延长观赏期。

此外，按照花期控制的操作计划随时检验，根据实际进程调整措施，在控制发育进程的时间上要留有余地。

6.2 花期控制的技术措施

进行花期控制的植株应生长健壮，姿态端正优美，且无病虫害。如是多年生植株应选取壮年植株，幼年及老年的不宜作花期控制。花期控制常用的技术措施有：

6.2.1 温度处理

1) 加温处理

(1) 促进开花　对花芽已经形成而正在休眠越冬的种类，如露地花卉中的牡丹、杜鹃等，以及一些春季开花的秋播草花和宿根花卉，由于冬季温度不够，自然开花需待来年春季，要其提前开花，就需要进行加温处理，打破休眠即可促进提前开花。温室花卉中的天竺葵、茉莉以及露地栽培的月季等，只要在高温下就能产生花芽，对于这些花卉只要提前加温就能在需要开花时如期开放。

开始加温日以植物生长发育至开花所需的天数而推断，一般15～50d不等。如牡丹需要50～55d，杜鹃花需要30～40d。温度是逐渐升高的，一般用15℃的夜温，25～28℃的日温。在初加温的时候，要每天在枝干上喷水，加温前还需适当施肥，剪去枯枝、病枝，以及松土、除草等养护工作。

(2) 延长花期　有的花卉在温度适合时，有不断生长继续开花的习性，但是当秋、冬季节气温降低时就要停止生长和开花。若在停止之前及时移送温室加温，常可使它继续开花。如茉莉、白兰花、黄蝉、非洲菊、大丽花等。值得注意的是一定要早做准备，在降温之前及时加温，若植株受到降温影响后，再采取措施就晚了。

2) 降温处理

(1) 延长休眠期推迟开花　在春季自然气温未回暖，对处于休眠的植株给予1～4℃的人为低温，可延长休眠期，延迟开花。根据需要开花的日期、植物的种类与当时的气候条件，推算出低温后培养至开花所需的天数，从而来决定停止低温处理的日期。这种方法管理方便，开花质量好，延迟花期时间长，适用范围广，各种耐寒、耐阴的宿根花卉、球根花卉及木本花卉都可采用。在处理期间土壤水分管理要得当，不能忽干忽湿，而且应有适当的光照。处理完毕出室后的管理也很重要，需逐步增温、加光、浇水、施肥，使之渐渐复苏，进而开花。

(2) 打破休眠，促进花芽萌动提早开花　一些花卉休眠后，可将植株放入2℃左右的冷库，贮藏一周左右即可打破其休眠，以后再给予生长温度，就可恢复生长。如牡丹要元旦开花，需进行一周低温处理，待打破休眠后再置于较低的温度中过渡，然后再加温处理可以使其提前开花。桂花的花芽是在夏季6～8月高温下形成的，当天气转入秋凉时，桂花的花芽才迅速萌动、膨大，当气温夜间降到17℃以下时连续4～6d桂花就会开放。

(3) 延缓生长或降温避暑　降温延缓生长多用于花蕾形成、绽蕾或初开时，如瓜叶菊、水仙等。采用的温度，根据植物种类和季节不同，一般用5℃、10℃和12℃的温度，使其延迟开花和延长花期。

很多原产于夏季凉爽地区的花卉，在夏季炎热的地区生长不好，也不能开花，甚至进入休眠、半休眠状态，如仙客来、吊钟海棠、四季海棠等。对这些花卉可在6～9月降低温度，使温度在28℃以下，植株继续处于活跃的生长状态中，以达到继续开花的目的。

(4) 满足春化阶段的要求　如秋播草花改为春季播种，要使其当年开花，就可以将幼苗或已开始萌动的种子，置于0～5℃的低温下处理，这样其通过春化阶段后，就能够当年正常开花。毛地黄、桂竹香、桔梗、牛眼菊等在生长发育中，也需要一个低温春化过程才能抽薹开花。

此外，秋植球根花卉若提前开花，也需先经过低温处理；桃花等花木需要经过0℃的人为低温，强迫其通过休眠阶段后才能开花。

6.2.2 光照处理

光照对开花调节既有质的作用，也有量的作用。植物光周期处理中计算日长小时数的方法与自然日长有所不同。每天日长的小时数应从日出前20min至日没后20min计算。

(1) 短日照处理　主要用于短日照花卉在长日照条件下开花。用黑色的遮光材料，将需处理的植株进行遮光处理，缩短白昼加长黑夜。通常于下午5时至翌日上午8时为遮光时间，使花卉接受日照的时数控制在9~10h。一般遮光处理的天数为40~70d，一品红需处理50~60d或更长些。遮光材料要密闭，不透光，防止低强度散光产生的破坏作用。因此，遮光程度应保持低于各类植物的临界光照度，一般不高于22lx。另外，植株已展开的叶片中，上部叶比下部叶对光照敏感，在检查时应着重注意上部叶的遮光度。在处理期间应每天进行遮光，不能间断。又因为是在夏季炎热天气使用的，故对某些喜凉的植物种类要注意通风降温。适用短日照促使开花的种类还有三角花、落地生根、蟹爪兰、毛茉莉等。

(2) 长日照处理　用补加人工光的方法延长每日连续光照的时间，达到12h以上，可使长日照花卉在短日照季节开花。如冬季栽培的唐菖蒲，在日没之前加光，使每日有16h的光照，并结合加温，可使它在冬季、早春开花。用14~15h的光照，蒲包花也能提前开花。人工补光的光源可采用荧光灯、白炽灯、高压汞灯等，悬挂在植株上方。30~50lx的光照强度就有日照效果，100lx有完全的日照作用。一般讲，光照强度是能够充分满足的。

(3) 光暗颠倒处理　适用于夜间开花的植物，如昙花在花蕾长约6~8cm长的时候，白天把阳光遮住，夜间用人工光照射，经4~6d则能使之在白天开花，并且可以延长开花期。

(4) 人工光中断黑夜　短日照植物在短日照季节，形成花蕾开花，但在午夜1~2时加光2h，把一个长夜分开成两个短夜，破坏了短日照的作用，就能阻止短日照植物形成花蕾开花。在停光之后，因为是处于自然的短日照季节中，植物就自然地分化花芽而开花。停光日期决定于该植物当时所处的气温条件和它在短日照季节中，从分化花芽到开花所需要的天数。用作中断黑夜的光照，以具红光的白炽光为好。

(5) 调节光照强度　此方法对开花调节有量的作用。花卉开花前，一般需要较多的光照，如月季、香石竹等。但为延长开花期和保持较好的质量，在花开之后，一般要通过遮荫来减弱光照强度，以延长开花时间。

(6) 全黑暗处理　一些球根花卉，要提早开花，除其他条件必须符合其开花要求外，还可将球根盆栽后，在将要萌动之际，进行全黑暗处理40~50d，然后再进行正常栽培养护。此法多于冬季在温室进行，解除黑暗后，很快就可开花，如朱顶红可作这样的处理。

6.2.3 应用生长调节物质

1) 代替低温解除休眠

赤霉素有代替低温，解除休眠的作用。如用500~1000ppm浓度的赤霉素点在牡丹、芍药的休眠芽上，几天后芽就萌动。牡丹混合芽展开后，点在花蕾上，可加强花蕾生长优势。

喷在牛眼菊、毛地黄、桔梗、红花吊钟柳上，它也有代替低温的作用，可促使植株早抽薹。对一些需要低温春化的花卉如紫罗兰，从9月下旬起用浓度50~100ppm的赤霉素处理2~3次，能促进花芽分化，则可开花。

2）加速生长促进开花

如山茶花在初夏停止生长，进行花芽分化，其分化花芽的时期较长，用 500～1000ppm 的赤霉素涂于花蕾，每周涂两次，半月后就可看出其花蕾生长比不涂的快，使之在 9～11 月间开花。蟹爪兰花芽分化后，用 20～50ppm 的赤霉素喷射能促进开花；用 50ppm 喷非洲菊，可提高采花率；用 500ppm 涂在含笑上，可使它在 9～10 月开花，且能长出短的花柄；用 100～500ppm 涂在君子兰、仙客来、水仙等的花茎上，能使花茎伸出植株之外，有利观赏。

3）延迟开花

用 2,4-D 处理菊花，可使其延迟开花。菊花在蕾期喷 0.01ppm 2,4-D 可保持初开状态；喷 0.1ppm 的花蕾膨大，不开放；喷 5ppm 的花蕾长得小；而对照的菊花则已盛开。

4）加速发育

用 100ppm 30ml 的乙烯利浇于观赏凤梨的株心，能使其提早开花。天竺葵生根后，用 500ppm 乙烯利喷 2 次，第五周喷 100ppm 赤霉素，可使提前开花并增加花朵数。

此外，用乙醚气处理小苍兰及郁金香的休眠球，可促使其发芽生长，提前开花。用三碳浇灌唐菖蒲可产生侧花枝，杜鹃可提前产生花蕾早开花。常用的生长调节剂还有萘乙酸、吲哚乙酸、秋水仙素、脱落酸等。

生长调节物质使用时应注意相同药剂对不同植物种类、品种的效应不同，而且环境条件明显影响药剂使用效果。生长调节物质使用的方法有涂抹、点滴、喷、浇灌等，使用时浓度不能过高，还应注意使用时期，以及利用综合措施防止植物徒长现象的出现。

6.2.4 栽培措施上的控制

1）控制植物生长开始期

植物由生长至开花有一定的速度和时限，采用控制繁殖期、种植期、萌芽期、上盆期、换盆期等常可控制花期。早开始生长的早开花，晚开始生长的晚开花。此种方法适用于对日照要求不严，一般温度可生长的花卉。如四季秋海棠播种后 12～14 周开花，可以通过改变播种期调节开花期。万寿菊在扦插后 10～12 周开花。唐菖蒲分批种植，分批开花。如 3 月种植的唐菖蒲 6 月开花，7 月种植的 10 月开花。水仙、风信子在花芽分化后，冬季随开始水养期的早、迟决定其开花期的早、晚。其他花卉上盆、换盆的迟早，对开花期也有一定的影响。

2）剪截、摘心、摘叶等措施

有些花卉在适宜条件下一年中可多次开花，通过剪截、摘心、摘叶等措施可以控制花期。

(1) 剪截　主要是指用以促使开花，或再度开花为目的的剪截。在当年生枝条上开花的花木用剪截法控制花期，在生长季节内，早剪截使早长新枝的早开花，晚剪截则晚开花。月季、大丽花、丝兰、盆栽金盏菊等都可以在开花后剪去残花，再给以水肥、加强养护，使其重新抽枝、发叶、开花。

(2) 摘心　主要用于延迟开花。延迟的日数依植物种类、摘取量的多少、季节而有不同。常用摘心方法控制花期的有一串红、康乃馨、万寿菊、大丽花等。荷兰菊在 9 月 10 日左右进行摘心，则"十一"即能开花。

(3) 摘叶　摘叶是促使花卉进入休眠，或促使其重新抽枝，以提前或延迟开花的方法。如白玉兰在初秋进行摘叶迫使其休眠，然后再进行低温、加温处理，迫使其提早开花。榆叶梅于 9 月 8 日至9月10日摘除叶片,则9月底至10月上旬开花。又如茉莉花在春季发芽后,可将叶摘去,促使其抽生新枝,以延迟开花。

此外,剥去侧芽、侧蕾,有利主蕾开花;摘除顶芽、顶蕾,有利侧芽、侧蕾生长开花。环割使养分积聚,有利于开花。秋季结扎枝条,可促使叶片提早变色。玉兰当年嫁接带花蕾的枝条,第二年就能在小植株上开花。

3) 控制水肥

某些植物,在其生长期间控制水分,可促进花芽分化。如梅花在生长期适当进行水分控制,形成的花芽多。石斛在秋季使之干旱,则开花繁茂。球根在干燥环境中,分化出完善的花芽,直至供水时才伸长开花。只要掌握吸水至开花的天数,就可用开始供水的日期控制花期。如网球石蒜,在7月份,自开始供给水分起5d后就开花。石蒜、紫萼、酢浆草等也都有这种现象。

在干旱的生长季节夏季,增加灌水,常能促进开花。如唐菖蒲在花蕾近出苞时,大量灌水一次,约可提早一周开花。

某些花木在春夏之交,花芽已分化完善,遇上夏季自然的高温、干旱,就落叶休眠。如人为给予干旱环境,它也会进入暂时休眠状态。此后,再供给水分,常可在当年第二次开花或结果。如丁香、玉兰、海仙花、海棠等。

经常产生花蕾、开花期长的花卉,在开花末期,用增施氮肥的方法,延缓植株衰老,在气温适合的条件下,常可延长花期一个月,如高山积雪、仙客来等。花卉在开花之前,如果施用过多的氮肥,生长柔嫩徒长时,常延迟开花,甚至不开花,如菊花。但在植株进行一定营养生长后,增施磷、钾肥,有促进开花的作用。

花期控制措施种类繁多,有起主导作用的,有起辅助作用的;有同时使用的,也有先后使用的。必须按照植物生长发育规律及各种有关因子,并利用外界条件,综合进行科学判断,加以选择,使植物的生长发育顺利,达到按时开花的要求。

复习思考题

1. 什么叫花期控制、促成栽培、抑制栽培?
2. 花期控制的意义是什么?
3. 花期控制的理论依据是什么?
4. 进行花期控制应做好哪些准备工作?
5. 花期控制的方法有哪些?

第7章 露地花卉

内容提要：能熟练识别常见的露地花卉的种类；了解露地花卉的产地与习性；掌握本地区常用露地花卉的主要繁殖方法与栽培方法，并能很好地应用这些花卉植物。

7.1 一、二年生花卉

7.1.1 地肤(图 7-1)

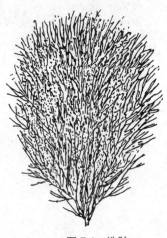

图 7-1 地肤

学名：*Kochia scparia*

别名：扫帚草、篷头草。

科属：黎科、地肤属。

形态：一年生直立草本花卉，株高 50～100cm，株形呈卵形、倒卵形或椭圆形，分枝多而密，具短柔毛，茎基部半木质化。单叶互生，叶纤细，线形或条形。植株为粉绿，秋季叶色变红。花极小，花期 9～10 月，无观赏价值，脆果扁球形。

原产地与习性：原产亚、欧洲，我国广泛栽培，喜光，耐旱，耐碱土，耐修剪，耐炎热气候，不择土壤，适应性强，自播能力较强。

繁殖：4 月初将种子播于露地苗床，发芽迅速，整齐。

栽培：幼苗经间苗和移植一次后，6 月中旬定植园地。株距 50cm 以上，宜大，以显示株形美。夏季栽培时需保持一定的湿度。

用途：用于布置花篱、花境，或数株丛植于花坛中央，可修剪成各种几何造型进行布置。盆栽地肤可点缀和装饰于厅、堂、会场等。

7.1.2 雁来红(图 7-2)

学名：*Amaranthus tricolor*

别名：老少年、十里锦。

科属：苋科、苋属。

形态：一年生草本，株高 60～100cm，茎直立，粗壮，绿色或红色，分枝少，单叶互生，卵形或菱状卵形，有长柄，初秋呈深红色，艳丽，顶生叶尤为鲜红耀眼，8～10 月为最佳观赏期。花小，单性或杂性，簇生叶腋或呈顶生穗状花序，浆果卵形，种子细小亮黑色。

常见栽培种：雁来黄(var. *bicolor*)，株高 60～80cm，茎为绿色，入秋后顶叶呈亮黄色。锦西风(var. *salicifolus*)，幼茎暗绿色，入秋时，顶叶的基部变为红色，中间变为黄色，先端为绿色。

图 7-2 雁来红

原产地与习性：原产亚洲热带，我国广泛栽培。喜光，耐旱，耐碱，不择土壤，但要求栽植地通风良好，能自播。

繁殖：5～6 月种子播于露地苗床，在气温较高的环境下，极易发芽出苗，也可直播园地。

栽培：幼苗经间苗后移植一次，7 月初定植园地，不得延误，否则移植大苗则生长不良，株距 40cm。常须设立支架，防止风倒，夏秋季高温干燥，要及时浇灌。

用途：用于布置夏秋花坛、花境，或播于树坛、林缘隙地，也可作切花材料。

7.1.3 千日红(图7-3)

学名：*Gomphrena globosa*

别名：火球花、千年红。

科属：苋科、千日红属。

形态：一年生直立草本，株高20～60cm。全株密被灰白色柔毛。茎粗壮，有沟纹，节膨大，多分枝，单叶互生，椭圆或倒卵形，全缘，有柄；头状花序单生或2～3个着生枝顶，花小，每朵小花外有两个蜡质苞片，并具有光泽，颜色有粉红、红、白等色，观赏期8～11月，胞果近球形，种子细小、橙黄色。

原产地与习性：原产亚洲热带。现各地均有栽培，喜光，喜炎热干燥气候和疏松肥沃土壤，不耐寒。

繁殖：4月中旬，将质轻细小的种子用温水浸泡拌上碎土播于露地苗床，有利于提高发芽率。

图7-3 千日红

栽培：幼苗具3～4枚真叶时移植一次，生长旺盛期及时追肥，6月底定植园地，株距30cm。夏秋季酷热期追施肥水，但园地不宜过湿，防止根部腐烂。

用途：是布置夏秋季花坛、花境及制作花篮、花圈的良好材料。

7.1.4 鸡冠花(图7-4)

学名：*Celosia cristata*

别名：红鸡冠、球头鸡冠。

科属：苋科、青葙属。

形态：一年生草本，株高30～90cm，茎直立，少分枝，单叶互生，卵形或线状披针，全缘，绿色或红色，叶脉明显，叶面皱折。穗状花序单生茎顶。花托膨大为肉质似鸡冠，红色或黄色，还有红、黄相间色。花小，小苞片，萼片红色或黄色。花期7～9月，胞果卵形，种子细小，亮黑色。

图7-4 鸡冠花

原产地与习性：原产印度，我国广泛栽培，喜光，喜炎热干燥的气候，不耐寒，不耐涝，能自播，耐瘠薄，生长性强。

繁殖：5月上、下旬，待气温较高时将种子播于露地苗床，因种子细小，覆土宜薄，若苗床湿润则3d后就发芽出土。

栽培：幼苗期不宜过湿过肥，避免徒长。6月中旬定植园地，株距30cm。茎叶旺盛生长期，须追施肥水，注意适时抹去侧芽，以利于顶生花序的发育，采种时宜选取花序侧向下部饱满的种粒。

同属其他栽培种类：凤尾鸡冠(var. *pyramodalis*)，植株高大，穗状花序聚集成三角状的圆锥花序，呈羽毛状，花托不膨大，花色黄或红，并有矮生品种，株高约40cm。

用途：花序形状奇特，色彩丰富，花期长，植株又耐旱，用于布置秋季花坛、花径和花境，也可盆栽或作切花。

7.1.5 银边翠(图7-5)

学名：*Euphorbia marginata*

别名：高山积雪。

科属：大戟科、大戟属。

形态：一年生草本，株高50～70cm，茎直立，叉状分枝，单叶互生，卵形或椭圆状披针形，茎顶端的叶轮生，入秋后，顶部叶片边缘或全叶变白色，宛如层层积雪。杯状花序着生于分枝上部的叶腋处，有白色花瓣状附属物，花小，单性，无花被，雌花单生于花序中央，子房有长柄明显伸出，花期6～9月。蒴果扁圆形，果熟期7～10月，种子有种瘤突起。

原产地与习性：原产北美，我国各地有栽培。喜光，耐旱，不择土壤，不耐寒。

图7-5 银边翠

繁殖：4月上旬将种子直播于园地。

栽培：对园地幼苗行2～3次间苗，按株距40cm行定苗。生长期追施肥水，促使枝叶繁茂。通过修剪可艺术地造型。果实外皮成黄褐色时，连梗采下，晾干脱粒，管理简单。

同属其他栽培种：猩猩草(*E. eyathophora*)，又名草本象牙红，一年生草本，株高80～90cm，茎直立，分枝多，全株光滑无毛，叶互生，卵形至披针形，边缘有不规则的缺刻，入秋后上部叶基部或全叶变红，杯状花序呈伞房状排列。

用途：为夏季良好的观赏植物，适宜布置花丛、花坛、花境，也可作隙地绿化用。

7.1.6 紫茉莉(图7-6)

学名：*Mirabilis jalapa*

别名：夜饭花、胭脂花、洗澡花。

科属：紫茉莉科、紫茉莉属。

形态：多年生草本，作一年生栽培，株高50～60cm。茎直立，多分枝，节膨大。单叶对生，卵形或三角形状卵形，全缘。花数朵聚生枝顶，总苞内仅一花，萼片花瓣状，喇叭形，花为白、粉红、紫红、黄、红、红黄相间等色，微香，花期6～10月，花朵下午约4时开放，翌日上午凋谢。瘦果球形有棱，黑色，状如地雷，果熟期8～11月。

原产地与习性：原产美洲热带，现各国都有栽培，喜光，喜温暖湿润环境，不择土壤，适应性强，能自播。

图7-6 紫茉莉

繁殖：果粒大，4月初点播于露地苗床，极易发芽出苗。

栽培：幼苗生长迅速，经间苗后就能直接定植园地，因属直根系尽量不伤主根，株距50cm，夏季酷热期须及时浇灌，管理较粗放。

用途：用于夜游园，纳凉场所的布置，也可作夏秋季花坛、花境材料和树坛、林缘的绿化。

7.1.7 半支莲(图7-7)

学名：*Portulaca grandiflora*

别名：太阳花、松叶牡丹、午时花。

科属：马齿苋科、马齿苋属。

形态：一年生肉质草本，株高约15cm。茎平卧或斜伸，节上有丝状毛。单叶互生或散生，肉质圆株形，无柄。花1～4朵簇生于枝顶，基部有8～9枚轮生的叶状苞片，径达4cm，花瓣5～6，呈白、黄、红、紫红等色，花期6～8月。蒴果，种子细小，亮黑色。

原产地与习性：原产巴西，我国各地有栽培，喜光，喜温暖干燥气候，不择土壤，适应性强，耐热，耐瘠薄，能自播。

繁殖：4月初将种子播于露地苗床，发芽整齐，但初期生长缓慢，待气温上升后生长加快，也可在生长期取嫩枝扦插繁殖，容易成活。

栽培：幼苗经间苗并移植一次后，于5月中旬进行定植，株距30cm，生长期要追加肥水，花期后蒴果陆续成熟，需分批采收。

图7-7 半支莲

用途：花色丰富、艳丽，花期长，是布置夏秋季花坛、花境的良好材料，也可用于花坛边缘镶嵌，点缀岩石园，以及作盆花供观赏。

7.1.8 木犀草(图7-8)

图7-8 木犀草

学名：*Reseda odorata*

别名：草木犀、香草。

科属：木犀草科、木犀草属。

形态：一年生草木，株高约30cm，多分枝，略倾卧。单叶互生，椭圆形或匙形，先端钝，偶有缺刻。总状花序顶生，边开边伸长，花小，橙黄色或橘黄色，聚集在花序轴上，有浓厚的宛如桂花的香味，花期5～8月。蒴果有三个角，果熟期8～9月。

原产地与习性：原产北非，我国有栽培。喜光，喜夏季凉爽的气候，要求疏松、肥沃的土壤，不耐移植。

繁殖：春季播种，也可于9月盆播，幼苗怕寒，气温在20℃左右，发芽整齐，室内温度5℃以上，能安全越冬。

栽培：幼苗长出真叶后，多带土移植一次，待气温上升时，约4月中下旬定植，株距20cm。在栽培中因其怕潮湿故不宜多浇水。温室越冬的秋播苗，选春季暖和天气进行定植，可提早开花。采种时须分批及时采收，否则会自行散落。

用途：常作盆花、切花栽培，也可布置花坛。

7.1.9 醉蝶花(图7-9)

学名：*Cleome spinosa*

科属：白花菜科、醉蝶花属。

形态：一年生草本，株高60～100cm，被有黏质腺毛，枝叶具气味。掌状复叶互生，小叶5～7枚，长椭圆状披针形，有叶柄，两枚托叶演变成钩刺。总状花序顶生，边开花边伸长，花多数，花瓣4枚，淡紫色，具长爪，雄蕊6枚，花丝长约7cm，蓝紫色，明显伸出花外，花期7～10月。蒴果细圆柱形，成熟时纵向2裂。

原产地与习性：原产美洲热带，我国南部广泛栽培。喜光，喜温

图7-9 醉蝶花

暖干燥环境，略能耐阴，不耐寒，要求土壤疏松、肥沃，能自播。

繁殖：4月中旬，将种子播于露地苗床，出苗整齐。

栽培：幼苗期生长缓慢，经间苗，移植一次后，于6月初定植，株距40cm，生长期注意追施磷、钾肥，防止氮肥过多而引起徒长。

用途：适宜布置夏秋季花坛、树坛等，或作蜜源植物栽培，也可盆栽观赏。

7.1.10　夏堇(图7-10)

学名：*Torenia fournieri*

别名：蓝猪耳。

科属：玄参科、夏堇属。

形态：一年生草本，株高20～30cm。方茎，分枝多，呈披散状。叶对生，卵形或卵状披针形，边缘有锯齿，叶柄长为叶长之半，秋季叶色变红。花在茎上部顶生或腋生(2～3朵，不成花序)，唇形花冠，花萼膨大，萼筒上有5条棱状翼。花蓝色，花冠杂色(上唇淡雪青，下唇堇紫色，喉部有黄色斑点)，花期7月直至霜降。蒴果矩圆形。

图7-10　夏堇

原产地与习性：原产于亚洲热带和亚热带地区。阳性，能耐阴，不耐寒，能自播，喜土壤排水良好。

繁殖：播种繁殖于春季4月进行，播于露地苗床或盆播，发芽不整齐。

栽培：幼苗初期生长迟缓，经移植一次后，带土于6月下旬定植，入夏后生长较快。

用途：宜作花坛、花境布置，也可作盆栽观赏。

7.1.11　凤仙花(图7-11)

图7-11　凤仙花

学名：*Impatiens balsamina*

别名：指甲花、急性子、小桃红。

科属：凤仙花科、凤仙花属。

形态：一年生草本，株高30～60cm。茎肉质，红褐或淡绿色，常与花色有关，节部膨大。单叶互生，卵状披针形，边缘有锯齿，叶柄基部有两个腺点。花单生或数朵簇生叶腋，侧向开放，萼片3，两侧较小，后面一片较大呈囊状，基部有距，花瓣5枚，呈白、粉红、深红、紫、紫红等色，以及复色，花期6～8月。蒴果纺锤形，果熟期7～9月，成熟后立即开裂、种子弹出。

原产地与习性：原产我国，印度和马来群岛，我国中、南部广泛栽培。喜光，喜潮湿而又排水良好的土壤，不耐寒，能自播。

繁殖：4月初将种子播于露地苗床，发芽迅速，出苗整齐。

栽培：幼苗生长较快，须及时间苗，保证每株苗的营养面积，使幼苗健壮。经一次移植后，6月初定植，株距30cm。夏季高温期要勤浇灌，防止植株凋萎，花期也要保持土壤湿润。果熟时，须上午采取变黄白色的蒴果，晾干脱粒，否则下午受光照后蒴果自然弹裂。据试验，7月初播种，遮荫保湿，出苗后加强肥水管理，可在国庆节开花，所需肥水也较多。

用途：可作夏秋季的花坛、花境材料；空隙地绿化材料；也可盆栽观赏。

7.1.12 黄秋葵(图7-12)

学名：*Abelmoschus manihot*

别名：黄蜀葵。

科属：锦葵科、秋葵属。

形态：一年生草本，株高可达2m，有分枝，疏生长硬毛。叶互生，较大，掌状5~9深裂，裂片矩圆状披针形，具不规则齿缘。花单生于枝顶或叶腋中，淡黄色至白色，花期7~10月。

原产地与习性：原产于中国、日本。性喜阳光，要求温暖，不耐寒，喜深厚肥沃的土壤。

繁殖：春季4月播于露地苗床。

栽培：幼苗时须移植，6月初定植，生长健壮，栽培管理较容易。

用途：在园林中作背景布置，篱边墙角、零星空隙地都可栽植。

图7-12 黄秋葵

7.1.13 夜落金钱(图7-13)

学名：*Pentapetes phoenicea*

别名：午时花、金钱花。

科属：梧桐科、午时花属。

形态：一年生草本，株高50~80cm。茎直立，分枝少。单叶互生，条状披针形，基部3浅裂，边缘钝锯齿。花1~2朵腋生，有梗，径约3cm，开时俯垂，花瓣5枚，花朵中午开放，翌日晨前花瓣的雄蕊脱落，花冠状如金钱。花大红色，花期7~10月。

原产地与习性：原产印度，我国中部和南部广泛栽培。喜光，喜温暖湿润环境，对土壤要求不严，不耐寒，能自播。

繁殖：4月中旬将种子播于露地苗床，约经两周方能出苗。

栽培：幼苗生长较缓慢，气温升高后生长较快。经间苗，移植一次后，6月中旬定植，株距30cm，花期正值夏季高温，须及时浇灌。

用途：是夏季花境、隙地绿化的良好材料。

图7-13 夜落金钱

7.1.14 牵牛花(图7-14)

学名：*Pharbitis nil*

别名：喇叭花、朝颜。

科属：旋花科、牵牛属。

形态：一年生缠绕草本，茎长达3m。全株被粗硬毛，单叶互生，近卵状心形，3浅裂。花单生或2朵着生叶腋，有总梗，花大，径达10cm，花冠漏斗状，顶端5浅裂，呈红、紫、蓝、白等色，还有红或蓝色花冠镶以白色边缘及黑色，花期6~10月。

原产地与习性：原产亚洲热带。喜光，耐干旱及瘠薄土壤，不耐寒，能自播。

繁殖：4月中旬将种子播于露地苗床，若气温适宜，很易发芽。

栽培：幼苗子叶较大，经间苗后，趁苗小约具5枚真叶时带土掘取

图7-14 牵牛花

定植，株距约50cm。幼苗直根系，定植过迟影响成活，当幼苗长有10枚叶片时进行摘心，促发分枝，分枝具3~5枚叶片再行摘心，这样可形成较大的株丛，开花早，花量也多。枝叶生长旺盛期，须追加肥水。花期中，如不需要果实，则及时摘除凋谢的花朵，减少养分的消耗。作阳台垂直绿化用时，盆应选择深且大的，以提供充足肥水。

同属其他栽培种：圆叶牵牛(*P. purpurea*)，叶阔，心脏形，全缘，花小，花序着花1~5朵，呈白、粉、玫红、蓝等色。

用途：为夏秋季常见的蔓性草花，可作小庭院及居室窗前遮荫、小型棚架、篱垣的美化，也可作地被栽植。

7.1.15 茑萝(图7-15)

图7-15 茑萝
1—羽叶茑萝；2—圆叶茑萝；
3—槭叶茑萝

学名：*Quamoclit pennata*

别名：游龙草、羽叶茑萝。

科属：旋花科、茑萝属。

形态：一年生缠绕草本，茎长达4m，光滑。单叶互生，羽状细裂，裂片线形，托叶与叶片同形。聚伞花序腋生，花小，花冠高脚碟状，深红色，外形似五角星，花期8月至霜降。蒴果，果熟期9~11月。

原产地与习性：原产墨西哥等地，我国广泛栽培。喜光，喜温暖湿润环境，不耐寒，能自播，要求土壤肥沃。

繁殖：4月中旬将种子播于露地苗床，发芽整齐，也可盆播。

栽培：幼苗期生长缓慢，待长成5枚真叶后进行定植，株距约50cm。夏秋季要追施肥水，温暖湿润则枝叶长势旺，花也繁，并能很快布满棚架。盆播的可翻盆育成大苗后，定植、上架。

同属其他栽培种：圆叶茑萝(*Q. coccinea*)，又名橙红茑萝，叶互生，卵形，全缘，基部心形，聚伞花序腋生，着花3~6朵，花橙红色，喉部带黄色，冠边5裂。槭叶茑萝(*Q. sloteri*)，又名大花茑萝、掌叶茑萝，叶互生，广三角状卵形，裂片7~15枚，聚伞花序腋生，着花1~3朵，总花梗粗壮，花冠高脚碟形，花大红至紫红色。

用途：可用作篱垣、棚架绿化材料，还可作地被植物，不设支架，随其爬覆地面，此外，还可进行盆栽观赏，搭架攀缘，整成各种形状。

7.1.16 一串红(图7-16)

学名：*Salvia splendens*

科属：唇形科、鼠尾草属。

形态：多年生草本，常作一、二年生栽培，株高30~80cm，方茎直立，光滑。叶对生，卵形，边缘有锯齿。轮伞状总状花序着生枝顶，唇形花冠，花冠、花萼同色，花萼宿存。花为红色，变种有白色、粉色、紫色等，花期7月至霜降。小坚果，果熟期10~11月。

原产地与习性：原产巴西、南非，我国各地广泛栽培。喜温暖、湿润、阳光充足的环境，适应性较强，不耐寒，对土壤要求一般，较肥沃即可。

图7-16 一串红

繁殖：以播种繁殖为主，也可用于扦插繁殖。播种时间于春季3～6月上旬均可进行(上海地区2月下旬至3月上旬进行)。播后不必覆土，温度保持在20℃左右，约12d就可发芽。扦插繁殖可在夏秋季进行(花色变异较大，可提前播种，分出花色，然后再用扦插法繁殖)。

栽培：幼苗初期生长较慢，待气温升高后生长加快。经间苗、移植一次后，于5月下旬定植，株距40cm，幼苗定植前后可以各摘心一次，促使萌发侧枝。生长期须追加肥水，枝壮叶茂，秋后肯定花繁，也可盆栽，经多次摘心，培育成冠幅硕大的花株，一般摘心45d可开花，故在8月中旬需定头结束。夏季要及时浇水，花前再次增施液肥，则花大、色艳、花期长。盆花若在温室越冬，剪去花枝，翌春翻盆施肥，再行摘心，可形成大株丛，夏秋季又进入花期。近来，引进的有些新品种，在栽培的过程中无需进行摘心，即能形成较多的侧枝，花枝繁茂。

同属其他栽培种：红花鼠尾草(*S. coccinea*)，又名朱唇，一年生草本，全株具毛，株高80cm，茎基部有硬毛，单叶对生，叶为三角状卵形，花萼宿存，但花冠、花萼不同色，花萼紫褐色，花冠红色，花期7～10月。蓝花鼠尾草(*S. farinacea*)，又名粉萼鼠尾草、一串蓝，多年生草本，叶有时成簇生长，花萼短圆状钟形，白色或带青紫色，花冠蓝色或白色，花期7～10月。

用途：常用作花坛、花境的主体材料，在北方地区常作盆栽观赏。

7.1.17 观赏辣椒

学名：*Capsicum frutescens*

科属：茄科、辣椒属。

形态：灌木，常作一年生栽培，株高30～60cm，茎直立，多分枝。单叶互生，卵状披针形或矩圆形，边缘是波缘状。花单生叶腋，具花梗，花白色，花期7月至霜降。浆果。

常见栽培种：五色椒(var. *cerasiforme*)(图7-17)，浆果小而圆，果梗直立，散生，初为绿色，后发白带紫晕，逐步变红。朝天椒(var. *conoides*)，浆果细长，2～3cm。果柄直立，散生，由绿变红。樱桃椒(var. *fasciculatum*)，浆果圆球形，先端稍长，常10～18只簇生于枝顶，由绿变红。佛手椒(var. *fascicalatum*)，浆果指形，长4～5cm，果柄直立，常9～17只簇生于枝顶，初白，熟后变红。

图7-17 五色椒

原产地与习性：原产于南美。喜阳光充足、温暖的环境，喜湿润、肥沃的土壤，耐肥，不耐寒，能自播。

繁殖：春季4月播于室内苗床或进行盆播。

栽培：幼苗2叶展开后移植一次，具4枚真叶时移入露地苗床，6月初定植，株距50cm，生长期间要多施肥料，促使大量分枝，增多结果部位。待苗高10cm时，也可上盆。

用途：盆栽观赏，也可于夏、秋季节布置于花坛及花境。

7.1.18 百日草(图7-18)

学名：*Zinnia elegans*

科属：菊科、百日草属。

形态：一年生草本，株高50～90cm，全株被短毛，茎较粗壮。单叶对生，卵圆形至椭圆形，叶面粗糙，全缘，叶基部有明显3出脉，基部抱茎。头状花序单生枝顶，径约10cm，舌状花序数轮，呈红、紫、黄、白等色，筒状花黄色或橙黄色，花期7～10月。瘦果，果熟期9～11月。

图 7-18 百日草

原产地与习性：原产墨西哥，我国广泛栽培。性强健，喜光，喜肥，耐旱，略耐高温，能自播。

常见栽培种：大花高茎类：株高 90～120cm，分枝少，花径 15cm。中花中茎类：株高 60～90cm，花径 8～9cm。小花矮茎类：株高 15～40cm，分枝多，花径 3～5cm。

繁殖：4 月中旬将种子播于露地苗床，若气温升高，极易发芽出苗。

栽培：幼苗处于温暖的环境中，生长迅速，经间苗和移植一次后，6 月初定植园地，株距 30cm，高茎种要增大到 50cm。幼苗耐移植。生长期要追施肥水，并摘心一二次，促使分枝，多开花。第一批开放的花朵，形大色艳，夏日高温期的花朵小，且不结实，此时要浇灌抗旱，剪除萎谢的花枝，秋后还能继续开花不绝。通常自播种至开花约经两个月，苗期的阶段发育时温度要求不严，按这一习性所需花期，只要提前两个月播种，育苗即可实现。采种在高温期前、后进行，选花序直径大、重瓣性强、色彩鲜明、舌状花已干枯、筒状花失色时，连花序一起剪下，晒干脱粒。

同属常见栽培种：小朝阳（*Z. angustifolia*）：一年生草本，株高 40cm 左右，茎分枝多，被毛，叶对生，全缘，无叶柄，基 3 出脉，为狭披针形，花高低一致，花小而多，花黄色或橙黄，花期 7～10 月。细叶百日草（*Z. linearris*）：叶线形，花较小，黄色。

用途：可布置于花坛、花境，还可作盆栽观赏，高茎类可作切花。

7.1.19 藿香蓟（图 7-19）

学名：*Ageratum conyzoides*

科属：菊科、藿香蓟属。

形态：一年生草本，株高 30～60cm，全株被毛，茎散生，节间有气生根。单叶对生，卵形或三角状卵形，叶边缘有粗锯齿，叶脉明显。头状花序呈聚伞状着生枝顶，无舌状花，全为筒状花，呈浓缨状。花色有蓝、淡紫、雪青、粉红、白色，花冠先端 5 裂，花期 6～10 月。瘦果。

原产地与习性：原产美洲热带，我国南部各省有栽培。喜光，喜温暖、湿润环境，不耐寒，忌酷热，对土壤要求不严，耐修剪。

繁殖：以播种繁殖为主，3～4 月将种子播于露地苗床，发芽整齐。也可在冬、春季节于温室内进行扦插繁殖，室温保持在 10℃，极易生根。

图 7-19 藿香蓟

栽培：苗期由于发芽率高，生长迅速，需及时间苗，经一次移植苗高达 10cm 时定植，株距 30cm。栽培时可视需要进行修剪。因种子极易脱落，故需分批及时采收。

同属栽培种：大花藿香蓟（*A. houstonianum*），又名四倍体藿香蓟，多年生草本，作一、二年生栽培，株高 30～50cm，整株被毛，茎松散，直立性不强，叶对生，卵圆形，有锯齿，叶面皱折，头状花序，花径可达 5cm，花为粉红色。

用途：是布置夏、秋季花坛、花境的优良材料，也是良好的地被材料，还可作盆栽观赏。

7.1.20 蛇目菊（图 7-20）

学名：*Coreopsis tinctoria*

别名：小波斯菊、金钱菊。

科属：菊科、金鸡菊属。

形态：一年生草本，株高50～90cm，茎多分枝无毛。叶对生，2回羽状全裂，裂片线形或线状披针形，上部叶无柄，中、下部叶具长柄。头状花序呈松散的聚伞状排列，径3～4cm，花序梗纤细，舌状花1轮，8枚，舌片上部黄色基部红褐色，先端具3齿，筒状花暗紫色，花期6～9月。瘦果纺锤形。

原产地与习性：原产北美中部，我国各地均有栽培。喜光，喜夏季凉爽的环境，耐寒力不强。

繁殖：4月初播于露地苗床，发芽迅速，也能自播。

栽培：苗期不抽茎，较难分清植株，间苗困难，经一次移植后，5月定植，株距40cm。夏季高温期须及时浇水，栽培管理较容易。

图7-20　蛇目菊

同属常见栽培种：金鸡菊(*C. drummemdii*)，一年生草本，叶1～2回羽裂，裂片少，舌状花黄色，筒状花紫色。大花金鸡菊(*C. grandiflora*)，多年生草本，常作一年生栽培，株高30～60cm，茎直立分枝多，叶对生，羽状裂，裂片披针形，头状花序单生，花金黄色。

用途：宜作花坛、花境的材料，常用于隙地绿化。

7.1.21　波斯菊(图7-21)

学名：*Cosmos biginnatus*

别名：大波斯菊。

科属：菊科、波斯菊属。

形态：一年生草本，株高1～2m，茎直立，粗糙，有纵向沟槽，幼茎光滑，多分枝。单叶对生，呈2回羽状全裂，裂片线形，较稀疏。头状花序顶生或腋生，有长总梗，总苞片2层，内层边缘膜质，缘花蛇状常1轮8枚，花为粉红或紫红色等色，中心花筒状黄色，花期6～10月。瘦果线形，果熟期7～11月。

原产地与习性：原产墨西哥。喜光，耐贫瘠土壤，忌肥，土壤过分肥沃，常引起徒长，性强健，忌炎热，对夏季高温不适应，不耐寒。

图7-21　波斯菊

繁殖：以播种繁殖为主，4月露地播种，出苗迅速，生长较快，须及时间苗，6～8月开花；6月初播种，则8～9月开花。也可于7～8月用扦插法繁殖，生根也较容易，株矮而整齐。

栽培：因其植株较高易倒伏，尤在9～10月更明显，因此种植时要立架支持，在6～7月间可通过摘心的方法降低植株的高度，以防止倒伏。对肥水要求不严。

同属栽培种：硫磺菊(*C. sulphureus*)，又名硫华菊、黄波斯菊，一年生草本，株高60～90cm，全株有较明显的毛，茎较细，上部分枝较多，单叶生，2回羽裂，裂片全缘，较宽，头状花序顶生或腋生，梗细长，花黄色或橙红色，花期6～10月。

用途：是良好的花境和花坛的背景材料，也可杂植于树坛、疏林下增加色彩，还可作切花。

7.1.22　一点缨(图7-22)

学名：*Emilia flammea*

科属：菊科、一点红属。

形态：一年生草本，株高40~60cm，茎直立，纤细，被稀疏毛。单叶互生，阔披针形，叶柄具狭翅，上部叶基呈抱茎状。头状花序单生或呈伞房花序着生茎顶，有长总梗，花序形小，全为筒状花，呈浓缨状。花为红色、橙黄色，花期6~9月。瘦果细小，果熟期8~10月。

原产地与习性：原产美洲热带，我国中、南部有栽培。喜光，喜温暖湿润环境，不择土壤，不耐寒，能自播。

繁殖：4月初将种子播于露地苗床，极易出苗。

栽培：发芽率高，苗期需抓紧间苗，防止徒长，移植一次后，6月初定植，株距20cm，夏季高温干燥，需及时浇灌，耐粗放管理。

用途：作树坛、林缘、隙地绿化点缀材料，也可作切花材料。

图7-22 一点缨

7.1.23 向日葵(图7-23)

学名：*Helianthus annuus*

别名：葵花、向阳花。

科属：菊科、向日葵属。

形态：一年生草本，株高90~200cm，全株披粗硬刚毛，茎粗壮，髓部发达。单叶互生，宽卵形，边缘具锯齿，3出脉，有长柄。头状花序单生枝顶，大型，径可达35cm，舌状花一轮，筒状花多轮，花为黄色，花期7~9月。瘦果，长椭圆形，果熟期10月。

原产地与习性：原产北美和墨西哥一带，我国南北方广泛栽培。喜光，喜温暖湿润环境，耐旱，不耐寒，不择土壤。

繁殖：4月中旬将种子直播栽植地，或播于盆中，很易出苗，播种时以点播使果实尖头朝下为好。

栽培：幼苗生长迅速，应抓紧间苗、定苗，高茎种类株距60cm，矮茎种类株距40cm，生长期必须保障充足光照，追施肥水，使茎、叶健壮，花盘大，定苗后若株间杂草丛生，须及时除草松土。当舌状花枯萎，花盘发黄，果皮已发黑时，割取花盘，晒干脱粒，收取种子。也可盆栽，选用深大的盆，盆土以肥沃、排水良好的为佳。栽培时应及时抹除侧生腋芽，仅使茎顶一个花芽发育，使其盘大、舌状花艳丽，提高观赏价值。

图7-23 向日葵

用途：常布置于夏、秋季的树坛、花境，或用于隙地、林缘的绿化，矮茎种也可作盆栽观赏或点缀景色。

7.1.24 天人菊(图7-24)

学名：*Gaillardia pulchella*

科属：菊科、天人菊属。

形态：一年生草本，株高30~50cm，全株具毛，茎直立，多分枝，有时披散，披柔毛。单叶互生，矩圆形至匙形，叶全缘，也有的具粗锯齿，或微缺刻，无叶柄，基部抱茎，主脉明显。头状花序单生枝顶，有长梗，花蕾外具多层苞片，舌状花单轮或多轮，先端有缺刻，花为黄色、红色，另有黄色具红色环，花期7~10月。瘦果银白色，果熟期9~10月。

常见栽培种：矢车天人菊，舌状花或有部分筒状花都发育成漏斗状，

图7-24 天人菊

花为黄色、红色或间色。

原产地与习性：原产北美，我国中、南部广为栽培。喜光，耐炎热而干燥的气候，要求土壤疏松、排水良好，耐寒性不强，耐瘠薄，自播能力较强。

繁殖：用播种法繁殖，4月上旬进行，将种子播于露地苗床，发芽整齐，但初期生长缓慢。

栽培：幼苗生长转快时要间苗，待有4枚真叶时移植一次，6月上旬定植。

同属其他栽培种：宿根天人菊(*G. grandiflora*)，多年生草本，叶缘具浅裂，耐寒性强。

用途：是布置夏、秋季花坛、花境的良好材料，也可作树坛、零星隙地的绿化材料，还可作盆花和切花栽培。

7.1.25 麦秆菊(图7-25)

学名：*Helichrysum bracteatum*

别名：蜡菊、贝细工。

科属：菊科、蜡菊属。

形态：多年生草本，常作一年生草本，株高50～100cm，茎被有糙毛，上部有分枝。单叶互生，条状至矩圆状披针形，全缘，有短柄或无柄。头状花序单生枝顶，径约6cm，总苞片内部数层苞片伸长或成花瓣状，淡红色或黄色，具光泽，筒状花黄色，花于白天开放，雨天及夜晚闭合，花期7～10月。瘦果，果熟期8～10月。

图7-25 麦秆菊

原产地与习性：原产于澳洲，我国庭园常见栽培。喜光、喜温暖湿润环境，不耐寒，忌酷热，盛夏高温期开花少。

繁殖：4月上、中旬播于露地苗床，发芽迅速，出苗快，秋季播种后，须加保护让其安全越冬，翌年可提早开花。

栽培：对幼苗应及时间苗，经移植一次后约6月初定植，栽植地必须高燥、排水良好，株距30cm，耐粗放管理。

用途：用于布置夏季花坛，花瓣状苞片干燥后宛如花朵，色泽艳丽，经久不退，宜作切花或制作干花，供冬季室内装饰用。

7.1.26 万寿菊(图7-26)

图7-26 万寿菊

学名：*Tagetes erecta*

科属：菊科、万寿菊属。

形态：一年生草本，株高60～100cm，全株具异味，茎粗壮，绿色，直立。单叶羽状全裂对生，裂片披针形，具锯齿，上部叶时有互生，裂片边缘有油腺，锯齿有芒，头状花序着生枝顶，径可达10cm，黄或橙色，总花梗肿大，花期8～9月。瘦果黑色，冠毛淡黄色，果熟期9月。

原产地与习性：原产墨西哥，我国南北均有栽培。喜光，喜温暖、湿润环境，不耐寒，不择土壤。

繁殖：常用播种法繁殖，于4月中旬将种子播于露地苗床，发芽迅速。也可于夏季用嫩枝扦插，生根容易。

栽培：对幼苗需及时间苗，待具2枚真叶后移植一次，6月中旬定植，株距约40cm。夏季干热期须追施肥水，茎高又软时设立支柱以防风倒。10月初，花瓣枯焦时，连总花梗一起剪取花序，晾干剥离，获取种子。

同属常见栽培种：孔雀草（*T. patula*），一年生草本，株高30～50cm，茎较细，紫红色或绿色，具外倾性，叶对生，羽状深裂，裂片有不均匀锯齿，先端芒不明显，头状花序单生枝顶，花梗长，萼筒膨大，花橙黄色，夹杂红紫色，也有纯色。花期6～11月。细叶万寿菊（*T. tenuifolia*），一年生草本，株高30cm，茎绿色，具强烈气味，叶羽状全裂，纤细，腺体发达，花较小，多花性，橙黄色，舌状花仅数轮开展如星芒。

用途：用于布置夏、秋季花坛、花境，高茎种可作切花。

7.1.27 含羞草（图7-27）

学名：*Mimosa pudica*

科属：豆科、含羞草属。

形态：多年生草本，常作一年生栽培，枝基部木质化，植株呈铺散状外倾，全株披毛，茎上有倒钩刺。叶为羽状复叶，顶端有4张小叶。头状花序矩圆形。花淡红色，花期7～10月。荚果扁，有3～4荚节，每荚有1粒种子。

原产地与习性：不耐寒，能自播，对土壤适应性强，尤喜湿润、肥沃的土壤。

繁殖：春4月初进行播种繁殖。

栽培：栽培较容易，苗高7～8cm时，即可定植。

用途：常作盆栽观赏。

图7-27 含羞草

7.1.28 半边莲

学名：*Lobelia chinensis*

科属：桔梗科、半边莲属。

形态：多年生草本。常作一、二年生栽培，株高6～15cm，有白色乳汁。茎平卧，在节上生根，分枝直立，全株无毛。叶互生，狭披针形或线形，具波状小齿或近无齿，无柄或近无柄。花单生上部叶腋，花梗长，超出叶外，无小苞片，萼筒长管形，基部狭窄成柄，花冠粉红色、白色，近唇形，花期4～7月。

原产地与习性：中国、印度、越南等地，朝鲜、日本也有。半耐寒，喜冷凉，忌炎热、干燥。喜光，稍耐阴；宜湿润、肥沃的土壤。

繁殖：可用播种、分株或扦插繁殖。分株、扦插在春、秋均可进行。播种，因种子极细小，直播于疏松而排水良好的土壤，播后不覆土，多春播或秋播。

栽培：苗期及生长季应常浇水保持土壤湿润。定植后每半月施薄肥1次，花后剪去残花，可在秋季二次开花。

用途：作地被植物，点缀园路边、草坪上、湖边、沼泽地及溪边。或作花坛材料。

7.1.29 五色苋（图7-28）

学名：*Alternanthera bettizickiana*

别名：红绿草。

科属：苋科、莲子草属。

形态：多年生草本，北方常作一、二年生栽培。茎直立，株高10～20cm。有分枝，单叶对生，形小。披针形或椭圆形，有红、黄、紫绿色的叶脉及斑点，叶柄极短，头状花序，着生于叶腋，花白色。花期12月至翌年2月。

原产地与习性：原产南美巴西一带，我国南北各地有栽培，喜光，喜温暖湿润的环境，不耐旱，不耐寒，也忌酷热。

繁殖：一般以扦插繁殖为主。留种植株于秋季入温室越冬，3月中旬将母株自温室移植至温床，4月份就可剪枝在温床扦插，5～6月视气温变化可扩大到露地扦插，当土温到达20℃左右时，扦插苗经5d左右即可生根。

图7-28 五色苋

栽培：对扦插苗进行一般的管理；对母株要细致培育，选枝壮叶茂的植株作母株，开花时及时摘除花朵，每半月余施肥一次，可用2%的硫酸铵液作追肥，越冬温度保持在13℃以上。为了在短期内能获得较多的扦插苗用于布置花坛，常对成龄植株修剪，把剪下的枝条收集起来再扦插，定植时株距约10cm。哈尔滨一带5～6月即须定植，南京地区待夏季高温期过后约9月中旬作栽植。

用途：适用于毛毡花坛、立体花坛和组字图案，供秋、冬季节观赏。

7.1.30 亚麻

图7-29 大花亚麻

学名：*Linum perenne*

别名：蓝亚麻。

科属：亚麻科、亚麻属。

形态：一、二年生草本，株高60～70cm。茎丛生型，纤细，顶梢下垂。叶螺旋状互生，条形至线状披针形，全缘，具1～3条主脉。花顶生或腋生，花梗细长，花下垂，花冠5裂，呈线盘状，花蓝色，花期自3～4月陆续至6月。蒴果球形，果熟期6～7月。

原产地与习性：原产于欧洲地中海地区，我国也有分布。耐寒，不耐肥，耐光荫，花对光有敏感性，基部分蘖能力强，要求土壤排水良好。

繁殖：9月初将种子播于露地苗床，出苗尚整齐。

栽培：生长期施薄肥，在苗前易被草覆盖住，故要注意中耕除草，栽培中不必进行摘心。

同属其他栽培种：大花亚麻(*L. grandiflorum*)(图7-29)，又名红花亚麻，为一、二年生草本，株高70cm左右，茎直立性不强，外倾性，分枝多，光滑，叶互生，花较大，以深红色为主，花期5～6月。黄花亚麻(*L. flarum*)，多年生草本，株高30～60cm，叶互生，披针形至线形，多歧聚伞花序，花黄色。

用途：为布置春、夏之交花坛、花境，以及树坛、隙地的绿化优良材料。

7.1.31 长春花(图7-30)

学名：*Catharanthus roseus*

别名：山矾花、日日草。

科属：夹竹桃科、长春花属。

图 7-30 长春花

形态：多年生半灌木，作一、二年生栽培，高 30～60cm，矮生种仅 25cm。单叶对生，倒卵状矩圆形，浓绿色而具光泽。聚伞花序顶生或腋生，花冠深玫瑰红色，花径约 3cm，雄蕊处红色，花期春季到深秋。蓇葖果，果熟期 9～10 月。

原产地与习性：原产非洲热带，现各地均有栽培。喜光，喜温暖湿润环境，对土壤要求不严，半耐寒或不耐寒。

繁殖：播种繁殖，春、秋均可进行，发芽整齐。

栽培：幼苗早期生长缓慢，待气温升高后生长转快，经间苗，移植后于 6～7 月定植。移植与定植时间一般要早，通过摘心扩大株幅，一般在苗期进行 1～2 次，摘心后再加强肥水管理。

用途：用于春、夏季花坛布置，北方也常作温室花卉进行盆栽，四季可赏花。

7.1.32 美女樱(图 7-31)

学名：*Verbena nybrida*

科属：美女樱科、美女樱属。

形态：多年生草本，常作一、二年生栽培，株高 20～30cm，茎四棱，多分枝，匍匐状，全株被糙毛。单叶对生，长椭圆状三角形，先端钝，具叶柄，叶缘具圆齿，近基部稍分裂，叶脉明显。穗状花序呈伞房状排列顶生，花冠高脚蝶状，呈红、紫、蓝等色，花期 4～10 月。小坚果，长约 0.5cm。

原产地与习性：原产南美巴西、秘鲁等地，我国各地有栽培。喜光，喜温暖和湿润的环境，不耐寒，冬季需在冷室中越冬，喜排水良好、肥沃的土壤，不耐旱。

图 7-31 美女樱

繁殖：可用播种法和扦插法繁殖。播种繁殖在种子采收后立即播，也可于翌春播于露地苗床，因种子细小一般不覆土，播后稍镇压苗床，出苗整齐，也可盆播。扦插繁殖一般于夏、秋季进行，极容易成活，有 15℃ 的条件，就可进行扦插，茎节上极容易成根。

栽培：幼苗越冬常设置防风障或上盆于温室越冬，翌春脱盆定植，老株能在露地越冬，株距 30cm。生长期多施肥水并摘心，促进分枝，夏日酷热须及时浇水。

用途：是良好的夏、秋季花坛、花境用花材料，也可作地被植物栽培。

图 7-32 冬珊瑚

7.1.33 冬珊瑚(图 7-32)

学名：*Solanum pseudo-capsccicum*

别名：珊瑚樱。

科属：茄科、茄属。

形态：常绿直立亚灌木，多作一、二年生栽培，株高 60～120cm。叶互生，狭矩圆形至倒披针形。花单生或数朵簇生叶腋，花较小，白色，花期 7～8 月。浆果球形，橙红色或黄色，久留枝上不落，果熟期 9～12 月。

原产地与习性：原产欧亚热带，我国安徽、江西、广东、广西和云南等均有野生分布。性喜温暖、向阳的环境，土壤要求排水良好。

繁殖：播种或扦插繁殖。播种时间为春季3～4月，扦插繁殖于春、秋季均可进行。

栽培：夏季生长旺盛，一般每月施一次腐熟液肥，开花前施用含磷追肥，可使花繁果茂。夏季高温降雨时，分栽植株易发生炭疽病，但地栽则受影响较小，因此夏季可将植株移入地栽越夏，至9月再带土上盆，10月下旬移入室内栽培，保持室温不低于5℃，以利其安全越冬。

用途：为冬季良好的观果植物，也可布置于花坛。

7.1.34 矮牵牛(图7-33)

学名：*Petunia hybrida*

科属：茄科、矮牵牛属。

形态：多年生草本，常作一、二年生栽培，株高40～60cm，全株被黏毛，茎基部木质化，嫩茎直立，老茎匍匐状。单叶互生，卵形，全缘，近无柄，上部叶对生。花单生叶腋或顶生，花较大，花冠漏斗状，边缘5浅裂，花色为紫红、白、黄、间色等，有单瓣和重瓣种，花期4～10月。蒴果，种子细小，果熟期9～10月。

图7-33 矮牵牛

原产地与习性：原产于南美洲阿根廷。性喜温暖、湿润的环境，喜光，不耐寒，也不耐酷暑，要求通风良好，喜疏松、排水良好的微酸性土壤。

繁殖：以播种繁殖为主，春秋两季均可进行，2月下旬可在温室盆播，覆土宜薄，保持盆土湿润，约经10d后发芽出苗，9月中旬在露地盆播，经翻盆移栽后，入温室越冬，约翌年4月份开花。优良栽培类型如重瓣品种，选取嫩枝或萌蘖枝用扦插法繁殖，除高温和寒冬季节外，均可进行，生根容易。

栽培：在开花前后应减少浇水，保持土壤干燥。每10～15d施一次液肥，注意浇水施肥不要沾污叶面，要注意冬季防寒、夏季防暑工作。花后要及时进行修剪，尽量将植株修得矮些，让其安全度夏，秋季花后同样要进行修剪。若在温室内养护，则周年能开花，但茎较柔软，需设架支撑。

用途：适用于花坛及自然式布置，也可进行盆栽观赏，重瓣种可作切花。

7.1.35 毛地黄(图7-34)

学名：*Digitalis purpurea*

别名：自由钟、地中花。

科属：玄参科、毛地黄属。

形态：多年生草本，常作一、二年生栽培，株高约100cm。茎直立，少分枝，全株被短柔毛。单叶互生，叶面粗糙皱缩，卵形或卵状披针形，基生叶具长柄，茎生叶柄短或无叶柄，叶形自下至上渐小。总状花序顶生，长可达60cm，花偏生一侧下垂，花冠筒状钟形，长5～7cm，紫色，筒部内侧色浅白，有紫色斑，花期6～8月。蒴果卵球形，果熟期8～10月。

常见栽培种：白花毛地黄(var. *alba*)。大花毛地黄(var. *campanulata*)。桐花毛地黄(var. *gloxiniaeflora*)：花梗长而花冠大，上有显著斑点。斑花毛地黄(var. *maculata*)：花上斑点较多，花期6～8月。

图7-34 毛地黄

原产地与习性：原产欧洲西部，我国各地有栽培，尤以北方为多。耐寒、耐旱、耐半阴，要求土壤疏松、湿润。

繁殖：以播种繁殖为主，夏末秋初盆播或播入温床中，要求20℃左右，忌酷热，幼苗初期生长缓慢，如采取夏季降温、冬季防寒措施，则成多年生习性。也可于春季进行分株繁殖。

栽培：盆播幼苗经移植一次长出4枚真叶后移入3寸盆中，于低温室内越冬，待翌春再定植，株行距30cm×40cm。东北地区秋季播种，然后在温室内保护越冬，经一次移植，翌春晚霜后定植，能在整个夏季一直开花。

用途：适宜栽植于大型花坛的中心，或作花境背景的材料，丛植更显壮观，也可用温室促成盆栽法，以利于早春赏花。

7.1.36 翠菊(图7-35)

图7-35 翠菊

学名：*Callistephus chinensis*

别名：八月菊、蓝菊、江西腊。

科属：菊科、翠菊属。

形态：一、二年生草本，株高20～100cm，茎粗壮，上部有分枝。单叶互生，阔卵形，柄短，翠绿色，具疏距锯齿，中部叶卵形或匙形。头状花序单生枝顶，苞片纸质，较多，发达，花型变化较多，花色有紫、蓝、红、粉红、白色等，少有黄色，花期(春播)7～10月，(秋播)5～6月。瘦果楔形。

常见栽培种：单瓣型，舌状花1～2轮，筒状花正常；芍药型，半重瓣，舌状花轮数较多，筒状花看不出；菊花型，重瓣，舌状花轮数多，内卷，筒状花看不出；托桂型，舌状花平坦或盘状；鸵羽型，舌状花狭长，向外反卷；放射型，花瓣短细。

原产地与习性：原产于我国亚热带至温带地区，现各国均有栽培。喜光，喜凉爽气候，既不耐寒又怕酷热，要求土壤肥沃、排水良好。

繁殖：春播或秋播，将种子播于露地苗床，出苗整齐，留种植株为避开7、8月花期结实不良，可适当晚播。秋季盆播，在冷室内越冬，翌春上大盆或于4月定植。

栽培：幼苗生长迅速，需及时间苗，经移植一次后，苗高约10cm时定植，株距40cm，生长期要追施肥水，由于根系较浅，夏季干热，尤需浇灌，但花期要求空气干燥。也可盆栽，盆土必须疏松、肥沃。

用途：适宜布置夏、秋季花坛、花境，也可进行盆栽观赏，高茎种宜作切花。

7.1.37 香豌豆(图7-36)

学名：*Lathyrus odoratus*

科属：豆科、山黧豆属。

形态：缠绕一、二年生草本，全株是疏生柔毛。茎有翼。叶为羽状复叶，先端3小叶退化成卷须，卷须往往再分叉，留下基部2张叶片近广卵形或卵形，叶缘波状。总花梗腋生，蝶形花冠，花较大，具芳香。花色丰富，有红、紫、白、蓝等色，花期5～6月(温室内2～3月即可开花)。荚

图7-36 香豌豆

果矩形。

原产地与习性：原产于埃及等地。耐寒性不太强(上海地区可露地越冬)，不耐酷热，要求土壤排水良好、肥沃、疏松，忌移植。

繁殖：秋9月初进行盆播，用3寸盆，每盆播2~3粒，发芽适温20℃，出苗后留一根最好的植株，以后搭架地栽。对于多年生的宿根香豌豆可采用扦插法繁殖，在生长期进行，15~20d即可成活。

栽培：在生长阶段对肥水要求高，因此种植地一定要深翻，施足基肥，株行距30cm×15cm，随着植株的长大，要进行适当的绑扎。要提早花期，在温室中栽植，2月底至3月初即可开花，注意浇水。

用途：以盆栽观赏为主，也可作花境布置，还可作切花。

7.1.38　中国石竹(图7-37)

学名：*Dianthus chinensis*

别名：洛阳花。

科属：石竹科、石竹属。

形态：二年生草本，株高15~50cm，茎光滑，直立，较细软，分枝多，丛生性强，节膨大。叶对生，线状披针形，无叶柄，叶脉明显。花单生，或数朵簇生成聚伞花序，花萼圆筒形，花瓣5枚，花红色、粉红色和白色，苞片线状，花期4~5月，蒴果矩圆形，果熟期5~6月。

图7-37　中国石竹

原产地与习性：原产于我国东北、西北和长江流域，山地旷野均有，现国内外普遍栽培。喜光，耐寒，忌高温气候。

繁殖：9月中旬将种子播于露地苗床，发芽迅速，出苗整齐。也可当花刚凋谢时，选取粗壮的茎作插穗，插于沙壤土中，遮荫，保温，生根成活后逐步通风，以后移植，此法常为了繁殖特殊型时才采用。

栽培：幼苗经间苗、移植一次后，于11月初定植园地。株距30cm，苗期生长缓慢，可提前播种，使严冬来临时已萌蘖、分枝，为翌年培育成大株丛奠定基础。越冬前追肥一次，生长健壮，耐粗放管理。

同属其他栽培种：美国石竹(*D. barbatus*)，又名须苞石竹、五彩石竹，为多年生草本，常作二年生栽培，株高40~60cm，茎粗壮，分枝较少，叶对生，宽披针形，有时具明显中脉，聚伞花序，花多而密集，花朵较小，花白色及红色，花瓣上往往有异色环，苞片须状，花期5~6月。圆叶石竹(*D. juponicus*)，叶椭圆状披针形，花色以玫红、白为主，其余形态同美国石竹。常夏石竹(*D. plumarius*)，多年生草本，植株呈毯状，全株被白粉，茎分枝多，叶对生，呈线形，较细长，质较硬。少女石竹(*D. deltoides*)，又名西洋石竹，多年生草本，植株呈毯状，不开花的枝常倒伏或多倾，叶条形、较短小，花茎直立，花单生或2~3朵簇生，较小。瞿麦(*D. superbus*)，植株较松散，花茎较长，花瓣片深细裂，萼筒较细长，花色雪青至淡紫，须毛白色。

用途：为重要的春季花坛、花境材料，也可作盆栽观赏，高茎类品种可作切花。

7.1.39　霞草(图7-38)

学名：*Gypsophila elegans*

别名：满天星。

科属：石竹科、丝石竹属。

形态：二年生草本，株高40~50cm，全株被有白粉。茎直立，光滑，多分枝，粉绿色，单叶对

生，基部叶矩圆状匙形，上部叶条状披针形，无柄。聚伞花序着生枝顶，花瓣5枚，顶端微凹，花小而多，一株大约可达千朵以上，花白色、粉红或玫红，花期4~6月。蒴果球形，种子多而细小，果熟期6~7月。

原产地与习性：原产小业细业高加索一带，我国有栽培。喜光，耐寒，耐旱，耐碱土，不耐移植。

繁殖：9月初直播于园地或盆播，出苗整齐。

栽培：对直播苗也须及时间苗、定苗，株距40cm。要松土除草，保证幼苗生长健壮。10月中旬追肥一次。盆播幼苗当子叶完全展开后，上小盆，10月中旬定植园地。

用途：花小量多，常作插花极佳的配衬材料，也可成片布置于花坛、花境等。

图7-38 霞草

7.1.40 矮雪轮（图7-39）

学名：*Silene pendula*

别名：小红花。

科属：石竹科、蝇子草属。

形态：二年生草本，株高30cm，茎铺散状多分枝，全株具白色柔毛。单叶对生，卵状披针形，全缘。花单生叶腋，径2cm，开放后下垂，花萼筒状膨大，上有9~10条红色棱线，长于花梗，多花性，花瓣5枚，先端2裂，花色为粉红或白色，花期4~6月。蒴果卵圆形，果熟期6月。

常见栽培种：矮生种，株高仅10cm；红叶种，叶红色。

原产地与习性：原产南欧和地中海区域，我国南部广泛栽培。喜光，耐寒，要求土壤排水良好。

图7-39 矮雪轮

繁殖：沪宁一带9月初将种子播于露地苗床，发芽出苗不太整齐。

栽培：幼苗经一次移植后，11月初定植园地，定植时苗根须多带土，以利成活，株距40cm。春季雨水多时，栽植地须排水通畅，防止花株根颈处腐烂。

同属其他栽培种：高雪轮（*S. armeria*），株高60cm左右，全株光滑无毛，植株被有白粉，直立性较强，茎细长，单叶对生，条状或矩圆状披针形，全缘，叶基部抱茎，总状聚伞花序，萼筒较狭长，不膨大，上有9~10条红色棱线，花雪青、玫红、白色等，花期5月。

用途：为春季良好的花坛材料，矮雪轮可作各种绿地的边饰材料。高雪轮可作切花或布置花境。

7.1.41 飞燕草（图7-40）

学名：*Consoliola ajacis*

别名：千鸟草。

科属：毛茛科、飞燕草属。

形态：二年生直立草本，株高80~100cm，茎直立，节较长，上部分枝多。叶互生，3出掌状全裂或深裂，裂片再进行羽裂，裂片线形，下部叶有柄，上部叶的叶柄不明显。总状花序着生枝顶，花序较长，可着生20~30朵小花，小花两侧对称，萼片5枚，背部1枚基部延展成长距而基部上举,花瓣2枚,联合。花紫色、红色、白色、粉红等,花期4~6月。蓇葖果被茸毛,种子黑色。

原产地与习性:原产南欧,我国南北方均有栽培。喜光,喜冷凉气候,耐寒,喜栽培于高燥的环境,要求土壤排水良好、深厚肥沃。为直根系,忌移植。

繁殖:9月中旬,将种子直播于露地苗床,发芽温度以15~20℃为宜,若高温则出苗不整齐。

栽培:幼苗须根较少,直播后经间苗,保持株距约40cm,也可将幼苗上小盆,逐步翻至大盆,以便管理。寒冷地区可在3月中旬播于冷床或直播入盆,5月脱盆地栽,花期则相应推迟。

用途:花期较早,花姿美丽诱人,宜作春夏之交的花坛、花境材料。作切花水养可保持10d。也可盆栽观赏。飞燕草全株含有毒素,影响人的神经系统,故须提防。

图7-40 飞燕草

7.1.42 虞美人(图7-41)

学名:*Papaver rhoeas*

别名:丽春花。

科属:罂粟科、虞美人属。

形态:二年生直立草本,有分枝,株高40~60cm,全株被伸展性糙毛。叶互生,羽状深裂,裂片披针形,具粗锯齿。花单生枝顶,具长梗,未开放时花蕾下垂,萼片2枚,花开时便脱落,花瓣4枚,近圆形,质薄有光,呈红、紫、白色或大红镶着白色,边缘基部有深黑色斑,每朵花开3~4d,花期4月下旬至5月中旬。蒴果呈截顶球形,果熟期6~7月。

原产地与习性:原产欧、亚两洲大陆,我国各地有栽培。喜光,耐寒,根系深长,要求土壤排水良好、深厚肥沃,能自播,直根系。

繁殖:9月初将种子直播园地,容易发芽出苗。

栽培:对直播幼苗及时间苗、定苗,保持株距30cm。若须移栽,趁苗小时进行,带土掘取。苗期肥水充足,易引起枝叶徒长,茎基倾卧。

图7-41 虞美人

同属其他栽培种:东方丽春花(*P. orientale*),又名近东罂粟,株高60~90cm,全株被白毛,叶羽状深裂,花猩红色,基部具紫黑色斑,还有白、粉红、橙红等色。冰岛罂粟(*P. nudicaule*),丛生型,叶根生,具柄,叶片羽裂或半裂,花单生于无叶的花葶上,花深红或白色,花期夏季。罂粟(*P. somniferum*),又名鸦片,一、二年生草花,株高1m,全株被白粉,花大色艳,重瓣,深红色。

用途:为优良的春季花坛、花境材料。

7.1.43 花菱草(图7-42)

学名:*Eschscholtzia californica*

别名:金英花。

科属:罂粟科、花菱草属。

形态:多年生草本,作二年生栽培,株高40~50cm,全株被白粉。茎铺散状,有分枝,多汁,叶互生,多回3出羽状分裂,裂片线形。花单生枝顶,具长梗,花蕾直立,萼片2枚,花开时便脱落；花瓣4枚，纸质，花黄色、白色、红色，花期5月，蒴果细长筷形，种子球形。

原产地与习性：原产北美，我国有栽培。喜光，耐寒，也耐半阴，喜夏季凉爽，忌炎热，忌涝，喜排水良好的土壤。

繁殖：9月初将种子播于露地苗床或直播于栽植地，出苗不整齐。也可于4月播种，花期夏、秋季。

栽培：小苗经间苗后即定苗，保持株距40cm，若须移植，趁苗小时带土掘取，以利成活，沪宁一带能露地越冬，寒地必须保温防寒才能越冬。春季要防雨水积涝，避免花株根颈霉烂。在整个生长期施三次追肥，一般在定植后进行。

图7-42　花菱草

用途：常用于布置春夏之交的花坛、花境等，也可作盆栽观赏。

7.1.44　桂竹香(图7-43)

学名：*Cheiranthus cheiri*

别名：黄紫罗兰。

科属：十字花科、桂竹香属。

形态：二年生草本，株高30~60cm，茎直立，多分枝，基部木质化。单叶互生，披针形，先端尖，全缘，枝顶常有数叶聚生。总状花序顶生，十字形花冠，花瓣4枚，近圆形，基部有爪，花橙黄色、褐黄色、黄色至玫红色。花期4~6月，长角果条形，种子两行，果熟期5~6月。

原产地与习性：原产于南欧，我国中、南部有栽培。喜阳光充足，耐寒，不耐热，不耐移植，要求土壤为排水良好的沙质壤土，略耐碱土。

繁殖：9月初将种子播于露地苗床，发芽迅速。重瓣类型常选取生长充实的嫩枝，扦插繁殖。

图7-43　桂竹香

栽培：趁苗小时间苗，移植一次后，11月初定植，移栽时少损伤根部并尽量带土团，以利成活，使严冬来临前已分枝。株距30cm。春雨多的地区须使土壤排水畅通，也有春、夏季播种，初冬上盆养护作室内盆花的。

同属其他栽培种：七里黄(*Ch. allionii*)：株高30~40cm，分枝少，叶互生，线状披针形，先端尖，叶缘呈线裂状，叶皱褶。圆锥状总状花序，花较小，花鲜黄色，花期5月。角果。

用途：为早春花坛、花境的良好材料；也可3~5株盆栽观赏。

7.1.45　紫罗兰(图7-44)

学名：*Matthiola incana*

科属：十字花科、紫罗兰属。

形态：二年生草本，株高30~50cm，全株具灰色柔毛。茎基部半木质化，有分枝。单叶互生，长椭圆形至长倒卵形，先端圆钝，全缘。总状花序着生枝顶，花轴长约15cm；花瓣4枚，花红紫色、白色、桃红色，芳香，花径约2cm，花期以4~6月为多，也有6~8月开花的品种。长角果圆柱形，种子有宽刺，果熟期6月。

图7-44　紫罗兰

原产地与习性：原产于南欧，我国长江流域一带有栽培。耐寒性不强，为半耐寒性，冬季可耐 -5℃的低温，但生长不好，需加保护。喜阳光充足，忌炎热，夏季需凉爽的环境。忌移植，忌水涝。直根系。喜肥沃、深厚及湿润的土壤。春化现象明显。

繁殖：9月初种子播入播种盆中，或直接播入小盆内，出苗整齐。浙江地区常秋季播于露地苗床。

栽培：因根系切断后再生能力弱，故移植或定植幼苗时宜多带土。秋播的幼苗，翌春可每3株按"品"字形移入大盆，或定植栽植地，株距30cm。生长期要多次追施液肥。高性种在1～2月长出花蕾时，宜立枝扶植，以免长花穗倾倒。开春后作切花就应加强肥水管理。而作花坛布置种类的栽培中应控制肥水，以控制植株高度。

用途：主要用作盆栽观赏，也可于早春布置花坛，同时其又是一种很好的切花材料。

7.1.46 诸葛菜(图7-45)

学名：*Orychophragmus violaceus*

别名：二月兰。

科属：十字花科、诸葛菜属。

形态：二年生草本，株高30～50cm，茎光滑直立，上被有白粉。基生叶呈琴状羽裂，茎生叶呈不规则长椭圆状卵形，有缺刻。总状花序着生茎顶，花淡紫色，花期3～5月。长角果条形，具喙。

图7-45 诸葛菜

原产地与习性：原产我国辽宁、河北，南至湖北、江西一带。喜光，也耐半阴，耐寒，不择土壤，自播能力强。

繁殖：9月初将种子播于露地苗床，发芽迅速整齐。

栽培：幼苗经移植一次后，于11月定植园地，株距30cm。管理粗放，生长强健。

用途：宜作树坛隙地、林缘绿化用。

7.1.47 羽衣甘蓝(图7-46)

图7-46 羽衣甘蓝

学名：*Brassica oleracea* var. *acephala*

别名：叶牡丹、花菜。

科属：十字花科、羽衣甘蓝属。

形态：二年生草本，株高30cm(连花梗长120cm)，无分枝。叶宽大，广倒卵形，集生茎基部，叶边缘有波状皱褶，叶柄有翼。总状花序，十字形花冠，花小，淡黄色。花期4月。长角果细圆柱形，果熟期5～6月。

种类：红紫类，中间叶雪青紫色，基部叶红紫色，根颈红紫色，种子色较深；黄白类，中间叶白至黄色，基部叶绿色，根颈绿色，种子色较浅。

原产地与习性：原产西欧，我国中、南部广泛栽培。喜光，耐寒，要求土壤疏松、肥沃，为直根系。

繁殖：7月中旬将种子播于露地苗床，发芽迅速，出苗整齐。这期间正值夏季高温，须注意遮荫、防暑。

栽培：幼苗经间苗和一、二次移植后，须追施液肥，当植株冠径达20cm时，约11月中旬，定植园地，株距40cm，此时勤施淡液肥，促使生长茂盛。幼苗也可在11月份上盆。成活后，勤施肥水。

用途：叶色鲜艳美丽，是著名的冬季露地草本观叶植物。用于布置冬季花坛、花境，也可作盆栽观赏。

7.1.48 香雪球(图7-47)

学名：Lobularia maritima

科属：十字花科、香雪球属。

形态：多年生低矮草本植物，常作二年生栽培，株高15cm左右，全株微被毛。茎分枝较多，呈铺散状。单叶互生，条状披针形，全缘，叶脉不明显。总状花序顶生，花梗短，花小，多而密，花基数4，花具芬香。花色有白、雪青、玫红等色，花期3～6月(花后剪去残花，秋季可再一次开花)。角果近圆形。

原产地与习性：原产于地中海地区。耐寒性不强，要求土壤排水良好，忌炎热，能自播。

图7-47 香雪球

繁殖：可于秋季9月初进行盆播繁殖。也可用扦插法进行繁殖。

栽培：冬季需置于冷床或冷室内栽培，春天断霜后露地栽培。栽培期间需施追肥、松土。

用途：可布置于花坛、岩石园，或作盆栽观赏。

7.1.49 蜀葵(图7-48)

学名：Althaea rosea

别名：端午锦、一丈红。

科属：锦葵科、蜀葵属。

形态：多年生草本，常作二年生栽培。株高可达2.5m，茎直立，少分枝，全株被柔毛。单叶互生，近圆形，叶面粗糙多皱，具3～7浅裂。花单生叶腋或聚生成总状花序顶生，花大，小苞片6～9枚，花萼5裂，花瓣5枚，呈紫红、淡红或白等色，花期5～10月。分生果扁球形，果熟期7～10月。

原产地与习性：原产我国，现各国都有栽培。喜光，耐寒，不择土壤，对二氧化硫等有害气体具一定的抗性，能自播。

图7-48 蜀葵

繁殖：沪宁一带7～8月间，将种子播于露地苗床，发芽迅速，出苗整齐。

栽培：幼苗经间苗，移植一次后，11月初定植，株距约50cm。定植宜早，使植株在寒潮来临前已形成分枝，增强抗寒力，又利于翌年长成较大的株丛，移植时宜多带土和趁苗小时进行，以便提高成活率。

用途：宜作花境和树坛材料，也常作建筑物旁、墙角、空隙地以及林缘的绿化材料。

7.1.50 锦葵(图7-49)

学名：Malva sylvestris

别名：小蜀葵。

科属：锦葵科、锦葵属。

形态：二年生草本，株高60～100cm。茎直立，少分枝，具粗毛。叶互生，心状圆形或肾形，边缘有钝齿，叶脉掌状，叶柄较长。花数朵至多数簇生叶腋，花色紫红、浅粉或白色，花期5～6月。种子扁平，圆肾形。

图7-49 锦葵

常见栽培种：大花锦葵(var. mauritiama)：株高120cm，花较大，花为紫红色，并有白花种。

原产地与习性：原产于欧、亚温带。耐寒，喜冷凉，能自播，不择土壤。

繁殖：秋季9月初播于露地苗床。

栽培：栽培管理较容易，经一次移植后，于11月初可进行定植。

用途：常作花境背景材料，可点缀丛植或在角隅布置。

7.1.51 三色堇(图7-50)

学名：*Viola tricolor*

别名：蝴蝶花、鬼脸花。

科属：堇菜科、堇菜属。

形态：多年生草本，常作二年生草本栽培，株高20～30cm，植株呈匍匐状，分枝多。基生叶及幼叶浑圆形或卵状心形，上部叶为卵圆状披针形，叶缘有钝锯齿。单花腋生，具长花柄，为两侧对称，花瓣5，有距，未开时花蕾下垂，开花也略下垂。花色主要有白、淡黄、橙黄、淡雪青、紫堇色、红色及杂色，品系有纯色系、斑色系、异色系三种。花期3～5月。蒴果，分批成熟。

图7-50 三色堇

原产地与习性：原产西欧。我国中、南部广泛栽培。喜光，喜凉爽和湿润环境，要求土壤疏松、肥沃，耐寒，又略耐阴。

繁殖：9月初将种子播于露地苗床，覆以薄细土并稍加镇压，保持土壤湿润，约经10d即发芽出苗，也可盆播，也有生长期选短枝扦播繁殖的。

栽培：幼苗生长较缓慢，经间苗和移植一次后，11月初定植，株距20cm。定植时须带土掘苗，缩短缓苗期，使寒冬来临时，已长出分枝，形成株丛。翌春尽早追施液肥，使枝叶繁茂、花量多。开花后期，视果实由下垂转向昂起并果皮发白时采收，晾干脱粒，要分批采收。

同属其他栽培种：丛生三色堇：为三色堇与角堇的杂交种，宿根，株丛圆正，花小，宜作镶边材料。角堇(*V. cornuta*)：丛生，花淡紫色或白色，芳香，用于岩石园。香堇(*V. odorata*)：丛生，茎匍匐，花色深紫，芳香，可提取香精料。

用途：适宜布置花坛、花境等，也可作盆栽观赏。

7.1.52 月见草(图7-51)

学名：*Oenothera biennis*

科属：柳叶菜科、月见草属。

形态：二年生草本，也可作一年生栽培，株高1m左右。全株被毛，叶倒披针形至卵圆形。花常2朵着生茎上部叶腋，花瓣4枚，黄色，径约5cm，傍晚开放，略有香气，花期6～9月。蒴果，果熟期为8～10月。

原产地与习性：原产北美，我国有栽培。喜光，喜排水良好的沙质壤土，不耐寒，能自播。

繁殖：4月中旬，种子播于露地苗床，出苗整齐，也可在秋季播种。

栽培：幼苗经一次移植后，6月初定植园地，株距30cm，秋播幼

图7-51 月见草

苗于翌春4月中旬定植。

用途：布置夏、秋季花坛，因花朵傍晚开放翌日凋萎并具芳香，故适宜作夜游园花境材料。

7.1.53 福禄考(图7-52)

学名：*Phlox drummondii*

科属：花葱科、福禄考属。

形态：二年生草本，株高40~60cm，茎直立，多分枝，全株被腺毛。单叶，长椭圆状披针形，下部叶对生，上部叶互生，聚伞花序着生枝顶，花冠高脚蝶状，5裂，花色为玫红、桃红、大红、白及间色等，花期5~6月。蒴果近圆形，种子背面隆起，腹面平坦。

常见栽培种：圆瓣种(var. rootumdata)：花瓣裂片大而阔，外形呈圆形。星瓣种(var. stellaris)：花冠裂片边缘变有3齿裂，中齿长度5倍于两侧齿。须瓣种(var. fimbriata)：花冠裂片呈披针状矩圆形，先端尖。

图7-52 福禄考

原产地与习性：原产美洲北部，现各国广为栽培。喜气候温和、环境湿润、土质疏松，不耐旱，略耐寒，冬季稍加保护即能越冬。

繁殖：9月初播于露地苗床，气温在15~20℃时发芽整齐，若温度过高则难以发芽，也可盆播。

栽培：幼苗生长缓慢，在上海地区能露地越冬。为了便于管理，常盆栽于冷床越冬，翌春3月下旬脱盆定植，株距30cm，矮生种20cm。摘心一次，促使分枝。如早春在温室播种，初夏定植，则9~10月开花，夏日酷热期须遮荫、通风，否则植株细小，花少色淡。

用途：可布置于花坛，还可点缀岩石园，同时也可作盆栽观赏，或作切花材料。

7.1.54 勿忘草(图7-53)

学名：*Myosotis sylvatica*

科属：紫草科、勿忘草属。

形态：多年生草本，常作二年生栽培，株高30~60cm。茎直立或基部略平卧，被长柔毛。单叶互生，长椭圆形，无柄或基部叶有柄。总状花序着生于枝顶，长约10cm，花冠5裂，蓝色，喉部黄色，花期4~6月。果熟期6~7月，小坚果。

原产地与习性：原产欧洲，现各地都有栽培。喜光，喜凉爽气候，在半阴的湿地也能生长，对土壤要求不严。

繁殖：以播种繁殖为主，于9月初播入露地苗床或自播，于翌春出苗。也可夏季分株或扦插繁殖。

栽培：露地幼苗越冬须采取防寒措施，如盆播则可在温室越冬，翌春定植，株距30cm。追肥时不能沾污叶面，以免引起叶子腐烂。

图7-53 勿忘草

用途：常用于春、夏季节的花坛、花境布置。

7.1.55 蛾蝶花(图7-54)

学名：*Schizanthus pinnatus*

别名：蝴蝶花、荠菜花。

科属：茄科、蛾蝶花属。

形态：二年生草本，株高60~120cm，疏生微黏腺毛。单叶互生，1~2回羽状全裂，裂片全缘或成粗齿。圆锥花序顶生，花多数，径约 3cm，萼筒状，5 深裂，花冠筒较花萼为短，冠檐唇形，上唇色淡，中间裂片有一黄斑伸向茎部，并有紫堇色斑点，下唇紫色，花色浓淡及形状多变，还有白、红、紫、黄等色，花期是 4～6 月。蒴果，种子肾形。

原产地与习性：原产智利，我国上海等地有栽培。喜光，喜凉爽的环境，要求土壤排水良好且肥沃，耐寒力不强。

繁殖：8～9 月室内盆播，种子细小，不必覆土。

栽培：幼苗经播种盆移植一次，上小盆，待翻入大盆后，在低温室内越冬，要求盆土肥沃，可按壤土 2 份、厩肥 1 份的配比调制。翌春 4 月中旬脱盆定植或继续盆栽，生长期间需多施追肥。

用途：适宜布置春季花坛或作盆花、切花。

图 7-54　蛾蝶花

7.1.56　金鱼草(图 7-55)

学名：Antirrhinum majus

别名：龙口花、龙头花。

科属：玄参科、金鱼草属。

形态：多年生草本，常作二年生栽培，株高 30～90cm。茎直立，节明显，颜色的深浅与花色具有相关性。基生叶对生，卵形，上部叶也有互生或近对生，呈卵状披针形，全缘，叶色较深。总状花序顶生，唇形花冠，花冠筒膨大呈束状，上层 2 裂，下层 3 裂，喉部突起，往往为异色。花色有红、粉红、黄、橙红、橙黄、白及间色，花期 5～6 月。蒴果，卵形，孔裂，果熟期 6～7 月。

图 7-55　金鱼草

常见栽培种：矮茎类，株高 15～22cm，分枝较多；中茎类，株高 40～60cm，分枝较多；高茎类，株高 80cm 以上，分株较少。

原产地与习性：原产欧洲南部及地中海区域，我国各地广泛栽培。喜光，喜肥沃土壤，耐寒，耐半阴，略耐石灰质土壤，怕酷热，能自播。

繁殖：8～9 月将种子播于露地苗床，发芽迅速整齐。

栽培：幼苗初期生长缓慢，经间苗后，待长出 4 枚真叶时摘心移植一次，11 月上旬定植，株距 40cm。生长期及时追施肥水。种植地要防止雨后积水，寒地需覆盖越冬，用于切花栽培的植株不摘心，及时抹去侧芽，形成"一枝独秀"，对已凋萎的花序抓紧剪除，并加强肥水管理，帮助其越夏，9～10 月后又可开花。

用途：可以利用其高低各异的植株，创造出美丽的花坛。也可作花境材料，高茎类植株可作盆栽观赏。

7.1.57　毛蕊花(图 7-56)

学名：Verbascum thapsus

科属：玄参科、毛蕊花属。

形态：二年生草本，高可达 2m，茎粗壮，无分枝。单叶互生，基生叶有柄，茎生叶常无柄，叶片长椭圆形。穗状花序圆柱形顶生，长可达 30cm，花冠 5 裂，径约 2cm，花黄色，花期 5～6 月。蒴果，种子小。

图 7-56　毛蕊花

原产地与习性：原产于欧洲、亚洲温带，我国各地均有栽培。喜光，耐寒，不择土壤，石灰质地也能生长，而阴冷积水地生长不良，也能自播。

繁殖：沪宁一带9月初播于露地苗床，发芽整齐。

栽培：苗期及时间苗，经一次移植后，11月初定植，株距约40cm。

用途：宜作花境背景材料和树坛隙地的绿化材料。

7.1.58 柳穿鱼(图7-57)

学名：*Linaria maroccana*

科属：玄生科、柳穿鱼属。

形态：二年生草本，株高30cm左右，枝株纤细。叶对生，线状披针形，全缘，在植株下部叶轮生。总状花序顶生，唇形花冠，花冠基部延伸为距，花色为红、黄、白、雪青、青紫等色，花期4～6月。蒴果。

原产地与习性：原产于摩洛哥。能耐寒，不耐酷热，要求土壤较肥沃且排水良好，能自播。

栽培：小苗初期生长缓慢，经一次移植后，于11月中旬定植。

用途：可作花坛及花境边缘材料，也可作盆栽观赏。

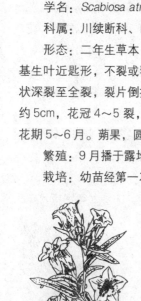

图7-57 柳穿鱼

7.1.59 轮锋菊(图7-58)

学名：*Scabiosa atropurpurea*

科属：川续断科、山萝卜属。

形态：二年生草本，株高30～60cm，多分枝，茎上有稀疏长白毛。基生叶近匙形，不裂或琴裂，有长柄，茎生叶对生，矩圆状倒卵形，羽状深裂至全裂，裂片倒披针形，边缘深齿裂。圆头状花序着生茎顶，径约5cm，花冠4～5裂，花色有黑紫、蓝紫、淡红、白色等，具芳香，花期5～6月。蒴果，圆形。

繁殖：9月播于露地苗床，发芽适温20℃。

栽培：幼苗经第一次移植后，于11月中旬定植，株距30cm。如在春季播种育苗，则6月定植，花期8～10月。花期遇夏季高温时，常花序分化不良，开花稀疏。

用途：宜作春季花坛、花境材料。

图7-58 轮锋菊

7.1.60 风铃草(图7-59)

学名：*Campanula medium*

科属：桔梗科、风铃草属。

形态：二年生草本，株高50～120cm，茎粗壮，有糙硬毛。基生叶卵状披针形，茎生叶对生，矩圆状披针形，略抱茎。总状花序顶生，花冠筒状似铃，花色呈白、蓝紫、淡红等色，花期5～6月。蒴果，种皮色彩和花色具相关性，种子褐色则花色蓝紫、种子白色则花白色，果熟期7～9月。

原产地与习性：原产欧洲南部，我国有栽培。喜光，耐寒，忌炎热，在石灰质碱性土壤中也能生长良好，在贫瘠干旱地生长较差。

图7-59 风铃草

繁殖：播种繁殖，春播和秋播均可。也可用分株和扦插法繁殖。

栽培：出苗后经间苗、移植、肥水管理，一般当年只长枝叶，不开花。植株经过保护越冬后，至翌年5月定植，株距60cm。生长期间需多施肥水，入夏后进入花期。盆播则移植一次后上盆，苗长大后再换盆在冷床越冬，翌年经栽培管理后，于第三年夏季才进入花期。

用途：为优良的盆栽观赏植物，也可作花坛、花境背景材料及林缘丛植，还可作切花。

7.1.61　雏菊(图7-60)

学名：*Bellis perennis*

科属：菊科、雏菊属。

形态：多年生草本，常作二年生栽培，株高15～30cm。基生叶丛生呈莲座状，叶匙形或倒卵形，先端钝圆，边缘有圆状钝锯齿，叶柄上有翼。花序从叶丛中抽生，头状花序辐射状顶生，舌状花为单性花，为雌花，有平瓣与管瓣两种，盘心花为两性花，花有黄、白、红等色，花期3～5月。瘦果扁平，较小，果熟期5～7月。

原产地与习性：原产西欧，我国各地均有栽培。喜光，喜凉爽气候，较耐寒，寒冷地区需稍加保护越冬，怕炎热，不择土壤。

繁殖：9月初将种子播于露地苗床，种子细小，略覆盖即可，发芽适温20℃，约7d可出苗。

栽培：幼苗经间苗、移植一次后，于11月初有4～5枚叶片时定植，株距20cm，定植成活后追施肥液，使寒冬来临前已形成一定量的分枝，增强御寒能力以及翌春花量多。

用途：宜布置早春花坛、花境等，也可盆栽观赏。

图7-60　雏菊

7.1.62　金盏菊(图7-61)

学名：*Calendula officinalis*

科属：菊科、金盏菊属。

形态：二年生草本，株高50～60cm，全株被白色茸毛。单叶互生，椭圆形或椭圆状倒卵形，全缘，基生叶有柄，上部叶基抱茎。头状花序单生茎顶，形大，4～6cm，舌状花一轮，或多轮平展，金黄或橘黄色，筒状花，黄色或褐色，花期12月至翌年6月，盛花期3～6月。瘦果，呈船形、爪形，果熟期5～7月。

原产地与习性：原产南欧，我国各地有栽培。喜光，耐寒，适应性较强，不择土壤，怕炎热天气，能自播。

繁殖：9月初将种子播于露地苗床，覆土略厚，保持床面湿润，极易发芽出苗，也可于春季进行播种，但形成的花常较小且不结实。

图7-61　金盏菊

栽培：幼苗生长迅速，应抓紧间苗、定苗，经移植一次后，于11月初定植，株距40cm，定植成活后，肥水充足，植株能旺盛生长和分枝，寒冬来临时已形成较大株丛，利于翌春多开花。寒冷地区须保护越冬，春雨较多地区需加强土壤排水，并再次施以磷、钾为主的液肥，这样叶茂花繁。盆栽时，盆土要选择肥沃、疏松的，若上盆后在温室越冬，则花期提早，整个冬春季开花不绝。

用途：是良好的春季花坛、花境材料，也可作切花或盆花观赏。

7.1.63 矢车菊(图7-62)

图7-62 矢车菊

学名：*Centaurea cyanus*

科属：菊科、矢车菊属。

形态：二年生草本，株高60~80cm，有分枝，全株被白色绵毛。单叶互生，基生叶长椭圆状披针形，有羽状分裂，中部以上叶条形，细长。头状花序单生株顶，舌状花为漏斗形，6裂向外伸展，筒状花细小，花有蓝、粉红、桃红、白等色，花期4~5月。瘦果，冠毛刺状。

原产地与习性：原产欧洲东南部，我国各地有栽培。喜光，耐寒，喜排水良好的疏松土壤，能自播。

繁殖：9月将种子播于露地苗床，出苗整齐，我国北方寒冷地区，也可室内进行春播。

栽培：移植幼苗时须带土球，苗期要求光照充足，则生长强健，11月定植，株距40cm，土壤必须排水通畅，防止雨后烂根。北方地区春播的，于6月定植，7~8月开花。

用途：宜布置春季花坛、花境，也作切花，水养性能很好。

7.1.64 幌菊(图7-63)

学名：*Nemophila menziesii*

科属：田基麻科、幌菊属。

形态：二年生草本，株高10~30cm，呈倒伏状，半肉质，枝一般3叉。叶对生，矩圆状倒卵形，羽状深裂。花单生于叶腋，合瓣花，先端5裂，呈线盘状，花有底为亮蓝色，中央呈白色，或白色底，中央黑色，或蓝色，上有紫色脉纹等，花瓣先端有一滴紫色，花期4~6月。蒴果球形。

原产地与习性：原产于北美太平洋沿岸。耐寒性不强，忌炎热。

繁殖：秋9月初盆播，或4月初进行盆播。

栽培：幼苗子叶长足后，经一次移植后上盆栽植，冬季需在冷室中越冬。

用途：可丛植于花境中，也可作盆栽观赏。

图7-63 幌菊

7.2 宿根花卉

7.2.1 菊花(图7-64)

学名：*Dendranthema × grandiflora* (*Chrysanthemum morifolium*)

别名：黄花、节花、秋菊、鞠。

科属：菊科、菊属。

形态：多年生草本花卉，株高60~150cm，茎直立多分枝，小枝绿色或带灰褐，被灰色柔毛。单叶互生，有柄，边缘有缺刻与锯齿，托叶有或无，叶表有腺毛，分泌一种菊叶香气，叶形变化较大，常为识别品种依据之一。头状花序单生或数个聚生茎顶，花序直径2~30cm，花序边缘为舌状花，俗称"花瓣"，多为不孕花，中心为筒状花，花色丰富，有黄、白、红、紫、灰、绿等色，浓淡皆备。花期一般在10~12月，也有夏季、冬季及四季开花等不同生态型。瘦果细小褐色。

类型及品种：菊花经长期栽培，品种十分丰富，目前尚无统一的分类方法。园艺上的分类习惯，常按开花季节、花径大小和花型变化等进行。

(1) 按开花季节分 有早菊(9～10月)、秋菊(11月)和晚菊(12月)；也有分夏菊(5～9月)、秋菊(9～11月)和寒菊(12月至翌年1月)。

(2) 按花径大小分 ①大菊系：花序直径10cm以上，一般用于标本菊的培养；②中菊系：花序直径6～10cm，多供花坛、作切花及大立菊栽培；③小菊系：花序直径6cm以下，多用于悬崖菊、塔菊和露地栽培。

也有将花径6cm以上称为大菊系，6cm以下均称为小菊系，而不另立中菊系统的。

(3) 按花型变化分 在大菊系统中基本有5个瓣类，即平瓣、匙瓣、管瓣、桂瓣和畸瓣，瓣类下又进一步分为花型和亚型。如1982年11月在上海召开的全国菊花品种分类学术讨论会上，曾在5个瓣型下又分为30个花型和13个亚型。在小菊系统中基本有单瓣、复瓣(半重瓣)、龙眼(重瓣或蜂窝)和托桂几个类型。

图7-64 菊花

原产地与习性：菊花原产我国，至今已有2500年以上的栽培历史。适应性很强，喜凉，较耐寒，生长适温18～21℃，最高32℃，最低10℃，地下根茎耐低温极限一般为-10℃。喜充足阳光，但也稍耐阴。较耐干，最忌积涝。喜地势高燥、土层深厚、富含腐殖质、轻松肥沃而排水良好的沙壤土，在微酸性到中性的土中均能生长。忌连作。菊花为短日照花卉。对二氧化硫和氯气等有毒气体有一定抗性。

繁殖：以扦插为主，也可用播种、嫁接、分株的方法繁殖。

1) 扦插繁殖

(1) 嫩枝扦插 为常用的繁殖方法。每年春季4～6月，取宿根萌芽条具3～4个节的嫩梢，长约8～10cm作插穗，仅顶段留2～3叶片，如叶片过大可剪去一半插入已准备好的苗床或盆内。扦插株距3～5cm，行距10cm。插时用竹扦开洞，深度为播条的1/3～1/2，将周围泥土压紧，立即浇透水，初播3天内水量要足，3天后水量可减少，保持湿润即可，3周即可生根，生根1周后可以移植。若进行全光照喷雾插，2周就可生根。

(2) 芽插 通常用根际萌发的脚芽进行扦插。在冬季11～12月菊花开花时，挖取长8cm左右的脚芽，要选芽头丰满、距植株较远的脚芽。选好后，剥去下部叶片，按株距3～4cm，行距4～5cm，保持7～8℃室温，至次年3月中、下旬移栽，此法多用于大立菊、悬崖菊的培育。

若遇开花时缺乏脚芽，又需引种繁殖，则可用腋芽插，即用茎上叶腋处长出的芽带一叶片作插条，此芽形小细弱，养分不足，插后应精细管理。腋芽插后易生花蕾，故应用不多。

2) 嫁接繁殖

菊花嫁接多采用黄花蒿(*Artemisia annua*)和青蒿(*A. apiacea*)作砧木。黄花蒿的抗性比青蒿强，生长强健，而青蒿茎较高大，最宜嫁接塔菊。每年于11～12月从野外选取色质鲜嫩的健壮植株，挖回上盆，放在温室越冬或栽于露地苗床内，加强肥水管理，使其生长健壮、根系发达。嫁接时间为

3~6月，多采用劈接法。砧木至茎在离土7cm处切断(也可以进行高接)，切断处不宜太老。如发现髓心发白，表明已老化，不能用。接穗采用充实的顶梢，粗细最好与砧木相似，长约5~6cm，只留顶上没有开展的顶叶1~2枚，茎部两边斜削成楔形，再将砧木在剪断处对中劈开相应的长度，然后嵌入接穗，用塑料薄膜绑住接口，松紧要适当。接后置于阴凉处2~3周后可除去缚扎物，并逐渐增加光照。

3) 播种繁殖

一般用于培养新品种。盆土用培养土，将种子掺沙撒播于盆内，然后覆土、浸水。播后盆面盖上玻璃或塑料薄膜，放于较暗处，晚上需揭开玻璃，以通空气，约4~5d后开始发芽，但出芽不整齐，全部出齐需一个月左右。发芽后要逐渐见阳光，并减少灌水。幼苗出现2~4真叶时，即可移植。

4) 分株繁殖

菊花开花后根际发出多数蘖芽，形成大丛状母本植株，每年11~12月或次年清明前将母株掘起，分成若干小株，适当修除基部老根，即可移栽。

栽培：菊花的栽培因园艺菊造型不同、栽培目的不同，差别很大。现分述如下：

1) 标本菊的栽培

标本菊通常一盆一花、三花或五花，在我国由于各地条件与技术不同，栽培方法很多，常用的有以下几种：

(1) 套盆栽培　将菊苗移植于畦地，待苗高约15~20cm时进行套盆，先将菊株附近的土壤整平，然后将菊苗自盆底孔穿入花盆，套好后在盆孔菊株周围垫瓦片2~3块，修除菊株基部叶片，填入半盆培养土。待菊苗高出盆口10~15cm，如法再第二次填土，填土约至盆口下3cm为度，这样经两次填土，苗根有两层根系，生长健壮，花开得好。待花蕾将绽，可用平铲切断盆底下的根茎，成为独立的盆菊。

(2) 瓦筒栽培　用老式的屋瓦三块，在畦地菊苗根的周围合成筒状，此法主要是将菊苗的根系限制在瓦筒内，装盆时不伤菊根。

(3) 盆栽　是将菊苗直接栽在瓦盆内，先用小盆，后换大盆，或直接栽于7寸盆内培养。

(4) 三段根栽培　是华北地区的先进栽培法。每盆仅留一茎一花，使养分集中、植株茁壮、花朵硕大，更能显示品种菊的优良性状。北京艺菊各家总结出以下4个阶段：

① 冬存　秋末冬初时，在盆栽母株周围选健壮脚芽扦插育苗。

② 春种　清明节前后分苗上盆，盆土用普通腐叶土，不加肥料。

③ 夏定　7月中旬左右通过摘心、剥侧芽，促进脚芽生长。再从盆边生出的脚芽苗中选留一个发育健全、芽头丰满的苗，其余的除掉，待新芽长至10cm高时，换盆定植。定植时用加肥腐叶土换入20~24cm的盆中，并施入基肥。上盆时将新芽栽在花盆中央，老木斜在一旁，不需剪掉。新上盆的夏定苗第一次填土只填到花盆的1/2处。注意夏定不可过早或过晚，否则发育不良。

④ 秋养　8月上旬以后，夏定的新株已经长成，可将老株齐土面剪掉，松土后，进行第二次填土，使新株再度发根，形成新老三段根。9月中旬花芽已全部形成并进入孕蕾阶段，此时秋风阵起，需加设裱杆。秋养过程中要经常追肥，每7d追施一次稀薄液肥，至花蕾透边前为止。10月上旬起要及时进行剥蕾，防止养分分散。为延长花期，可放入疏荫下，减少浇水，掌握干透浇透的原则。

2) 造型菊的栽培

(1) 大立菊　它的特点是株大花多，能在一个植株上同时开放出上千朵大小整齐、花期一致的花朵。培养一株大立菊要1~2年的时间，宜选用抗性强、枝条软、节间长、易分枝，且花朵较大而鲜艳，并易于加工造型的品种进行培植。可用扦插法栽培。特大立菊则常用蒿苗嫁接。

通常于11月挖取菊花根部萌发的健壮脚芽，插于浅盆中，生根后移入到口径25cm花盆中，冬季在低温温室中培养。多施基肥，待苗高20cm左右，有四五片叶片时，开始摘心，摘心工作可以陆续进行5~7次，直至7月中、下旬为止。逐渐换入大盆。每次摘心后要养成3~5个分枝，这样就可以养成数百个至上千个花头。为了便于造型，植株下部外围的花枝要少摘心一次，使枝展开阔。

9月上旬移入缸盆或木盆中。立秋后加强水肥管理，经常除芽、剥蕾。当花蕾直径达1~1.5cm时，为了使花朵分布均匀，要套上预制的竹箍，并用竹竿作支架，用细钢丝将蕾逐个进行缚扎固定，形成一个微凸的球面。

(2) 悬崖菊　应用小菊系(满天星)进行栽培造型。11月在室内扦插，生根后上盆。第二年春天将菊苗置于露地高台上，用一竹片插于盆中，向下弯曲形成弧形，使植株沿竹片生长，与地面成45°。主枝任其生长，侧枝反复摘心，越靠近基部摘心次数越多，整个植株成长为楔形。摘心一般在4月下旬开始，每10~15d一次，至8月中旬定头，10月上旬移入大盆，花盆搁置于高处，全株自然下垂，长1.5~3m。悬崖菊所需水、肥较多，故应十分注意施肥、灌溉。

(3) 塔菊("十样锦")　用黄花蒿做砧木，砧木主枝不截顶，养至3~5m高，并形成多数侧枝。将花期相近、大小相同的各不同花型、花色的菊花在侧枝上分层嫁接，均匀分布。开花时，五彩缤纷，因其愈往高处，花数愈少，层层上升如同宝塔，故称塔菊。

(4) 案头菊　实际上是一种矮化的独本菊，高仅20cm，可置于案头、厅堂，颇受人们喜爱。在培养过程中，需用矮壮素B9(N-2甲胺基丁二酰胺酸)2%水溶液喷4~5次，以实现矮化。注意选择品种，宜选花大、花形丰满、叶片肥大舒展的矮形品种。

3) 地菊的栽培

(1) 地栽菊花　一般以小菊为多。要求低矮，花期早，耐寒性强，在全国大部分地区均能在霜前开花，花型、花色丰富，适于粗放管理。

扦插苗生根后，按株行距30cm×50cm定植。幼苗5~6片叶时，保留2叶摘心以促使分枝，以后可多次摘心。

(2) 菊花的切花生产　菊花切花是世界四大切花之一，其切花品种极多，生长开花特性各异。为保证切花的周年供应，除利用不同花期的菊花进行常规栽培外，其余不开菊花的月份则通过人工催延花期，以解决周年供应问题。用人工加光或遮光，调节气温及湿度、通风情况，可以将秋菊提早开花，将夏菊延迟开花，使切花生产全年分批均衡上市。

菊花切花有标准型和多头型品种，多为中菊及少数大菊。切花菊多用扦插繁殖。需要注意切花圃应选排水良好的肥沃沙质壤土，每亩约栽6000株，即每平方米8~9株。定植后20d摘心，每株留5枝，经常清除侧芽，到抽蕾期要及时抹掉侧蕾。这样每亩可收获3万枝切花。

用途：菊花是我国一种传统名花，它品种繁多，色彩丰富，花形各异，每年深秋，很多地方都要举办菊花展览会，供人观摩。盆栽标本菊可供人们欣赏品评，进行室内布置，艺菊造型多种多样，可制作成大立菊、悬崖菊、塔菊、扎菊、盆景等。切花可瓶插或制成花束、花篮等。近年来，开始发展地被菊，使之作为"开花地被"使用。还可食用及药用。

7.2.2 荷兰菊(图 7-65)

图 7-65 荷兰菊

学名：Aster novi-belgii

别名：老妈散。

科属：菊科、紫菀属。

形态：多年生草本，株高 40～90cm。叶片椭圆形至线状披针形，近全缘，基部稍抱茎。头状花序或伞房状排列，径约 2.5cm，花蓝紫色，园艺品种还有白色及桃红等色，花期 9～10 月。瘦果有冠毛。

原产地与习性：原产欧洲及北美。耐寒，耐旱，喜阳光、干燥和通风良好，喜肥沃疏松的土壤。

繁殖：播种、扦插、分株繁殖均可。播种繁殖于春季进行，发芽适温 15℃，2 周可出苗。扦插繁殖在 4～5 月进行。分株繁殖在春季断霜后或秋季花后均可进行，一般每 3 年可分株一次。

栽培：定植距 50cm 左右，其他与一般宿根花卉相同。

同属栽培种：紫菀(A. tataricas)，原产中国、日本及俄罗斯，多年生草本，株高约 1m，叶披针形，基部叶长圆形，圆锥形头状花序，浅蓝色，花期 7～9 月。

用途：可布置于花坛、花境，也可作盆栽观赏或作切花。

7.2.3 西洋滨菊(图 7-66)

学名：Chrysanthemum maximum

别名：大白菊、大滨菊。

科属：菊科、滨菊属。

形态：多年生宿根草本，株高 30～70cm。基生叶较大，匙状倒卵形，基部狭窄成长柄状，中部及上部叶片椭圆状披针形，无柄，叶缘均具粗锯齿。头状花序单生，花白色，花期 5～6 月，果熟期 6～7 月。

原产地与习性：原产欧洲，性强健，耐寒。一般园田土均能生长。喜光，也耐半阴环境。

繁殖：播种、分株、扦插均可。播种宜于秋季，播后一星期可出苗。分株春、秋季皆可。扦插多在花前或果后进行。

图 7-66 西洋滨菊

栽培：栽培管理较为粗放。定植距 30cm 左右，生长期注意肥水充足及中耕除草。江南地区基生叶冬季不枯萎。华北冬季需覆盖防寒。

同属其他栽培种：除虫菊(C. cinerariiaefolium)，株高 50cm 左右，叶羽状深裂，头状花序，花径约 3cm，花白色，原产南斯拉夫，供观赏及杀虫剂栽培。

用途：可供花坛、花境栽植，也可点缀于岩石园、湖岸、树群及草地的边缘，还可作切花栽培。

7.2.4 千叶蓍(图 7-67)

学名：Achillea millefolium

别名：西洋蓍草、多叶蓍、锯草。

科属：菊科、蓍草属。

形态：多年生草本，株高 30～60cm，密被白色柔毛，茎直立稍有棱，上部分枝。叶无柄，长而狭，边缘锯齿状，2～3 回羽状全裂，头状花序多而密呈复伞状着生，生于茎顶，花为白色，具香气，花期6～8月。

常见栽培种：红花蓍草(var. rubrum)。粉红蓍草(var. rosea)。

原产地与习性：原产欧、亚及北美，我国三北地区有野生。性耐寒，耐旱，适应性强，对土壤要求不严。

繁殖：春、秋可分株，也可用播种法繁殖，播种后保持土壤湿润，约一周左右可发芽。

栽培：苗高12cm左右定植，株行距30cm×40cm。花前追施1～2次液肥，花后修剪，可使其二次开花。适时中耕除草，入冬前剪除地上枯枝，浇冻水。2～3年分株1次，以利更新。切花品种要采取措施防止倒伏。

同属其他栽培种：银毛蓍草(A. ageratifolia)，株高10～100cm，叶被银白色柔毛，花白色。香叶蓍(A. ageratum)，又名常春蓍草，株高50～100cm，叶矩圆形，有腺点，具芳香，花黄色。珠蓍(A. plarmica)，株高30cm，叶长披针状线形，锯齿刺状，花白色。蓍草(A. sihirica)，株高约100cm，密生柔毛，花白色。

图7-67 千叶蓍

用途：可在花境中作带状栽植或在坡地片植，亦可盆栽或作切花。全草入药，还可作调香原料。

7.2.5 黑心菊(图7-68)

图7-68 黑心菊

学名：*Rudbeckia hybrida*

科属：菊科、金光菊属。

形态：多年生草本，常作一、二年生栽培，株高1m，全株被硬毛。叶互生，长椭圆形，基生叶3～5浅裂，具粗齿。头状花序，径10～20cm，舌状花单轮，金黄色，基部暗红色，管状花古铜色，半球形，花期5～9月。瘦果细柱状。

原产地与习性：本种为园艺杂种，多个亲本原产北美。适应性很强，性耐寒，耐旱，喜向阳通风，性喜疏松、肥沃、湿润的沙质土壤，能自播。

繁殖：播种繁殖可于9月进行，播于露地苗床，待苗长出4～5片真叶时移植，11月定植。也可用分株或扦插法繁殖。

栽培：多年生老株隔年需切根分株调栽复壮。生长期加强肥水管理，花后修剪，可使其二次开花。植株高大繁茂，易倒伏，需设立支柱，株距50cm。露地越冬。

同属其他栽培种：二色金光菊(R. bicolor)，一年生草本，株高30～60cm，全株具毛，舌状花金黄色，基部红褐色，管状花黑褐色。全缘叶金光菊(R. fulgida)，株高30～60cm，被柔毛，舌状花金黄色，管状花黑紫色。金光菊(R. lacinata)，株高可达2m，多分枝，基部叶羽状裂，舌状花反卷，金黄色，管状花黄绿色。抱茎金光菊(R. amplexiculis)，一年生草本，全株无毛，叶全缘，下部叶矩圆状匙形，上部叶抱茎，头状花序4cm，舌状花黄色。毛叶金光菊(R. serotina)，株高90cm，被粗毛，头状花序，径8～18cm。美丽金光菊(R. speciosa)，株高90cm，舌状花金黄色，长达3.7cm，管状花紫褐色。

用途：是花境、花带、树群边缘或隙地的极好绿化材料，亦可丛植、群植在建筑物前、绿篱旁，还可作切花。

7.2.6 松果菊(图7-69)

学名：*Echinacea purpurea*

图7-69 松果菊

科属：菊科、松果菊属。

形态：多年生宿根草本，株高60～150cm，全株具粗毛，茎直立。基生叶卵形或三角形，有叶柄，茎生叶卵状披针形，略抱茎。头状花序单生枝顶，径约10cm，舌状花一轮紫红色或玫红色，少有白色，略下垂，管状花橙黄色，突出呈球形。花期夏秋季。

原产地与习性：原产北美洲，各国均有栽培。性喜温暖向阳环境，耐寒，要求土壤富含腐殖质肥沃且深厚，亦耐贫瘠，能自播繁衍。

繁殖：播种繁殖于春、秋季均可进行。也可于早春或晚秋进行分株繁殖。

栽培：栽培管理简易。4月中旬及时浇返青水，4～6月是生长期，保持土壤湿润。7～8月正值雨季，注意排水，防倒伏，花后修剪并加强肥水管理，使第二年生长良好。秋末施基肥。

用途：适用于野生花卉园自然式栽植，与其他花卉配置花境、篱边树丛的边缘，还可作切花。

7.2.7 一枝黄花

学名：*Solidago canadensis*

科属：菊科、一枝黄花属。

形态：多年生宿根草本，株高1～1.5m。全株具粗毛，茎直立，单叶互生，披针形，全缘或具锐锯齿，质薄，背面有毛。头状花序小而多数，聚生成圆锥花序，稍弯曲，偏向一侧；花黄色，舌状花短小。花期7～9月。

原产地与习性：原产北美东北部。性喜阳光充足和凉爽高燥的环境，较耐寒，耐旱，以肥沃疏松、排水良好的土壤为宜。

繁殖：分株或播种繁殖。分株春、秋季均可，每3年分株一次，分株时每个新株应有3个以上的芽。3～4月播种，翌年开花。

栽培：栽培管理简易。

同属其他栽培种：高茎一枝黄花(*S. altissima*)，南方一枝黄花(*S. decurrens*)及其变种矮一枝黄花(*S. decurrens* var. *nana*)，加拿大一枝黄花(*S. canadinsis*)，毛果一枝黄花(*S. virgaurea*)，丛生一枝黄花(*S. cutlieri*)，美丽一枝黄花(*S. speciosa*)。

用途：低矮品种可盆栽，园林中一般自然式布置，丛植或作背景，富野趣，一些品种可用作切花。

7.2.8 大花金鸡菊

学名：*Coreopsis grandiflora*

别名：剑叶波斯菊。

科属：菊科、金鸡菊属。

形态：多年生宿根草本。株高30～80cm，多分枝，全株无毛。叶多簇生基部，基生叶匙形或披针形，茎生叶少，1～2回羽状裂，叶全缘。头状花序具长梗，径6～7cm，花金黄色，舌状花2～3裂，通常8枚；花期5～11月。种子成熟期7～11月。瘦果具膜质翅，种子可保存3年，发芽率高。有重瓣品种。

原产地与习性：原产美国南部，现广为栽培。适应性强，耐寒，耐干旱和瘠薄土壤，喜光又稍耐阴，耐热性强，耐湿，耐修剪，生长势强健。可以自播繁衍。

繁殖：播种繁殖大多在种子成熟之后，即在8月进行，也可于4月露地直播，10d后即可出苗，当年7～8月开花。分株繁殖于4～5月或秋季进行。夏季也可以进行扦插繁殖。

栽培：修剪到现蕾开花约30d左右。因其生长势强，一般栽培3～4年，就需分栽一次。生长期间，肥水要适当，过大易引起徒长，影响孕蕾开花。入冬前应将地上部分剪除，浇冻水越冬。

同属其他栽培种：大金鸡菊（*C. lanceolata*），又名狭叶金鸡菊，原产北美洲，各国有栽培和野生。轮叶金鸡菊（*C. verticillata*），原产北美洲及墨西哥。金鸡菊（*C. basalis*）。两色金鸡菊（*C. tinctoria*）。

用途：花色亮黄、鲜艳，花叶雅致，园林中适宜布置花坛、花境、道路绿化，丛植山石前、篱旁及公路旁，也可作小切花。

7.2.9 金光菊

学名：*Rudbechia laciniata*

别名：太阳菊、九江西番莲。

科属：菊科、金光菊属。

形态：多年生宿根草本，株高80～150cm。茎直立，多分枝，无毛或稍被短粗毛。叶片较宽，基生叶羽状，5～7裂，茎生叶3～5裂，上部叶片阔披针形，缘有稀锯齿。头状花序一至数个生于长梗上；总苞片稀疏、叶状；花径10～20cm，舌状花6～10个，金黄色，倒披针形，稍反卷，管状花黄绿色；花期6～9月。瘦果。

原产地与习性：原产北美，现世界各地均有栽培，我国北方园林栽培较多。适应性强，耐寒，喜光，也较耐阴，对土壤要求不严，但在排水良好的沙壤土及向阳处生长良好。

繁殖：播种宜在秋季进行，或早春室内盆播，2周后出苗；还可自播繁衍。分株繁殖在秋季进行。

栽培：不择土壤，极易栽培。生长期保持足够的养分和水分，可以开花繁茂。若要植株低矮，减少倒伏，应适当节制水分，有利于观赏。夏季开花后剪掉花枝，秋季可再次开花。

同属其他栽培种：二色金光菊（*R. bicolor*），舌状花金黄色，管状花黑褐色。全缘金光菊（*R. fulgida*），舌状花金黄色，管状花黑紫色。毛叶金光菊（*R. serotina*），株高90cm，被粗毛，舌状花金黄色，管状花紫褐色。美丽金光菊（*R. speciosa*），株高90cm，茎生叶卵状披针形，舌状花黄色，基部橙黄色，管状花紫褐色。变种有重瓣金光菊（var. *hortensis*）。

用途：植株高大，适宜花境和自然式栽植，又可作切花。

7.2.10 勋章花

学名：*Gazania rigens*

科属：菊科、勋章花属。

形态：多年生草本。株高20～30cm，具地下茎。叶簇生其上，叶片线状披针形至倒卵状披针形，全缘或略羽状裂，基部渐窄成具羽叶柄，叶背具银白色长毛。头状花序，单生，径约7～8cm，具长梗，总苞片2层或更多，基部相连成环状，舌状花单轮或1～3轮，黄、粉、白等色，基部有棕黑色斑块；花期自春至秋。瘦果。

原产地与习性：原产欧洲。性喜温暖、阳光，耐低温，但不耐冻，忌高温高湿与水涝，要求疏松、肥沃、排水良好的土壤。

繁殖：播种或分株繁殖，春、秋皆可。

栽培：栽培容易，生长期保持土壤适度湿润，冬季栽培需移入低温温室。

用途：气候适宜地区，适宜布置花坛、花境，可盆花栽培。

7.2.11 兰花类

学名：*Cymbidium spp*

别名：山兰、幽兰、芝兰。

科属：兰科、兰属。

形态：栽培的兰花大致上可分为地生兰和气生兰两大类。气生兰类原产于热带及亚热带，常附生于森林中树干及岩石上。我国传统栽培的兰花，属于 *Cymbidium* 中的几种地生兰，即所谓"中国兰"。由于兰花种类很多，生态也各不相同，因此在形态构造上变化很大。现将其根、茎、叶、花、果实及种子分述如下：

(1) 根　地生兰的根长而粗大，多肉，白色，无节，贮有丰富养料，概无根毛。气生兰的根具有海绵状的组织，称根被，并有很大的根系，借这些不定根攀附于枝干或岩石上，摄取周围有机物。兰花的根还有一个特点就是有菌根与之共生。

(2) 茎　兰花的茎有花茎(花梗)和根茎两种。花茎地上部，着生花及苞叶；根茎为地下部分，节间短，往往形成拟球茎，气生兰的根短，根茎也短，也会形成拟球茎。

(3) 叶　兰花的叶有两种形式。一种是从根茎抽生的寻常叶，呈带形或线形，全缘或具细锯齿，具平行脉，革质，多暗绿色，叶的阔狭、长短、厚薄和颜色均依种类、品种的不同而不同。通常以短、阔、软的为好。兰叶自根茎抽出，常簇生成束，俗称"一筒"，春兰每筒6~7片叶，蕙兰最多为11片叶。另一种是着生在花茎上的变态叶，它退化成膜质的鳞片状，基部鞘状，称为苞叶(俗称"壳")，主要是保护花蕾，颜色及花纹不一，常作为品种鉴别的标准之一。

(4) 花　花单生或多数列成总状花序，直立或略下垂。花被2轮，外轮3枚萼片瓣状，内轮3枚为花瓣，花瓣上方两侧瓣较直立，俗称"捧"，下方一瓣较上方侧瓣为大，称为"唇瓣"，俗称"舌"。唇瓣上有红紫色斑点的称"荤瓣"，白、纯绿或微黄而无斑点的称"素瓣"，此为贵。"捧"中间有柱状物，是雌雄合生而成的合蕊柱，俗称"鼻"，是蕴藏香气的部分。花药顶生，花粉块4。子房下位。花柱长、直立，柱头内凹，有黏液。兰花的开花季节因种类不同而异，春兰2~3月，蕙兰4~5月，建兰7~9月，寒兰11月至翌年1月，墨兰1~3月。

(5) 果实与种子　兰花的果实属于开裂的蒴果，长椭圆形，俗称"兰荪"。兰花的种子很小，每一蒴果含有种子数十万至数百万之多。种子无胚乳，含较多脂肪。易于随风或流水传播至远方。

原产地与习性：原产我国，主要分布于长江流域及西南各省，常野生于山谷疏林下，喜温暖湿润气候。其中春兰及蕙兰耐寒力较强，长江南北皆有分布，建兰和墨兰耐寒力稍弱，自然分布仅限于福建、台湾及广东、广西等地，华东地区冬季须移入温室越冬。兰花喜富含腐殖质的酸性土壤，pH值5.5~6.5为宜，要求疏松、通气、勿积水。生长期间宜半阴环境，忌高温、干燥，冬季则宜有充足光照。

繁殖：中国兰通常以分株繁殖为主，虽可用播种繁殖，但实际应用较少。近年来，组织培养方法进展较快。分株时期因种类而异，春季开花的种类如春兰、蕙兰，应在9~10月间生长停止时进行；秋季开花的种类如建兰，则宜在春季新芽未抽出前进行。一般每3~4年分株一次。分株前先使盆土略干，促使根系变软，可在分株栽植时不致断根，将兰株从盆中轻轻翻出，去除泥块，用小刀细心削去败根残叶，切勿伤幼芽。修好后用清水将根洗净，放在阴凉处，待根色发白，呈干燥状态时，从自然可分处分开，而后栽植。老根过多可剪去几支以利发育。

栽培：

(1) 上盆　栽培兰花的第一步，通常是挖取林地中腐殖土(山泥)来上盆。或人工配制成各种兰花用土，一般常用腐叶土来配成，掺入细沙或等量之沙质壤土，华南多雨地区普遍用塘泥块或火烧土栽培兰花。盆土必须排水良好。盆底须多垫瓦片，填一些粗沙，再覆以粗泥，以利排水，然后把已经分好的兰花移植入盆内，将根埋好分布均匀，再用细泥填入盆的四周至近盆口约2～3cm，同时将植株稍向上提，以舒展其根。兰花栽植深度以"拟球茎"上端齐土面为度，压紧填实。栽植后最好盆土中央稍拱起。为了避免泥土溅于叶面并为增进美观起见，可在上面铺一层碎石或翠云草(Selaginella uncinota)。上盆后最初数日应置阴处，十几天后逐渐令其接受阳光。养兰以用瓦盆栽为宜，因其排水通气良好。

(2) 浇水和喷水　兰花宜略干一些，不宜多浇水，一般说"干兰湿菊"。浇兰用水一般以雨水最好，河水次之，切不可用碱性的水，自来水要经过贮藏后再使用为好。夏季浇水在清晨或傍晚，雨季盆土宜稍干，以免湿度过大而引起病害。秋季气温降低，生长逐渐停止，应减少浇水次数，不使盆土干燥即可。兰花对空气湿度要求较高，一月之内有时要喷水、喷雾数次。

(3) 遮荫　养兰花的常这样说"多朝日，避夕阳，喜南暖，畏北凉"。从春末到秋初应置荫棚下，但不宜过分荫蔽。将荫棚、芦帘在傍晚时拉开，使承受夜间露水和晨夕阳光，夏季日照强烈，则应予以浓荫，遮荫时间亦长。春秋阳光减弱，只避去中午前后的阳光即可。兰花耐阴程度以墨兰最甚，建兰及寒兰次之，而春兰及蕙兰则需阳光较多。

(4) 施肥　兰花生长期间用饼肥、蹄片、油粕等腐熟液肥，可视具体情况每年春秋各施稀液1～2次。

(5) 其他管理　雨季期间注意防雨，否则容易烂心、烂叶。有大风时做好防风工作，以免叶子折伤。冬季气温下降，12月上旬应移入高爽通风向阳室内，建兰、墨兰及寒兰耐寒力较弱，更应注意及时防寒。有些名种兰花，如植株生长不良，要进行摘花，即留下少量的花，其开花时间也不宜过长，目的是避免消耗过多的养分，利于养本。

常见栽培种类：

(1) 春兰(*C. goringii*)(图7-70)　俗称草兰或山兰。根肉质白色。叶狭线形，长20～25cm，叶缘粗糙，叶脉明显。在春分前后，根际抽花茎，花顶生，单一或双生，香气浓郁，花期3月中、下旬。

其瓣型有：荷瓣、梅瓣、水仙瓣、素心瓣、蝴蝶瓣。名贵品种有绿云、张荷素、宋梅、逸品、汪字、迎春蝶等。

(2) 蕙兰(*C. faberi*)(图7-71)　又称夏兰、九节兰。根肉质淡黄。叶比春兰直立而粗长，约25～30cm。总状花序，着花6～12朵，淡黄色，唇瓣绿白色，具紫红色斑点，香气稍逊于春兰，花期4～5月。

图7-70　春兰

图7-71　蕙兰

名贵品种有程梅、隆昌素、瑞梅、无字、送春等。

(3) 建兰（*C. ensifolium*）（图7-72） 又称秋兰。根肉质肥厚圆筒状，叶宽而光亮，深绿，直立性强。总状花序，着花6～10朵，花淡黄色或白色，香味甚浓，花期7～9月。

名贵品种有鱼魷、荷花素、皇华、龙岩素等。

(4) 寒兰（*C. kanran*）（图7-73） 又称冬兰。叶狭而直立，叶脉明显。茎细，直立，着花5～7朵，花小瓣狭，有黄、白、青、红、紫等色，有清香，一般10月至翌年1月开花。

名贵的品种有银铃、翠玉、紫云、黎明、汀鹭等。

(5) 墨兰（*C. sinense*）（图7-74） 又称报岁兰。叶宽而长，深绿色，有光泽，叶脉多而明显。花茎粗而直立，着花7～20朵，花瓣多具紫褐色条纹，盛开时花瓣反卷，有清香，花期12月至翌年1月。

图7-72　建兰　　　　　图7-73　寒兰　　　　　图7-74　墨兰

名贵品种有白墨、秋榜、绿墨、凤尾极岁、水照春红等。

用途：兰花是我国的名花之一，有悠久的栽培历史，多盆栽以供观赏，碧叶修长，姿态素雅，开花时幽香四溢，沁人心脾，是厅室布置的佳品。

7.2.12　白芨（图7-75）

学名：*Bletilla striata*

别名：良姜、紫兰。

科属：兰科、白芨属。

形态：多年生草本，株高30～60cm，微鳞茎呈扁球形，黄白色。叶3～6片，广披针形，基部鞘状抱茎而生，平行脉突起使叶片形成皱褶。总状花序，着花3～7朵，花被片6，不整齐，花淡紫红色，花4～5月。蒴果圆柱形。

原产地与习性：原产我国长江流域各省，分布于山谷林下阴湿处。喜凉爽气候及腐殖质丰富而排水良好的沙壤土，半阳地也可栽培，但干旱、高温，会使叶片枯、萎黄。3月下旬萌芽，霜后地上枝叶枯萎。

图7-75　白芨

繁殖：一般采用分株繁殖，春季萌发新叶前掘起老株，将假鳞茎分成几份，每份带1～2个芽，另行栽植。

栽培：栽植前翻耕土壤，施基肥，栽植深度3～5cm，株距20cm左右。盆栽用腐殖土与沙土等量混合加基肥，每年需翻盆换土。生长期间每月追两次液肥，经常保持土壤湿润。花后可加施一次过磷酸钙，有利于假鳞茎的生长充实。

用途：常丛植于疏林下或林缘隙地，亦可点缀于较为荫蔽的花台、花境或庭院一角。假鳞茎入药，有清肺和胃止血之效。

7.2.13 芍药(图7-76)

学名：*Paeonia lactiflora*

别名：将离、婪尾花、没骨花。

科属：毛茛科、芍药属。

形态：多年生草本，高60～80cm，地下具根肉质，粗壮。茎丛生，初生茎叶褐红色。叶为2回3出复叶，上部渐变为单叶，叶卵状披针形，全缘，叶开始为红色，以后逐渐转为绿色。花1至数朵顶生或腋生，梗较长，萼片4～5枚，宿存，花型变化较多，有单瓣或重瓣，花色以红色为主，粉红色最多，还有白、黄等色，开花期因地区不同略有差异，一般在4月下旬至6月上旬之间。蓇葖果，果熟期7～8月，种子球形黑褐色。

图7-76 芍药

常见栽培种类：我国芍药栽培有很久的历史，品种非常丰富。按花型分有单瓣类、复瓣类、千瓣类、楼子类等；按花色分有黄、白、粉、红、紫等；按花期分有早花类和晚花类。

原产地与习性：原产我国北部、日本和朝鲜。耐寒，健壮，适应性强，我国北方大部分可露地越冬，喜阳光，亦耐荫蔽，忌夏季酷热，好肥，忌积水，要求土壤排水良好，以壤土或沙质壤土栽培为宜，尤喜富含磷质有机肥的土壤，盐碱地和低洼地不能种植。

芍药春季3～4月萌芽生长，初期茎叶为红色。到花蕾形成后，茎不再抽生新叶，5～6月开花，7月至9月上旬植株肥大，9月经霜后，地上部分枯死，以地下部分的肉质根和根茎部长出的新芽一起越冬至第二年2月，3月以后继续萌芽生长。

繁殖：以分株为主，也可以用播种和根插法繁殖。

1) 分株法

即分根繁殖，此法可以保持品种特性，分根时间以秋分前后最好，若分株过迟，地温低会影响须根的生长，切忌春季分根，我国花农有"春分分芍药，到老不开花"的谚语。

分株时将全株掘起，振落附土，根据新芽分布情况，切分成数份，每份需带新芽3～4个及粗根枝条，根长向芽下再留15～20cm，过短则影响明年开花，切口涂以硫磺粉。芍药的粗根脆嫩易折断，新芽也易碰伤，要特别小心。一般花坛栽植，可3～5年分株一次。

2) 播种繁殖

主要在杂交育种时使用，种子成熟后宜在果将要破裂前立即采收，种子有上胚轴休眠现象，经低温可以打破休眠，应随采随播。播种后当年生根，不发芽，明年春新芽出土。4～5年可开花。

3) 根插繁殖

秋季分株时，可将断根切成5～10cm长的小段作为插条，插在已深翻平整好的苗床内，开沟深10～15cm，插后覆土5～10cm，浇透水。

栽培：芍药根系较深，栽植前土地应深耕，施堆肥，每亩2000～3000斤，筑畦后栽植，株行距为花坛70cm×90cm，花圃45cm×60cm，注意根系舒展，覆土时应适当压实。

芍药喜湿润土壤，又稍耐干旱，花坛栽植若不过分干燥可不灌溉。但花前保持湿润可使开花美大。开花期如果干燥，花果容易凋萎。

芍药喜肥，除栽前充分施基肥外，春季开花后各施追肥2～3次（展叶后、亮蕾后及花后孕芽三个时期），肥料多用厩肥、饼肥混合施用，方法是在植株周围15～20cm处开2～4个塘，将肥施入并覆土，切勿接触根部。秋冬之际应再施一次堆肥，封土。

开花前除去所有侧蕾，花后及时剪去残枝。对于开花时易倒伏的品种应设立支柱。作切花栽培时，若放置风障可提前10～15d开花，切花宜在花蕾时剪取。

用途：芍药花大色艳，花型丰富，可与牡丹媲美，生长又强健，园林中常布置为专类花坛或配植花境，也可盆栽布置室内。芍药还是重要的切花材料，剪数朵水养，供于案头，其带有露珠的花蕾，具"有情芍药含春泪"之妙，令人陶醉。花蕾剪下冷藏一月之久，取出水养仍可盛开。其根可加工为"白芍"，是重要的药材。

7.2.14 耧斗菜（图7-77）

学名：*Aquilegia vulgaris*

别名：西洋耧斗菜、耧斗花。

科属：毛茛科、耧斗菜属。

形态：多年生草本，株高40～80cm，整个植株具细柔毛，茎直立，多分枝。2回3出复叶，具长柄，裂片浅而微圆。花顶生或腋生，花梗细弱，一茎多花，花朵下垂，花萼5片形如花瓣，花瓣卵形，5枚，通常紫色，有时蓝白色，花期5～6月。

常见栽培种：大花种（var. *dympica*）。垂瓣种（var. *florepleno*）。斑叶种（var. *vervaeneana*）。

图7-77 耧斗菜

原产地与习性：原产欧洲。性强健，耐寒性强，不耐高温酷暑，若在林下微荫处生长良好，喜富含腐殖质、湿润和排水良好的沙壤土。在冬季最低气温不低于5℃的地方，四季常青。

繁殖：分株繁殖可在春、秋季萌芽前或落叶后进行，每株需带有新芽3～5枚。也可用播种繁殖，春、秋季均能进行，播后要始终保持土壤湿润，一个月左右可出苗。

栽培：幼苗经一次移栽后，10月左右定植，株行距30cm×40cm，栽植前整地施基肥，以后每年追1～2次。老株3～4年挖出分株一次，否则生长衰退。也可进行盆栽，但每年需翻盆换土一次。

同属其他栽培种：长距耧斗菜（*A. longissima*），原产北美，花大，有红、黄等色，萼片较长，花期5～7月。华北耧叶菜（*A. yabeana*），原产华北各省，花紫色，下垂，径5～6cm，花期4～5月。加拿大耧斗菜（*A. canadensis*），原产北美，萼片黄或红，花瓣浅黄，花期4～5月。

用途：适于布置于花坛、花境和岩石园。在风景区内山地草坡间种植，形成自然景观，极为美丽。也可作切花。部分品种适于促成栽培，作盆栽观赏。

7.2.15 白头翁（图7-78）

学名：*Pulsatilla chinensis*

别名：老公花、毛菅朵花、大碗花。

科属：毛茛科、白头翁属。

形态：多年生草本。株高20～40cm，根茎粗而直，全株密被白色长柔毛。叶基生，3出复叶4～5片，具长柄，叶缘有锯齿。花茎1～2，高15～35cm，花单生，径约8cm，萼片花瓣状，6片成2轮，蓝紫色,外被白色柔毛,花期4~5月。瘦果宿存,具较长的银白色毛。

原产地与习性:原产中国,除华南外各地均有分布。性耐寒,喜凉爽气候,要求向阳的环境,喜肥沃及排水良好的土壤,忌积水,不耐移植。

繁殖:播种繁殖多采用直播,种子成熟后立即播种即可。分株繁殖以秋季为好。

栽培:开花后应预防虫害,以免花梗早枯,幼苗期生长缓慢,实生苗2~3年开花。栽培管理简便。

同属其他栽培种:朝鲜白头翁(*P. cernua*),株高15cm,花单生向下,径为5cm,紫红色,分布于我国东北及俄罗斯、朝鲜、日本。欧洲白头翁(*P. vulgaris*),花径6cm,花蓝、紫、粉、红、白等色,原产欧洲。

图7-78 白头翁

用途:花期早,花色艳,花后可观果,宜花境、草坪缀花,可作地被植物,适于野生花卉园自然式栽植,是极好的岩石园材料。亦可盆栽。其根入药。

7.2.16 翠雀(图7-79)

学名:*Delphinium grandiflorum*

别名:大花飞燕草、小鸟草。

科属:毛茛科、翠雀属。

形态:株高40~80cm,茎直立多分枝,全株被柔毛。叶互生,掌状深裂。总状花序腋生,萼片5,花瓣状,上萼片与之上花瓣有距,蓝紫色,下花瓣无距,白色,花期5~7月。

原产地与习性:原产我国北部及西伯利亚。耐寒,喜凉爽,忌炎热气候,耐旱,耐半阴,在富含腐殖质丰富、湿润的土壤生长良好。

图7-79 翠雀

繁殖:繁殖用播种、分株、扦插法均可。播种多在秋季,华北地区冬季覆草或培土可安全越冬,翌春定植,株行距20~30cm。秋季分株,2~3年一次。夏季花后重发的嫩枝可作插条。

栽培:生长期施磷钾肥,可促使茎秆粗壮,以防倒伏。在华北地区越夏困难,应适当遮荫降温。

用途:花色、花形别致,适于夏季凉爽地区布置花坛、花境等,亦可作切花。

7.2.17 火炬花(图7-80)

学名:*Kniphofia uvaria*

别名:火把莲。

科属:百合科、火炬花属。

形态:多年生宿根草本,株高60~120cm。叶茎生,革质,稍带白粉,带状披针形,长约90cm,宽2~2.5cm,花葶高约120cm,总状花序长约30cm;小花圆筒状,呈红、橙至黄色,花期6~7月,自下而上逐渐开放。蒴果。

原产地与习性:原产南非。喜温暖、阳光充足的环境,忌雨涝,以腐殖质丰富、排水良好的轻黏质土为最佳。

图7-80 火炬花

繁殖：播种或分株繁殖。实生苗2年后开花，分株春秋均可进行。

栽培：栽植前施用适量的腐熟有机肥；种植株行距30~50cm。华北地区，在避风向阳的小环境中，覆盖保护可露地越冬。

用途：园林中除供花坛种植外，多群植作花境背景，亦可作切花。

7.2.18 玉簪（图7-81）

学名：*Hosta plantaginea*

别名：玉春棒、白鹤花、白萼花。

科属：百合科、玉簪属。

形态：多年生草本，株高75cm左右，根状茎粗壮，有多数须根。叶基生成丛，心状卵圆形，具长柄，叶脉弧形。花葶自叶丛中抽出，高出叶面，着花9~15朵，组成总状花序，有香气，具细长的花被筒，先端6裂，呈漏斗状，花期7~8月，花白色。蒴果圆柱形，成熟时3裂，种子黑色，顶端有翅。

图7-81 玉簪

常见栽培种：大花玉簪(var. *grundiflora*)：花较大。日本玉簪(var. *japonica*)：植株较纤细。重瓣玉簪(var. *plena*)。

近年来国外又育出不少观叶的园艺品种，如：'Love Pat'，叶蓝灰色；'Gold standard'，叶中部黄色；'France'，墨绿色叶，白边。

原产地与习性：原产我国和日本。属典型的阴性植物，喜阴湿环境，受强光照射则叶片变黄，生长不良，喜肥沃、湿润的沙壤土，性极耐寒，我国大部分地区均能在露地越冬，地上部分经霜后枯萎，翌春宿根萌发新芽。

繁殖：以分株繁殖为主，春季4~5月或秋季10~11月均可进行。每3~5年分株一次，将根状茎分割成段，各带2~3个芽眼，进行分栽，分栽后浇水不必太多，以免烂根。种子秋季成熟，采收后晒干，翌年2~3月间播种，2~3年后开花。

栽培：玉簪必须在荫蔽处定植，株行距50cm左右。定植穴应施入充足的有机肥料，栽后注意灌水，管理较粗放。花谢后应及时剪掉枯黄的花，以免影响观叶。每年秋后要挖环状小沟施肥一次，生长期中不必追肥，但要经常保持土壤湿润。

同属其他栽培种：紫萼(*H. ventricosa*)，多年生草本花卉，叶片较小，质薄，色深绿，为窄卵形，基部心形不明显，稍下延，叶柄略带翅，花为总状花序，花较小，紫色，略下垂，花期6~8月。皱叶玉簪(*H. undulata*)，又名花叶玉簪，叶边缘呈波曲状，叶上常有黄白色纵斑纹，花淡紫色。

用途：玉簪叶娇莹，花苞似簪，色白如玉，清香宜人，是中国古典庭园中重要花卉之一。现代庭园，多配植于林下草地、岩石园或建筑物北面，正是"玉簪香好在，墙角几枝开"。也可三两成丛点缀于花境中。因花夜间开放，芳香浓郁，是夜花园中不缺少的花卉。还可以盆栽布置室内及廊下，并可剪取作切花、切叶。它还是很好的园林地被植物。同属各种彩色花叶玉簪是很好的观叶植物。根和叶可入药，花可提取芳香油。

7.2.19 萱草（图7-82）

学名：*Hemerocallis fulva*

别名：忘忧草。

科属：百合科、萱草属。

图 7-82　萱草

形态：多年生草本，根状茎纺锤形，肉质，有发达的根群。叶基生成丛，排成2列，带状披针形，中脉明显，叶细长，拱形下垂。花葶粗壮，高1m左右，顶生聚伞花序，排列成圆锥状，着花6～12朵，花冠漏斗形，花被6片，每轮3片，花瓣略反卷，花色橘红至橘黄色，早上开放，晚上凋谢，花期6～7月。蒴果。

常见栽培种：千叶萱草(var. kwanso)。长筒萱草(var. longituba)。玫瑰红萱草(var. rosea)。大花萱草(var. florepleno)。

国外园艺品种不断出现，主要变化表现在花色由原来的黄、橙发展至粉红、绯红、玫红，甚至雪青、绿白；株形也有变化，高度可由25～150cm，花径可由6～19cm不等；花重瓣、柔软，瓣缘平展或波皱；花期有早、中、晚三类等。

原产地与习性：原产我国中南部，全国各地常见栽培，欧洲南部至日本均有分布。性强健，耐寒力强，宿根在华北大部分地区可露地越冬，东北寒冷地区需埋土防寒，喜阳光，也耐半阴，对土壤要求不严，但以富含腐殖质、排水良好的湿润土壤为好，耐瘠薄和盐碱，也较耐旱，早春新芽萌发，经霜地上部枯萎。

繁殖：以分株繁殖为主，也可用扦插和播种法繁殖。分株繁殖春、秋均可进行，在秋季落叶后或早春萌芽前将老株挖起分栽，分开的每丛带2～3个芽，一般3～6年分株一次，分株苗当年即可开花。扦插繁殖可割取花茎上萌发的腋芽，按嫩枝扦插的方法繁殖，夏季置于荫蔽的环境下，2周即可生根。播种繁殖宜秋播，约一个月可出苗，冬季幼苗需覆盖防寒，播种苗培育2年后可开花。

栽培：管理简单粗放，几乎随处可种，任其生长。栽植株行距0.5m×1.0m左右，每穴3～5株，栽前要施入基肥，并经常灌水，以保持湿润。

同属其他栽培种：黄花菜(H. citrina)，又名金针菜，多年生草本花卉，基生叶，花茎长50～120cm，着花较多，可达30朵左右，花色为柠檬黄色，具香味，花期7～8月，花可供食用。多倍体萱草(H. hybrida)，又名大花萱草，为多倍体杂交种，花葶高80～100cm，圆锥花序着花6～10朵，花大，径14～20cm，无芳香，有红、紫、粉、黄、乳黄及复色。

用途：萱草栽培容易，春季萌发早，绿叶成丛，很美观。除可成片栽在园林隙地和林下外，园林中多丛植或在岩石园自然栽植，还可布置在花境或路旁作边缘及背景材料，也可剪取切花。

7.2.20　麦冬(图7-83)

学名：*Liriope spicata*

别名：大麦冬、鱼仔兰、麦门冬、土麦冬。

科属：百合科、麦冬属。

形态：多年生常绿草本，根状茎短粗。须根发达，常在须根中部膨大呈纺锤形肉质块根，地下具匍匐茎。叶丛生，窄条带状，具5条叶脉，稍革质，基部有膜质鞘。花序自叶丛中央抽出，总状花序，具花5～9轮，每轮2～4朵，小花梗短而直立。花被6片，淡紫色至白色，花期8～9月。种子肉质，黑色球形。

原产地与习性：原产我国和日本，在我国南方各地均有野生分布。

图 7-83　麦冬

喜阴湿的环境，忌阳光直射，耐寒力较强，在长江流域可露地越冬，北方需入低温温室，对土壤要求不严，但在肥沃湿润的土壤中生长良好。

繁殖：以分株繁殖为主，春季3~4月分栽。也可春天盆播，保持湿润，10d左右即可出土。

栽培：麦冬性强健，栽培较容易，保持通风良好的半阴环境，经常保护土壤湿润则生长更好。

同属其他栽培种：阔叶麦冬(L. platyphylla)，多年生常绿草本，纺锤形肉质块根较大，叶片阔而较厚，密集成丛。分布于我国及日本。

用途：麦冬植株低矮，终年常绿，是良好的地被植物和花坛的边饰材料，盆栽多用于疏荫地，组成盆花群的最外沿。全草可入药。

7.2.21 沿阶草(图7-84)

学名：*Ophiopogon japonicus*

别名：绣墩草、书带草。

科属：百合科、沿阶草属。

形态：多年生常绿草本，须根较粗，须根顶端或中部膨大成纺锤形肉质小块根，地下走茎细长。叶丛生，线形，先端渐尖，叶缘粗糙，墨绿色，革质。花葶从叶丛中抽出，有棱，顶生总状花序较短，着花约10朵左右，白色至淡紫色，花期8~9月。种子肉质，半球形黑色。

图7-84 沿阶草

原产地与习性：原产我国，各地园林栽培极为广泛。耐寒力较强，喜阴湿环境，在阳光下和干燥的环境中叶尖焦黄，对土壤要求不严，但在肥沃湿润的土壤中生长良好。

繁殖：可用分株、播种法繁殖。

栽培：栽培管理较简单，盆栽需每年翻盆一次。

用途：在南方多栽于建筑物台阶的两侧，故名沿阶草，北方常栽于通道两侧。

7.2.22 钓钟柳(图7-85)

学名：*Penstemon campanulatus*

科属：玄参科、钓钟柳属。

形态：多年生草本，株高60cm，全株被绒毛，茎直立丛生。叶交互对生，无柄，卵形至披针形，边缘具稀浅齿。花单生或3~4朵腋生总梗上，呈不规则总状花序，花冠筒长约2.5cm，花色有白、紫红、淡紫、玫瑰红等，并间有白色条纹。

原产地与习性：原产墨西哥及危地马拉。喜阳光充足、空气湿润及通风良好的环境，忌炎热干旱，不耐寒，对土壤要求不严，但必须排水良好，以含石灰质的沙质壤土为佳。

繁殖：扦插、播种、分株繁殖均可。优良品种可于秋季进行扦插繁殖，插条插于低温温室内，保持湿润，约一个月可生根。若播种繁殖，幼苗期娇嫩，需注意经常淋水，保持空气湿润。

栽培：夏季炎热多雨之地应注意排水，土地积水，植株易被涝死。北方地区，盆栽者于9月下旬至10月上旬将其上部枯枝剪除，脱盆后入

图7-85 钓钟柳

阳畦越冬；地栽者于秋末修剪地上部分，浇防冻水进行保护越冬。

同属其他栽培种：红花钓钟柳(*P. barbatus*)，原产中美洲及墨西哥，多年生草本，常作一年生花卉栽培，聚伞圆锥花序顶生，狭长，花冠红色，萼筒端与裂片不等长，花冠两唇显著，花期6～9月。岩生钓钟柳(*P. roezlii*)，多年生草本，株高约15cm左右，茎匍匐状生长，枝蔓生，多分枝，叶对生，卵圆形，毛脉明显，多花性，管状唇形花冠，花色桃红，花期5月。

用途：花期长，是作花境的良好材料，还可点缀草坪。亦可盆栽观赏。

7.2.23 细叶婆婆纳

学名：*Veronica linariifoia*

科属：玄参科、婆婆纳属。

形态：多年生草本，株高30～80cm，茎直立，少分枝，全株被白色柔毛。下部叶常对生，上部叶多互生，条形，顶端钝或急尖，基部楔形，叶缘具齿。总状花序，顶生穗状，花序长15～30cm，花浅蓝、白色；花期6～10月。蒴果。

原产地与习性：原产我国东北、华北，朝鲜、日本、蒙古及俄罗斯远东地区也有分布。性耐寒，喜阳光充足，要求深厚、肥沃、湿润和排水良好的土壤。

繁殖：秋季播种或夏秋季扦插繁殖。

栽培：栽培管理简易。

同属其他栽培种：白婆婆纳(*V. incaca*)，又名绒毛婆婆纳，原产黑龙江及内蒙古，欧洲至东西伯利亚也有。东北婆婆纳(*V. rotunda var. subintegra*)，株高50～100cm，花蓝色。轮叶婆婆纳(*V. strusibiricum*)，株高80～120cm，根状茎横走，节间短，叶3～8轮生，花序长20～35cm，花青紫色。

用途：用于园林中的花境、地被和岩石园，也可坡地成片种植，还可作切花和盆栽。

7.2.24 石碱花(图7-86)

学名：*Saponaria officinalis*

别名：肥皂草。

科属：石竹科、肥皂草属。

形态：多年生草本，株高30～100cm，根茎横生，全株绿色光滑，基部稍铺散。叶长圆状披针形，明显3脉。聚伞状花序，淡红或白色，有重瓣、单瓣之分，花期6～8月。

原产地与习性：原产欧洲及西亚，现各处均可栽培。性强健，耐寒，对环境要求不严格，一般土壤均可生长，能自播。

繁殖：播种繁殖春、秋均可进行。分株繁殖可2～3年进行一次，使老株更新复壮。扦插繁殖可以在4月进行。

栽培：较为简单。花后修剪，可二次开花并能使其生长旺盛，植株矮小，避免倒伏零乱。

图7-86 石碱花

同属其他栽培种：岩生肥皂草(*S. ocymoides*)，株高8～20cm，根系发达，蔓延繁衍能力强，茎蔓生，地下茎横生，枝条红色，花鲜粉红色。

用途：适宜作花境的背景，布置野生花卉园、岩石园，或丛植于林缘、篱旁，亦可作地被材料或药用。华北地区能露地越冬，是大面积绿化美化的普及材料。

7.2.25 大花剪秋罗

学名：Lychnis fulgens

别名：光辉剪秋罗。

科属：石竹科、剪秋罗属。

形态：多年生宿根草本，株高50～80cm，全株被白色长毛，茎直立。单叶互生，狭披针形，表面粗糙，背面柔毛。花3～7朵聚生顶端，深红色，径达5cm，花瓣5，先端2深裂；花期7～8月。

原产地与习性：原产于我国东北、华北地区，喜凉爽、湿润，忌高温多湿。

繁殖：播种或分株繁殖，秋播为好。

栽培：摘心可促进分枝，注意通风、排涝。栽植于富含腐殖质的石灰质或石砾土壤上更利于生长。

用途：可作二年生栽培。园林中常自然式布置，或丛植或作背景材料，亦可作切花；全草入药。

7.2.26 随意草

学名：Physostegia virginiana

别名：芝麻花、假龙头。

科属：唇形科、假龙头花属。

形态：多年生宿根草本，株高50～100cm，多直立细枝，稍4棱，地下有匍匐状根茎。叶交互对生，披针形，叶缘有整齐锯齿，无柄。穗状花序顶生，长20～30cm，每轮有花2朵，小花几乎无柄，花冠唇形，花筒长2.5cm，花粉红及淡紫，也有白色，花期7～9月。

原产地与习性：原产北美。喜温暖、阳性的环境，耐半阴，耐寒，耐热，喜疏松、肥沃及排水良好的沙壤土，忌干旱。

繁殖：用播种或分株法繁殖，早春或秋季花后进行，分株繁殖2～3年分栽1次。土壤中残留的根段也极易萌发繁衍。

栽培：栽培管理简易。

用途：开花繁茂，群体观赏效果好，可用于花境或丛植于野生花园中，形成自然景观，还可用于花坛。也可盆栽和作切花。

7.2.27 美国薄荷

学名：Monarda didyma

科属：唇形科、美国薄荷属。

形态：多年生草本。株高100～120cm，茎直立，四棱形。叶对生，卵形或卵状披针形，质薄，被毛，缘有锯齿，有薄荷味。轮伞花序聚生茎上部的叶腋内，成头状；苞片红色；萼细长，花冠近无毛，长5cm，绯红色，花筒上部稍大，裂片略成2唇型；花期6～9月。坚果。

原产地与习性：原产北美。性喜凉爽气候，耐寒，耐热，耐湿，喜阳也耐半阴，要求疏松、肥沃及较湿润土壤。耐修剪，铺盖地面快。

繁殖：春季播种繁殖。

用途：园林中可成片种植，适宜花坛、花境，为良好的宿根花卉，也可作切花。可以食用和药用。

7.2.28 桔梗（图7-87）

学名：Platycodon grandiforum

别名：僧冠帽、梗草、六角荷。

科属：桔梗科、桔梗属。

形态：多年生宿根草本，株高30～100cm，根肥大而多肉，圆锥形，枝铺散状，有乳叶。叶互生或轮生，缘有齿。花顶生，2～3朵成疏散总状花序，含苞时花形如僧冠，开放后花冠宽钟状，径可达6cm以上，花色为蓝色，也有白色、浅雪青色，有大花、星状花、斑纹花、半重瓣及植株高矮不同等品种，花期6～9月。

原产地与习性：原产中国、日本、朝鲜，我国各地均有栽培。性喜凉爽，但也能耐微阴，喜湿润，耐寒，要求含腐殖质丰富、排水良好的沙质壤土。

繁殖：以播种繁殖为主，早春3月直播露地。也可用扦插或分株繁殖，春秋两季均可进行。

栽培：花期前、后追肥1～2次，秋后剪去干枯茎枝覆土越冬。栽培容易。

图7-87 桔梗

用途：花期长，花色清雅，园林中多植于花坛、花境、岩石园中，亦可作切花或盆栽观赏，根为重要药材。又可入菜。

7.2.29 鸢尾(图7-88)

图7-88 鸢尾

学名：*Iris tectorum*

别名：蓝蝴蝶、扁竹花。

科属：鸢尾科、鸢尾属。

形态：多年生草本，地下具根状茎，粗壮。叶剑形，基部重叠互抱成2列，长30～50cm，宽3～4cm，革质。花梗从叶丛中抽出，单一或二分枝，高与叶等长，每梗顶部着花1～4朵，花被片6，外轮3片较大，外弯或下垂，内有一行突起的白色须毛，称"垂瓣"，内轮片较小，直立，称"旗瓣"，花柱花瓣状，覆盖着雄蕊，花蓝紫色，花期5月。蒴果长圆形，具6棱，种子黑褐色。

原产地与习性：我国西南、陕西、江浙各地及日本、缅甸皆有分布。耐寒力强，根状茎在我国大部分地区可安全越冬，要求阳光充足，但也耐阴，喜含腐殖质丰富、排水良好的沙壤土。3月新芽萌发，花后地下茎有一短暂的休眠期，霜后叶片基本枯黄。

繁殖：以分栽根茎繁殖为主，每2～3年进行一次，于春秋二季或花后分根，将根状茎横切成段，每段带2～3个芽，栽植于苗圃地或盆内，极易成活。

栽培：分根后即时栽植，注意将根茎平放在土内，原来向下颜色发白的一面仍需向下，颜色发灰的一面向上，深度以原来深度为准，一般不超过5cm，覆土浇水即可。地栽要施足基肥，注意常保持土壤湿润。盆栽以加肥培养土最好。

同属其他栽培种：本属植物二百种以上，我国野生分布约四十五种，其生物学特性、生态要求也各有不同。

(1) 德国鸢尾(*I. germanica*) 原产欧洲中部、南部，我国广泛栽培。花大，径约14cm，园艺品种很多，有白、黄、淡红、紫等色，花期5～6月。喜阳光充足、排水良好而适度湿润的土壤，黏性石灰质土壤亦可栽培。根茎可提供芳香油。

(2) 香根鸢尾(*I. pallida*) 原产南欧及西亚。花大，淡紫色，尚有白花品种。花期5月。根状茎可提优质芳香油。

(3) 蝴蝶花(*I. japonica*) 原产我国中部及日本。花中等，径约6cm，花色淡紫，花期4～5月。喜湿润环境，常群生于林缘。

(4) 花菖蒲(*I. kaempferi*) 又名玉蝉花，原产我国东北、日本及朝鲜，野生多分布于草甸沼泽。花大，径可达15cm，花色丰富，有黄、白、红、堇、紫等色，花期6～7月。耐寒，需光充足，喜湿，可栽培于浅水池，宜富含腐殖质丰富的酸性土。

(5) 黄菖蒲(*I. pseudacorus*) 原产欧洲及亚洲西部。花中大，鲜黄色，花期5～6月。喜水湿，腐殖质丰富的酸性土。

(6) 西伯利亚鸢尾(*I. sibricu*) 原产欧亚北部，花径中等，紫蓝色，花期5～6月。耐寒喜湿，也耐旱。

(7) 溪荪(*I. orientalis*) 原产于中国、日本及欧洲。花径中等，紫蓝、白或暗黄色，花期5月。喜湿，是常见的丛生性沼生鸢尾。

(8) 马蔺(*I. lactea*) 原产我国东北及日本、朝鲜。植株基部有红褐色的枯死纤维状叶鞘残留物。花小，淡蓝紫色，瓣窄。生沟边、草地，耐践踏。可作路旁、沙地地被植物，减少水土流失。

(9) 网际鸢尾(*I. reticukata*) 为球根鸢尾，植株矮小，仅30～40cm，具有鳞茎。叶线状披针形，直立。花复瓣状，花色丰富。不耐寒，温室促成栽培较多。常作切花栽培。

(10) 燕子花(*I. laevigata*) 多年生草本花卉，株高60cm，叶较柔软，无明显的中肋，丛生，花茎稍高出叶丛，着花2朵，花色丰富，有红、白、翠绿等色，花期4月下旬至5月，需浅水栽培。

用途：鸢尾花大而美丽，如鸢似蝶，剑叶刚劲挺拔，观赏价值较高。常用以布置在花坛、花境、岩石园、水池湖畔。鸢尾种类及花色十分丰富，生境特点也各不一样，可作专类园栽培。亦可作切花及地被植物。根茎可药用。

7.2.30 荷包牡丹(图7-89)

学名：*Dicentra spectabilis*

别名：铃心草、兔儿牡丹。

科属：紫堇科、荷包牡丹属。

形态：多年生草本，株高30～60cm，地下具根状茎。叶对生，3出羽状复叶，因叶形略似牡丹而得名。顶生总状花序，总梗呈拱形，小花具短梗，向一侧下垂，每序着花10朵左右。花被4片分内外两层，外层2片基部联合呈荷包形，先端外卷，粉红至鲜红色，内层2片瘦长外伸，白至粉红，花期4～5月。果实为蒴果，种子细长，先端有冠毛。

图7-89 荷包牡丹

原产地与习性：荷包牡丹原产我国东北和日本。耐寒性强，宿根在北方也可露地越冬，忌暑热，喜侧方遮荫，忌烈日直射，要求栽植在肥沃湿润的土壤中，在黏土和沙土中明显生长不良。春季萌动较早，花后至夏季茎叶渐黄而休眠。

繁殖：以分株繁殖为主，也采用扦插和播种繁殖。

分株繁殖在春、秋两季均可进行，通常每隔3年分株一次，可保持生长旺盛。将根状茎挖起后，用利刀将其切成几墩，每墩应带有3个以上的新芽，然后分栽。

扦插时可用老株萌发的脚芽，剪去花蕾的枝条，以及分株时截断的根茎作为插穗。插床用河沙壤土，一个月左右可发根，发新叶后即可移栽。

播种繁殖多在9月上旬进行，采用撒播，出苗迅速且整齐。冬季需保护越冬，第二年春季可分苗移栽，三年后才能开花。

栽培：可盆栽也可地栽。栽植需施入大量有机肥料。分株苗大多秋季地栽，扦插和播种苗多在春季地栽。秋栽的新株需保护越冬，来年早春萌芽后应追肥1～2次，入夏时可将枯枝剪掉。

同属常见栽培种：大花荷包牡丹(*D. maerntha*)，原产我国西南部，株高约1m，聚伞花序与叶对生，花大而少，下垂，淡黄或白。美丽荷包牡丹(*D. formosa*)，原产北美，株高50～60cm，总状花序稍有分枝，花色粉红。

用途：荷包牡丹的花序奇特而富有趣味，花朵向下悬垂，仿佛枝端挂一串铃儿，园林中布置在疏荫下的花境及树坛内，十分美观，也可盆栽供室内、廊下等陈放，还可作切花。

7.2.31 羽扇豆(图7-90)

学名：*Lupinus polyphyllus*

别名：多叶羽扇豆。

科属：豆科、羽扇豆属。

形态：多年生草本，株高90～120cm。叶多基生，掌状复叶，小叶9～16枚。轮生总状花序，在枝顶排列很紧密，长可达60cm，花蝶形，蓝紫色。园艺栽培的还有白、红、青等色，以及杂交大花种，色彩变化很多，花期5～6月。荚果，被绒毛，种子黑褐色。

原产地与习性：原产北美。较耐寒，喜气候凉爽、阳光充足的地方，忌炎热、多雨，略耐阴，需肥沃、排水良好、微酸性的沙质土壤，主根发达，须根少，不耐移植。

繁殖：播种繁殖于秋季进行，在21～30℃高温下发芽整齐。扦插繁殖在春季剪取根茎处萌发枝条，剪成8～10cm，最好略带一些根茎，扦插于冷床。

图7-90 羽扇豆

栽培：夏季炎热多雨地区，羽扇豆常不能越夏而死亡，故可作二年生栽培，宜早春栽植于栽培地，株距40cm，早栽早发棵，开花结籽较早。入夏前结实后地上部分枯萎，秋季再萌发新株，或于枯萎前采收种子。华北需保护越冬。

同属其他栽培种：加州羽扇豆(*L. arborens*)，灌木状，株高1m，花蓝色至紫色，具香，花期6～8月，分布于美国加利福尼亚州。二色羽扇豆(*L. hartwegii*)，一年生草本，株高约60～100cm，花序长30cm，花为复色，分布于墨西哥。

用途：花序挺拔、丰硕，花色艳丽多变，适宜布置花坛、花境或在草坡中丛植，亦可盆栽或作切花。

7.2.32 红花酢浆草(图7-91)

学名：*Oxalis rubra*

别名：三叶草。

科属：酢浆草科、酢浆草属。

图7-91 红花酢浆草

形态：多年生草本，株高10～20cm，地下具球形根状茎，白色透明。基生叶，叶柄较长，3小叶复叶，小叶倒心形，三角状排列。花从叶丛中抽生，伞形花序顶生，总花梗稍高出叶丛，花瓣5枚，基部联合，花瓣上脉纹较清楚，花为淡玫红色，花期4～10月。花与叶对阳光均敏感，白天、晴天开放，夜间及阴雨天闭合。蒴果。

原产地与习性：原产巴西及南非好望角。喜向阳、温暖、湿润的环境，夏季炎热地区宜遮半荫，抗旱能力较强，不耐寒，华北地区冬季需进温室栽培，长江以南，可露地越冬，喜阴湿环境，对土壤适应性较强，一般园土均可生长，但以腐殖质丰富的沙质壤土生长旺盛，夏季有短期的休眠。

繁殖：以分株繁殖为主，全年均可进行，将老株的球形根状茎分成小块，栽入土中，栽后注意养护，很快可发新叶，当年即可开花。也可用播种繁殖，春、秋季皆可进行，在25℃以上的高温下，一周即可出芽，春播当年可生成完好的根茎而开花，秋季播种第二年才能开花。

栽培：种植时不能太深。生长期需注意浇水，保持湿润，并施肥2～3次，可保持花繁叶茂。冬春季节生长旺盛期应加强肥水管理，夏季则进入休眠期，要注意停止施肥水，置于阴处，保护越夏。如盆栽，生长期要注意常浇水，保持空气湿润，每年需换盆一次。

同属其他栽培种：紫叶酢浆草(*O. triangularis*)，原产南美巴西，小叶阔倒卵形或鱼尾形，叶紫红色，花粉白色。大花酢浆草(*O. bowiei*)，原产南非，株高15cm，地下部分有肉质半透明的鳞茎，花玫红色或紫色，花期春夏。多花酢浆草(*O. mantiana*)，又名紫花酢浆草，原产美洲，具鳞茎，全株疏生长毛，花多达二十余朵，紫红色具深色条纹，花期5～9月，变种有白色酢浆草(var. *alba*)，花白色。

用途：园林中广泛种植，既可以布置于花坛、花境，又适于大片栽植作为地被植物和隙地丛植，还是盆栽的良好材料。

7.2.33 落新妇(图7-92)

学名：*Astilbe chinensis*

别名：金毛三七、红升麻。

科属：虎耳草科、落新妇(升麻)属。

形态：多年生草本，株高40～80cm。地下有粗壮根状茎，茎与叶柄上散生褐色长毛。基生叶为2～3回羽状复叶，小叶卵形或长卵形，长1.8～8cm，边缘有重锯齿，叶上面疏生短刚毛，背面尤多。圆锥状花序长30cm，与基生叶对生，花密集，具苞片，花小，5瓣，花瓣狭条形，长约5mm，花色有粉红、红白及洋红，花期6～7月。蓇葖果。

图7-92 落新妇

原产地与习性：原产我国，广布长江中、下游及东北地区，朝鲜、俄罗斯也有分布。性耐寒，喜半阴、潮湿环境，适应性较强，喜腐殖质多的酸性和中性土壤，也耐轻碱地。

繁殖：播种或分株繁殖。播种时，种子细小，整地要细，管理要及时，可盆播育苗，然后露地分栽。

栽培：栽培管理粗放。花后将残花茎剪掉，使养分集中，保持植株整洁。在夏热地区，应提供适当的空气湿度。不耐夏热和强光,夏季落叶仅留芽。要求用湿润、不黏重的土壤,干燥、贫瘠土壤开花不良,这是栽培的关键。

用途:可植于林下或半阴处观赏,花序可作切花。根茎可入药。

7.2.34 宿根福禄考

学名:*Phlox paniculata*

别名:锥花福禄考、天蓝绣球。

科属:花荵科、福禄考属。

形态:多年生宿根草本,株高 60～120cm,分枝较多,直立性强,丛生。叶十字对生或轮生,无柄,矩圆至椭圆形,先端尖。圆锥花序,较大,径 15cm 左右,花朵密集,小花高脚碟形,径 2.5cm,花色为堇紫、酒红、粉红和白红。花期 7～8 月。

原产地与习性:原产北美。喜阳,稍耐阴,较耐寒,可以露地越冬,宜在排水良好的沙壤土中生长,喜淡肥。

繁殖:可根插和茎插,茎插选用早春根部发出的嫩茎 5cm,插入素土中,一个月即可生根;分株繁殖在 5 月前进行,将母株根部萌蘖用手掰下,每 3～5 芽栽在一起;也可于春、秋播种繁殖。

栽培:生长期经常浇水,保持土面湿润;6～7 月生长旺季,可追肥 1～3 次。若盆栽,注意调节向光性,使植株健壮、挺直。

用途:花期长,花冠美丽,为花坛、花境、盆栽及切花的良好材料。

7.2.35 龙胆花(图 7-93)

学名:*Gentiana scabra*

科属:龙胆科、龙胆属。

形态:株高 30～60cm,茎直立,上部不分枝。单叶对生,无柄,基部叶小,中上部叶卵形至披针形,叶基圆而联合抱于茎节上。聚伞花序密集顶生,广漏斗形,深蓝色,花期 8～9 月。

原产地与习性:原产中国,朝鲜、日本、俄罗斯也有分布。耐寒,喜光,耐半阴,要求湿润,喜深厚、肥沃土壤。

繁殖:播种或扦插繁殖,春季进行。

栽培:栽培宜选用疏松肥沃的土壤,生长期内充分浇水,并保持一定的空气湿度,夏季要荫蔽降温。

图 7-93 龙胆花

用途:园林中可在花境、林缘、坡地栽植。

7.2.36 槭葵(图 7-94)

学名:*Hibiscus coccineus*

别名:红秋葵。

科属:锦葵科、木槿属。

形态:多年生草本,株高 1～2m,全株光滑、被白粉及紫红晕。茎直立丛生,基部木质化。单叶互生,掌状 5～7 深裂,裂片条状披针形,缘有齿。花大,径 12～20cm,单生上部叶腋,瓣片 5 枚,细长,花深红色;花萼 5,基部联合,裂片长三角形;苞片线状披针形。花期 7～9 月。

原产地与习性:原产北美。喜温暖、阳光充足的环境,喜肥沃、深

图 7-94 槭葵

厚、排水良好的黏质壤土或钙质土。

繁殖：春季进行播种繁殖，种子坚硬，可刻伤再播。也可春秋分株繁殖。

栽培：华北一带冬季需覆盖越冬或掘起后冷室越冬；江浙地区则露地栽培，冬季地上部分枯死，翌春重新萌发新枝。

同属其他栽培种：芙蓉葵（*H. moscheutos*），又名紫芙蓉、秋葵、草芙蓉，耐寒性多年生高大草本，高1~2m，叶3浅裂或不裂，叶柄、叶背密生绒毛，花粉、紫或白色，北方可露地过冬。多花芙蓉葵（*H. militaris*），耐寒，叶近箭形，3浅裂，花白色，花瓣稍重叠。

用途：植株高大、健壮，花大且艳，宜丛植在坡地、草坪或作花境背景，北方地区多盆栽。

7.2.37 马利筋

学名：*Asclepias curassavia*

别名：莲生桂子花。

科属：萝藦科、马利筋属。

形态：多年生草本。株高60~100cm，茎直立，全株有白色乳汁。叶对生或3叶轮生，椭圆披针形，长10~13cm，全缘光滑。聚伞花序顶生或腋生，有花10~20朵，花径约2cm，萼片5枚，绿色，花瓣5，开放时向后反卷如莲，雄蕊5，相连成一圆形柱状物的副冠，鲜黄或橙色。花期6~9月。

原产地与习性：原产南美洲热带。喜向阳、避风环境，耐热性强、耐干旱，耐修剪，适应性强，对土壤要求不严。

繁殖：春季播种繁殖，也可扦插繁殖。

栽培：在生长期适宜浇水施肥，花后重回剪、追肥，秋季还可开花。摘心可以促分枝。华北地区需温室栽培。

用途：适宜花坛、花境，也可盆栽。

7.2.38 八宝

学名：*Sedum spectabile*

别名：华丽景天。

科属：景天科、景天属。

形态：多年生肉质草本，株高30~70cm，根状茎，茎粗壮，直立，丛生，不分枝。叶肉质卵形，对生，少3叶轮生，先端稍尖，边缘呈波浪状的浅锯齿。伞房状聚伞花序，花白、红、紫、粉色。花期8~10月。蓇葖果。

原产地与习性：原产我国东北及华北等地，生山坡草地。适应性强，耐寒，耐热，耐旱，喜阳又耐半阴，耐修剪，耐瘠薄又喜肥，对土壤要求不严。忌积涝。

繁殖：扦插繁殖。栽培管理简易。

用途：庭院中适宜布置花境，或林缘灌丛前栽植。

7.2.39 玉带草

学名：*Phalaris arundinacea* var. *picta*

别名：丝带草。

科属：禾本科、虉草属。

形态：多年生草本，秆高30~80cm，具根茎。叶扁平，线形，长约30cm，绿色间有白或黄色条纹，质地柔软，形似玉带。圆锥花序，顶生，穗状。花果期6～8月。

原产地与习性：原产北美、欧洲。较耐寒，忌雨涝，对土壤要求不严，但在气候温暖和沙质土中生长最茂盛。自繁系数高。

繁殖：春秋季分株繁殖。栽培管理简易。

用途：园林中常用作花坛镶边、花境及地被栽植，也可盆栽。

7.3 球根花卉

7.3.1 郁金香(图7-95)

学名：*Tulipa gesneriana*

别名：洋荷花、草麝香。

科属：百合科、郁金香属。

形态：多年生草本，株高20～80cm，整株被白粉。鳞茎卵圆形，被淡黄至棕褐色皮膜，高3～4.5cm，径3～6cm，光滑。叶着生基部，阔披针形或卵状披针形，通常3～5枚，边缘为波缘。花茎高20～40cm，顶生1花，稀有2花，花直立，花被6，抱合呈杯形、碗形、卵形、百合花形或重瓣，花瓣有全缘、锯齿、剖裂、平正、皱边等变化，花有红、橙、黄、紫、白等色或复色，并有条纹，基部常黑紫色，花期3月下旬至5月下旬。视品种而异，单花开10～15d。蒴果，种子扁平。

图7-95 郁金香

原产地与习性：原产地中海沿岸及中亚细亚、土耳其等地，荷兰栽培茂盛。耐寒性强，忌酷热，夏季休眠，秋冬生根并萌发新芽，但不出土，经冬季低温后翌春2月开始生长形成茎叶，要求土壤为富含腐殖质和排水良好的沙壤土，喜欢阳光充足和通风良好的环境。

繁殖：均采用分球繁殖。秋季9～10月分栽小球，母球为一年生，每年更新，即开花后干枯死亡，在旁边长出和它同样大小的新鳞茎1～3个，来年可开花。在新鳞茎的下面还能长出许多小鳞茎，秋季分离新球，子球栽种，子球需培养3～4年才能开花。新球与子球的膨大生长，常在开花后一个月的时间内完成。

栽培：郁金香属秋植球根花卉，可地栽和盆栽，时间以9月下旬至10月上旬为宜，因此时气温降低。鳞茎在土内能生长新根，栽前要深耕施足基肥，如在花坛栽植，株行距10cm×20cm，覆土厚3～4cm，栽后浇水。入冬前长出叶丛，应加覆盖物保护越冬，来年除去的同时灌水，生长期内追肥2～3次，花后应及时剪掉残花不使结实，这样可保证地下鳞茎充分发育。入夏前茎叶开始变黄时及时挖出鳞茎，放在阴凉、通风、干燥的室内贮藏过夏休眠，贮藏期间鳞茎内进行花芽分化。

同属植物约一百种，我国产约十种。园林中栽培多为本种的杂交种。

用途：荷兰大量培育和生产郁金香及风信子鳞茎，成为重要出口商品，世界各国广为栽培，近年我国各大城市纷纷引种栽培。是春季园林中的重要球根花卉，色彩艳丽，花期统一，宜作花境丛植及带状布置，也可作花坛群植，同二年生草花配置。高型品种是重要切花。中型品种常盆栽或促成栽培，供冬季、早春欣赏。

7.3.2 风信子(图7-96)

学名：*Hyacinthus orientalis*

别名：洋水仙、五色水仙。

科属：百合科、风信子属。

形态：多年生草本，鳞茎球形，皮膜具光泽，其色常与花色有关。叶基生，4～6枚，带状披针形，肉质，具浅纵沟。花茎从叶丛中抽出，圆柱形，长15～40cm，略高出于叶。总状花序着花10～20朵，多横向生长，花冠漏斗形，基部花筒较长，略膨大，裂片反卷，单瓣或重瓣，花色有蓝、紫、浅红、淡黄、深黄和纯白等色，具芳香，花期3～4月。蒴果，果熟期5月，种子少。

园艺栽培品种很多，主要以花色区分，也有重瓣品种。

图7-96 风信子

原产地与习性：原产于地中海东岸及小亚细亚一带。较耐寒，在我国长江流域冬季不需防寒保护，喜阳光充足和较温暖、湿润的环境，要求富含腐殖质的肥沃、疏松的沙壤土，每年6月上旬地上部分枯黄进入休眠，在休眠期进行花芽分化，分化的温度是25℃左右，分化过程需一个月左右。在花芽伸长前需经过两个月的低温环境，气温不能超过13℃。

繁殖：以分球法为主，6月下旬当风信子的芽、叶枯萎时，掘起母球，将大球和子球分开，贮于通风的地方，大球秋植后第二年春季可开花，子球需培养三年后才开花。

播种繁殖多在培育新品种时使用，秋季将种子播于冷床中，培养土与沙混合或轻质壤土，种子播后覆土1cm，第二年1月底至2月初萌芽，入夏前长成小鳞芽，4～5年可开花。

栽培：风信子在每年9～10月间栽种，不宜种得太迟。否则发育不良，影响第二年开花。选择土层深厚、排水良好的沙质壤土，先挖20cm深的穴，穴内施入腐熟的堆肥，堆肥上盖一层土再栽入球根，上面覆土，冬季寒冷的地区，地面还要覆草防冻，长江流域以南温暖地区可自然越冬。春天施追肥1～2次。花后须将花茎剪除，勿使结籽，以利于养球。夏季较凉爽地区，入夏休眠后可让鳞茎在土中越夏，3～4年挖掘一次分球再种。种植株距15～20cm，花坛种植株行距30cm×30cm。

用途：为著名的秋植球根花卉，花期早，花色明丽，株丛低矮，花丛紧密而繁茂，最适合布置早春花坛、花境、林缘，也可盆栽、水养或作切花观赏。

7.3.3 麝香百合(图7-97)

学名：*Lilium longiflorum*

别名：铁炮百合、龙牙百合。

科属：百合科、百合属。

形态：多年生草本，株高50～100cm，无皮鳞茎扁球形，乳白色，鳞茎抱合紧密，茎绿色，平滑。叶散生，窄披针形，长15cm左右。花单生或2～3朵顶生，平展或稍下垂，具淡绿色长的花筒，花被6片，前部外翻呈喇叭状，乳白色，全长10～18cm，极香，花柱细长，花丝和柱头均伸出花被之外，花期6～7月。蒴果，果熟期9月中、下旬，内有多数扁平膜质状种子，排列紧密。

原产地与习性：原产我国台湾和日本群岛，在原产地多生长在海边的珊瑚岩上。喜温暖而不耐寒，要求强烈的光照条件，如光照弱，会减少开

图7-97 麝香百合

花，喜微酸性、腐殖质丰富、排水良好的沙质土壤，在干燥的石灰质土壤中生长不良。麝香百合属秋植球根花卉，秋植后首先发根，然后萌发新芽但不出土，翌年早春破土出苗，出土后开始进行花芽分化，此时需一个月左右的低温阶段，4月份生长迅速，6月份陆续开花，同时地下茎的节部长出小鳞茎，9月中、下旬蒴果成熟。秋冬来临地上部逐渐枯萎，以鳞茎状态在土中越冬。北方露地栽培，冬季需挖回鳞茎在室内沙藏。

繁殖：以分栽鳞茎、培植株芽为主，也可用鳞片扦插和播种繁殖。

(1) 分栽鳞茎：百合老鳞茎（母球）在生长过程中，茎轴上逐渐形成新鳞茎（小球），故每个母球经栽一年后，可分生1～3个或更多的小球，秋后挖起沙藏，来年早春栽种。用此法繁殖量不大，适当深栽，摘除花蕾，有助多形成子球。

(2) 鳞片扦插：取成熟健壮的百合老鳞茎，阴干数日，待略变软后，即可剥下鳞片，在沙床中扦插。鳞片顶端略微露出土面。春季扦插，经2～4个月精心养护即可生根发芽，待鳞片基部长出小鳞茎后，即可移栽。如秋季扦插，冬季需防寒越冬，来年春季生根发叶。用鳞片扦插的百合，需培养3～4年才能开花。花谢后，将茎切成小段，茎节埋于湿沙中，露出叶面，一个月左右，叶腋处可以长出小鳞芽。用鳞片的茎节扦插繁殖的小鳞茎，均需继续培养2～3年，成长为开花的种球。

(3) 播种繁殖：培育新品种用种子繁殖。百合种子在一般条件下贮藏，发芽力可保持1～2年。播种时间春秋皆可，春季播种发芽温度以12～15℃为最宜，低于5℃或高于25℃均不发芽。播种后20～30d子叶出土，过密要疏苗，株距3cm左右。如秋季播种，幼苗须防寒越冬。幼苗生长期水分要适度，生长旺盛时追肥2次，秋季植株枯黄后，挖出小鳞茎重新分栽。

栽培：麝香百合性强健，生长期内不需特殊管理，栽培土最好用泥炭、腐叶和河沙相混合，呈酸性反应，抽茎后施2次麻酱渣水肥，切勿施碱性肥料，开花前再追施磷酸二氢钾500倍液2～3次。秋植比春植好，因秋植后来年春季发苗早，生长健壮，花也开得多。若要移栽，最好在开花后45～60d内进行，因移栽过迟，球根下部的须根受损，当年不能长好，从而影响第二年开花和生长。其主要供促成栽培，培养切花。方法是将鳞茎放在7～10℃低温下贮藏4～6星期后（因种不同略有差异），栽植于温室内，白天保持21℃，夜间15℃，约3.5～4个月，可以开花。低温处理可以用干燥鳞茎直接处理，也可以将鳞茎埋藏于湿润的泥炭中进行。

同属其他栽培种：百合属约有100种，我国原产30种以上，目前常栽培种有：

(1) 王百合(L. regale) 又名岷江百合、千叶百合、峨嵋百合。鳞茎略呈红色，广椭圆形，较大。株高1～2m左右，平滑，带紫色，具灰绿色斑纹，有茎生根。叶条形，大多数具一条脉。花顶生2～9朵，呈水平分布，喇叭形花冠白色，花冠筒外侧中肋桃紫色，筒内深处浅黄色，具芳香，花期6～7月。原产于四川山谷间隙。性强健，喜冷凉、温润气候，喜半阴，又耐阳，要求腐殖质丰富的微酸性土壤，也能略耐碱土或石灰质土壤。

(2) 川百合(L. davidii) 又名大卫百合。鳞茎小，卵状球形，白色，株高1m左右。茎具小突起和稀疏白绵毛。叶线形，多而密集。花数朵至二十余朵排列为总状花序，下垂，花冠橙黄色至橙红色。原产四川、云南及陕西、甘肃等省的山坡及峡谷中。著名的兰州百合(var. unicolor)即为其变种。

(3) 湖北百合(L. henryi) 又名享利百合、花百合。鳞茎淡紫色，近球形。株高1～1.2m，茎有紫色斑点，无毛。叶两形，上部叶卵圆形，无柄，下部叶长圆披针形，散生而且短柄。花排列为总状花序,着花6～12朵,花冠橙黄色,具红褐色的斑点,无香味。原产于湖北、江西、贵州等地山区。

(4) 卷丹(*L. lancifolium*) 又名南京百合、虎皮百合。鳞芽白色,株高60～150cm,茎被白绵毛。叶近无毛、无柄、具株芽。总状花序,着花3～20朵,橙红色,内具紫黑色斑点。此种遍布我国各地林缘及山坡上。

(5) 兴安百合(*L. dauricum*) 又名毛百合。鳞茎圆形,白色。株高30～90cm。叶披针形。花顶生2～6朵不等,花被片橘红色,内侧有紫褐色斑点,花期7～8月。原产我国大兴安岭、长白山及朝鲜、日本等地。

我国原产百合种在现代百合栽培品种与育种中起了重要作用。目前国际市场销量逐年上升的百合杂种系有亚洲型百合(*Lilium asiatics*):花径7～10cm,花色橙黄、橙红,以作切花为主,可盆栽,20世纪80年代出现。东方型百合(*Lilium orentulis*):花径15～30cm,花色粉红、白,以作盆花为主,可作切花。它们均为种间园艺杂交品系,花色丰富,花形以向上、侧向为主,栽培周期短,管理方便。

用途:百合种、品种丰富,花期长,花大姿丽,有色有香,观赏价值极高,为重要的球根花卉。麝香百合花朵硕大,皎洁无瑕,香气宜人,端庄素雅,主要作切花用,也用以布置花坛、花境、点缀庭园。也可作盆栽,观赏价值极高。鳞茎可食用、药用。

7.3.4 贝母(图7-98)

学名:*Fritillaria thnbergi*

别名:浙贝母、象贝。

科属:百合科、贝母属。

形态:株高30～90cm,地下具肥厚鳞茎,由2～3个鳞片组成。茎单生,不分枝,茎上有紫色晕。叶互生,长披针形至线形,先端卷须状。花单一或少数组成总状花序,花钟形,侧垂,淡黄至浅绿,里面具有紫色方格斑纹,基部有腺体,花期4～5月。蒴果。

原产地与习性:原产我国江苏、浙江、湖南、湖北等地。性较耐寒,喜湿润气候及土层深厚、疏松、肥沃及排水良好的沙质壤土。

繁殖:播种或分栽鳞茎繁殖。种子在秋季采收后先用温沙层积贮藏,次年4月播于露地,3～4年后开花。分栽鳞茎可于秋季进行,还可扦插鳞片进行繁殖。

用途:可植于疏林坡地,也可植于花境及草坪之中,还可作切花和盆栽观赏。

图7-98 贝母

7.3.5 观赏葱(图7-99)

学名:*Allium*

科属:百合科、葱属。

形态:多年生草本,地下部分多具鳞茎。叶狭线形至中空的圆柱形。伞形花序,花小而多,球形或扁球形,着生花茎顶端,花常长成小珠芽,花色有白、粉红、紫以及黄色,花期为春、夏季。

原产地与习性:原产中亚。性喜凉爽和阳光充足,忌温热多雨,要

图7-99 观赏葱

求疏松肥沃、排水良好的沙质壤土,较耐寒,稍耐半阴,不宜连作。

繁殖:播种或分球繁殖。播种多在9~10月于露地阳畦或冷室内进行,次春发芽,播种苗需5~6年才能开花。分球繁殖于夏秋进行,每一母球可分1~3个球,其中较大的鳞茎种植后第二年可开花。

栽培:栽培管理较简单,秋季栽植,几年挖球一次。采收切花时应在花序1/2花朵开放时进行。

同属其他栽培种:大花葱(*A. giganteum*),株高120cm,鳞茎球形,叶基生,狭披针形,叶片仅7~12枚。花茎挺拔直立,粗壮,花桃红色,花期6~7月,盛花期近20d。黄花葱(*A. moly*):株高30~45cm,鳞茎圆形,叶广披针形,蓝灰绿色,花葶中着花30~40朵,花鲜黄色,花期4~5月。土耳其斯坦葱(*A. karataviense*),株高14~20cm,鳞茎扁球形,叶椭圆形或广卵形,粉绿色而开展,叶脉硬而明显,花肉色或淡红色,中部具紫红色条纹,花期4~5月。天蓝花葱(*A. caeruleum*),鳞茎卵状球形,叶狭线形,具3棱,开花时叶常枯萎,花葶细长,小花天蓝色,花被片中部具鲜明条纹,花期5~6月。紫花葱(*A. atropurpureum*),株高30~90cm,鳞茎球形稍带黑色,叶线形,花序呈球形,深红色,花期5月。南欧葱(*A. neapolitanum*),株高20~30cm,鳞茎小形,叶广线形,弯曲,淡灰绿色,花序呈球形,着花约15~30朵,花被白色,春季开花。波斯葱(*A. albopilosum*),叶带状,背具白色,花序大,花雪青色。

用途:生长势强键,适应性强,可布置于花境、岩石旁或草坪中成丛点缀,是重要的切花材料。

7.3.6 葡萄风信子(图7-100)

学名:*Muscari botryoides*

别名:葡萄百合、蓝壶花、蓝瓶花、射香花。

科属:百合科、蓝壶花属。

形态:多年生草本,鳞茎卵圆形,皮膜白色,径1~3cm。叶基生,线状披针形,长10~20cm,花葶高15~20cm,总状花序长达10cm,小花多数簇生,稍下垂,碧蓝色,花期3~5月。有白色变种。蒴果。

原产地与习性:原产于欧洲南部。性耐寒,华北可露地越冬,可耐半阴,要求富含腐殖质、疏松肥沃、排水良好的土壤。

繁殖:播种或分鳞茎繁殖,种子在6月成熟后,即采种秋播,3~4年后可开花。鳞茎可于6月挖起,分级后种植。

图7-100 葡萄风信子

用途:植株矮小,花色明丽,花期早而长,宜作林下地被花卉,还可布置在花坛草地或坡地边缘及岩石园种植,也可盆栽观赏或作小切花。

7.3.7 秋水仙

学名:*Colchicum autumnale*

别名:草地番红花。

科属:百合科、秋水仙属。

形态:多年生草本,株高15~20cm,球茎卵形,被褐色膜质外皮。叶3~8枚,阔披针形,花后抽出。花1~4朵由地下茎抽出,近无梗,径5~10cm,筒部细长,花淡紫红色,花药线形,黄色。蒴果。

原产地与习性:原产欧亚。性喜冬季温暖湿润、夏季凉爽干燥,喜阳光充足。要求肥沃、排水良好的沙质壤土。

繁殖：分球繁殖为主，也可播种繁殖。

栽培：华北地区冬季需覆盖越冬。通常3~4年分栽一次，株距20~30cm，深20cm。生长期间应保持土壤湿润。

同属其他栽培种：美丽秋水仙(*C. speciosum*)，株高30cm，叶4~5枚，花1~4朵，大型，浅紫堇色。黄秋水仙(*C. luteum*)，春花种，花深黄色，不耐高温，炎夏枯萎进入休眠。杂种秋水仙(*C. hybridum*)，花大，色彩丰富，有白、黄、粉红、青及紫等色，还有重瓣花及大花类型。

用途：适宜高山园、岩石园，也可植于灌木丛旁或花境、草坪丛植。花朵傍地面而生，别具特色。鳞茎提取秋水仙碱，供药用。

7.3.8 铃兰

学名：*Convallaria majalis*

别名：草玉铃、君影草。

科属：百合科、铃兰属。

形态：多年生草本。株高20~30cm，根状茎于地下横行而有分枝。叶2~3枚，基生而直立，长圆状卵圆形或椭圆形，端部急尖，基部狭窄并下延成鞘状。花葶自鞘内伸出，与叶近等高，总状花序。花钟状，白色具芳香；花期4~5月。

原产地与习性：原产北半球温带，我国东北林区、秦岭有野生。喜凉爽、湿润和半阴环境，耐严寒，忌炎热，要求富含腐殖质的酸性沙质土壤。

繁殖：通常用分割根状茎及根茎端的小鳞茎进行繁殖，春秋均可，但以秋季为好。夏季气候炎热，进入休眠。每隔3~4年分栽一次，不宜连作。

用途：宜作林下或林缘地被植物，亦可盆栽或作切花，也常点缀草坪、坡地及岩石园。全草入药。

7.3.9 中国水仙（图7-101）

学名：*Narcissus tazetta* var. *chinensis*

别名：金盏银台、天蒜、雅蒜、凌波仙子。

科属：石蒜科、水仙属。

形态：多年生草本，鳞茎卵球状，径5~8cm，由鳞茎盘及肥厚的肉质鳞片组成，鳞茎盘上着生芽，鳞茎外被褐色干膜质薄皮。须根白色，细长。每芽中有4~9片叶子，叶扁平带状，先端钝圆，面上有霜粉，为半肉质，呈2列状着生。每球一般抽花1~7枝或更多，花梗从叶丛中抽生，为扁筒状，高20~30cm，伞形花序，花序外有一层薄的苞片，着花7~11朵，花被基部联合为筒，裂片6枚，白色，中心部位有副花冠一轮，鲜黄色，浅杯状，芳香浓郁，花期12月至翌年3月。

图7-101 中国水仙

中国水仙现有2个品种。金盏银台：单瓣；玉玲珑：花变态，重瓣，由副冠及雌蕊瓣化而来，花瓣褶皱，十分雅致。

原产地与习性：水仙属植物分布中心在欧洲中部、地中海沿岸，本种为我国原产，在浙江、福建、台湾等地有野生。水仙是夏季落叶休眠的秋植球根花卉，冬季生长，早春开花，6月上、中旬地上部分枯萎进入休眠期。鳞茎球在春天膨大，其内花芽分化在叶初枯后高温中(26℃以上)进行，温度高时可以长根，随温度下降才发叶，至6~10℃时抽花葶。故水仙生长要求冬季温暖而湿润的气候，尤以冬无严寒、夏无酷暑、春秋多雨的地方为好。喜阳光充足，也耐半阴。要求疏松而又湿润，含有大量腐殖质和充足肥料的土壤，pH值为5~7.5。

繁殖：水仙为三倍体植物，具高度不孕性，靠分栽小鳞茎来繁殖，将母球两侧分生的小鳞茎分开作种球，霜降前后进行，将小球端正排在良好的湿润的土中，一般需3~4年才能长成大鳞茎而开花。

栽培：生产栽培有旱地栽培法与灌水栽培法两种。

上海崇明采用旱地栽培法。选背风向阳的地方在立秋后施足基肥，深耕耙平后做出高垄，在垄上开沟种植。

福建漳州采用灌水栽培法。先筑高畦，多施基肥，畦四周挖深30cm的灌水沟。在畦内一年生小鳞茎可用撒播法，2~3年生鳞茎用开沟条植法。由于水仙的叶片是向两侧伸展的，注意排球时鳞茎上芽的扁平面与沟平行，采用的株距较小，约10~23cm，行距较大，30~40cm，以使有充足空间，为使鳞茎坚实，宜深植，植球深度约10~15cm，然后将行间土壤覆盖于球上，再于行间沟中施人粪尿，且覆盖土拉平。栽后即引水入灌水沟，使水分自底部渗透畦面。隔1~2月再于床面覆稻草，草的两端垂入水沟，保持床面经常湿润。漳州水仙主要是培养大球，每球有4~7枝花。为使球大花多，第三年栽培前数日要先行种球阉割。水仙的侧芽均在主芽的两侧，呈一直线排列。阉割时将球两侧割开，挖去侧芽，勿伤茎盘，保留主芽，使养分集中。再经一年的栽培，形成以主芽为中心的膨大鳞茎，和数个侧生的小鳞茎，构成笔架形姿态，花多，叶厚。

二、三年生鳞茎栽培后，当年冬季主芽常开花，可留下花基1/3处剪下作切花，避免鳞茎养分消耗，继续培养大球。

栽植鳞茎一般在10月霜降前后，6月芒种以后即放水排干，待地上部分枯萎后起掘。鳞茎掘起后须根0.5~1cm，其余剪去。在鳞茎盘处抹上护根泥，防搬、贮中脚芽脱落，晒到贮藏所需要的干燥程度后，即可贮藏。

10月份进入分级包装上市销售阶段，用竹篓包装，一篓装进20只球的，为20庄，另外还有30庄、40庄、50庄、60庄。

室内观赏栽培常用水养法，多于10月下旬选大而饱满的鳞茎，清洁后，开始用温水浸泡数日，然后用小石子固定，水养于浅盆中，置于阳光充足、室温12~20℃条件下，每天换水一次，4~5星期即可开花。开花后移水盆于冷凉处，花期可保持月余。如水养期间阳光不足或室温过高，则植株纤弱，花期短暂，或只长叶不开花。

水仙鳞茎球经雕刻等艺术加工，可产生各种生动的造型，提高观赏价值，并能使开花期提早。雕刻形式多样，基本分为笔架水仙及蟹爪水仙两种。笔架水仙即将球纵切，使鳞茎内排列的花芽利于抽生。而蟹爪水仙，则雕刻时刻伤叶或花梗的一侧，未受伤部位与受伤部位生长不平衡，即形成卷曲。不管是笔架水仙或蟹爪水仙刻伤后，均需浸水1~2d。将其黏液浸泡干净，以免凝固在球体上，使球变黑、腐烂。然后进行水养。

同属其他栽培种：喇叭水仙(*N. pseudonarcissus*)，又名洋水仙、漏斗水仙，叶5~6片，扁平，一茎一花，有芳香，花被淡黄色，副花冠极大，橘黄色，花期4~5月。围裙水仙(*N. bulbocodzum*)，植株低矮，叶细带形，多肉质，一茎一花，副花冠长，呈漏斗状，花被片小，纯黄色，适于盆栽，花期4月。橙黄水仙(*N. incomparabclis*)，又名明墨水仙，叶细长扁平，有白粉，花单生、形大、黄色，花葶有棱，花被片狭卵形，先端尖，呈覆瓦状排列，副冠呈倒圆锥形，长约花被片的1/2，花期4月。

口红水仙（*N. poeticus*），叶4片，线形，略带白粉。花葶2棱状，一茎一花，纯白色，有强烈香气，副冠碗形，短，白色或黄色，边缘呈红色，花期4～5月。丁香水仙（*N. jonquilla*），叶狭线形，表面有凹沟，鲜绿色，花莛纤细，一茎多花，2～6朵聚生，鲜黄色，具芳香，副冠橘黄色，杯状，花期4月。

用途：水仙是我国传统的冬季室内盆养花卉，既宜案头供养，也宜窗前点缀。江南温暖地区，也可露地栽植，散植于庭院一角，或布置于花台、草地，清雅宜人。其他各种水仙除盆栽观赏及作切花外更适合布置专类花坛、花境或成片栽植在疏林下、坡地、草坪上，是优良的地被。鳞茎可入药，捣烂敷治痈肿。其花可提取香精，为高级香精原料。漳州水仙球大花多，闻名世界，崇明水仙开花适时，可加工造型，销售均遍及全国，并行销国际市场。

7.3.10 晚香玉（图7-102）

学名：Polianthes tuberosa
别名：月下香、夜来香、夜情香。
科属：石蒜科、晚香玉属。
形态：多年生草本，地下具有长圆形鳞茎状的块茎，其上半部呈鳞茎状。基生叶簇生，呈长条带状，茎生叶互生，稀疏，愈到上部愈小呈苞片状。顶生穗状花序，每序着花12～20朵，两两成对生长，自下而上陆续开放，花冠漏斗状，长约4～6cm，具浓香，夜晚香气更浓，花被6片，乳白色，花被筒细长，略弯曲，花期7～10月，盛花期8～9月。蒴果卵形。

图7-102 晚香玉

原产地与习性：原产墨西哥及南美，很久前就引入中国。不耐寒，地下块茎在北方需放在8℃左右的室内贮藏，喜温暖、湿润、阳光充足、通风良好的环境，适应性较强，耐盐碱，对土质的要求不严，但喜肥，肥沃的黏质土壤为最好。

晚香玉在每年春季4月下旬发芽出土，7～10月连续抽穗不断开花。一般栽培下不结实，11月下旬霜后地上部枯黄，生长期8个月。地下部稍加防护可露地越冬，但-10℃时如不加保护，球茎将受冻而腐烂。母球开一季花后即萎缩，又形成新块茎，一般直径要大于2.5cm以上才能开花。

繁殖：均采用分球法繁殖，在我国大部分地区栽培不易结实，故不用种子繁殖。

分球繁殖多在春季4月份，大球当年可开花，小子球则需培养2～3年长成大球后才能开花。栽子球前先翻好土地，施足够的腐熟堆肥作基肥，整平后以株行距15～20cm将球种下，深度比其他球根类浅。种之前若用水先浸泡一夜，萌发更快，栽植后覆土浇水即可。

栽培：栽植时鳞茎越大，越要浅栽，小鳞茎反而要栽深。即所谓"深长球、浅抽葶"。晚香玉生长期注意除草松土，生育期需高温，喜肥水。若以生产切花为目的，应重视基肥，花葶抽出后要经常灌水，每10d施追肥一次，至观蕾为止。后三次追肥可增加一些磷肥，有利于开花。花葶剪下后继续施肥，可连续抽穗不断开花。

秋后11月下旬至12月上旬地上部分枯萎，可将球根挖起，抖掉泥土尽量晒干，然后将叶丛整理，编辫子倒挂在温暖干燥的室内，使它们完全进入休眠状态。江南一带贮存时多在高燥避风的地方挖个土坑，把晒干的球根放在坑内，上面盖稻草和芦苇，培上黏土防止雨水渗入。实践证明，贮藏的地方越温暖干燥越能促进来年开花。

若露地栽植越冬的，也可隔3～4年掘起分球一次，但地上部分在霜前必须剪除，培土保暖。第二年不分球，开花较少。

在有高温温室的条件下可进行促成栽培,把球茎在10月上旬挖回晒干,11月栽植,保持25℃的温度,注意避风和追肥,春节前即可开花。

用途:晚香玉花茎直立挺拔,花朵洁白浓香,是一种很好的夏季切花材料,故多作切花栽培,可与唐菖蒲配制花束、花篮、瓶花,布置室内可使满室生辉、芳香四溢。也可在园林中的空旷地成片散植或布置岩石园、花坛、花境。因开花时夜晚有浓香,又是配置夜花园的美好材料。

7.3.11 红花石蒜(图7-103)

学名:*Lycoris radiata*

别名:蟑螂花、老鸦蒜、地仙、龙爪花、一枝箭。

科属:石蒜科、石蒜属。

形态:多年生草本,地下鳞茎椭圆状球形,外被紫红色膜质外皮。花后抽叶,叶5~6片丛生,呈窄条形,叶面深绿色,长30~60cm。花葶刚劲直立,先叶抽出,高约与叶相等,花5~7朵呈顶生伞形花序,花被6片向两侧张开翻卷,每片呈倒披针形,基部花筒短,雌雄蕊均伸出花冠之外,花鲜红色,或具白色边缘,花期8~10月。花后不易结实。

图7-103 红花石蒜

原产地与习性:原产于中国和日本,在我国秦岭以南至长江流域和西南地区均有野生分布,在自然界中多野生于山坡阴湿处及溪旁石隙中。喜阴湿的环境,怕阳光直射,不耐旱,能耐盐碱,要求通气,在排水良好的沙质土、石灰质壤土中生长良好,耐寒力强。在我国大部分地区鳞茎均可露地自然越冬,早春萌发出土,夏季落叶休眠,8月自鳞茎上抽出花葶,9月开花。南方冬季呈常绿状态,北方冬季落叶。

繁殖:因不易结实,故多采用分球繁殖。入夏叶片枯黄后将地下鳞茎分栽,鳞茎不宜每年采收,一般4~5年掘起栽一次。

栽培:石蒜是秋植球根花卉,立秋后选疏林荫地成片栽植,株行距20cm×30cm,石蒜适应性强,管理粗放,一般田园土栽前不需施基肥,如土质较差,于栽植前可施有机肥一次。在养护期注意浇水,保持土壤湿润,但不能积水。休眠期如不分球,可留在土壤中自然越冬越夏,停止灌水,以免鳞茎腐烂,花后及时剪掉残花,以保持株丛整齐。

同属其他栽培种:忽地笑(*L. aures*),又名铁色箭、黄花石蒜,叶阔线形,粉绿色,花大,枯黄色,花期9~10月,分布于我国中南部,生于阴湿环境。夏水仙(*L. squamigera*),又名鹿葱、紫花石蒜,叶阔线形,淡绿色,花期8月,我国江、浙、皖等省及日本有分布,生于山地阴湿处。

用途:多用于园林树坛、林间隙地和岩石园作地被花卉种植,也可作花境丛植或山石间自然散栽。因开花时无叶,可点缀于其他较耐阴的草本植物之间。亦可盆栽、切花和水培。鳞茎富含淀粉和多种生物碱,有毒。

7.3.12 葱莲

学名:*Zephyranthes candida*

别名:菖蒲莲、风雨花、葱兰、玉帘。

科属:石蒜科、葱莲属。

形态:多年生草本,株高20cm左右,地下具小而颈长的有皮鳞茎。叶基生,扁线形,稍肉质,暗绿色,花葶中空,自叶丛中抽出,花单生,花被6片,白色外被紫红色晕,花期7~9月。蒴果近球形。

原产地与习性：葱兰原产墨西哥及南美各国，我国栽培广泛。性喜阳光，也能耐半阴。耐寒力强，长江流域以南均可露地越冬。要求排水良好、肥沃的沙壤土。

繁殖：葱兰多不结实，鳞茎分生能力强，以春季分栽子球为主。

栽培：葱兰生长健壮，管理粗放，其新鳞茎形成和叶丛生长、花芽分化渐次交替进行，故开花不断。生长旺季要每10d追肥一次，常保持土壤湿润，否则叶尖易黄枯。

同属其他栽培种：韭莲（Z. grandiflora），又名韭兰、红花菖蒲莲、红玉莲、风雨花，地下鳞茎较大，圆形，花被裂片倒卵形，粉红色或玫瑰红色，花期6～9月，原产墨西哥、古巴等地。耐寒较差。

用途：葱兰株丛低矮而紧密，花期较长，最适合花坛边缘材料和荫地的地被植物，也可盆栽和瓶插水养。

7.3.13 六出花（图7-104）

学名：Alstroemeria aurantiaca

别名：秘鲁百合。

科属：石蒜科、六出花属。

形态：多年生草本，株高60～120cm，地下具块状茎，簇生，平卧，地上茎直立而细长。叶片多数散生，披针形，长7.5～10cm，螺旋状着生，伞形花序，着花10～30朵，单花径8～10cm，花被橙黄色，内轮有紫色或酒红色条斑，花期6～8月。

图7-104 六出花

原产地与习性：原产于南美的智利、巴西和秘鲁等国家，我国也有引种。喜温暖、半阴或阳光充足的环境，要求深厚、疏松、肥沃的土壤，为长日照植物。

繁殖：播种和分株繁殖。

用途：花期长，植株秀丽，用于花坛、岩石园栽培，也可作温室盆栽和切花。

7.3.14 雪滴花（图7-105）

学名：Leucojum vernum

别名：雪铃花、铃兰水仙、雪花水仙。

科属：石蒜科、雪滴花属。

形态：多年生草本植物，株高20～30cm，小鳞茎球形。叶丛生带状，长约20cm。花葶短而中空，扁圆形，顶端着生单花或少数聚生成伞形花序，下垂，广钟形，花被片6，花白色，先端具一黄绿斑点，花期3～4月。

原产地与习性：原产中欧。性喜冷爽、湿润气候，在阳光地或疏林下均可生长，要求土壤肥沃、排水良好、耐寒性较强。

繁殖：一般用分球繁殖，秋季进行。

图7-105 雪滴花

用途：株丛低矮，花叶繁茂，姿容清秀、雅致，宜栽植于林下、坡地及草坪上，冬季温和的环境处可大量栽作地被花卉，或作花境、花坛丛植及岩石园点缀，亦可供盆栽或作切花用。

7.3.15 唐菖蒲（图7-106）

学名：Gladiolus hybridus

别名：十样锦、十三太保、剑兰、菖兰、苍兰。

科属：鸢尾科、唐菖蒲属。

形态：多年生草本，株高90～150cm，球茎扁圆形，具褐色膜质外皮。叶剑形，革质，宽7～8cm，长30～40cm，7～8片嵌叠状互抱排列。花葶自叶丛中抽出，穗状花序顶生，开花时多偏于一侧，每穗着花10～20朵，由下向上渐次开放，每花基部有两叶状苞片，花冠筒状，左右对称，花被片6，上3片较大，先端外翻，有的品种呈波状皱折，花径12～16cm，花色丰富，有白、黄、粉、红、青、橙、紫及双色、五彩各色，花期6～9月。蒴果背裂，种子深褐色。

图7-106　唐菖蒲

常见栽培种：世界各国园艺品种极为丰富，我国目前也有数百个品种，由于长期的大量杂交，品种混杂，目前尚无统一的分类方法。在园艺栽培中常按花色不同分为白、粉、橙、红、蓝、紫色系，花瓣也有平瓣、波瓣和皱瓣类型。

原产地与习性：原产地中海沿岸及南非好望角。喜温暖，不耐寒，夏季喜凉爽气候，不耐过度炎热，否则花朵质量低劣，生长适温为25℃，球茎在5℃的土温中即可萌芽，新球茎在昼夜温差大时，成长迅速，喜温及怕涝，要求深厚、肥沃、排水良好的沙质土壤，黏质土不利于球茎的生长及球的增殖，土壤pH值以5.5～6.5为宜。

唐菖蒲需在14h以上的光照条件下进行花芽分化，但短日照有利于花芽的生长和提早开花，光照不足，会减少开花数量。开花期因品种及栽植期的早晚而异，从母球栽植到开花需70～90d，基部长出3枚叶片时，开始有花芽抽出，6～8枚叶片时，开始开花，花后母球因养分消耗而萎缩，其基部形成新球和多数小的子球。生长期约4.5～5个月，休眠期约7个月左右。

繁殖：以分球繁殖为主，杂交育种时采用播种繁殖。

(1) 分球繁殖　两个较大的球茎经栽植开花以后，在其基部又能长出1～2个新球，新球的周围还能生长出许多小的子球，秋季挖起，弃去干瘪的母球，晾干贮藏，以备明年栽植。较大的新球翌年栽植后，当年仍继续开花，较小的子球需在苗床上继续培养2～3年才能开花。子球在苗床上可以用宽行排种，也可直接撒播，覆土深度约为球茎的2倍。其他管理方法与大球相同。

唐菖蒲亦可用切球法加速繁殖。根据球茎的大小和芽的多少，纵切成若干块，每块必须具有一个以上的芽眼和一部分根，切口处涂抹草木灰防腐，经切割后球茎可继续培养成为新球。

(2) 播种繁殖　经人工杂交后一个多月种子即可成熟，采收后即时播种，时间多在秋季，冬季移入温室或移床，次年春定植于露地，定植后老叶枯黄，进入休眠不再重发新叶，当年可部分见花。

栽培：唐菖蒲为春植球根花卉，从植球到开花约70～90d，故也可根据收花时间的要求，分批栽种，但6月栽种，花期适是盛暑，开花不良。栽植前苗床宜深翻20～25cm，每平方米施基肥20斤，并混施适量骨粉或过磷酸钙。植球株距15～20cm，行距20～30cm，覆土深度约10cm，太浅易倒伏。母球栽植后40～60d为叶生长时期，要有充分的水分，灌水时湿润深度要达15cm以上，灌水后及时除草松土。生长期叶片有3、4张及6、7张时各追肥一次，注意追肥时氮肥不宜过多，适当增加磷肥，促进花葶粗壮，控制茎叶徒长。

如促成在早春开花，可于9月下旬将球茎栽种在温室的种植床内，室内温度18～25℃，湿度60%～80%，光照9～10h，次年2～3月可以开花。如以切花为目的，宜在花序基部1～2朵花初绽时采收，剪取切花时应注意由叶鞘向下斜剪，剪后每株应保留4片以上的叶片，以保证地下球茎发育充实，不影响第二年开花。如以收球为目的，可在花蕾现色时，摘去花蕾，留下花茎，以免因开花而消耗养分,不利于球茎的生长。

花后约70d左右,视叶片上端约1/3枯黄时即可起球,起球后剪去叶片,晾晒球茎数小时,待外皮干燥后即可转入室内,将新球子球按大小分级,装入纸袋、浅筐或干堆于架上,贮藏于冷凉、干燥、通风之处,定期检查翻动,以防发热霉烂。

用途:唐菖蒲种类繁多,花色艳丽丰富,花期长,富有装饰性,是应用最广泛的切花之一,是花卉装饰的重要材料,也常用于花坛、花境的栽培布置。唐菖蒲还是氟化氢的指示物,很适合工厂绿化作环境监测栽培。

7.3.16 番红花(图7-107)

学名:Crocus sativus

别名:藏红花、西红花。

科属:鸢尾科、番红花属。

形态:多年生草本,高仅15cm,地下部分具球茎,外被褐色膜质鳞片。顶端抽生5~15张叶,成叶束,叶线形,主脉呈白色,具纤毛。花由叶丛抽生,花1~3朵顶生,花被片6枚,略内卷,花被管细长;花柱细长,3深裂,伸出花被外,血红色,花色有白、黄、雪青、深紫等,花期2~3月(春花)、10~11月(秋花)。芳香。一般不结实。

图7-107 番红花

原产地与习性:原产欧洲南部地中海区域。半阳性,耐寒性较强,喜凉爽、湿润的气候,忌高温和水涝,喜含丰富养分的沙质土。

繁殖:分球繁殖,春季花后,收球贮藏,8月份,分植小球。也可播种繁殖,一般用于育种,从播种到开花需3~4年。

栽培:生长期间注意除草、松土及水肥管理。大球可穴植,小球以沟植为好,沟底要施足底肥,花前和花后各追肥1~2次,防止氮肥过多。注意及时中耕除草。出苗后可将母球茎上较多的侧芽剔除。园林布置时,每3~4年掘起分栽一次。

用途:番红花株矮、叶细、花大,是早春庭院点缀花坛或边缘栽植的好材料。也可供花境、岩石园丛植点缀,还可盆栽和水养以供室内观赏。

7.3.17 射干

学名:Belamcanda chinensis

别名:扁竹兰。

科属:鸢尾科、射干属。

形态:多年生宿根草本。地下根状茎短而坚硬,株高30~90cm。叶剑形,2列,扁平扇状互生,被白粉,多脉。二歧状伞房花序顶生,花被及分枝的基部均具膜质苞片;花橙红至橘黄色,外轮花瓣3,有红色斑点,内轮3,稍小,花径5~8cm;花期7~8月。蒴果。

原产地与习性:广布我国各省区,日本、朝鲜、俄罗斯、印度也有。喜干燥气候,耐寒性强,性强健,对土壤要求不严,要求排水良好及日光充足之地。

繁殖:分株繁殖为主,3~4月将根茎掘出,切截根茎,每段需带芽1~2个,待切口稍干后栽种,10d可出苗。播种可在春季和秋季进行,3年后开花。

栽培:定植前可施些堆肥等作基肥,生长旺盛期及花期前后略施追肥并加以灌溉,有利开花结实。

同属其他栽培种:矮射干(var. cruenta):又名达摩射干,较射干低矮,园艺品种较多,一些切花品种常采用播种繁殖。

用途：园林中可作基础栽植、花境或草地丛植，也可作切花。根茎可入药。

7.3.18 大丽花(图7-108)

学名：*Dahlia pinnata*

别名：大丽菊、大理花、天竺牡丹、西番莲。

科属：菊科、大丽花属。

形态：多年生草本，地下具肥大纺锤状肉质块根，高50～100cm，茎中空。叶对生，1～3回羽状深裂，小叶卵形，正面深绿色，背面灰绿色，具粗钝锯齿，总柄微带翅状。头状花序，具长梗，顶生或腋生，花径可达25cm，外围舌状花色彩丰富而艳丽，除蓝色外，有紫、红、黄、雪青、粉红、洒金、白、金黄等各色俱全，中心管状花黄色，花期为初夏(5～7月)和秋后(9～10月)两季，但以秋花较为繁茂，花期长，单花期10～20d。瘦果黑色，长椭圆形。

图 7-108 大丽花

常见栽培种(型)：

(1) 单瓣型 外轮舌状花1～3层，宽平，花瓣约8～12片，中心管状花黄色。

(2) 环领型 又名领饰型，外轮舌状花似单瓣型，宽平，在舌状花之间有环雄蕊瓣化的小花瓣，色彩亦异，故称"领饰"，管状花发达，露花心。

(3) 复瓣型(半重瓣型) 舌状花3～8层，约20片以上，瓣润而不卷曲，管状花雄蕊正常，露花心，为花型进化的中间类型。

(4) 圆球型 为中小型，完全重瓣，外轮舌状花在10层以上，花瓣卵圆形，短而内曲，半露或不露花心，全花呈整齐的球型或半球型。

(5) 绣球型 花为小型，重瓣，不露出者居多，花瓣排列整齐，向内卷成蜂窝状。

(6) 袋饰型 花为大型，重瓣，直径30cm以上，花瓣宽大平展，多排列规整，不露出，色彩丰富，花梗坚硬。

(7) 睡莲型 花为中型，重瓣，花瓣卵形，平展微凹，排列规整，不露出，花开后似睡莲。

(8) 仙人掌型 舌状花狭长，两侧向外纵卷呈筒状，向四周延伸，重瓣，不露出。

(9) 菊花型 花为大型，重瓣，花瓣狭长，向外对折纵卷而扭曲，排列不规则，管状花不外露。

(10) 毛毡型 花为大型，重瓣，花瓣狭长，多数纵卷成管状，花瓣尖端分裂成小叉(2或3叉)，花瓣排列不规则，管状花不外露。

此外，园艺品种还按花瓣颜色、花朵直径、植株高矮、花期早晚分为许多类型。

原产地与习性：原产墨西哥海拔1500m高原，现世界各地广为栽培。喜凉爽气候，不耐严寒与酷暑，忌积水又不耐干旱，以富含腐殖质的沙壤土为最宜，喜光，但花期宜避免阳光过强，生长适温为10～15℃，从萌芽到开花需120d以上，经霜枝叶枯萎，以其块根休眠越冬。

繁殖：通常以分根、扦插繁殖为主，也可用播种和块根嫁接。

(1) 分根法 常用分割块根法。大丽花仅块根的根颈部有芽，故要求分割后的块根上必须附带有芽的根颈。通常于每年二三月间将贮藏的块根取出进行催芽，选带有发芽点的块根排列于苗床内，然后壅土、浇水，白天室温保持18～20℃，夜间15～18℃，两星期可发芽，即可取出分割，每一块根带1～2个芽，每墩块根可分割5～6株，在切口处涂抹草木灰以防腐烂，然后分栽。

(2) 扦插法　在春、夏、秋三季均可进行。一般是春季截取块根上萌发的新梢进行扦插，截取时新梢基部留一个节的腋芽继续生长。插后约十天可生根，当年秋可开花。如为了多获取幼苗，还可继续截取新梢扦插，直到6月，如管理得当，成活率可达100%。夏季扦插因气温高、光照强，9～10月扦插因气温低、生根慢，成活率不如春季。

(3) 播种繁殖　宜用8月中旬至9月初所开花进行杂交。大丽花属雄蕊先熟花卉，供作母本的管状花应于雄蕊成熟前去雄，作父本的花先剪下水养于室内，待花粉成熟时采收置培养皿内备用。待母本雌蕊成熟时进行授粉。一花中最容易成熟时进行授粉。一花中最容易结实的部位是外围的2～3列管状花，授粉时间选择晴天上午9～10点为宜，授粉后套袋，一个多月后种子成熟。种子采下后晾干贮藏，播种方法与一般草花相同。

(4) 块根嫁接　春季取无芽的块根作砧木，以大丽花的嫩梢作接穗，进行劈接。接后埋于土中，待愈合后抽枝发芽形成新植株。嫁接法由于用块根作砧木，养分足，苗壮，对开花有利，但不如扦插简便。

栽培：地栽大丽花应选择背风向阳，排水良好的高燥地(高床)栽培。宜于秋季深翻，施足基肥，春季晚霜后栽培，深度为根颈低于土面5cm左右，株距视品种而异，一般1m左右，矮小者40～50cm，苗高15cm即可打顶、摘心，使植株矮壮，切花栽培应多促分枝，孕蕾时要抹去侧蕾，使顶蕾健壮，花凋后及时剪去残花，减少养分消耗。生长期间每10d施追肥一次，要及时设立支柱，以防风折。夏季植株处于半休眠状态，要防暑、防晒、防涝，不需施肥。霜后剪去枯枝，留下10～15cm的根颈，并掘起块根，晾一二天，沙藏于5℃左右的冷室越冬。

盆栽大丽花多选用扦插苗，以低矮中、小品种为好。栽培中除按一般盆花养护外，应节制浇水，不干不浇，幼苗尤不能浇水过多，以免徒长。幼苗至开花之前需换盆3～4次，不可等须根满盆再换盆，否则影响生长。最后定植，以选高脚盆为宜。

同属其他栽培种：大丽花属植物有10多种，世界各地的栽培品种都是由它的相互杂交或人工选择其中的芽变类型来的，其花型、花色、植株高矮变化极大。目前世界上栽培的品种有7000多种，我国有500种以上。它们的原始种主要有4个：大丽花(*Dahlia pinnata*)：花头平展或稍下垂，舌状花单轮，花瓣8枚，呈猩红色。是目前栽培品种的主要原始种。红大丽花(*D. coccinea*)：茎呈红色而光滑。舌状花单轮，花色有红、橙、黄几种变化。是部分单瓣品种的原始种。卷瓣大丽花(*D. juarezii*)：花梗细，花头下垂，舌状花瓣常翻卷呈筒状，花色多为红色或黄色，是仙人掌型大丽花的原始种。光滑大丽花(*D. merckii*)：植株较矮，株高40～60cm，生长茂密而多分枝。花序总梗的先端多分枝，花小而多，有淡紫色和黄色，是多花矮生品种的原始种。

用途：大丽花类型多变，色彩丰富，可根据植株高矮、花期早晚、花型大小分别用于花坛、花境、花丛的栽植，矮生种可地栽，亦可盆栽，用于庭院内摆放盆花群或室内及会场布置。花梗较硬的品种可作切花栽培，用以镶配花圈、制作花篮及花束、插花等。

7.3.19　蛇鞭菊(图7-109)

学名：*Liatris spicata*

科属：菊科、蛇鞭菊属。

形态：多年生草本，株高约1m，地下具块根，地上茎直立，株形锥状。基生叶线形，长达30cm。头状花序排列成密穗状，长60cm，淡紫

图7-109　蛇鞭菊

红色，从顶部开始向基部延伸，花期7~8月。

原产地与习性：原产北美东部和南部。性强健。耐寒，喜阳光充足的环境，要求土壤疏松、肥沃、湿润。

繁殖：播种或分株繁殖，春、秋均可进行。

用途：花穗较长，盛开时竖向效果鲜明，景观宜人，适宜配合其他色彩花卉布置，作为花境的背景材料或丛植点缀于山石、林缘，也是优良的切花材料。

7.3.20　花毛茛（图7-110）

学名：*Ranunculus asiaticus*

别名：芹菜花、波斯毛茛、陆莲花。

科属：毛茛科、毛茛属。

形态：多年生草本，块根纺锤状，小型，多数聚生在根颈处。地上茎细而长，单生或少有分枝，具短刚毛。基生叶椭圆形，多为3出，有粗锯齿，具长柄。茎生叶羽状细裂，几无柄。花单朵或数朵生枝顶，花瓣平展，多为上下两层，每层8枚，花色丰富，有白、黄、橙、水红、大红、紫、褐等，花期4~5月。

原产地与习性：原产欧洲东南部和亚洲西南部。喜冷爽和半阴的环境，不耐酷暑，怕阳光曝晒，在我国大部分地区夏季进入休眠，要求含腐殖质丰富、排水良好的肥沃沙土或轻黏土。

图7-110　花毛茛

繁殖：以分株繁殖为主，多在秋季9~10月栽植前，将母株顺其自然用手掰开，部分带有一段根颈即可，栽时覆土宜浅，将根茎埋住即可。也可用种子繁殖，常在培育新品时采用，秋季播于箱内，苗圃地宜用条播，温度过高时发芽缓慢，若在10℃左右，约20d可萌芽出土。若盆播放温室越冬生长，次年3月下旬出室定植，入夏可开花。

栽培：无论地栽或盆栽应选择无直射阳光、通风良好和半阴环境。地栽株行距20cm×20cm。早春萌芽前要注意浇水防干旱，开花前追施液肥1~2次。入夏后枝叶干枯将块根挖起，放室内阴凉处贮藏，立秋后再种植。

用途：是园林荫蔽环境下优良的美化材料，开花极为绚丽，多配植于林下树坛之中、建筑物的北侧，或丛植于草坪的一角，可盆栽布置室内。还可剪取切花瓶插水养。

7.3.21　美人蕉（图7-111）

学名：*Canna indica*

别名：红蕉、苞米花、宽心姜。

科属：美人蕉科、美人蕉属。

形态：多年生草本，株高80~150cm，地下具粗壮肉质根状茎，地上茎肉质，直立不分枝，茎叶被白粉。叶片宽大、广椭圆形，绿色或红褐，互生，全缘。总状花序，自茎顶抽出，每花序有花十余朵，两性，花萼3枚，苞片状，雄蕊5枚瓣化，为主要观赏部分，其中3枚呈卵状披针形，一枚翻卷为唇瓣形，另一枚具单室的花药，雌蕊花柱扁平亦呈花瓣状，瓣化雄蕊颜色有鲜红、橙黄或橘黄色斑点等，花期6~10月。蒴果，种子黑褐色。

图7-111　美人蕉

原产地与习性：原产热带美洲，我国各省普遍有栽培。生长健壮，性喜温暖、向阳的环境，不耐寒，早霜开始地上部即枯萎，畏强风，喜肥沃土壤，耐湿但忌积水。

繁殖：多用分株法繁殖，每年春季3～4月将根茎挖起，2～3芽分切一段种植。也可用种子繁殖，美人蕉种子具有坚硬的种皮，播种前需将种子用开水浸泡或用温水浸泡2d，春季播种约一个月才发芽，发芽后定植，当年可开花。

栽培：适应性很强，管理粗放，每年3～4月挖穴栽植，内可施腐熟基肥，开花期再施2～3次追肥，经常保持土壤湿润，花后要及时剪去花葶，以免结果消耗养分，有利于继续抽出花枝。长江以南，根茎可以露地越冬，霜后剪去地上部枯萎枝叶，在植株周围穴施基肥并壅土防寒。来年春清除覆土，以利新芽萌发。北方天气严寒，入冬前应将根状茎挖起，稍加晾晒，沙藏于冷室内或埋藏于高燥向阳不结冰之处，翌年春暖挖出分栽。也可以进行盆栽，须选矮茎大花种在春季用10寸盆，截取3～5芽的根茎上盆，发芽后，每半月追肥一次，并注意灌溉，能开花良好。

同属其他栽培种：大花美人蕉(*C. generalis*)，又名法国美人蕉，花大，瓣化雄蕊4枚，有黄、橘红、大红等色，并有矮型种。粉叶美人蕉(*C. glauca*)，原产墨西哥，叶缘白色透明，花黄色带有红色斑点。蕉藕(*C. edulis*)，又名食用美人蕉，原产南美，株高可达3m，花小，红色，根富含淀粉，可作饲料，南方农村多栽于田边。

用途：是园林绿化的好材料，花大色艳，花期长，枝叶茂盛，栽培管理容易。可成片作自然式栽植或丛植于草坪或庭园一隅，亦常种植于花坛、花境，或成行植成花篱，矮生种作室内盆栽装饰。根茎和花还可入药。

7.4 水生花卉

7.4.1 荷花(图 7-112)

学名：*Nelumbo nucifera*

别名：莲花、水芙蓉、泽芝、芙蕖等。

科属：睡莲科、莲属。

形态：多年生水生花卉，地下具根茎，藕是地下茎的肥大部分，横生于淤泥中，地下茎节上生根并抽出叶片(图 7-113)。叶片大，盾状圆形，被有白色蜡粉，每年从种藕上先萌发的小荷叶，称为"钱叶"。种藕顶芽生出地下走茎，走茎上先长出浮出水面的称"浮叶"，在节的下方生须根。走茎长到一定长度后，在节上陆续长出浮出水面的"立叶"。荷花的花梗多伴生于立叶旁。花两性，单生，径7～30cm，花色有红、粉、白、复色等，单瓣或重瓣。花期7～8月，每朵花上午开放，下午闭合，次晨复开。单瓣品种可开3～4d，半重瓣品种可开5～6d，重瓣品种可开10～13d。花叶具有清香。雄蕊200～400枚，心皮多数，分离散生在海绵质的花托中。花后结实称为莲蓬，每个心皮形成一个椭圆形坚果，称为莲子，果熟期8～9月。

常见栽培种：我国荷花品种很丰富，栽培上可分为藕莲、子莲、花莲三个系统。从花型上可分为单瓣型、半重瓣型和重瓣型。单瓣型：花瓣16枚左右，如古代莲、白莲、红莲、粉川台、大粉莲、大

图 7-112 荷花

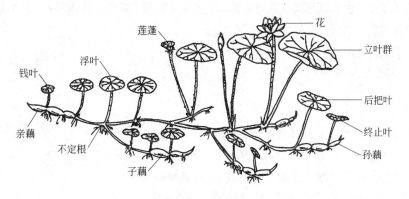

图 7-113 荷花的生长发育示意图

紫莲、红孩莲、白孩莲等，开花繁茂，结实率高。半重瓣型：花瓣 100 枚左右，观赏价值较高，如红千叶、白千叶、大洒锦、小桃红、寿星桃等。重瓣型：花瓣 200～2000 枚，是观赏荷花中的珍品，如千瓣莲、重台莲等。其他还有一梗两花的"并蒂莲"；一梗四花的"四面莲"；一年开花数次的"四季莲"；小花小叶可栽培于碗中的"碗莲"等。

原产地与习性：荷花原产我国和亚洲热带地区。性喜温暖、强光和水湿，要求肥沃的壤土和沙质壤土，宜浅水，忌突然降温和狂风吹袭，叶片怕水淹盖，在强光下生长发育快，开花早，但凋萎也早，在弱光下生长发育慢，开花晚，凋萎也迟。气温 23～30℃ 对于花蕾发育和开花最为适宜，长江流域露地越冬，10 月中下旬叶黄，种子寿命很长。

繁殖：一般采用分栽地下茎的方法。4～5 月间取 2～3 节生长粗壮的藕作为种藕，要求顶梢带芽，尾部带节，手栽于施过大量基肥的塘泥浅层，栽种时顶芽稍向上翘，栽植深度约为种藕直径的 2～3 倍。基肥可用饼肥、鸡粪、人粪尿等。为了培育新品种，也可采用播种繁殖，5 月是播种适期，播前将莲子凹进的一端剪破，不伤莲心，置水中浸泡，温度为 25～30℃ 时，一星期可以发芽，待长出 1～2 片小叶后移栽在小盆中，实生苗 2～3 年可以开花。

栽培：

(1) 池塘栽藕　先放干塘水，施入基肥拌匀，将种藕平栽于淤泥浅层，栽植距离 1m 左右。栽后不加水，一周后待种藕与泥密接再逐步加水，生长早期水位宜浅不宜深，以 15cm 左右为宜，夏季生长旺盛期水位 30～60cm，不要少于 12cm，生长后期长藕时，要求浅水 5cm。若基肥充足可不施追肥。

(2) 缸栽　采用底部无排水孔的缸栽植荷花，缸内放大半缸塘泥，加豆饼肥作基肥，少量加水充分搅拌成稀泥状。一般每缸栽 1～2 支种藕，稍贴近缸边，栽后一周内不加水，任其日晒，待土表干裂，可加水再晒，以促进发芽，随着浮叶、立叶的生长逐渐加水，最后可放水平缸面。缸栽荷花因水分蒸发快，夏季每隔 2～3d 加水一次，栽后一个月左右，可追肥一次，立叶抽出后再追 1～2 次薄肥。缸内如有水苔和杂草，应随时除去。

(3) 盆栽　多用于栽植荷花播种苗或小花种碗莲。栽植播种苗时应将发芽的芽子横放在盆内稀泥中，先不浇水，一周后再逐渐加水。分栽小花种碗莲方法同缸栽，盆栽管理同缸栽，碗莲品种若能适当多施追肥则开花繁茂，盆栽、缸栽均应放在强光处，否则开花不良。

用途：荷花是我国著名花卉之一，古往今来，人们常常借荷花"出污泥而不染"的习性来颂扬人的廉洁正直，不与世俗同流合污的高尚情操。荷花盛开在高温炎热的夏季，花色艳丽，清香远溢，碧叶翠盖，点缀水景，给人以身凉心爽的感觉。若将荷花盆栽、缸栽，点缀庭院，更有风趣。荷花全身都是宝，经济价值很高，既可食用也可药用。

7.4.2 睡莲(图 7-114)

学名：*Nymphaea tetragona*

别名：子午莲、水芹花。

科属：睡莲科、睡莲属。

形态：多年生水生花卉，根状茎横生于淤泥中。叶丛生，卵圆形，基部近戟形，全缘，叶正面浓绿有光泽，叶背面暗紫色，有长而柔软的叶柄，使叶浮于水面。花单朵顶生，浮于水面或略高于水，有黄、白、粉红、红等色，花期 7~9 月，每朵花可开 2~5d，白天开放，夜晚闭合。花后结实，果实含种子多枚，种子外有冻状物包裹。

图 7-114 睡莲

原产地与习性：广泛分布于亚洲、美洲及澳洲。性喜强光、空气湿润和通风良好的环境，较耐寒，长江流域露地水池中越冬，果实成熟后在水中开裂，种子沉入水底。冬季茎叶枯萎，翌春重新萌发。

繁殖：多采用分株法繁殖。于 2~4 月间将根状茎挖出，选带有饱满芽的根茎切成 10~15cm 大小段，栽植在塘泥中。也可用种子繁殖，从塘泥捞取种子，仍须放水中贮存，春 3~4 月播于浅水泥中，萌发后逐渐加深水位。

栽培：栽植深度要求芽与土面平齐，栽后稍晒太阳即可放浅水，待气温升高新芽萌动后，再逐渐加深水位。生长期水位不宜超过 40cm，越冬时水位可深至 80cm。睡莲不宜栽植在水流过急、水位过深的位置。必须是阳光充足、空气流通的环境，否则水面易生苔藻，致生长衰弱而不开花。

缸栽睡莲要先填大半缸塘泥，施入少量腐熟基肥拌匀，然后栽植。浅水池中的栽植方法有两种：一种是直接栽于池内淤泥中，另一种方法是先将睡莲栽植在缸里，再连缸置放池内。也可在水池中砌种植台或挖种植穴。

睡莲生长期间，可追肥一次，方法是放干池水，将肥料和塘泥混合做成泥块，均匀投入池中。要保持水位 20~40cm，经常剪除残叶残花。约经三年左右重新挖出分栽一次，否则根茎拥挤，叶片在水面重叠覆盖，生长不良，影响开花。

同属其他栽培种：白睡莲(*N. alba*)，花白色，径约 10~13cm，原产欧洲。黄睡莲(*N. mexicana*)，花黄色，径约 10cm，午前至傍晚开放，原产墨西哥。较耐寒。香睡莲(*N. odorata*)，花白色，极香，径约 4~13cm，上午开放，原产北美，耐寒。

用途：主要用于点缀水面，还可与其他水生花卉如水生鸢尾、伞草等相配合，组成高矮错落、体态多姿的水上景色。盆养布置庭院，还可作切花。全草可入药。

7.4.3 王莲(图 7-115)

学名：*Vistoria amazornica*

别名：亚马逊王莲。

科属：睡莲科、王莲属。

形态：大型多年生水生植物，我国常作一年生栽培。根状茎短而直立，有刺，根系很发达，但无主根。发芽后第 1~4 片叶小，为锥形，第 5 片叶后叶子逐渐由戟形至椭圆形到圆形，第 10

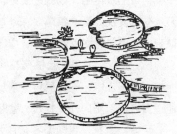

图 7-115 王莲

片后。叶缘向上反卷成箩筛状,对着叶柄的两端有缺口,成熟叶片巨大,直径可达 1.6～2.5m,直立的边缘 4～6cm,成熟叶片能负重 20～25kg。花两性,花径 25～30cm,有芳香,颜色由白变粉至深红,王莲花开夏秋。每朵花开两天,通常下午、傍晚开放,第二天早晨逐渐关闭至下午、傍晚重复开放,第三天早晨闭合沉入水中。果大,球形,近浆果状。每果具黑色种子 300～400 粒。

原产地与习性：王莲原产南美亚马逊河流域。性喜高温高湿、阳光充足的环境和肥沃的土壤。在气温 30～35℃、空气湿度 80% 左右时生长良好,秋季气温下降至 20℃ 时生长停止,冬季休眠,需在高温温室的水池内保存宿根越冬。

繁殖：生产上多采用播种繁殖。方法是冬季或春季在温室中播种于装有肥沃河泥的浅盆中,连盆放在能加温的水池中,水温保持 30～35℃,播种盆土在水面下约 5～10cm,不能过深,10～20d 可以发芽,发芽后逐渐增加浸水深度。

栽培：王莲播种苗的根长约 3cm 时即可上盆,盆土采用肥沃的河泥或沙质壤土,将根埋入土中,种子本身埋土一半,另一半露在土面,注意不可将生长点埋入土中,不然容易烂坏,盆底先放一层沙,栽植之后土面上再放一层沙可使土壤不至被冲入水中,保持盆水清洁。栽植之后将盆放至温水池中,水深约使幼苗在水下 2～3cm 为宜。上盆之后,王莲的叶和根均生长很快。在温室小水池中需经过 5～6 次换盆,每次换盆后调整其离水面深度,由 2～3cm 加至 15cm。上盆换盆动作要快,不能让幼苗出水太久。幼苗需要充足光照,如光照不足则叶子容易腐烂,冬季阳光不足,必须在水池上安装人工照明,由傍晚开灯至晚上 10 时左右,一般用 100W 的灯泡,离水面约 1m 高。

当气温稳定在 25℃ 左右后,植株具 3～4 叶片时,才能将王莲幼苗移至露地水池。一株王莲需水池面积 30～40m²,池深 80～100cm。水池中需设立一个种植槽或种植台。定植前先将水池洗刷消毒,然后将肥沃的河泥和有机肥填入种植台内,使之略低于台面,中央稍高,四周稍低,上面盖一层细沙。栽植王莲后水不宜太深,最初水面约在土面上 10cm 即可。以后随着王莲的生长可逐渐加深水位。水池内可放养些观赏鱼类,以消灭水中微生物。

王莲开花后 2～2.5 个月种子在水中即可成熟。成熟时,果实开裂,一部分种子浮在水面,此时最易收集。落入水底的种子到晚秋清理水池时收集。种子洗净后,用瓶盛清水贮于温室中以备明年播种用,否则将失去发芽力。

同属其他栽培种：克鲁兹王莲(*V. cruziana*),叶背密生柔毛,花白色,次日变为深粉红色,萼片基部有刺,原产巴拉圭。

用途：王莲为著名的水生观赏花卉,主要观赏奇特的巨型叶片与花朵花色变化。种子粒大可食,含丰富淀粉。

7.4.4 芡实

学名：*Euryale ferox*

别名：鸡头米、鸡头莲、刺莲藕。

科属：睡莲科、芡实属。

形态：大型多年生水生浮水草本植物,作一年生栽培。全株具刺。根须状；根状茎,短缩。叶由短缩茎中抽出,初生叶箭形,过渡叶盾形,定型叶圆形,盘状,茎达 1～1.2m；叶面绿色,皱缩,光亮,背面紫红色；网状叶脉隆起,形似蜂巢。花单生,挺出水面,紫色或白色；花托多刺,形似鸡头；昼开夜合,花期 7～8 月。浆果。

原产地与习性：原产南亚、日本、印度、朝鲜,中国南北池塘中有野生。喜温暖水湿和阳光充足，不耐霜寒，宜肥沃土壤，适应性极强，1～3m深水或浅水，覆盖水面快。生育周期约为180～200d。

繁殖：春末夏初播种繁殖，可自播繁衍。

栽培：播种于浅水，以后随生长渐加深水位。叶发黄，长势明显减弱时，可在根际追肥。栽培管理简便。

用途：叶片巨大，花茎多刺，果形奇特，可水中丛植、片植用于水面绿化，还可缸栽。种子食用或入药。

7.4.5 萍蓬草(图7-116)

学名：*Nuphar pumilum*

别名：黄金莲、萍蓬莲、水粟。

科属：睡莲科、萍蓬草属。

形态：多年水生草本。根茎粗壮，多分枝，横卧泥中。叶伸出或浮出水面，叶宽卵形，先端圆钝，叶背紫红色，密被柔毛。花单生，伸出水面，径2～3cm，萼片花瓣状，花黄色，花期5～7月。

产地与习性：分布于我国东北、华北、华南、俄罗斯、日本及欧洲也有。喜阳光充分，又很耐热，喜土壤深厚，耐寒，华北地区能露地水下越冬。

图7-116 萍蓬草

繁殖：播种或分株繁殖。

用途：萍蓬草为观花、观叶植物，供水面绿化，可与其他水生植物配植，适宜浅水池或盆栽。种子、根芽可食用和入药。

7.4.6 凤眼莲(图7-117)

学名：*Eichhornia crassipes*

别名：水葫芦、水浮莲、凤眼兰、水荷花。

科属：雨久花科、凤眼莲属。

形态：多年生草本，株高30～50cm，水生须根发达，漂浮水面或根生于浅水泥中，茎极短缩，具长匍匐枝。基部丛生叶片，莲座状，宽卵形或菱形，光滑，叶柄基部膨大成葫芦形，中空有气，使植株浮于水面。穗状花序，蓝紫色，花期7～9月。

原产地与习性：原产南美。我国南北各地都有栽培。喜生于温暖向阳的富含有机质的静水中，耐寒力较差，遇霜后叶片枯萎。

图7-117 凤眼莲

繁殖：常以分株繁殖为主，春、夏、秋均可，将植株上幼芽剪下，投入水中即能生根，并蔓延生长极易布满水面。也可用播种繁殖。

用途：叶色光亮，花色艳丽，叶柄奇特，是园林中装饰湖面、河、沟的良好水生花卉，更具净化水面的功能。是很好的饲料和绿肥。

7.4.7 雨久花(图7-118)

学名：*Monochoria korsakowii*

别名：水白菜。

科属：雨久花科、雨久花属。

形态：多年生草本，株高 30～80cm，具短而匍匐的根茎，地上茎直立。叶卵状心形，有长柄，基部有鞘。花茎自基部抽出，总状花序，花被片 6，蓝紫色。花药 6，其中一个较大为浅蓝色，其余为黄色。蒴果卵圆形。

原产地与习性：我国南北各省及东亚皆有分布。性强健，耐寒，多生于沼泽地、水沟及池塘的边缘。

繁殖：播种、分根皆可，极易成活。

栽培：栽植于水池，盆栽亦可，不需特殊管理。

用途：花叶俱佳，布置于临水池塘，十分别致。

图 7-118 雨久花

7.4.8　千屈菜(图 7-119)

学名：*Lythrum salicaria*

别名：水柳、水枝锦、对叶菜。

科属：千屈菜科、千屈菜属。

形态：多年生草本，株高 80～100cm，茎 4 棱，多分枝。叶披针形对生或 3 叶轮生，无柄。小花密集生成穗状花序，苞片卵状三角形，萼筒管状宿存，花瓣 6 枚，冠径约 2cm，花色为紫、深紫或淡红等，花期 7～9 月。蒴果卵形，果期 8～10 月。

原产地与习性：原产欧亚温带地区，我国南北各地皆有野生分布。耐寒，喜光，喜湿，尤宜浅水泽地种植，亦可露地旱栽，但要求土壤潮湿，在土质肥沃的塘泥基质中花艳，长势强壮。

图 7-119　千屈菜

繁殖：以分株、扦插繁殖为主，也可用播种繁殖。分株在早春或深秋进行，将母株整丛挖起，抖掉部分泥土，用快刀切取数芽为一丛另行种植。扦插繁殖多在 6～7 月进行，剪截后插于苗床或浅盆，注意遮荫并保持基质潮润，一个月左右可生根发芽。播种宜在春季进行，土壤也要潮湿，保持 15～20℃，10d 左右可发芽，经一年培育后移栽定植。

栽培：千屈菜生命力极强，但要选择光照充足、通风良好的环境。栽植穴先施足基肥，若栽于池边或浅水滩，管理更为粗放，冬天剪去枯枝，任其自然越冬。盆栽可选用直径 50cm 左右的无底洞花盆，装入盆深 2/3 的肥沃塘泥，一盆栽 5 株即可。盆栽要多浇水，花将开之前，可使盆面逐渐积水，这样更使花繁穗长。生长期不断打顶促使其矮化分蘖。露地栽培不用保护可自然越冬。一般 2～3 年要分栽一次。

用途：可片植，也可丛植，宜布置于池沼一隅或低洼地。还可作花境背景布置，也可盆栽陈设于通风向阳的庭院。还是较好的蜜源植物。

7.4.9　水葱(图 7-120)

学名：*Scirpus tabernaemontuni*

别名：莞翠管草、冲天草。

科属：莎草科、麂草属。

形态：多年生草本，株高可达 2m。根茎粗壮，横生。地上茎单生，粗壮，圆柱形，质软，表面光滑，内为海绵状。叶褐色，呈鞘状或鳞片状，

图 7-120　水葱

生于茎基部。花排成卵圆形的小穗，小穗集成顶生的聚伞花序，稍下垂，花褐色，花期6~8月。瘦果。

原产地与习性：原产欧亚大陆，我国东北、华北、西北及西南地区均有野生分布。性强健，喜水湿、凉爽及空气流通的环境，在肥沃土壤中生长繁茂，耐寒，又耐瘠薄和盐碱，常生于湿地、沼泽地或浅水中。

繁殖：播种或分株繁殖。

用途：水葱是华北习见的水生观赏花卉，其株丛挺立，色彩淡雅，与其他水生花卉配合，点缀于池岸边，具有田园气息。也可盆栽观赏。还可供切花使用。

7.4.10 菖蒲

学名：*Acorus calamus*

别名：水菖蒲、大叶菖蒲、泥菖蒲。

科属：天南星科、菖蒲属。

形态：多年生草本，根状茎粗大，匍匐。叶剑形，向根茎端丛生，中脉突出明显，基部鞘状，对折抱茎。花葶长20~50cm，短于叶片，佛焰苞绿色，叶状，肉穗花序圆柱形，花两性，小形，黄绿色，花期6~9月。浆果长圆形，红色。

原产地与习性：原产我国及日本，俄罗斯至北美也有分布。性喜水湿、半阳或光线充足，也能耐阴，常生于沼泽溪谷边或浅水中。

繁殖：用分株法繁殖，春、秋两季均可进行。

用途：菖蒲叶挺立而秀美，常作水生植物栽培于浅水或池边，亦作盆栽观赏。

7.4.11 慈菇（图7-121）

学名：*Sagittaria sagittifolia*

别名：茨菰、燕尾草。

科属：泽泻科、慈菇属。

形态：多年生水生草本，株高可达2m。地下具根茎，其先端形成球茎即慈菇。叶基生，具长柄，叶形变化大，通常呈戟形，全缘。总状花序轮生于总梗，组成圆锥花丛，雌雄同株异花，花期夏秋。

原产地与习性：原产我国，南北各地均有分布，南方栽培较多。适应性较强，喜阳光，多生于稻田池塘、湖泊或沼泽地，在富含有机质的黏质壤土中生长最好。

图7-121 慈菇

繁殖：用播种或分株繁殖。

用途：可种植于池塘，净化水面，点缀水景，亦可盆栽观赏。地下茎可作蔬食。种子可食用，全株入药。

7.4.12 荇菜

学名：*Nymphoides peltatum*

别名：水荷叶、大紫背浮萍、水镜草。

科属：龙胆科、荇菜属。

形态：一年生浮水草本植物。茎细长，圆柱形，多分枝，沉水中，具不定根。叶近革质，心形或椭圆形，长15cm，宽12cm，顶端圆形，基部深裂至叶柄处，具不规则掌状脉，边缘有小三角齿或呈微波状，上表面光滑，下面带紫色；上部叶对生，其他叶互生，叶柄基部膨大，抱茎。伞形花序腋生，花冠黄色，直径2～3cm，花期7～9月。蒴果长卵形，种子小，圆形，多数。

原产地与习性：原产我国东北、西南、华北、西北及台湾等地，欧洲、日本和朝鲜也有分布。生于湖泊、池塘或沼泽地，对环境适宜性强，耐寒，耐热，喜阳，水深30～50cm，以土质肥沃略带黏性的土壤为宜。

繁殖：可自播繁衍，也可分株繁殖，春季依靠根状茎分枝形成匍匐茎，在匍匐茎上生根长叶成为新植株，截取新植株作为繁殖材料。

栽培：耐粗放管理，注意生长后期疏去大部分未成熟的果实，不使其发育，避免泛滥成灾。

用途：植株浮于水面，高5～7cm，叶片光亮，花多，色黄，为水面覆盖的优良植物，用于湿地丛植、片植或盆花栽植。

7.4.13 再力花

学名：*Thalia dealbata*

别名：水竹芋、水莲蕉、塔利花。

科属：落叶科、再力花属。

形态：多年生挺水草本，全株附有白粉，株高80～130cm。叶卵状披针形，浅灰蓝色，边缘紫色，长50cm，宽25cm；总状花序，花茎可高达200cm以上，花小，紫堇、白色。蒴果。

原产地与习性：原产非洲。性喜湿，耐热，喜阳光，不耐寒，越冬温度不低于5℃。

繁殖：春季萌动时分株繁殖，繁殖能力强，生长快，栽培管理简易。

用途：适宜适度丛植、片植或作盆花栽植。

7.4.14 泽泻

学名：*Alisma orientale*

科属：泽泻科、泽泻属。

形态：多年生水生草本植物。地下有块茎，球形，块茎下部生须根，上部抽生茎叶。叶基生，广卵状椭圆形，全缘，主脉5～7由基部直达叶端。花茎由叶丛中抽出，直立，顶生复总状花序，小花稠密，白色带红晕，花期7～8月。瘦果斜倒卵形。

原产地与习性：原产东亚，广泛分布于我国南北各地，朝鲜、日本也有分布。喜温暖、通风良好，喜光，稍耐半阴，生于静水浅处。

繁殖：春季萌动时分块茎，或播种繁殖。栽培管理简易。

用途：用于水边、湿地丛植或片植，可盆栽，叶花俱美。可以入药。

7.5 木本花卉

木本花卉包括的种类比较多，有小乔木也有灌木。繁殖方法多为扦插、压条或嫁接繁殖。在栽培上的共同点是：均须进行修剪整枝。一般将这一类花卉分为花灌木类及盆栽花木类。前者都进行露地栽培，栽培管理较为粗放，而后者栽培管理较为细致。

7.5.1 牡丹（图7-122）

学名：*Paeonia suffruticosa*

科属：毛茛科、芍药属。

形态：落叶灌木，株高可达 2m 左右。地下根粗大，肉质。地上茎分枝多，当年生枝为青紫色。叶互生，2回或3回羽状复叶，叶柄较长，带紫褐色，顶生小叶3裂，侧生小叶2浅裂，斜卵形或倒卵形。花单生于枝顶，花基数为5，花质地较薄，脉纹明显。花色有红、白、黄等色，也有紫红色，少有淡绿色，花形变化多，花期4月上旬至5月上旬，花期10d左右。

图 7-122　牡丹

分类：牡丹品种分类常按花色及花型分类：

1) 按花色分

红花系、紫花系、白花系、黄花系等。

2) 按花型分

(1) 单瓣型：花瓣 1～3 轮，雌雄蕊正常，结实力强。

(2) 荷花型：花瓣 3 轮以上，瓣型较宽大，内外轮花瓣的外形较一致。

(3) 葵花型：花瓣 3 轮以上，由外向内逐渐或突然变小，花冠近似扁平状。

(4) 千瓣型：花瓣多轮，雄蕊大多瓣化成花瓣，排列较杂乱，这些花瓣均较外轮花瓣小，雌蕊多较正常，但也有瓣化成绿色花瓣的。

(5) 金环型：外层花瓣较大，3 至多轮，雄蕊多瓣化，但在外轮花瓣和瓣化花瓣间，还残存有一圈未瓣化的雄蕊，因花药为金黄色，故名。

(6) 托桂型：外瓣 2～3 轮或多轮，雄蕊全部瓣化成狭长的花瓣。

(7) 楼子型：外瓣 2～3 轮或多轮，雄蕊全部瓣化，位于雄蕊四周的瓣化瓣突出而高大，接近外轮花瓣处的瓣化瓣却小而细碎。

(8) 绣球型：雌雄蕊大部分或全部瓣化成花瓣，内外轮花瓣近等长而不宜区分，整个花冠似半球型或球型。

原产地与习性：原产于我国西部、北部等地，目前以山东菏泽和河南洛阳的牡丹驰名世界，欧亚地区也有分布。性喜凉爽气候，以夏季不酷热、冬季无严寒处为最适宜，喜阳光充足，但夏季忌暴晒，以在微阴下生长最良好，耐旱，耐寒，喜排水良好的沙质壤土，怕积水，喜肥沃。

繁殖：以分株繁殖为主，也可用嫁接、播种法繁殖。分株繁殖的时间为秋季的 9 月上旬至 10 月上旬，一般以定植后达 4 年以上的为宜，但也不宜超过 7～8 年以上，方法是将牡丹挖起，多带根系，轻轻弄去土，选自然缝隙劈开，然后种植。嫁接一般采用枝接，砧木采用实生苗，也可采用根接，二者的时间均在秋季，用切接或劈接，嫁接后种得深些，接穗顶芽离土表 2～3cm，在接穗上也能长出新根，有利成活。播种繁殖主要是为了获得砧木或用于育种，一般在 9 月上旬起随采随播。

栽培：栽植地选择地势高燥，作高台栽培，种植前施足基肥。种植时间为秋季，严禁在春季栽植，如一定要在春季栽植(特殊情况如引种等)，必须将花蕾除去，并于夏季给以适当的遮荫，以利植株的成活与生长。种植穴要大些、深些。一年施 3 次肥：第一次在春季新梢萌发时施用速效性氮肥为主，以促进枝叶生长及花蕾的发育；第二次在花谢后施用速效性肥料作补肥；第三次在落叶后以迟效性的肥料作基肥，忌秋季追肥，以免引起冻害。

浇水时不宜多，掌握宁干勿湿的原则，但也不能太干，早春浇水较多，开花时一般不浇水，花后再浇水，冬季停止浇水。雨量充沛的地区，需浇水的日子比较少，而重要的是在于排水避雨，特别是夏季暴雨过后要防止积水、及时排水。经常潮湿往往是造成牡丹死亡的原因。花谢后剪去残花，修剪工作可在7月下旬以前进行,为使树冠低矮,花朵密集,可适当予以短截,以抑制向四周伸展。萌蘖应在早春及时剪去,以节约养分而利于开花。

用途:可孤植、丛植、片植于庭院中,因其品种繁多,故可以在大型公园或风景名胜区建立专类园。牡丹还可作盆栽观赏或作切花栽培。

7.5.2 山茶花(图7-123)

学名：*Camellia japonica*

别名：曼陀罗树、耐冬。

科属：山茶科、山茶属。

形态：常绿灌木或小乔木,株高15m,枝灰绿色或灰白色。叶绿色,单叶互生,叶片卵形或长卵形,边缘有锯齿,主脉明显,侧脉不明显,叶革质,具光亮。单花顶生或腋生,有时也会顶端簇生。花有单瓣、重瓣之分,花有白色、淡红色、粉红色还有间色,花略有香气,花期因品种不同而不同,一般10月至翌年5月陆续开花。

图7-123　山茶花

分类：山茶花的品种很多,园艺栽培常按花瓣排列的形式分为单瓣、文瓣、武瓣3个群和5个亚群。

(1) 单瓣群：花单瓣,雌雄蕊发育正常,雄蕊多数,结实力强。如大花金心、吊钟茶、铁壳红等。

(2) 文瓣群：花重瓣,排列整齐,又分为半文瓣亚群及全文瓣亚群。

(3) 武瓣群：花重瓣,花瓣大小差异较大且有褶皱,排列不整齐,又分为托桂亚群、皇冠亚群及绣球亚群。

原产地与习性：原产于中国东部、西南部,为温带树种,现我国广为栽培。喜温暖湿润,在整个生长期喜弱光,在生长期要求较高的空气湿度,有一定的耐寒能力,要求夏季无炎热,喜欢排水良好、深厚肥沃、pH值在5~6.5的微酸性土壤。

繁殖：常用扦插、压条及嫁接法繁殖,也可用播种法繁殖。扦插繁殖一般在梅雨季节进行,要求带踵插,注意扦插后叶片要求不重叠,插后置荫蔽通风处,一周后早晚给予适当的疏光,一个月后逐渐增加光照,但切忌在强烈日光下照射,约两个月可生根,第二年雨季移植。嫁接繁殖的时间在5~6月,砧木用油茶的实生苗,用靠接法和腹接法,接后40~50d就能成活,约3~4个月就可完全愈合。

栽培：盆栽山茶花一般每隔2~3年换盆一次,换盆时间宜在秋季8~9月或春季未萌动时进行。生长期应给予充足的水分,保持较高的空气湿度。浇水不能用碱性水,在养护时应视盆土略干时再浇水,盆土不能过湿,否则会引起烂根。除花期外,一般每半月施肥一次,9月现蕾以后追施一次磷肥,以利开花。在8~9月需进行疏蕾,每枝枝梢上留1~2个健壮、饱满的花蕾,并注意着花位置的均衡,以求树势美观。

同属其他栽培种：云南山茶(*C. reticulata*),如图7-124所示,株高15m,枝开展坚韧,初期褐色,后变为灰色,叶卵状披针形,叶基楔形,质厚,叶面暗绿色,无光泽,叶背具细而浅色的网状脉,叶柄较长,花大,花色有桃红、银红、艳红及粉白等色,花期4~6月,原产于中国云南,性喜温暖、湿润的环境,适宜在半阴环境下生长,最适生长温度为18~24℃,相对湿度在70%~80%左右,喜腐殖质丰富、排水良好的微酸性土壤,怕强风。茶梅(*C. sasanqua*),植株矮小,约1m左右,嫩枝有短柔毛,叶椭圆状长卵形,表面暗绿色,有光泽,中肋略有短柔毛,叶较小,花有红色、白色及相间色等,花略有香气,花期一般为12月至翌年5月,原产于中国及日本。金花茶(*C. chrysantha*),如图7-125所示,常绿小乔木,株高1~2m,树皮灰黄色,叶互生,革质,椭圆形，叶脉凹，叶面皱，锯齿明显，花1~2朵腋生，单瓣，金黄色，花期11月至翌年2月。

图7-124 云南山茶花

图7-125 金花茶

用途：山茶是著名的观赏花木，花色艳丽多姿，叶色苍翠，可地栽，亦可盆栽，无论是庭院、花径、假山旁、林缘栽植或室内置放，皆很适宜。山茶抗氯化物、硫化物、抗烟尘的能力很强，可用以美化工厂和矿区。

7.5.3 月季（图7-126）

学名：Rosa chinensis

别名：月月红。

科属：蔷薇科、蔷薇属。

形态：常绿或半常绿灌木，株高可达4m。茎直立，具肥大呈钩形的皮刺。奇数羽状复叶互生，小叶3~5片，叶为宽卵形或阔披针形，边缘有锯齿，托叶及叶柄合生，叶面光滑无毛，花大多单生枝顶，也有的多朵聚生呈伞房花序，花柄通常较长而有腺体，萼片5枚向下反卷，通常羽裂。花有红色、粉红色、白色、黄色等。盛花期5~10月（其中7~8月高温期花差或无花）。

分类：月季花品种繁多，全球现有一万种以上。

图7-126 月季

①按花色分：有白、黄、红、橙、复色等各种深浅不同的类型，个别品种有蓝色花和绿色花。②按开花持续期分：有四季健花种、两季种和一季种。③按植株形态分：有直立型，如白雪山、和平、明星、伊丽莎白等；有蔓生型，如东方亮、藤和平、藤乐园等；有微型，如桃红微型、婴儿、红宝石等。

原产地与习性：原产于中国，在北半球的温带及亚热带地区均有分布。喜向阳、背风、空气流通的环境，忌阴湿。生长适温白天为22~25℃。夏季忌阳光直射，强烈阳光对花蕾发育及开花均不利。生长适宜的相对湿度为75%~80%。对土壤适应性较强，在较瘠薄、干旱的土壤中也能生长开花，但在排水良好、肥沃的土壤中生长更佳。

繁殖：以扦插、嫁接繁殖为主，也可压条、播种。扦插时期3~11月，但以4月中、下旬至5月上旬最好，长期扦插应选用组织充分的枝条作插穗，带"踵"的短枝最好，尖端保留1~2对小叶，土壤以排水的黄沙、砻糠灰、腐殖土等均可，插后遮荫保湿，生根前浇水不宜过多，以免插条基部腐烂。

此外，还可进行水插，春、秋季节选用开花后的一年生壮枝，带叶两片插入深色玻璃瓶中，约7d换水一次，只要为之提供充足的阳光，月余即生根。

嫁接可用十姐妹、粉团蔷薇的扦插苗，或多花蔷薇的实生苗为砧木进行切接、芽接。切接在早春叶芽刚刚萌动时进行，芽接时为5～10月。

播种多在培育新品种时采用。10～11月采收成熟的果实，用瓦盆进行湿沙贮藏，经2～3个月的充分后熟，取出果实内的种子，不使干燥，随即培于温室或温床。1～2个月出苗，当年可开花。

栽培：月季栽培有露地栽培和盆栽两种方法。

(1) 露地栽培：选择阳光充足、适当通风而又无风、灌溉方便、地势较高、不积水、土壤较肥沃的地点。土地经深翻平整后施以腐熟的堆肥作基肥。

修剪是月季栽培中最重要的措施之一。通过修剪，可保持树姿优美，并集中养分供开花之用，以求朵大色艳。

月季的冬季修剪常在入冬休眠后的12月下旬进行。休眠期修剪又称定形修剪，一般强度较大，但又以观赏要求不同而有所区别。需开花大的应低剪，即先剪去植株基部的衰弱枝、枯死枝、病虫枝和交叉枝，选留3～5支粗壮的当年生枝，每枝留2～3只芽(枝长15～25cm)进行短截。剪口芽应选外向芽，剪口应在芽上方0.5～1.0cm处，并在芽的反方向剪成斜口。生长多年而生长势衰退的植株，可在基部的粗壮萌枝处回缩修剪，以求更新恢复树势。需开花多的则应高剪，由于枝芽较多，形成的花枝数量较多，虽开花繁盛，但花径较小。

生长期间应不断剪去砧木上萌发的蘖枝和基部的弱枝，以利于通风透光和集中养分供植株开花需要。月季开花于粗壮枝条的顶端，开花后又于花下的叶腋处抽枝开花。因而有一年中多次抽梢、多次开花的习性。开花时，杂交香水月季应摘去侧蕾，以确保主蕾开花良好，丰花月季则为了开出大量而整齐的花，应摘除主蕾。藤本月季应对主枝进行均匀修剪，不强剪，只对多年生枝条进行更新修剪。开花后要及时剪去残花，以免结籽消耗养分，影响以后的生长与开花。由于花下2～3片叶下的腋芽发育较好，剪除残花时应连花下的1～2张叶片一齐剪去。这样，剪口芽的芽体壮实，有利于修剪后抽发粗壮的枝条，并开出硕大的花朵。

月季性好肥，又进行强修剪，因而肥料供应较为重要，除施基肥，在生长旺盛期每周施稀薄液肥1～2次，一般生长季节每十天施稀薄液肥1次。月季耐干旱，不宜过深。生长期宜在其根部附近浇水，有利生长，不宜在叶面过分淋湿，以免叶、花受害引起病害。休眠期不必浇水。

(2) 盆栽：盆土需要用质地松散、肥沃的培养土，在入冬前上盆，春秋两季均可上盆。植苗时根部要舒展，栽好后浇水要透。在盆栽时，盆栽月季应置放于空旷、通气、阳光充足的场地，冬季需稍加防寒，以免土冻结。生长期注意肥水管理，施肥应视植株生长状态而定，以植株叶片保持浓绿色为标准。浇水的原则是"间干间湿"，即不要永远是潮湿饱和状态，应有较干和透气的时间。盛夏燥热时，需防雨、积水，以免发生烂根现象。由于月季好肥，故最好每年换一次盆。

用途：月季花期长，花色丰富，适宜在分车带等街头绿地栽种，藤本月季是垂直绿化的优良材料，并可作绿篱、花架、花门。此外还可盆栽、作切花。

7.5.4 杜鹃(图7-127)

学名：*Rhododendron simsii*

科属：杜鹃花科、杜鹃花属。

形态：常绿或半常绿灌木。根纤细、为浅根系。分枝多而细，叶互生，常集生于枝条顶端，椭圆状披针形，全缘，表面稀生柔毛，背面也有毛。花顶生，花冠漏斗状，2～6朵簇生成花序，大多集生枝顶，花有红、粉、白、黄、橙及复色，花期3～6月。

常见栽培种：春鹃，株高1~1.2m，叶较小，圆钝，先花后抽枝，花期3~4月，较长。夏鹃，先抽枝后开花，花期较短，花叶同放，花朵不醒目。春夏鹃，介于春鹃、夏鹃之间，开花同时抽枝，花期6月，比春鹃与夏鹃来得长。西洋杜鹃，植株矮小，生长缓慢，每年仅生几厘米，叶集生于枝顶，厚实、色深、色丰富。

原产地与习性：原产于我国、日本和东南亚。喜温暖、湿润、通风良好的环境，为半阳性植物，要求保持一定的空气湿度，冬季略耐寒，要求土壤选用疏松、偏酸性的腐殖土，切忌碱性黏土，不耐干旱。

繁殖：以扦插繁殖为主，也可用嫁接、压条、播种等方法繁殖。

图7-127 杜鹃

扦插繁殖除极少数不易生根品种外都能成功，并且具有成活力高、采条容易、操作简便、能够保持优良品种的性状和有利培育新品种等优点。繁殖时间原则上说，只要有合乎要求的插穗，又能控制不利气候的环境条件，其扦插不受季节的限制，随时都可以进行。但最适宜并能大量进行繁殖的季节是5月下旬至6月上旬。扦插时一般需带踵扦插，扦插长度一般西洋鹃为5~7cm，春夏鹃一般选6~8cm。插好后加盖两层竹篱，温度保持在28℃以下，一周后减低遮荫程度，使稍透光，并减少浇水，2周后再使它多见光。一般30~60d就可生根。

嫁接繁殖一般选用腹接或切接，砧木取2~3年生的实生苗，时间在早春或梅雨季节进行，一般约经30~40d就能愈合成活。还可用靠接的方法，时间在花谢后进行，砧木采用三年生的盆栽毛鹃。一般约经60~70d结合处逐步愈合完好。

压条繁殖在春末夏初进行，高压后约经60~90d方能产生根系。

播种繁殖一般用于育种，因种子细小，一般在温室内进行盆播。室温维持在15~20℃，2~3周发芽，苗小生长较慢，播后当年不移植，3~5年后才开花。

栽培：在长江以南可以按其不同耐寒力选择作露地栽培，优良品种可供观赏，多作盆栽。露地栽植时在土壤碱性或黏质的地方栽植需设置高床，换置酸性土，创造一个符合要求的环境。盆栽杜鹃花出室后应放荫棚下养护，并注意喷水降温和增加空气湿度，冬季按不同种和品种要求分别入冷室、低、中温室越冬。每隔3~4年应翻盆加土一次。翻盆宜在3月份开花前或9月份进行。杜鹃花须根细弱，要注意保护，翻盆时只去掉部分枯根，切不可弄散土壤。花盆底部排水层要大且作排水层，加入酸性腐殖土并保持良好的盆土通透性。

施肥时掌握"薄施勤施"的原则。春季开始生长的时候，为使老枝也转绿，施2~3次。在花前要施磷肥，一般每隔10d左右施肥一次，连续施2~3次，可使花朵变得更大，色泽鲜艳，花瓣增厚。开花时应停止施肥，否则会引起落花，达不到观赏要求。花后及时摘除残花，同时增施氮肥、钾肥，以促使树体恢复，促进抽梢长叶，充实茎秆，7~8月高温季节应停止施肥。

在先进的国家，西鹃的生产主要采用基质无土栽培的方法。选用的容器，一般为树冠直径的1/3~1/2。进行无土栽培时应用泥炭、椰糠、木屑等呈酸性反应的材料作基质。杜鹃花根系喜酸性条件，以pH4.5~5.5的强生理酸性为适宜。

修剪对于促进杜鹃花树冠形成，多发枝多开花有重要作用。幼株长至15cm左右可截顶，留10~12cm，生长过程要将徒长枝及时剪去，以促进分枝形成株形。杜鹃花萌发力强，因此枝密且丛生，生长较缓慢，一般成形后任其自然生长，只在花后修剪，或在秋季10月间修剪，剪去过密枝、重叠枝、徒长枝、病虫枝等，使通风透光良好。开花后的残花不易自然脱落，为了不使消耗过多的养分，如无需收种，则应在花后及时将残花全部摘掉，并作中度修剪，促进新枝萌发。新梢长出 30d 后，可以喷施 2～3 次 1000mg/L 的 B9 溶液，抑制高生长，形成紧凑的冠形，并有促进花芽分化的作用。

为满足节日需要，可用促成栽培方法使杜鹃花提早开花。杜鹃花的花芽，在形成后会进入休眠状态，必须经过一个低温过程，再给予合适的温度才能开花。促成栽培的方法是在花芽充分发育后，于 9 月底至 10 月上旬，进行低温处理，早花品种在 3～5℃、每天 8～10h 光照下处理 4～6 周，中晚花品种处理 6～8 周，然后回温至 12～15℃，2 周，再升温至 20～25℃ 催花，约 3～4 周就可开花。杜鹃花花瓣娇嫩，破蕾后不能从株面上淋水，宜用盆底灌水法，如果花瓣沾水，则容易腐烂脱落。

用途：杜鹃是为我国传统名花，除盆栽观赏外，常作专类花展布置，在园林中常配置于路边、林缘、草坪或作高大乔木的下木。

7.5.5 梅花（图 7-128）

学名：*Prunus mume*

别名：红梅、春梅、干枝梅。

科属：蔷薇科、李属。

形态：落叶乔木，株高 4～10m，树冠开展，树干褐紫至灰褐色，有纵驳纹，小枝细长，绿色，无毛。叶广卵形至卵形，叶缘有细齿，嫩叶的正反两面都有短柔毛，先花后叶。花着生在一年生枝的叶腋，单生，也有 2 朵簇生的，花色有白、红、粉红等色，具芳香，单瓣或重瓣，萼片明显，梅花的开花期因各地气候及品种略有先后不同，一般为 12 月至翌年 4 月上旬开花。核果似球形。

图 7-128　梅花

种类：我国梅花品种很多，按陈俊愉教授的研究，分为如下几个类型：

(1) 直脚梅类(var. typica)：此为梅花典型变种，枝直上或斜伸，多长势旺盛。有 7 个变型。

(2) 杏梅类(var. bungo)：枝叶似杏(*P. armeniaca*)与山杏(西伯利亚杏 *P. sibirica*)，小枝常呈古铜红褐色。开杏花型复瓣花，瓣色、萼色亦如此。花期多较晚，花托常肿大，花无香味，而抗寒性远较一般梅花强，在北京可露地过冬。杏梅类与杏或山杏的种间杂交种，适在华北及东北部露地栽培，并可作进一步抗寒育种种质资源之用。

(3) 照水梅类(var. pendula)：枝下垂，形成独特的伞状树姿。花开时朵朵向下，别有韵趣。我国的照水梅类又可分成 6 个类型。

(4) 龙游梅类(cv. contorted)：不经人工扎制，枝条自然扭曲如游龙，花白色复瓣。

另外，据《梅谱》(1131 年)记载，我国当时有黄香梅，现国内可能已经失传，1985 年南京中山陵园从日本引进一批梅花，其中有黄梅，是否原产我国，尚待考证。

有些重瓣的梅花品种中，出现花开后心中又有一个不完全的小花，呈现"花中之花"，称为"台阁"。这是由花轴异常缩短，两花内外重叠而来，为梅花重瓣化的一种奇特形式。

原产地与习性：原产我国川、鄂一带。目前国内梅花的栽培以成都、杭州、武汉、南京、无锡较多。喜光及温暖而稍湿的气候，具一定的耐寒力，早春时节气温降到 0℃ 以下仍可开放。黄河以北露地栽培较少，北京露地栽种梅花，尚处于初步驯化阶段。对土壤要求不严，耐瘠薄，但以表土疏松、低土稍黏的微酸性土为最好，耐旱、怕涝，对于干燥的气候不甚适宜，对氟化氢污染敏感，对二氧化硫的抗力较弱。

梅花的叶芽、潜伏芽萌发力较强，耐修剪枝干易抽徒长枝，常使树冠内枝干杂乱。花枝分长、中、短三种。长花枝30cm以上的花朵较少，20cm以下的中短枝开花多，2cm左右的短花枝也能连年开花，短花枝中有一部分针状枝，有花而无叶，一年后即枯死。寿命很长，浙江天台山国清寺有隋梅一株，据称已有1300余年。实生苗2～3年后开花，嫁接苗1～2年后开花，7～8年以后进入盛花期，50年以后开花逐渐减少。

繁殖：以嫁接为主，用毛桃(*P. persica*)、山桃(*P. davidiana*)、杏、山杏、李及梅之实生苗作砧木。毛桃、山桃亲和力强，接活后生长迅速，开花繁茂，但寿命较短，不耐水淹，病虫害较多。用实生苗不仅亲和力强，根系发达，寿命长而且耐涝，病虫害较少。通常采用切接、芽接法。切接多在春季(2～3月)接穗的叶芽还处于休眠状态时进行，芽接多于7～8月进行。扦插：可在早春叶芽萌动前或落叶后的9月，选用一年生健壮枝条，按10～16cm的长度剪穗，插入沙壤土中，春插的应搭荫棚并注意浇水，一般成活率可达20%～80%。

栽培：梅花栽后每年冬可在植株周围开沟挖穴，补充肥料。春季花后可追肥2次，以促进花芽分化。梅花2～3月开花，花后抽梢发叶，5月中下旬至6月上旬新梢停止生长，7月叶片卷曲时花芽分化，花芽在当年生枝条的叶腋形成。梅花的萌芽力和成枝力均较强，其潜伏芽能多年保持活力，稍受刺激后，极易萌发，所以是耐修剪的树种。梅花枝条根据长度可分为四级：一级是刺花枝，顶端化为刺，节间极短。二级是短花枝，长4～10cm。三级是中花枝，长11～30cm。四级是长花枝，长30cm以上。其中前三级枝条开花较多，后者花芽着生极少，基本上成营养枝。

梅花的修剪分花前修剪、花后修剪和生长期修剪，其中以花后修剪为主，花前修剪与生长期修剪为辅。花前修剪的修剪量较少，主要用疏剪的方法，剪去枯枝、病虫枝和无花的徒长枝。徒长枝常由休眠芽萌发而成，不但扰乱树形，影响通风透光，还会消耗大量的养分，所以必须剪除。仅在因风雪、病虫害等影响而使树冠发生空缺时，才留下补缺，但需进行短截。

梅花在花后不久即转入生长期，所以花后修剪应在花期末1～2周内进行。否则修剪过迟，会影响梅花正常的生长与第二年的开花。梅花的花后修剪，首先对主枝与副主枝进行短截，以降低分枝位置和增加分枝数量。其次对下面的侧枝进行修剪，侧枝的修剪应以疏剪为主，短截为辅。对交叉枝、重叠枝应去一留一进行疏剪；对密生枝、纤细枝则进行疏枝或短截，短截应根据"强枝弱剪，弱枝强剪"的原则。梅花的花后修剪，应注意控制总的修剪量。一般修剪量不宜过大，不然不但常年反复的强度修剪会引起树势衰弱，而且强修后容易引起营养生长过旺，导致第二年花数的减少。当然，修剪量太轻，侧枝量过大，枝条密生，通风透光不良，花数也会减少。但在树势衰弱，从而很少开花或无花时，则应加大修剪量，以恢复树势。

梅花的生长期修剪，一是需要在萌芽后进行1～2次抹芽，主要将过密和位置不当的新芽抹除。二是在初夏时对过密的新梢适当疏剪，以达到通风透光的目的。否则通风透光不良，会影响花芽的分化。

用途：在坡地、山岭、水涯、溪畔等处成片栽植，花期香雪成海，醉人心目。也可在庭院或建筑的一角用梅配以山石小品，若以松、竹为背景，则更能陪衬出梅花的性格。散植三五株于明窗、疏篱则幽香入室，倍赏清新。

7.5.6 铁线莲(图7-129)

学名：*Clematis florida*

科属：毛茛科、铁线莲属。

形态：落叶或常绿木质藤本，缠绕枝可达4m，节间长。叶对生，2回羽状复叶，叶柄较长，靠其来攀缘。花腋生，开于二年生枝上，单生或呈圆锥花序，无花瓣，萼片瓣化，花型有豌型、平展型，花色有红、白、雪青及黄色，花期5~7月。

原产地与习性：原产于北半球，为东亚种，中国为产地之一。性耐旱、耐寒，喜半阴环境，夏季要求凉爽，要求栽植于肥沃且排水良好的微碱性土壤中，生长旺盛，适应性强。

繁殖：以扦插繁殖为主，还可用播种、压条、分株、嫁接等方法繁殖。扦插繁殖一般在休眠期结合修剪进行，取成熟枝条插于沙床，生根容易。播种繁殖在秋季或春季都可进行，2~3年后才能开花。压条繁殖在春季4~5月进行。分株繁殖在夏季于冷室内进行。还可在早春于室内进行根接。

图7-129 铁线莲

栽培：栽植地应选择向阳处，深耕后施基肥。种植深一些，根茎低于土面5cm，因其茎较易折断。种植后一般在种植地周围种些低矮的绿篱，因其植株的上部需充足的阳光，而植株的下部要求遮荫。生长期要求搭棚架，令其攀缘。花前施2~3次追肥，生长期需充足水分，否则会引起嫩枝萎蔫。在越冬前要进行修剪，对于开花开在老枝上的应在花后进行轻度修剪；而开花开在当年生枝上的则要求在休眠期进行强剪。

同属其他栽培种：转子莲(*C. patens*)，为东亚种，5~6月开花，开于二年生枝上。毛叶铁线莲(*C. lanuginosa*)，为南欧种，花在夏末初秋开放，开于当年生枝条上。意大利铁线莲(*C. vittcella*)，为南欧种，花在夏末初秋开放，开于当年生枝条上。杂交铁线莲(*C. jackmanii*)，为南欧种，花在夏末初秋开放，开于当年生枝条上。

用途：为重要的垂直绿化材料，可布置于墙垣、棚架、阳台、门廊，也可点缀于假山，还可作切花栽培。

7.5.7 八仙花(图7-130)

学名：*Hydrangea macrophylla*

别名：绣球花、玉绣球、紫阳花。

科属：虎耳草科、八仙花属。

形态：半常绿或落叶灌木，枝粗壮，初时近方形。单叶对生，倒卵形或椭圆形，边缘有粗锯齿，网脉明显。伞房花序顶生，全为不孕花或由可孕花与不孕花组成，若两者均有时，不孕花排在花序外轮，花序具长的总梗。不孕花具4枚瓣状萼片，花瓣退化；可孕花花萼、花瓣较细，近等大。花色易变，初时绿色，后转为白色，最后转为蓝色或粉红色。花期6~7月。

图7-130 八仙花

变种及品种：八仙花的栽培变种和品种很多，常见的有：①蓝边八仙花(var. *coerulea*)，花两性，花序由可孕花与不孕花组成。花序上外轮花，深蓝色或蓝白色。②大八仙花(var. *hortensis*)，花全为不孕性，萼片广卵形。③银边八仙花(var. *maculata*)：叶倒卵形，边缘白色。花有可孕和不可孕二型。花叶并茂，既可观花又可观叶。④齿瓣八仙花(var. *macrosepala*)，花白色，花瓣边缘具钝齿。⑤山八仙花(var. *acuminata*)，花序具可孕与不可孕二型花，二者混生，呈无规则排列。被认为是绣球型八仙花的来源之二。⑥'紫阳花'('Otaksa')，矮生种。花序大，呈圆球形，全为不孕花，蓝色或粉红色。是栽培最为广泛的品种。⑦'阿德里八仙花'('Adria')，叶近圆形。花绝大部分为不孕花，偶有可孕花，花玫红色。是近年引进的品种。

原产地与习性：原产我国，分布于长江流域以南地区，朝鲜和日本也有分布。世界各地广为栽培。喜温暖湿润、半阴环境，不耐烈日，可耐高温，稍耐寒。喜肥沃、疏松的酸性土壤，pH以4～5.2为宜，不耐盐碱。土壤酸碱度对花色影响很大，酸性时花呈蓝色，碱性时花呈红色。花芽分化与形成在秋冬季进行，花芽分化温度要求15℃以下。

繁殖：用扦插、分株、压条繁殖，生产上以扦插为主。

扦插繁殖：可用硬枝或嫩枝插。硬枝扦插宜在春季，芽尚未萌动时进行，剪取2～3节枝段作插穗，插于沙床中，保持土8℃以上，约2周可生根；用10～25mg/L吲哚丁酸处理24h，再行扦插，可促进生根，提高成活率。在生长季节用嫩枝扦插更易成活。

分株繁殖：宜在早春萌芽前进行，将带根的萌枝从母株上切下另植即可。

压条繁殖：可在生长季节内随时进行，常用地面压条，将枝条直接压入土中，保持湿润，约2个月就可生根，约2个月可剪下另植。

因八仙花不易获得种子，在生产上较少采用播种繁殖。

栽培管理：盆栽用15～20cm口径花盆定植。可用熟园土、腐殖土等混合作盆土。定植后置半阴处培植。生长期间要保持盆土湿润，夏季高温时，每天向叶面喷水2～3次，提高空气湿度，落叶后需水较少；在华南地区不落叶，冬季也要保持适当水分。在生长季节每2～3周施追肥一次，8月份前以施饼肥等有机肥为主，8月后以复合肥为主，以增加磷钾元素，有利于花芽分化与发育。在碱土地区要定期检测土壤pH值，多施草汁水或适当施用硫酸亚铁以中和土壤碱性。寒冷地区冬季应移至温室，保持5℃以上可安全越冬。

为促进侧枝萌发，形成良好的株形，可以进行1～2次摘心。当株高长至12cm左右进行第一次摘，留3～4对叶；如进行二次摘心，则第一次摘心后只保留上部2对侧芽，其余抹去，待侧芽长至3对叶时进行第二次摘心，各留2～3对叶，最后全部留6～8个健壮枝条开花。摘心不能迟于6月下旬，以使枝条充分老熟至初秋即可进行花芽分化，翌年春可开花。老株在开花后要及时剪去残花，修整枝条。一般1～2年换盆一次，于早春进行。

用途：八仙花宜于庭院植栽，也可进行盆栽观赏。

7.5.8 银柳(图7-131)

学名：*Salix leucopithecia*

别名：银芽柳、棉花柳。

科属：杨柳科、柳属。

形态：落叶灌木，基部抽枝，新枝有茸毛。叶互生，披针形，边缘有细锯齿，背面有毛。花芽肥大，每个花芽外有一紫红色苞片，苞片脱落后，露出未开放的银白色花芽。雌雄异株，柔荑花序，先花后叶，花期12月至翌年2月。

原产地与习性：原产中国，分布广泛。喜湿，喜光，耐肥，耐涝，最适水边生长。

繁殖：以扦插繁殖为主。可于春季剪取枝条进行扦插，极易生根。

栽培：银柳作切花栽培用1年生扦插苗，定植于大田，每公顷定植4500～5250株，定植时穴底施足有机肥。银柳管理粗放，一般宜在秋季

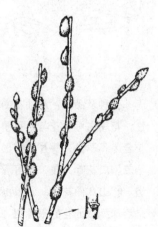

图7-131 银柳

施肥，促进花芽肥大，待冬季剪取花枝后再施肥一次，平时依生长状况适当追肥 1~2 次。银柳喜湿耐涝，生长期间要确保水分要求，特别在夏季要及时灌溉。切花上市宜在开花前 2~3d 剪取枝条，剪枝长度控制在 60cm 以上为宜，10 枝一束，插入清水中浸泡，吸足水后再装箱上市。

用途：是春节期间重要的切花之一。

复习思考题

1. 掌握一、二年生花卉的科名、株高、花色、花期、观赏特点、繁殖与时间及园林用途。
2. 一年生花卉与二年生花卉的主要习性有何区别？
3. 根据地区特点，将一、二年生花卉按春播秋花或秋播春花进行分类。
4. 能熟练运用所学一、二年生花卉布置花坛。
5. 怎样繁殖菊花？菊花有哪些栽培方法？
6. 兰花的形态构造是怎样的？栽培养护有哪些要点？兰花的种类有哪些？
7. 芍药繁殖栽培注意什么？
8. 为什么说玉簪是很好的园林地被植物？
9. 萱草、鸢尾怎样栽培养护？都有哪些种类？
10. 掌握各种常见宿根花卉的形态、习性、繁殖、应用等。
11. 水仙怎样繁殖、栽培？有哪些种类？水养应注意什么？
12. 郁金香、风信子的生长过程是怎样的？
13. 百合有哪些种类？
14. 大丽花怎么繁殖？
15. 晚香玉如何栽培？
16. 唐菖蒲栽培应注意什么？
17. 结合实际，总结球根花卉的种类、习性、栽培、应用等。
18. 荷花生长有何规律？怎样在池塘或缸里栽藕？
19. 简述水生花卉的类型及栽培要点。
20. 目前园林中应用较多的水生花卉有哪些种类？
21. 目前栽培的山茶花有哪些种类？简述山茶花的花型分类。
22. 总结花灌木的修剪特点。
23. 牡丹按花型可分为哪几类？简述其繁殖与栽培要点。
24. 简述月季的主要修剪方法。
25. 简述八仙花的主要栽培要点。
26. 简述铁线莲的繁殖与栽培要点。

第8章 温室花卉

本章学习要点：能了解温室花卉形成的过程，熟练掌握本地区常见的温室花卉种类的形态特征；了解温室花卉的产地与习性；掌握本地区常用温室花卉的主要繁殖方法与栽培方法，并能很好地应用这些花卉植物。

温室花卉是指那些需要在特定环境下栽培的花卉，特别是对温度的要求比较高，在它们的主要生长过程中或整个生长期都需要在温室条件下生长的一类花卉。

我国的花卉栽培主要有三大区域：

(1) 福建以南（包括海南岛）地区，称之为热带或亚热带气候，它们的花卉一般均可露地栽培。而这类花卉移到长江流域来栽培，就需要借助于温室。

(2) 福建北部至黄河以南地区，称之为温带气候，它们的花卉栽培一般包括露地栽培和温室栽培两类。

(3) 黄河以北至内蒙古、东北地区，称之为寒带和亚寒带气候，它们的花卉栽培一般也包括露地栽培和温室栽培两类，在这些地区栽培南方植物就需要借助于温室。

因此，温室花卉是一个地区性的概念，随着栽培地的变化，原为露地栽培的花卉就可能变为了温室花卉。

8.1 温室一、二年生与宿根花卉类

8.1.1 瓜叶菊(图8-1)

学名：*Cineraria cruenta*

科属：菊科、千里光属(瓜叶菊属)。

形态：多年生草本花卉，常作一、二年生花卉栽培。株高30～60cm，矮生种仅25cm，全株具柔毛。叶较大，呈心状三角形，似瓜叶，叶柄较长。头状花序簇生呈伞房状。花色丰富，有蓝、紫、红、白等色，还有间色品种。花期12月至翌年4月，盛花期3～4月。

常见栽培种：大花类(var. *grandiflora*)，株高30～50cm，花大且密，花梗较长。星花类(var. *stallata*)，株高60～80cm，花较小但较多，舌状花反卷，疏散呈星网状。多花类(var. *multiflora*)，株高25cm左右，叶片较小，花较多且矮生。

图8-1 瓜叶菊

原产地与习性：原产于非洲和西西里岛及西班牙。性喜冷凉，不耐高温，怕霜雪，一般在低温温室内栽培，夜间温度保持在5℃，白天温度不超过20℃，严寒季节稍加防护，以10～15℃的温度为最佳。要求阳光充足，特别是冬季，但夏季忌阳光直射。喜肥，喜疏松、排水良好的微酸性土壤。

繁殖：常采用播种繁殖，上海地区一般在8月下旬至10月上旬分批播种，覆土深度以不见种子为度。每天喷水1～2次，5～6d即可出苗，20d左右就可进行第一次移植，一个月以后即可上3寸盆，10月中旬就可种入5寸盆中。

栽培：定植后的瓜叶菊每半月需追施一次氮肥，起蕾后停止或减少施氮肥，增施1～2次磷肥，此时注意保持适当的温度，温度过高易造成植株徒长、节间伸长，影响观赏价值，温度过低会影响植株生长，花朵也发育不良。生长期需保持充足的水分，但又不能过湿，以叶片不凋萎为适度。瓜叶菊是一种喜光性花卉，向阳处生长的叶子质厚色深，花色鲜艳，但在强烈阳光的照射下，叶片会

发生卷曲、干燥、缺乏生机，因此在花期应适当地加以遮荫。

用途：为常用的室内盆栽观赏花卉，也可作春季花坛用花，并可作切花。

8.1.2 非洲菊(图 8-2)

学名：*Gerbera jamesonii*

别名：扶郎花、灯盏花。

科属：菊科、大丁草属。

形态：多年生草本花卉，株高 20~30cm，全株具毛。基生叶，丛生，叶柄较长，叶近匙形，边缘呈波状，羽状浅裂或深裂。花梗从叶丛中抽生，较长，梗上披有绒毛；头状花序单生，外轮为舌状花，1~2轮或多轮，内部为筒状花；花有红、粉红、淡黄、白等色，较丰富；花期较长，温室内一年四季均可开花，其中以 4~5 月和 9~10 月为最盛。果实为瘦果，有冠毛。

图 8-2 非洲菊

原产地与习性：原产非洲南部。为半耐寒花卉，冬季最好维持 12℃ 左右，低于 7℃，则停止生长。喜温暖及充足的阳光，喜腐殖质丰富、疏松、排水良好的、pH 值为微酸性的沙质壤土，怕积水，忌连作，要求通风良好。

繁殖：以分株为主，也可进行播种繁殖，近年来流行组织培养来繁殖。分株多在 4~5 月份进行，也就是在花后进行分株，分株时必须使新分出来的株带芽及根，不带根的新株不易成活，分株也不易分得过小。播种繁殖须进行人工辅助授粉。种子成熟后即进行盆播，不然易丧失发芽力，种子发芽率不高，仅 30%~40%，发芽温度最好是 20~25℃，播后 10~14d 可发芽。组织培养采用叶片离体培养，形成开花整齐、花大色艳的植株。

栽培：非洲菊定植时需施足基肥，约 2~3 个月便可以开花，生长期每半月施一次追肥，后期应注意进行中耕除草。生长期间遇干旱天气应多浇水，花期应注意保持叶丛中心的干燥，以免花芽受损。苗期要注意浇水施肥，注意外层过多的老叶，特别是烂叶、黄叶要及时摘除，这样以利新叶的生长、植株的通风透光，有利于抽花。

用途：主要作切花栽培，供插花以及制作花篮，也可作盆栽观赏。

8.1.3 蓬蒿菊(图 8-3)

图 8-3 蓬蒿菊

学名：*Chrysanchemum frutescens*

别名：茼蒿菊。

科属：菊科、菊属。

形态：多年生草本或亚灌木，株高 60~100cm，全株光滑无毛，多分枝，茎基部呈木质化。单叶互生，为不规则的 2 回羽状深裂，裂片线形。头状花序着生于上部叶腋中，花梗较长，舌状花 1~3 轮，白色或淡黄色，筒状花黄色，花期周年，盛花期 4~6 月。不结实(为三倍体)。

原产地与习性：原产于非洲加那列亚岛。喜凉爽湿润环境，阳性，不耐炎热，怕积水，怕水涝，夏季炎热时叶子脱落，耐寒力不强，冬季需保护越冬，要求土壤肥沃且排水良好。

繁殖：以扦插繁殖为主，除过冷、过热外，温室内周年都可繁殖，9～10月扦插则翌年5月开花，6月扦插，则翌年早春开花，扦插后一般15d即可生根。

栽培：待苗高15cm时可摘心，促使其多分枝，并加以适当遮荫。冬季温室内要保持10～20℃的温度，生长期施几次氮肥，浓度由淡逐渐加浓，施一次肥后要浇水一次，便于吸收，且防止肥害。5月叶枯黄，花渐少，花色变黄，此时应逐渐减少浇水，停止施肥，剪去枯枝、残枝败花，放在遮荫通风处，7～8月将其移置荫棚下，保持通风与凉爽，使其安全度夏，且要防止雷雨淋浇。9月以后再逐步给水供肥，促进生长，保证翌年花茂枝盛。

用途：盆栽观赏，或作背景绿叶材料布置。

8.1.4 报春花类

学名：*Primula*

别名：樱草类。

科属：报春花科、报春花属。

原产地与习性：我国是主要原产地，分布于中国的西部和西南部。在北温带地区也有分布，少数产于南半球。

分类：全世界约有五百种，我国约有三百种。

1) 四季报春（图8-4）

学名：*P. obconica*

别名：球头樱草、仙荷莲。

形态：多年生草本花卉，常作二年生花卉栽培。株高30cm，茎较短为褐色。叶为长圆形至卵圆形，叶缘有浅波状裂或缺刻，叶面较光滑，叶背密生白色柔毛，具长叶柄。花梗从叶丛中抽生，伞形花序，花萼漏斗状，裂齿三角状。花有白色、洋红色、紫红色、蓝色、淡紫色至淡红色。花期1～5月，开花后剪去花梗，经休眠后如管理得当，秋季可再开花。

常见栽培品种：大花种（var. *grandiflora*）。白花种（var. *alba*）。深红花种（var. *atrosaquinea*）。此外还有重瓣的类型。

图8-4 四季报春

习性：性喜温暖且通风良好的环境，夏季怕高温，受热后整株死亡，秋冬室温保持在10℃左右，春季以15℃为宜。喜欢阳光充足，但春季花期和夏季高温季节不能忍受直射阳光，需适当遮荫。喜生长在微酸性的腐叶土中。

繁殖：常用播种和分株法繁殖。播种从春季3～4月开始一直到8～9月间都可以进行，其中以6～7月播种为最佳。发芽适温为15～20℃，15～16d发芽。发芽后稍降低温度，遮去中午阳光，幼苗经二次移植后可定植。分株繁殖一般结合秋季翻盆时进行。

栽培：四季报春定植时不使根颈部埋入土中，置放2～3d后，移入通风透气、阳光充足处，保持适宜温度。在生长期每半月施一次腐熟的氮肥，以后可增施磷钾肥，如管理得当花可延至6月，夏季将其置于较阴及环境条件较好处，剪去花茎和摘除枯叶，给予适当肥水，它也能开花。

2) 藏报春（图8-5）

学名：*P. sinensis*

别名：大种樱草、中华报春。

形态：多年生草本花卉，常作二年生栽培。株高15～30cm，地上茎较短，全株具毛。叶片卵圆形，羽状深裂，叶背红色，叶柄长于叶片。伞形花序2～3轮，花秆和花萼密生茸毛，花为高脚碟形，花萼基部膨大，花有白色、粉红色、深红色、淡蓝色等，花期1～5月。

常见栽培品种：裂瓣品种(var. *fimbriata*)。星状品种(var. *stellata*)。皱叶品种(var. *filicifolia*)。大白花品种(var. *albamagnifica*)。重瓣品种(var. *floreplene*)。

习性：性喜温暖湿润的环境，夏季要求凉爽，生长适温为13～18℃，冬季温度为10～12℃，栽培土壤以微酸性的腐叶土为最好。

图8-5 藏报春

繁殖：常以种子和分株繁殖为主。播种繁殖在7～8月进行，因种子的寿命较短，也可5～6月随采随播。发芽温度为15～20℃，播后4～5d发芽，幼苗嫩弱，出苗过密，易发生猝倒病，应及时间苗1～2次。分株繁殖在9月进行，将越夏的二年生母株从盆中起出，扒开子苗，然后分别上盆，放在半阴处，待萌发新叶后再移放阳光处。

栽培：在定植时不能种得过深或过浅，否则，会影响其生长开花。夜间温度应保持在7～10℃。除冬季需要充足阳光外，其余季节应遮去日中强光。生长期每旬施肥一次，肥液不沾污叶片，以免叶片发焦干枯。花茎抽生时增施一次过磷酸钙或骨粉。因叶片柔嫩，不宜多搬动，否则易造成叶片破损或植株倾倒，降低观赏价值。

3) 报春花(图8-6)

学名：*P. malacoides*

别名：小种樱草。

形态：一、二年生草本花卉，株高45cm，地上茎较短。根出叶，卵圆形或椭圆形，质地较薄，边缘有锯齿，叶柄较长，叶脉明显，叶上无毛，叶背及花梗上均披有白粉。伞形花序多轮(2～6轮)，花略具香味，花较小，花芽不膨大，上面也有白粉。花有粉红、深红、淡紫等色，花期1～5月。

图8-6 报春花

常见栽培品种：白花种(var. *alba*)。粉红花种(var. *rosea*)。裂瓣种(var. *fimbriata*)。高形种(var. *gigantea*)。矮形种(var. *nana*)。大花种(var. *lelandii*)。

习性：特喜凉冷、湿润的环境，要求阳光充足。不耐寒，但花芽形成前室温不宜高于12℃，越冬温度为5～6℃。

繁殖：以播种繁殖为主，一般为秋季进行。

4) 多花报春

学名：*P. polyantha*

别名：西洋樱草。

形态：株高30cm。叶倒卵圆形，叶基渐狭与有翼之叶柄相连。伞形花序多数丛生，花有红、粉红、黄、堇、褐、白及青铜等色。花期冬春季节。

5) 单花报春

学名：*P. vulgaris*

别名：欧洲报春。

形态：全株披毛明显。叶片长椭圆形或倒卵状椭圆形，先端较钝。单花顶生，花葶数较多，具有香味，花色有白、黄、青、红及各种双色。花期为冬春季节。

6) 丘园报春

学名：*P. kewensis*

形态：株高50cm。叶倒卵圆形，基部渐狭。伞形花序，花鲜黄色，具芳香，花期冬春季节。

用途：报春花类为重要的室内盆栽观赏花卉，在温暖地区也可作为春季花坛用花，少数种类也可用于切花。

8.1.5 秋海棠类

学名：*Begonia*

科属：秋海棠科、秋海棠属。

产地：原产于巴西、澳大利亚及欧洲，广泛产于热带、亚热带地区，集中产于非洲。在中美洲、南美洲及亚洲也有分布。

分类：秋海棠属约有四百余种，中国分布约有九十种，目前我国主要栽培的有三种类型：

1) 须根类秋海棠

地下根细长，呈纤维状须根，地上茎明显，直立。这一类主要以观花为主。

(1) 四季秋海棠(图8-7)

学名：*B. semperflorens*

别名：瓜子秋海棠。

形态：多年生草本花卉，株高30～60cm，茎直立，多分枝，半透明略带肉质。叶互生，卵圆形至广椭圆形，边缘有锯齿，有的叶缘具毛，叶色有绿色和淡紫红色两种。聚伞花序，多花性，单瓣或重瓣，花色有白、粉红、深红等，花期周年，但夏季着花较少。

习性：性喜温暖、湿润的环境，不耐寒，不喜强光暴晒。在温暖地区多自然生长在林下沟边、溪边或阴湿的岩石上。休眠期应保持5～7℃，多在夏季休眠，故夏季宜置于冷凉处度夏，并保持通风。

繁殖：常用播种法繁殖，也可用扦插、分株法繁殖。播种繁殖在春秋二季均可进行，因种子特别细小，且寿命较短，隔年种子发芽率

图8-7 四季秋海棠

较低，因此用当年采收的新鲜种子播为最好。播后保持室温20～22℃，同时保持盆土湿润，一周后发芽，出现2张真叶时需及时间苗，4张真叶时移入小盆。扦插繁殖则以春、秋二季进行为最好，插后保持湿润，并注意遮荫，两周后生根。分株繁殖则在春季换盆时进行，此法较少使用。

栽培：生长期需水量较多，经常进行喷雾，保持较高的空气湿度，平时盆土不宜过湿，更不能积水。幼苗期每两周施稀释腐熟饼肥一次，初花出现时则减少施肥，增施一次骨粉。花后应打顶摘心，以压低株高，并促进分株，此时应控制浇水，待重新发出新株后，适当进行数次追肥，二年后需进行重新更新。四季秋海棠夏季怕强光暴晒和雨淋，冬季喜阳光充足，如果植株生长柔弱细长，叶花浅淡发白，说明光线不足；若光线过强，叶片往往卷缩并出现焦斑。植株生长矮小，叶片发红

是缺肥的症状，可视情况分别加以处理。

(2) 竹节秋海棠

学名：B. maculata

形态：半灌木，株高80～120cm，全株无毛，茎直立，节间较长，节膨大且具明显的环状节痕，似竹竿。叶互生，长卵状披针形，叶面绿色，上具白色斑点，叶背绿色或略带红晕，叶边缘呈波缘状。花成簇生长，下垂，花梗红色，花鲜红色，花期夏秋季节。

习性：怕强光直射，略能耐寒。

繁殖：常以扦插繁殖为主，四季均可进行，但以5～6月进行效果最佳，插后稍加遮荫，并喷雾，一般约二十天生根，插后约一个月上盆。

栽培：盆栽土壤要肥沃、疏松，每年春季结合换盆进行修剪，保持良好的株形，植株过高，可重剪截短，以利萌发强壮的新枝。一般每10d施用一次腐熟稀薄的液肥，夏季需保持较高的空气湿度。

(3) 银星竹节秋海棠(图8-8)

学名：B. argenteo-guttata

形态：多年生小灌木，节间较长，环状节明显，全株光滑，叶卵圆形，正面绿色，上有白色环纹，叶面较皱。花较小，粉红色，花期夏秋季节。

(4) 裂叶秋海棠

学名：B. caroliniifolia

形态：多年生草本花卉，茎直立，分株比较多，叶柄较长，叶掌状深裂，裂片上往往有花纹。聚伞花序腋生，花小为粉红色。

(5) 玻璃秋海棠(图8-9)

图8-8 银星竹节秋海棠

图8-9 玻璃秋海棠

学名：B. margaritae

形态：多年生草本花卉，茎紫色，光滑。叶卵圆形，先端渐尖，绿色或淡紫色，叶面光亮，毛较少。聚伞花序，花较大，红色。

(6) 毛叶秋海棠

学名：B. scharffiana

别名：绒毛秋海棠。

形态：多年生草本花卉，茎直立，节间较短，具分枝，为红褐色。叶卵圆形，先端渐尖，表面深绿色，背面红褐色，全叶密生白色短毛。花梗较长，花白色。

2) 根茎类秋海棠

地下部分为根茎，较膨大，为肉质，横卧生长，根茎上再生须根，根茎较粗。地上茎不明显，为草质茎肉质。这一类的大多数种类为观叶植物。

(1) 蟆叶秋海棠(图8-10)

学名：*B. rex*

别名：虾蟆叶秋海棠。

形态：多年生草本花卉，根茎肥厚，粗短，叶宽卵形，边缘有深波状齿牙。叶绿色，叶面上有深绿色纹，中间有银白色斑纹，叶背为紫红色，叶和叶柄上密生茸毛。花较小，为淡红色。

习性：喜温暖、湿润的环境。喜半阴，夏季忌强烈的阳光照射，冬季生长适温15～20℃，夏季高温时休眠，喜欢富含腐殖质的排水良好的土壤。

图8-10 蟆叶秋海棠

繁殖：常用叶插和分株法繁殖。插叶繁殖四季均可进行，但以5～6月为最好。将叶柄向下，叶片一半露出土面，并保持室温为20～22℃，插后约20～25d生根，2个月后长出2枚小叶时，可移入小盆。插叶法的另一种方法是将叶的叶柄去除，割伤叶的主脉，并平铺在沙床上，保持较高的空气湿度，约2个月后开始生根，并长出幼株，待长出2～3片小叶时，可分别将小苗切下，上小盆种植。分株繁殖在温室内进行，全年多可分，一般以结合春季换盆时进行为最好，切口涂上草木灰，每盆栽植2～3段，初期浇水不宜过多，置于半阴处。

栽培：生长期需注意肥水管理，每10d施一次腐熟的饼肥水，施肥时应注意不沾污叶面。在栽培时应视茎叶情况逐渐拉开盆距，以免叶片交叉拥挤，造成底部叶片枯黄。夏季移入荫棚下栽培，早晚多见阳光，盛夏季节除浇水外，还需喷水，以保持较高的空气湿度，并保持通风。

(2) 彩纹秋海棠

学名：*B. masoniana*

别名：铁十字秋海棠。

形态：多年生草本花卉，叶卵形，表面有皱纹和刺毛，叶色为淡绿色，中央呈红褐色的马蹄形环带。花较小，为黄绿色。

(3) 枫叶秋海棠(图8-11)

学名：*B. heracleifoniana*

形态：多年生草本花卉，根状茎肥厚粗大，密生长毛。叶柄较长，在它的上面长有茸毛，叶掌状深裂，裂片5～9，先端较尖，叶表面具有绒毛，为绿褐色，叶背为红褐色。花白色或粉红色。

(4) 莲叶秋海棠

学名：*B. nelumbifolia*

形态：多年生草本花卉，根状茎粗短，叶卵圆形，质较厚，表面为暗绿色，花小为白色。

图8-11 枫叶秋海棠

3) 球根类秋海棠

地下部分为变态的球茎和块茎,为扁球形、球形或纺锤形,具明显的地上茎。这一类主要是以观花为主。

(1) 球根秋海棠(图8-12)

学名:*B. tuberhybrida*

别名:茶花秋海棠。

形态:多年生草本花卉,地下部为块茎,呈不规则的褐黑色扁球形。茎直立或稍呈铺散状,有分枝,茎略带肉质而附有毛,为绿色或暗红色。叶较大,为宽卵形或倒心脏形,先端渐尖,叶缘具锯齿,有毛。聚伞花序,总花梗腋生;花色有白、红、黄等色,还有间色;有单瓣、半重瓣、重瓣。花期春末初夏季节或秋季。

图8-12 球根秋海棠

习性:阳性,生长期需充足的阳光,但夏季中午忌强烈阳光直射,为长日照花卉。喜欢温暖、湿润的环境,要求空气湿度较高,水分需充足,但也不能过多。生长适温为16～21℃,不耐高温,块茎储藏温度以5～10℃为宜。土壤以腐叶土为佳,适宜生长在pH值为5.5～6.5的微酸性土壤中。

繁殖:播种、分球和扦插法繁殖。播种繁殖在温室内周年都可进行,但以秋季或1～2月间于温室内进行为最多。播后需保持湿度,并置于半阴处,温度控制在18～21℃,一般10～15d发芽,约2个月后具2～3张真叶时移栽于小盆内,5～6月间定植。分球繁殖于春季或初夏进行(春季栽植仲夏开花,初夏栽植秋季开花)。扦插繁殖整个夏季都可进行,但以6月前扦插为佳(秋季即能开花并长出秋根),插后保持20℃的温度和80%的湿度,约3周后愈合生根,2个月后上盆。

栽培:栽植时深度不能过深,使球根顶端露出土面。春季要求水分充足,开花后应减少浇水。生长期每周施腐熟饼肥水一次,保持叶片挺拔,呈深绿色。若叶片呈淡蓝色并卷曲现象,表明氮肥过多。花前每10d增施一次过磷酸钙。夏季的连续高温对其生长不利,要选择凉爽通风的场所,精心管理,才能使其生长健壮、开花良好。花后的管理是极为重要的,这将影响母球养分的储藏与来年开花的质量,因此在冬季寒冷降霜地区,应及时将花盆移到室内,以避免植株受霜害,使其自然进入休眠状态,在此期间要逐渐减少浇水,使叶片枯黄,然后除去枯萎的茎叶,将球根挖起,使其完全干燥后,放于10℃的室内进行沙藏,并保持通风良好。盆栽时也可不将球根挖出,置于盆中储藏,但需保持盆土的干燥,开春时将表层老土更换成富含腐殖质的土壤。

(2) 玻利维亚秋海棠

学名:*B. boliviensis*

形态:多年生草本花卉。块茎呈扁球形,茎分枝性比较强,下垂,为绿褐色。叶较长,卵状披针形。花橙红色,夏季开花。

用途:秋海棠类大多作为室内盆栽花卉观赏,少数须根类的种类如四季秋海棠等,可以作为花坛用花。

8.1.6 天竺葵类

学名:*Pelargonium spp.*

别名：石蜡红、入蜡红、洋绣球。
科属：牻牛儿苗科、天竺葵属。
产地：原产于南非好望角。
分类：天竺葵属约有二百五十余种，目前大多数种类为园艺杂交种。

1）天竺葵（图8-13）

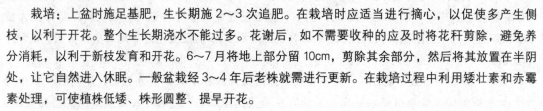

学名：P. hortorum

形态：多年生草本花卉，基部茎稍木质，茎肥厚略带肉质、多汁，整个植株密生绒毛。单叶对生或近对生，叶心形，边缘为钝锯齿，或浅裂，叶绿色，具特殊气味。伞形花序呈伞房状排列，腋生或顶生，花秆较长，花蕾下垂。花色有红、白、橙黄等色，还有双色。全年开花，盛花期4~5月。

习性：整个生长期喜温暖、阳光充足的环境，夏季为半休眠状态，忌炎热。要求土壤肥沃、疏松、排水良好，怕积水。不耐寒，冬季需保持室温为10℃左右。

繁殖：以扦插繁殖为主，除夏季外其余时间均可以进行，其中以5~6月扦插为最好。插穗最好选用带有顶梢的枝条，切好后需干燥片刻。插好后置于半阴处，且保持良好的通风环境，并使室温保持在13~18℃，大约10d左右便可生根，半个月后就可以上盆。

图8-13 天竺葵

栽培：上盆时施足基肥，生长期施2~3次追肥。在栽培时应适当进行摘心，以促使多产生侧枝，以利于开花。整个生长期浇水不能过多。花谢后，如不需要收种的应及时将花秆剪除，避免养分消耗，以利于新枝发育和开花。6~7月将地上部分留10cm，剪除其余部分，然后将其放置在半阴处，让它自然进入休眠。一般盆栽经3~4年后老株就需进行更新。在栽培过程中利用矮壮素和赤霉素处理，可使植株低矮、株形圆整、提早开花。

2）马蹄纹天竺葵

学名：P. zonale

形态：亚灌木，株高30~80cm，茎直立，圆柱形近肉质，叶卵状盾形或倒卵形，叶面上有深褐色马蹄纹状环纹，叶缘具钝锯齿。花深红色到白色，花较少，花期周年。

习性：要求阳光充足，不耐寒，生长适温为18~22℃。

繁殖：以扦插繁殖为主，在生长期用嫩枝扦插，插后给予一定的散射光，约两周后生根。

栽培：生长期应注意肥水管理，加强摘心，以促使发枝、扩大株幅。

3）大花天竺葵（图8-14）

学名：P. grandiflora

别名：毛叶天竺葵。

形态：亚灌木，株高20~90cm，全株无毛或少有绢毛。叶为卵圆形或近圆形，质较厚，叶柄较长，叶缘有密而尖的锯齿，叶面皱折。伞形花序腋生，具花秆，花较大，花色有白、红、粉红、紫红及杂色、花边等。花期5~7月。

图8-14 大花天竺葵

习性：要求阳光充足、通风良好，不耐寒。

繁殖：以扦插繁殖为主。

4）藤本天竺葵（图 8-15）

学名：*P. peltatum*

别名：盾叶天竺葵。

形态：多年生草本花卉，茎蔓性，多分枝，匍匐或下垂。叶盾形着生，有5浅裂，叶表面光滑，质较厚。伞形花序，花秆较长，花粉红色，花期5月。

习性：阳性，不耐寒，要求土壤排水良好，保持空气流通。

繁殖：以扦插繁殖为主，还可以用压条和分株法繁殖，也有用播种法繁殖的。

5）香叶天竺葵（图 8-16）

学名：*P. graveolens*

别名：菊叶天竺葵。

形态：亚灌木，株高约100cm，叶掌状深裂，裂片5~7片，裂片再进行羽状浅裂，似菊叶，叶片上具有香腺点。花较小，粉红色或白色，花期5~6月。

6）豆蔻香天竺葵（图 8-17）

图 8-15　藤本天竺葵

图 8-16　香叶天竺葵

图 8-17　豆蔻香天竺葵

学名：*P. odoratissimum*

别名：拍拍香。

形态：多年生草本花卉。全株具毛。新枝新叶常簇生在老枝顶端，枝纤细且具蔓性。叶对生，卵圆形，叶缘波状，具长柄。伞形花序，花较小，白色。花期5月。

繁殖：播种繁殖。

用途：天竺葵类为重要的盆栽观赏植物。有些种类常在春夏季作花坛布置。

8.1.7　热带兰

学名：*Orchids*

别名：附生兰、洋兰。

科属：兰科。

产地：原产于热带、亚热带地区，同时分布于温带、南极与北极等。

类别:

1) 大花嘉特丽亚兰(图 8-18)

学名: *Cattleya labiata*

别名: 大花卡特兰。

分属: 卡特兰属。

形态: 多年生草本花卉,具短根茎,假鳞茎较长,直立,顶端着生叶1~2枚。叶条形,厚革质。花秆较短,花瓣离生,唇瓣较大,喇叭形,常起皱,蕊柱长而粗,先端较宽。花色有红、白、黄及间色。花期因种而异。

习性: 阳性。不耐寒,生长温度为18~24℃。要保持空气流通。

繁殖: 以分株繁殖为主。

栽培: 一年内6~9月可在户外栽培,其余时间均需在温室内栽培,在栽培过程中温度不能过高,如20℃以上时,就会影响开花,夏季温度不能高于30℃,否则就会影响其生长。在栽培过程中要注意空气流通,保持微风状态。在生长期要加强施肥,一般每半月施肥一次。

2) 兜兰(图 8-19)

图 8-18 大花嘉特丽亚兰

图 8-19 兜兰

学名: *Paphiopedilum purpuratum*

别名: 拖鞋兰、囊兰。

分属: 兜兰属。

形态: 多年生常绿草本花卉,地生或气生,有稍匍匐状的根茎。株高10~30cm。叶基生,2列状排列,条状披针形,较长,深绿色,叶背绿白色,中脉明显革质,有沟槽,不平展。叶间抽生花葶,花秆较长,花通常单生,唇瓣呈囊状,花形似女士的拖鞋。花为黄绿色带褐色,有些种类还有其他色彩。花期随种类的不同而有所变化,有的为10月至翌年3月,也有的为春、夏季节开花。

习性: 阳性,室内栽培需充足的阳光,但夏季忌强光直射。生长适温为12~18℃,不耐寒,冬季室温不能低于10℃,要求保持良好的通风环境。喜欢疏松、肥沃的微酸性土壤。

繁殖: 常用分株法繁殖。分株繁殖以4~5月为最好,结合换盆进行,栽植后放阴湿处,经常喷水,保持较高的空气湿度,以利植株恢复生长。

栽培: 在栽培时除需保持盆土湿润外,生长期还需保持较高的空气湿度,并每月施淡肥一次。

3）石斛（图 8-20）

学名：*Dendrobium nobile*

分属：石斛属。

形态：多年生草本花卉，为气生兰。茎细长，节膨大。叶柔软或革质，顶部叶片在冬季有时宿存。叶带状披针形或卵圆形。花序着生在上部节处，上萼片和瓣片近等长且同形，侧萼片、瓣片与蕊柱合生，形成短囊或长距，唇瓣大且变化较多，基部有鸡冠状突起。花黄色和白色，也有黄白间色。花期 3～6 月。

习性：喜高温，冬季有明显的休眠期，耐旱力较强。

繁殖：以分株繁殖为主，花后进行。

栽培：长出花蕾至开花之间宜放在日照充足的地方，并保持一定的空气湿度，等开花后则放于不受阳光直射处。施肥要求不高，每年生长前期施一些肥，后期应增施一些磷钾肥。

4）虾脊兰（图 8-21）

图 8-20　石斛

图 8-21　虾脊兰

学名：*Calanthe discolor*

分属：虾脊兰属（根节兰属）。

形态：多年生常绿或落叶花卉，株高 40～50cm，地下部分为根茎，似虾脊。叶宽大呈椭圆形，略带皱折。花茎从叶丛中抽生，较长，穗状花序顶生，花色有白、黄及青紫色和红紫色，花期 3～5 月。

习性：耐高温，怕冷，喜半阴的环境，土壤要求富含腐殖质而排水良好。

繁殖：以分株繁殖为主，一般在花后进行，2～3 年一次。

栽培：开花期间需防风雨，严冬季节需防寒流。花谢时，需多注意日照，以确保花芽的正常发育。在生长期间每月施用一次稀释的液肥即可。

5）万带兰（图 8-22）

学名：*Vanda sanderiana*

分属：万带兰属。

形态：多年生草本花卉，株条可长达 120cm，根直接暴露于空气中生长。茎不分枝。叶条状披针形呈 2 列状排列，也有的种类叶为带形或棒形。自茎的中段着生花柄，长约 30～50cm，着花十朵左右，花序较大。花色有白、黄、玫红、蓝、褐等色，花期为夏、秋季节，一年可以开 2～5 次花。

习性：喜欢强烈的日照，除 7～9 月需适当遮荫外，其余时间均需接收充足的阳光，同时需高温高湿。

繁殖：分株繁殖。

栽培：冬季最低温度应保持在 15℃ 以上，温度越高其生长也就越迅速，甚至一年可以开 2～5 次花。新芽生长时每周施肥一次，切忌施浓肥，以免损伤根部。

6）蝴蝶兰（图 8-23）

学名：*Phalaenopsis amabilis*

分属：蝴蝶兰属。

形态：多年生草本花卉，茎较短。叶卵状椭圆形或卵状披针形，质地较厚，全缘。花茎较长，有时会出现分枝，呈拱形，花茎上着花 10～15 朵，花朵呈蝴蝶状，花色有白色、黄色、红色，也有在白色或黄色花瓣上夹有红色和褐色斑点，花期为 2～4 月，有时 7～8 月也可开第二次花。

习性：阳性，不耐寒，喜空气湿润，土壤以排水良好的为宜。

繁殖：分株繁殖，秋季进行。

栽培：生长期要求每月施混合肥一次。栽培时需保持空气流通。

7）美丽贝母兰（图 8-24）

图 8-22 万带兰

图 8-23 蝴蝶兰

图 8-24 美丽贝母兰

学名：*Coelogyne speciosa*

分属：贝母兰属。

形态：株高 3～7cm，假鳞茎 1 叶，1 花茎上着生 2～3 朵花，花色为淡黄色或橙褐色，一般全年都能开花。

习性：略能耐低温，冬季一般在低温温室内栽培。

8）齿瓣兰（图 8-25）

学名：*Odontoglossum citrosmum*

分属：齿瓣兰属。

形态：株高 8～13cm，假鳞茎具 2 叶，叶较厚。花柄呈弓形，花有红色和黄色，唇瓣上带有黄色、红色或白色的斑点，花具有香味，花期 5～6 月。

习性：性喜高温、高湿、荫蔽，忌酷热、干燥和强光。

用途：洋兰的花朵形美色艳，具有较高的观赏价值，因此，

图 8-25 齿瓣兰

它为重要的盆栽观赏花卉，同时又是一类主要的切花材料。

8.1.8 非洲紫罗兰(图8-26)

学名：*Saintpaulia ionantha*

别名：非洲堇、非洲紫苣苔。

科属：苦苣苔科、非洲紫罗兰属。

形态：多年生常绿草本花卉，全株具毛，茎可分为短茎和长的匍匐茎两种，叶从茎的先端长出，具粗大略带肉质的叶柄，叶柄的腹面有沟槽，叶对生或互生呈现丛生形，叶为卵形或长圆状心脏形，两面密布短粗毛，叶全缘或具齿。花茎从叶间抽生，总状花序，着花3~8朵，蝶形花冠，花色有桃色、红色、紫色、白色及混合色等，花期为春、秋季节。

图8-26 非洲紫罗兰

原产地与习性：原产于非洲东南部。性喜温暖、湿润的环境，要求栽培地通风良好，夏季怕强光和高温，冬季要求阳光充足，温度不得低于10℃，不耐寒，生长适温为16~18℃，土壤要求疏松且排水良好。

繁殖：以扦插法繁殖为主，也可用播种和分株法繁殖。扦插繁殖主要用叶插方法，最适宜的时间在3~5月和7~8月，在花后选用健壮充实的叶片，叶柄留2cm长剪下，稍晾干后，插入，并保持较高的空气湿度，温度保持为18~24℃，3周左右即可生根，一般从扦插到开花需要4~6个月。播种繁殖的时间一般不限，但以温度在20~25℃的最为适合，因种子细小，播后不必覆土，播后20d左右就可发芽，一般从播种到开花需6~8个月。分株繁殖结合翻盆进行。近来还有用组织培养的方法来繁殖的。

栽培：在栽培过程中，浇水是非常重要的，要视盆土情况、植株生长情况、季节情况、温度情况等来决定浇水量，早春低温时浇水不能过多，夏季高温、干燥季节，应浇水充足，并保持一定的空气湿度，但浇水时叶片沾水过多会引起腐烂。秋冬季节气温逐渐下降时，应适当减少浇水。在生长过程中，一般每半月施肥一次，但肥料不能施得过浓，否则会引起叶部变硬、花蕾缩小、甚至不开花。盛夏光线太强，应给予遮荫，并保持良好的通风。

用途：为重要的室内盆栽观赏花卉。

8.1.9 金粟兰(图8-27)

学名：*Chlornthus spicatus*

别名：草本米兰、珠兰、鱼子兰、茶兰。

科属：金粟兰科、金粟兰属。

形态：常绿多年生草本花卉或亚灌木，茎直立稍铺散，分株较多，茎节明显且膨大，嫩枝绿色。叶对生，有时轮生，长椭圆形，基部楔形，边缘有钝齿，齿尖有腺体，叶面光滑，深绿色，叶脉明显下陷。穗状花序顶生，花较小似鱼子，不具花被，具较浓的香味，花为米黄色，花期6~7月。

原产地与习性：原产于我国广东、广西、福建和台湾等地。性喜温暖潮湿的环境，畏烈日直晒，盛夏季节需加以遮荫，需通风良好，要求较高的空气湿度，不耐严寒，冬季越冬温度不

图8-27 金粟兰

得低于5℃，喜肥沃、疏松、排水良好的腐殖质土壤。

繁殖：常采用分株繁殖，也可用压条繁殖或扦插繁殖。分株在3～4月进行或秋季7～8月进行。扦插一般在5～7月进行，取两年生的成熟枝扦插，或秋季取当年枝条扦插。压条繁殖在4～8月都可进行。

栽培：珠兰用盆土可掺河泥20%，采用酸性土，生长期宜常施追肥，夏天需每天浇水，置于荫棚下生长，忌日光直射，只需两三年翻盆一次，冬季进温室，栽培管理较为简便，一般十五年左右就要更新植株。

用途：常作盆栽观赏，适宜作为室内香花栽培。

8.1.10 香石竹（图8-28）

学名：*Dianthus caryophyllus*

别名：康乃馨、麝香石竹。

科属：石竹科、石竹属。

形态：常绿亚灌木，常作多年生栽培。株高30～60cm，茎多分蘖，直立，节膨大，茎干和叶均被有白粉。叶对生，线状披针形，全缘，基部抱茎，灰绿色。花通常单生，或2～5朵聚伞状排列，花萼长筒状，边缘尖裂，花瓣多数，倒广卵形，具爪。花色有粉红、紫红、牙黄、白、洒金、玛瑙等色，花期一般为5～7月，温室地栽1～2月可开花，可开至5～6月，每朵花开放的时间也较长。

原产地与习性：原产于南欧及印度。性喜冷凉，但不耐寒，喜通风、干燥及日光充足的环境，喜保肥性能好、通风、排水性能好、腐殖质丰富的微酸性黏壤土。喜湿润而畏涝，忌连作。

图8-28 香石竹

繁殖：常用扦插法繁殖，时间一般在12月底至翌年1月份，此时扦插需45d左右可生根，如在3月底至4月初扦插，则需15～20d左右即可生根，扦插基质可用70%的黄泥加30%的砻糠灰，做好插床，基质放好后浇透水。一般选择健壮的、节间短的、无病虫害的插条，以嫩枝为最好，长约4～10cm，扦插的深度为插条全长的1/3左右，扦插时要仔细插下，不伤基部，扦插后的管理，看插条的软硬、土质干湿情况而浇水，看阳光强弱而遮荫，这样管理得当，成活率可达80%左右。此外还可用组织培养的方法来进行繁殖，可用MS培养基加6BA及NAA进行茎尖及茎段培养，可以得到生长健壮、少病毒的植株，栽培后生长良好。

栽培：栽培管理要求细致，移植床要施足基肥，移植后40～50d施追肥，以后最好每周施一次肥。5～6月初可定植，定植后要促使花的生长，植株生长到20cm左右时，侧芽过多就要剥掉，以免影响花朵质量，6月可进行修剪剥芽。剥芽时要注意考虑到第二次开花量，必须保留基部侧芽6～7个，剥芽一般在第二次开花后进行。进温室前的准备工作是绑扎，绑扎能使花梗直立，提高花朵的质量。绑扎方法是用三根竹扦，插成三角形，然后用麻绳围起来，不使其倒伏。温室地栽，一般每平方米64株，移植时必须带泥球，然后每株之间拉好方格，每株占一方格，以防倒伏。栽培时浇水施肥的次数不必太多，应视土壤情况而浇水，一般浇1～2次，施肥多半在花后，施肥后需浇水一次，以便洗去叶上沾污的肥水，以后的工作是网格加高，待植株长高后就加一层网格，再长高后再加一层，约加到三层网格即可，主要是防倒伏，以保证花的质量，待花朵含苞吐色时即可采摘。香石竹生长到一定时期就开始进行花芽分化，每个叶腋中都能抽生侧枝，为保证每个枝条顶端的花开得大和质量高，在栽培过程中应注意经常地、及时地剥去侧芽和侧蕾。

用途：是一种重要的切花种类，我国及世界各国都以香石竹为主要切花，为世界四大切花之一，是制作插花、花束、花篮、花环等的极好材料。

8.1.11 何氏凤仙(图8-29)

学名：*Impatiens holstii*

别名：玻璃翠。

科属：凤仙花科、凤仙花属。

形态：多年生常绿草本花卉，株高30~60cm，茎半透明肉质，粗壮，多分枝，分枝茎具红色条纹。叶互生，尾尖状，锯齿明显，叶柄较长，叶片卵形或卵状披针形，花腋生或顶生，较大，花瓣五枚，平展，有距，花色有粉红、红、橙红、雪青、淡紫及复色等，花期为5~9月。蒴果椭圆形，种子细小。

图8-29 何氏凤仙

原产地与习性：原产非洲东部热带。性喜冬季温暖、夏季凉爽通风的环境，不耐寒，越冬温度为5℃左右，喜半阴，适宜生长的温度为13~16℃，喜排水良好的腐殖土，种子寿命可达6年，2~3年发芽力不减。

繁殖：常用扦插法繁殖，也可用播种繁殖。扦插繁殖全年均可进行，但以春、秋季为最好，一般选取8~10cm带顶梢的枝条，插于沙床内，保持湿润，约3周左右即可生根，也可进行水插。播种繁殖于4~5月在室内进行盆播，保持室温20℃，约1周左右即可生根，苗高3cm左右时即可上盆。

栽培：生长期间注意施肥，约每十天施一次，开花期每2周施一次肥，肥水过足或过度荫蔽容易引起徒长。要进行适当的摘心，以促使其多抽枝、多开花。冬季浇水不宜过多，约11月份进温室，室温不低于10℃，叶面适当喷水，以保持叶片翠绿；夏季注意通风，适当的阳光，保持排水良好，切不可积水，盆栽一般2~3年更新一次植株。

同属其他栽培种类：新几内亚凤仙(*I. hawkerII*)，多年生草本，株高15~60cm。株形紧密，矮生，枝叶质地较硬。叶片互生，叶表有光泽，叶脉清晰，叶片卵状披针形，叶缘具粗锯齿，叶片深绿色或古铜色。花簇生于叶腋，花朵左右对称，花瓣5，不等大，花色丰富而鲜艳，有橙、红、猩红、粉、紫红、白等色。萼片3，其中1枚向外延伸成距。苏丹凤仙(*I. sultani*)，多年生草本，株高60cm，茎直立，略带红色，叶互生，或茎上部轮生，叶为椭圆形或卵状披针形，叶缘钝锯齿状，花腋生，花色有大红及紫红色和白色，四季多能开花。

图8-30 蒲包花

用途：用作室内盆栽观赏，温暖地区或温暖季节可布置于庭院或花坛。

8.1.12 蒲包花(图8-30)

学名：*Calceolaria herbeohybrida*

别名：荷包花。

科属：玄参科、蒲包花属。

形态：多年生草本花卉，常作一年生栽培，株高30~60cm，茎绿色，直立，全株具有茸毛。叶对生，卵形或卵状椭圆形，全缘，叶尖钝圆。伞形花序顶生或腋生，花冠唇形，上层较小，前伸，下层膨胀呈荷包状，向下弯曲；花色以黄色为多，且具橙褐色斑点，此外尚有乳白、淡黄、赤红等色；花期12月至翌年5月，其中以3~5月为最好。

原产地与习性：原产墨西哥、秘鲁、智利一带。性喜冷凉、湿润的环境，在生长期间要保持较高的空气湿度，但盆土不宜过湿，注意通风，喜光但避免强光，生长期温度为10~13℃，不耐寒，冬季越冬温度为0~5℃，喜排水良好的沙质土。

繁殖：常用播种繁殖，也可用扦插法繁殖。播种繁殖可于8~9月播种，播于浅盆中，播后保持室温13~15℃，一周后即可生根发芽。半灌木状的可在9月用嫩枝扦插繁殖。

栽培：幼苗2、8片真叶可移植一次，仍移在浅盆中，1~2周后可定植于5寸盆中。上盆定植后约10d左右施肥一次，注意浇水，不可使其干燥，但亦要注意排水。浇水施肥时，切不可沾污叶片，特别是紫色种，其生长娇弱更要注意，如有沾污叶面必须于次日用水冲洗叶面，并用布将叶面水吸干。花后注意采种。

同属其他栽培种：智利蒲包花(*C. biflora*)，多年生草本花卉，株高30cm，花深黄色有斑点，花期5~6月。多花蒲包花(*C. multiflora*)，矮灌木状，叶卵形，花黄色。皱叶蒲包花(*C. integrifolia*)，半灌木，株高60~180cm，叶广披针形，叶面多皱，圆锥花序密生，花黄色或红褐色，花期夏季。墨西哥蒲包花(*C. mexicana*)，一年生草本，株高30cm，叶3出羽状分裂，披针形，花浅黄色，较小。

用途：盆栽观赏，常作室内盆花布置。

8.1.13 百子莲(图8-31)

学名：*Agapanthus africanus*

别名：紫君子兰、蓝花君子兰、紫穗兰。

科属：百合科、百子莲属。

形态：多年生常绿草本花卉，株高50~70cm。地下部分为假鳞茎(宿根状茎)和粗壮的肉质根。叶2列状基生，线状披针形至舌状带形，光滑浓绿色。花葶自叶丛中抽生，粗壮而直立，高出叶丛，伞形花序顶生，着花10~50朵。外被两个大形苞片，花后脱落，花梗较长，花瓣6片联合呈钟状漏斗形，被片长圆形。花鲜蓝色、白色，花期7~8月。蒴果，含多数带翅的种子。

图8-31 百子莲

原产地与习性：原产南非好望角一带。性喜温暖、湿润。对土壤要求不严，但在腐殖质丰富、肥沃而排水良好的土壤中生长最好。若土质松软而瘠薄则易发生较多的分蘖。具有一定的抗寒能力，须在低温温室或冷床内越冬，越冬温度为1~8℃。

繁殖：以分株繁殖为主，也可用播种繁殖。分株繁殖在秋天花后分最好，春天分株当年不能开花。因种子发芽极为缓慢，小苗生长也较缓慢，故播种繁殖常需经5~6年栽培方可开花。

栽培：其较喜肥水，分株后的幼株应加强管理，否则1~2年内不开花。在生长期，尤以夏季炎热时应给以荫凉和通风的环境，并充分浇水，栽培时常施追肥并适度施些过磷酸石灰及草木灰，则能开花繁茂。冬季其进入半休眠状态，则应停止浇水。

用途：以盆栽观赏为主，常可用于室内绿叶植物布置。

8.1.14 大花君子兰(图8-32)

学名：*Clivia miniata*

别名：剑叶石蒜。

科属：石蒜科、君子兰属。

形态：多年生常绿草本，株高45cm左右，地下部为假鳞茎，肉质根粗壮，白色，不分枝或少分枝。基生叶，两侧对生，排列整齐，革质，全缘，宽剑形叶，叶尖钝圆，深绿色有光泽。花茎从叶丛中抽出，直立，有粗壮之花梗，长约30～50cm，伞形花序，花蕾外有膜质苞片，每苞中有花数朵至数十朵，小花具花梗，呈漏斗状，花色有橙黄、橙红等色，花期以3～5月为主，冬季也有开花。蒴果球形，未成熟时为绿色，成熟后为酱红色。

图8-32 大花君子兰

原产地与习性：原产南非。性喜温暖、湿润的环境，不耐寒，冬季室温不得低于5℃。喜半阴，耐干旱，要求土壤深厚、肥沃、疏松、排水良好。

繁殖：可用分株及播种繁殖。分株时每株必须带有一定数量的根，多在春季3～4月间进行，分株时还须将腐烂的根去除，取其分蘖芽分种即可，种植时不宜过浅，须种实压紧，然后浇透水即置于避阴处。播种繁殖，当种子成熟后剥去外皮取出种子立即播种，常进行盆播，保持25℃左右的室温，约20d左右发芽，小苗出土后待2片真叶时可上盆，一般需4～5年才能开花。

栽培：分株苗及实生苗栽培管理都较容易，一般在春季出温室进行翻盆。换盆时应施足基肥，在室外生长期间也应多施追肥。保持湿润，夏季要注意通风、遮荫，故夏季都在荫棚下生长，一般不施肥，以免烂根，经常进行叶面喷水，但切勿使其过湿，以免烂叶。冬季移入低温温室栽培，盆土适当干燥和低温令其休眠。

同属其他栽培种：垂笑君子兰(*C. nobilis*)，叶片狭剑形，叶色较浅，叶尖钝圆，花茎稍短于叶片，花朵开放时下垂，橘红色，夏季开花，果实成熟时直立。细叶君子兰(*C. gardeni*)，叶窄、下垂或弓形，深绿色，花10～14朵组成伞形花序，花橘红色，冬季开花。

用途：为重要的观叶、观花盆栽植物。

8.1.15 鹤望兰(图8-33)

学名：*Strelitzia reginae*

别名：极乐鸟花、天堂之鸟。

科属：芭蕉科、鹤望兰属。

图8-33 鹤望兰

形态：多年生草本，高可达1m。地下具粗壮的肉质根，还有根状茎。地上茎不明显。叶似基生，具长柄，叶为椭圆形，对生，两侧状排列，叶色深，质地较硬，具直出平行脉。花从叶丛中抽生，花梗长而粗壮，花序为侧生的穗状花序，外有一紫色的总苞，内着生6～10朵小花，外瓣为橙黄色，内瓣为蓝色，花期较长，为秋冬季节。

原产地与习性：原产南非好望角。性喜温暖、湿润的气候，要求阳光充足，不耐寒，怕霜雪，冬季要求不低于5℃，生长适温为18～24℃，夏季宜在荫棚下生长，喜在富含有机物的黏质土壤中生长。

繁殖：以分株法繁殖为主，也可用播种法繁殖。分株繁殖一般于早春翻盆时进行，用利刀从根茎空缝处切开，每丛分株叶片不得少于8～10张，伤口涂以草木灰或硫磺粉，以防其腐烂，栽后浇足水,置于荫蔽处,适当养护,当年秋冬即能开花。播种繁殖,首先得经人工辅助授粉,种子采收后需立即播种,播于沙床,发芽温度为25～30℃,播后约15～20d可发芽,半年后才形成小苗,播种苗需5年栽培后才能开花。

栽培:盆栽用土需用肥沃疏松土壤,一般用培养土或腐殖质土,加以少量的黄沙,上盆时盆底部要放一层瓦片以利排水,栽植不宜过深。夏季生长期及秋冬期都需充足的水分,花期及花后要减少水分。生长期每10d施肥一次,花蕾孕育期及盛花期需增施磷肥,开花期停止施肥。栽培时应注意光照,以免造成植株纤细瘦弱。一般2～3年翻盆一次。

用途:为大型的室内盆栽观赏花卉,在南方可丛植于庭院或点缀于花坛,同时其又是一种高级的切花,插于水中可保持20～30d之久。

8.1.16 火鹤花(图8-34)

图8-34 火鹤花

学名:*Anthurium scherzerianum*

别名:红鹤芋。

科属:天南星科、花烛属。

形态:多年生草本植物,株高35～70cm,地下部分为鳞茎,茎生叶,叶色深绿,叶片长椭圆形或心形,宽5cm。肉穗状花序橙红色,螺旋状卷曲,观赏价值较低,花序外有一卵形佛焰苞,为鲜红色,具有较高的观赏价值。主要观赏期为3～7月。

原产地与习性:原产于哥斯达黎加、危地马拉等地。喜高温多湿的气候,不耐寒,越冬温度为15℃以上,喜欢疏松、富含腐殖质、排水与通气性均好的土壤。喜阳光充足,但需避免阳光直射。

繁殖:分株繁殖和播种繁殖。分株繁殖时间为冬季末期,分后宜浅植,但根部必须全部植入土中,使其能接受土壤中的湿度以利生长。在热带与亚热带地区也可采用播种繁殖,时间为春季,播于疏松、排水良好的土壤中,萌芽较慢,一般需数月之久。幼苗长至4～5cm时,可以移植于3寸盆中,而后再定植于5寸至6寸盆中,移植时应小心勿使根部受伤。

栽培:除花后休眠期停止浇水外,其余时间内均需给予充足的水分,保持一定的湿度。休眠期如空气及土壤过分干燥,需稍加浇水,以维持生机。生长适温为20～25℃,低于15℃就会进入休眠。在夏季强光时要进行遮光或放置于树荫下。栽培土壤需富含腐殖质,如要保持生育良好,开花茂盛,则在5～9月间施肥2～3次,采用复合肥料。花的大小与花色深浅,随开花时间长短而增大与加深。已凋的花必须及时剪除,则花朵可继续开放,花期也随之延长。

用途:盆栽观赏,也可用作切花。

8.1.17 金莲花(图8-35)

学名:*Tropaeolum majus*

别名:旱金莲、矮金莲、旱荷。

科属:金莲花科、金莲花属。

形态:一年生或多年生肉质草本花卉,有块根,茎中空,蔓生。叶互生,盾形,有长柄,每叶片主脉9条,由叶心辐射状伸出,叶缘钝波状起伏。花腋生,有细长柄,萼片5枚,基部合生,有长距,稍向下垂;花瓣5片,不整齐,两侧对称,上部两片较小,下部3片,

图8-35 金莲花

基部有羽状裂片；花色有橘黄色、乳黄色、橙色、紫色、乳白色。花期4～5月(秋播在温室栽培)、7～8月(春播)。

原产地与习性：原产秘鲁。性喜温暖、湿润、阳光充足的环境，不耐寒，越冬温度不得低于10℃，要求土壤排水良好且肥沃。

繁殖：以播种繁殖为主，也可用扦插繁殖。春秋两季均可进行播种，春播在3月下旬播种，5月定植或上盆；秋播于10月温床播种，次年3月定植或上盆。还可以于4月播种在温室，5月生根后随即定植或上盆。扦插繁殖于4月份进行，扦插于沙床中，生根后进行定植。

栽培：金莲花栽培管理比较容易，肥料可在定植时施以少量基肥。盆栽土以轻肥上盆，不宜多施肥，以免徒长而开花不多，但需注意灌溉要适宜，既不宜过湿，也不宜太干。栽培时随着植株的生长，要用竹做支架，绑缚枝蔓，以免倒伏。一般盆栽2～3年植株就要更新。

用途：可布置于花坛或植于棚篱旁、假山石旁，也可作室内盆栽观赏，还可作地被植物或切花。

8.1.18 猴面花

学名：*Mimulus luteus*

别名：锦花猴面花、锦花沟酸浆、黄花沟酸浆。

科属：玄参科、沟酸浆属。

形态：多年生草本植物，常作一、二年生栽培。株高30～45cm，茎4棱，中空，匍匐生长，节处着地生根。全株光滑无毛。单叶交互对生，广卵形，长2.5～5cm，叶缘有锐齿，基出脉5～7条；上部叶无柄，下部叶有短柄。花单生叶腋或茎顶，呈稀疏的总状花序，花漏斗状，梗长，花冠黄色，具红色或紫色斑点或斑块。花期4～6月。

产地与习性：本种分布于智利，1826年引入欧洲，现在世界各地广泛栽培。性喜凉爽、半阴环境，较耐寒，冬天可耐2℃低温，忌炎热。喜肥沃湿润的土壤。

繁殖：播种繁殖。于9月盆播，播种用土可用壤土、腐叶土和沙等量混合。因种子细小，覆土宜薄，用盆浸法保持盆土湿润。播种适温12～15℃，7～14d发芽。也可扦插繁殖，切取嫩茎插于湿润土壤中，很易生根；由于茎匍匐着地节处生根，切取生根的茎段另行栽植即可。

栽培：生3～5片真叶时，移至7～9寸盆中，保持湿润，经常追肥，适时调整盆距，不使拥挤。生长期多次摘心，促使分枝。冬季在低温温室栽培；春季待早霜过后，置于露地栽培观赏。种子成熟时容易散落，应适时分批采收。

用途：猴面花植株低矮，株态开展，花形奇特，花色瑰丽，栽培容易，是良好的盆栽花卉；或作花坛镶边植物。在冬暖夏凉地区，可作湿地地被植物。

8.1.19 地涌金莲

学名：*Musella lasiocarpa* (*Ensete lasiocarpa*)

别名：地金莲、地涌莲。

科属：芭蕉科、地涌金莲属。

形态：多年生常绿草本植物。假茎矮小，丛生，具水平生长的匍匐茎，株高约60cm。叶片椭圆形，宽约20cm，叶鞘宿存，状如芭蕉。花序直立，生于假茎顶部，呈莲座状，苞片黄色，上部苞片内为雄花，下部苞片内为两性花或雌花，花被片淡紫色，花两列。

原产地与习性：原产云南中、西部。喜温暖，不耐寒，冬季室温不可低于－5℃，要求光照充足、夏季湿润、冬季稍干燥的环境。喜土层深厚、疏松肥沃、排水良好的土壤。

繁殖：以分株繁殖为主，也可播种繁殖。早春或秋季将根部萌蘖连同匍匐茎从母株上切下来另行种植即可。

栽培：生长季要充分浇水，冬季可适当减少供水；秋末和早春应施以腐熟的有机肥或于基部培以肥土，利于生长和开花。花期很长，在温室中可开花8～10个月。花后果熟，假茎枯死，应即剪去，则匍匐茎上会重生新的假茎。

用途：花形奇特，苞片金黄，花期极长。在冬季温暖地区，可布置于庭园中与小竹配置一起，植于山石旁、墙隅，背衬白粉墙，宛如一幅幅优美的图画；也可用于花坛中心。其他地区盆栽观赏。

8.1.20 猪笼草

学名：Nepenthes mirabilis

别名：猪仔笼。

科属：猪笼草科、猪笼草属。

形态：常绿多年生食虫草本植物。株高150cm。叶互生，革质，椭圆状矩圆形，长9～12cm，全缘；侧脉约6对，自叶片下部向上伸出，近平行，中脉延伸呈卷须状，长2～12cm，其端部为一食虫囊，近圆筒形，淡绿色，有褐色或红色斑纹，长6～12cm，直径约2.5cm；有一锈红色的活动盖，圆形或阔卵形；囊内壁光滑，囊底部能分泌消化液，气味诱引昆虫，一旦落入囊中，终被消化吸收。雌雄异株；总状花序，长30cm，无花瓣，萼片红褐色。

产地与习性：猪笼草分布于中国华南、菲律宾、马来半岛至澳大利亚北部，生于丘陵灌丛或小溪边。喜高温高湿稍荫蔽环境。栽培温度不可低于20℃。栽培介质以泥炭、水苔、木炭屑、腐叶土和沙等配制，要求疏松通气。

繁殖：常用播种或扦插繁殖。

栽培：栽于木框或漏空的花盆中，栽时根易断，要细心操作。木框悬于荫棚下栽培，夏季特别要注意保持较高的空气湿度，并通风良好。浇水以微酸性为好。生长期要经常施肥。

用途：猪笼草是一种新奇有趣的观赏植物。食虫囊造型奇特，硕大色美。用于盆栽观赏。

8.2 温室球根花卉类

8.2.1 仙客来(图8-36)

学名：Cyclamen persicum

别名：兔子花、一品冠、萝卜海棠。

科属：报春花科、仙客来属。

形态：多年生草本，株高20～30cm。具扁圆形肉质块茎，球底生出许多纤细根。叶着生在块茎顶端的中心部，心状卵圆形，叶缘具牙状齿，叶表面深绿色，多数有灰白色或浅绿色斑块，背面紫红色。叶柄红褐色，肉质，细长。花单生，由块茎顶端抽出，花瓣蕾期先端下垂，开花时向上翻卷扭曲，状如兔耳，花色有白、粉红、红、紫红、橙红、洋红等色。花期12月至翌年5月，但以2～3月开花最盛。蒴果球形，果熟期4～6月，成熟后五瓣开裂，种子黄褐色。

种类：现代仙客来的园艺变种很多，有大花型、皱瓣型、平瓣型、

图8-36 仙客来

重瓣型、芳香型等。

原产地与习性：原产南欧及地中海一带，现为世界著名花卉，各地都有栽培。仙客来喜温暖，不耐寒，冬季室温不宜低于10℃；也不耐高温，30℃以上植株将停止生长并进入休眠。喜阳光充足和湿润的环境，夏季喜阴凉，主要的生长季节是秋、冬和春季。在我国夏季凉爽的云南昆明和东北、西北一些城市，只要管理得当可不致落叶休眠。喜排水良好，富含腐殖质的沙质土壤，pH值为5.0～6.5，但在石灰质土壤上也能正常生长。

繁殖：以播种繁殖为主，也可进行组织培养。播种，一般在8～10月进行，种子发芽的适温为18～20℃，仙客来种子较大，每克约100粒，为促进种子提前发芽，应先用冷水浸种2～3d，或温水浸种24h，然后点播或撒播于浅盆中，覆约0.5～0.8cm，播后盖玻璃，保持盆土湿润，约40d发芽，发芽后除去玻璃并增加光照，一般出苗率达85％。为提高结实率要进行人工授粉。

栽培：栽培时土壤宜疏松，可用腐叶土(泥炭土)、壤土、粗沙加入适量骨粉、豆饼等配制。培养土最好经过消毒。栽植时宜使球的1/2露出土面，以免使球在土中受湿腐烂。忌施浓肥，肥水不可从株顶端施，宜在侧旁施，施肥后要喷水冲洗。

仙客来的养护管理大致可分为几个阶段：

(1) 苗期：撒播的仙客来，小苗长出1～2片叶时，就要进行第一次移植。当幼苗具3～4片叶时，可种植在直径10cm左右的花盆中。天热时要遮荫，还应注意松土、除草、浇水、施肥。

(2) 夏季保苗阶段：第一年的小球在6～8月生长停滞，处于半休眠状态。因夏季气温高，可把盆花移到室外阴凉、通风的地方，注意防雨。若仍留在室内，也要进行遮荫，并摆放在通风的地方。这个时期要适当浇水，停止施肥。北方因空气干燥，可适当喷水。

(3) 第一年开花阶段：入秋后换盆，并逐步增加浇水量、施薄肥。10月室外的应移入室内，放在阳光充足处，并适当增施磷、钾肥，以利开花。留种母株春季应放在通风、光照充足处，水分、湿度不宜过大，可将花盆架高，以免果实着地、腐烂。

两年以上的老球，夏季抵抗力弱，入夏即落叶休眠，应放在通风、遮荫、凉爽处，少浇水，保持湿气即可，停止施肥。入秋后再换盆，在温室内养护至12月又可开花。4、5年以上的老球着花虽多，但质量差且不好养护，一般均遭淘汰。

仙客来属于日照中性植物，日照长度的变化对花芽分化和开花没有决定性的作用，影响花芽分化的主要环境因子是温度，其适温是15～18℃，小苗期温度可以高些，控制在20～25℃，因此可以通过调节播种期及利用控制环境因子和化学药剂，打破或延迟休眠期来控制花期。

用途：仙客来花形奇特，花色鲜艳，花期又正值元旦、春节前后，它能带来热烈喜庆的气氛，是重要的冬春季盆栽花卉，用以节日布置或作家庭点缀装饰、馈赠亲友，也可作切花。

8.2.2 马蹄莲(图8-37)

学名：*Zantedeschia aethiopica*

别名：慈姑花、水芋。

科属：天南星科、马蹄莲属。

形态：多年生草本。地下具肉质块茎，株高50～90cm。叶基生，具粗壮长柄，叶柄上部具棱，下部呈鞘状抱茎，叶片箭形，全缘，绿色有光泽。花梗粗壮，高出叶丛，肉穗花序圆柱状，黄色，藏于佛焰

图8-37 马蹄莲

苞内，佛焰苞白色，形大，似马蹄状，花序上部为雄花，下部为雌花。温室栽培花期12月至翌年5月，盛花期2～4月，果实为浆果。

原产地与习性：原产埃及、非洲南部，现我国各地广为栽培。为秋植球根，喜温暖气候，生长适温为15～25℃，能耐4℃低温，夜温10℃以上生长开花好，冬季如室温低，会推迟开花期。性喜阳光，也能耐阴，开花期需充足阳光，否则花少，佛焰苞常呈绿色。好肥、好水，不耐干旱，喜土壤湿润和空气湿度大。喜疏松肥沃、腐殖质丰富的沙壤土。在冬季不冷、夏季不炎热的温暖、湿润的环境中，能全年开花。夏季高温时进入休眠。

繁殖：以分球繁殖为主，其次用播种。分球可在9月初进行，每年秋季，把块茎周围所萌发的芽球瓣下分栽，经一年栽培管理，第二年可开花。盆播在10月进行，也可随采随播。为获取种子需进行人工授粉，种子约花后一年成熟，小苗培育1～2年也能开花。

栽培：盆栽一般8月立秋后上盆，盆土宜肥沃，施足基肥（也可温室地栽）。小苗出土后增加光照，加强肥水管理，每半月施追肥一次，注意勿将肥水浇入叶鞘内。天凉移入温室养护，室内忌烟熏。马蹄莲喜潮湿，生长期应充分浇水，在叶面、地面应常洒水，以提高空气湿度。花后移出温室，随着气温升高，叶片逐渐枯黄进入休眠，此时应减少浇水量，保持盆土干燥，置于通风、阴凉处，度过夏季休眠，也可取出块茎储藏于冷凉、通风、干燥处。

同属其他栽培种：红花马蹄莲（*Z. rehmannii*）：植株较矮，叶长披针形，佛焰苞桃红色，花期夏季。黄花马蹄莲（*Z. elliotiana*）：叶卵状心形，绿色，具有白色透明斑点，佛焰苞深黄色，花期夏初。

用途：马蹄莲花、叶俱佳，盆栽作室内装饰的材料，也为重要的切花材料，温暖地区可布置于花坛、花境。全株可药用。

8.2.3 花叶芋（图8-38）

学名：*Caladium bicolor*

别名：彩叶芋、二色芋。

科属：天南星科、花叶芋属。

形态：多年生草本。株高40～70cm，地下块茎扁圆形，黄色。叶箭形，呈盾状着生，绿色，具红或白色斑点，背面粉绿色。佛焰苞外面绿色，里面粉绿色，肉穗花序黄至橙黄色。浆果白色。

原产地与习性：原产南美热带地区，巴西和亚马逊河沿岸分布最广。我国广东、福建、云南南部栽培广泛。喜高温高湿，不耐寒，生长适温为30℃，最低不可低于15℃，当气温22℃时，块茎开始抽芽长叶，气温降至12℃时，叶片开始枯黄。喜半阴，要求排水良好、疏松、肥沃、富含腐殖质的土壤。生长期6～10月，10月以后块茎休眠，需保持10℃左右。

图8-38 花叶芋

繁殖：分株繁殖，当块茎开始抽芽时，用利刀切割带芽块茎，在切面干燥愈合后，即可栽植。也可播种，还可用叶片或叶柄进行组织培养，繁殖系数大，而且后代很少发生变异。

栽培：春季上盆后需以24～26℃温度催芽，叶片展出时可略降些温。土壤用肥沃、疏松的培养土，宜施足基肥，置于半阴处，防止阳光直射。若在室外种植，注意夜间的最低气温要达到15℃以上，而且要有半阴的生长环境。土壤排水一定要好，花叶芋的生长期要供给充分肥水，以氮肥为主，但氮素不可太多，也要适当搭配磷、钾肥。入秋后逐渐减少水分，叶片枯黄脱落时挖起块茎，在室内干燥沙土中贮藏，或保留在干燥的盆内，温室越冬。

用途：品种繁多，叶色美丽，是观叶为主的盆栽花卉。在气候温暖地区，也可在室外栽培观赏，摆放在居室沿墙周围。但在冬季寒冷地区，只能在夏季应用在室外。

8.2.4　朱顶红（图8-39）

学名：*Hippeastrum vittatum*

别名：孤挺花、百枝莲、华胄兰、对红。

科属：石蒜科、孤挺花属。

形态：多年生草本。地下鳞茎肥大球形。叶着生于鳞茎顶部，4～8枚呈2列迭生，带状质厚，花、叶同发，或叶发后数日即抽花葶，花葶粗壮、直立、中空，高出叶丛。近伞形花序，每个花葶着花2～6朵，花较大，漏斗状，红色或具白色条纹，或白色具红色、紫色条纹，花期4～6月。果实球形，种子扁平。

图8-39　朱顶红

原产地与习性：原产秘鲁，世界各地广泛栽培，我国南北各省均有栽培。春植球根，喜温暖，适合18～25℃的温度，冬季休眠期要求冷凉、干燥，适合5～10℃的温度。喜阳光，但光线不宜过强。喜湿润，但畏涝。喜肥，要求富含有机质的沙质壤土。

繁殖：用分球、播种、人工分切鳞茎和组织培养繁殖。常用分球繁殖，即每年3～4月分栽小鳞茎。也可用播种繁殖，花后约2个月，种子成熟即行播种，一周发芽，播种苗第三年可以开花。

栽培：在长江流域以南可露地越冬，华北地区仅作温室栽培。3～4月将越冬休眠的种球进行盆栽(也可地栽)，一般从种植至开花约需6～8周。培养土可用等量的腐叶土、壤土、堆肥土配制。栽植不宜过深，以鳞茎顶部稍露出土面为宜。生长期每两周追肥一次，并注意避免阳光过分直射，保证供水。秋凉后控制水分，减少氮肥，增施磷、钾肥，以促进球根肥大，防止徒长。霜期来临，植株地上部分枯死，可挖出鳞茎贮藏，也可直接保留在盆内，少浇水，保持球根不枯萎即可。露地栽培的略加覆土就可安全越冬，通常隔2～3年挖球重栽一次。盆中越冬的，春暖后应换盆或翻盆。

用途：朱顶红花大、色艳，栽培容易。常作盆栽观赏用于室内、窗前装饰，也可露地布置花坛、配置庭院形成群落景观，若作切花应用要在花蕾含苞待放时采收。

8.2.5　大岩桐（图8-40）

图8-40　大岩桐

学名：*Sinningia speciosa*

别名：落雪泥。

科属：苦苣苔科、苦苣苔属。

形态：多年生草本。地下部分具有块茎，地上茎极短，全株密被白色绒毛，株高15～25cm。叶对生，卵圆形或长椭圆形，肥厚而大，有锯齿。花顶生或腋生，花冠钟状，5～6浅裂，有粉红、红、紫蓝、白、复色等色，花期4～11月，夏季盛花。蒴果，花后1个月种子成熟，种子极细，褐色。

原产地与习性：原产巴西，世界各地温室栽培。喜温暖、潮湿，忌阳光直射。适宜生长温度为18～20℃，在生长期中，要求高温、湿润及半阴的环境，有一定的抗炎热能力，但夏季宜保持凉爽，23℃左右有利开花。不喜大水，避免雨水侵入。喜疏松、肥沃的微酸性土壤。冬季落叶休眠，块茎在5℃左右的温度中，可以安全过冬。

繁殖：以播种繁殖为主，也可用扦插与分球繁殖。播种繁殖需人工授粉，温度在18℃以上播种，以8~9月播种最佳。因种子极细，故播种不可过密，否则出苗细弱、难以移栽。播种用土要疏松，一般可用三份腐叶土、一份壤土、一份沙子配合而成。用盆播，细土拌种撒播后，可不覆土，浸盆法浇水，约两周左右出苗。扦插可分为茎插和叶插：茎插是当老球栽植后发出2枚以上的新芽，芽长到4~6cm时，选留其中一芽，其余芽都可切下来进行扦插，插后保持较高的空气湿度，25℃的温度及半阴的环境，约15d即可生根；叶插可在花谢后进行，选择健壮的叶片，从母株连叶柄切取，修去叶边，将其叶柄斜插入沙土中，约20余天，叶柄切口处愈合并形成小球茎。

栽培：播种后当小苗出现真叶1~2枚时，即可进行第一次移植。移植时栽植不宜过深，否则容易腐烂。以后随着幼苗的生长再进行上盆、换盆。冬季幼苗期应阳光充足，以促进幼苗健壮生长，其他季节应适当遮荫，避免阳光直射。进入结实期后，应缩短遮荫时间，以促进种子成熟和球茎发育。每月施追肥两次，切忌溅污叶片和花蕾。除浇水外，为增加空气湿度可适当喷水，秋季气温降低时，可逐渐减少浇水量，使植株逐渐进入休眠。当茎叶全部枯萎时，应完全停止浇水，球根可保留在盆内，也可从盆中取出埋藏于微湿润的沙中。冬季最适储藏温度为10~12℃，早春可以换盆、翻盆。球茎栽植时间可根据所需开花时间而定，一般在12月至翌年3月间均可，从栽植到开花一般需5~6个月。

用途：大岩桐叶茂色翠绿，花大色艳，花瓣丝绒状十分美观，是观花为主的盆栽花卉，可用于节日点缀和装饰居室、窗台。

8.2.6 小苍兰(图8-41)

学名：*Freesia refracta*

别名：小菖兰、香雪兰、洋晚香玉。

科属：鸢尾科、香雪兰属。

形态：多年生草本，地下球茎长卵圆形或圆锥形，外被纤维质棕褐色薄膜。地上茎细弱，有分枝。基生叶成2列迭生，叶片带状披针形，全缘，茎生叶较短。穗状花序顶生，花序上部弯曲呈水平状，小花偏生一侧，6~7朵直立而上，花色有淡黄、紫红、粉红、雪青、白等色，具浓郁的芳香，花被狭漏斗状，花期3~4月。蒴果，近圆形。

原产地与习性：原产南非好望角一带，现各地都有栽培。为秋植球根，冬季在低温温室栽培，春季开花，夏季休眠。喜凉爽、湿润的环境，要求阳光充足和肥沃、疏松的沙壤土，忌连作和水湿。耐寒性较差，在长江中、下游及以北地区都要在温室栽培。

图8-41 小苍兰

繁殖：多用分球法繁殖，秋季将经过休眠的母球和其分生的5~6个新球分开栽植，大球次春开花，小球隔年才能开花。也可用播种法繁殖，6月采种，置于阴凉、通风处，秋季9~10月在温室播于浅盆或苗床(南方也可7~8月间播于冷床，然后再移植)，保持18℃，约21d可发芽，发芽后注意光照和通风。

栽培：9~10月将经过休眠的种球，按大、小不同分开进行上盆栽植。培养土可用等量的腐叶土、壤土、堆肥配制，大球每盆可种3~5球或5~7球，小球还可更多些。上盆覆土2~3cm，用细喷壶浇透水，置于温室阳光充足处，约10d可发芽。北方作切花生产的也可直接温室地栽。盆栽的待霜降后再移入室内,有5~10℃的温度即可。生长期每1~2周施追肥一次,并保持土壤湿润。小苍兰对烟尘敏感,易造成叶尖干枯,应加强室内通风。开花期间易倒伏,要立支柱扎缚。花后逐渐减少浇水次数,至5~6月茎叶枯黄后挖掘球根,晒干后贮藏于通风、干燥处,也可保留在原盆内,将地上部分茎叶剪去,置于阴凉干燥处。病毒常会影响球茎的产量,故在种植前需进行消毒,国外正在采用不带菌的播种苗。

花期控制:常用改变栽植期、调节温度和日照长度等措施来控制花期。短日照下可促进花芽分化,在13.5~15℃下,能促进球茎生根和发芽,球茎在低温(8~10℃)、高湿(90%)下进行春化处理,可提前开花。

用途:小苍兰花色鲜艳、香气浓郁,既可盆栽供观赏,更是切花的好材料,花还可提取香料。

8.2.7 网球花(图8-42)

学名:*Haemanthus multiflorus*

别名:网球石蒜。

科属:石蒜科、网球花属。

形态:多年生草本,株高90cm,地下具扁球形鳞茎。叶自鳞茎上方的短茎抽生,3~6枚,常集生茎的上部,椭圆形至矩圆形,全缘。花茎先叶抽出,顶生伞形花序呈圆球状,花血红色,花期6~8月。

原产地与习性:原产于南非热带。喜温暖、湿润及半阴的环境。不耐寒,生长期适温16~21℃,冬季温度不得低于5℃。土壤以微酸性、疏松、沙质壤土为好。

图8-42 网球花

繁殖:以分球繁殖为主,也可进行播种繁殖。分球繁殖在秋季进行,将母球边分生的小球分离栽植,经3~4年栽培后可开花。因其母球分生能力弱,故南方地区也用播种繁殖(上海地区不易结实),播种苗需经5~6年方能开花。

栽培:盆栽在每年春季换盆时施足基肥,生长期间施以追肥,夏季置半阴处,花期放置凉爽处,可适当延长花期。秋末叶片橘黄,逐渐进入休眠,此时应保持盆土干燥,以后连盆在温室内越冬。若露地栽植时,冬季需挖回鳞茎于室内越冬。

用途:网球花花色艳丽,是常见的室内盆栽观赏花卉,用于布置厅堂、会场等,南方室外丛植成片布置,花期景观别具一格。

8.2.8 地中海蓝钟花(图8-43)

学名:*Scilla peruviana*

别名:海葱、秘鲁绵枣儿、地金球。

科属:百合科、绵枣儿属。

形态:多年生草本,鳞茎大型,扁球形。叶15枚左右,基生,披针状带形。顶生球形总状花序,着花50朵或更多,花蓝紫色,花期4~5月。

原产地与习性:原产于地中海一带,我国许多城市均有栽培。阳性,耐轻阴。适应性强,耐旱,半耐寒,要求土壤腐殖质丰富、排水良好。

图8-43 地中海蓝钟花

繁殖：分球繁殖，秋季9~10月分栽小鳞茎。也可播种繁殖。

栽培：栽培管理较简单，鳞茎不必每年采收，可2~3年挖起分栽一次。

用途：宜作疏林下或草坪坡地的地被花卉，或作花境、岩石园及灌丛间的点缀丛植。也可盆栽观赏。

8.2.9 虎眼万年青(图8-44)

学名：*Ornithogalum caudatum*

科属：百合科、虎眼万年青属。

形态：多年生草本，鳞茎大型，卵圆形，浅绿色。基生叶，带状长条形，先端外卷成尾状。总状花序或伞房花序，小花数十朵，花白色，中间有一条绿色条带，花期5~6月。蒴果。

原产地与习性：原产于南非，欧、亚、非地区广为分布。喜凉爽，耐半阴，喜湿润，不耐水湿。宜疏松、肥沃、排水性好的沙质壤土。冬季在低温温室越冬。

繁殖：用分株和播种法繁殖。

栽培：栽培管理较容易，夏季需放置在荫棚下栽培，冬季需在低温温室中越冬。每两周施薄肥一次。花后除留种外，应去掉残花梗。

图8-44 虎眼万年青

用途：盆栽观赏或切花，也可布置于花坛、花境边缘及岩石园。绿色硕大的鳞茎还可作观赏。

8.2.10 文殊兰

学名：*Crinum asiaticum*

科属：石蒜科、文殊兰属。

形态：常绿草本，具鳞茎。叶宽带形，轮生，无柄。花葶直立，实心，伞形花序顶生，外具2枚大苞片，着花20余朵，花瓣线形，花白色或有红纹，漏斗形或高盆状，无副冠，有香气。花期多在夏季。

原产地与习性：原产亚洲热带。喜温暖湿润，耐盐碱，略喜半阴。要求腐殖质丰富的土壤。

繁殖：分株为主，也可播种。春、秋分离母株周围的吸芽，另行栽植。播种，种子采收后即播。

栽培：生长期需光照及肥水充足，特别是开花前后及开花期更需充足肥水。花后及时剪去花梗。生长适温15~20℃，越冬温度10℃。夏季荫棚。

同属其他栽培种：文殊兰(白花石蒜 *C. asiaticum* var. *sinicum*)：株高可达100cm。鳞茎长圆柱形。叶多数密生成莲座状，边缘波状。着花10~20朵，花被片线形，花被筒细长7~10cm。花白色。花期7~9月。原产于中国广东、福建和台湾。穆尔氏文殊兰(粉花文殊兰 *C. moorei*)：株高60~150cm。鳞茎大型卵形。叶12~15枚，边缘宽锯齿。着花6~10朵，花白色带粉色。花被筒长约10cm，带绿色。花期夏季。原产南非。红花文殊兰(*C. amabile*)：株高60~100cm。鳞茎小。叶20~30枚，全缘。花大，有强烈香气，花被筒长8~12cm，暗紫色，花被裂片内面白色或带红色纵纹，反曲，外侧紫红色。花期夏季。原产苏门答腊。

用途：文殊兰叶丛青翠，花朵洁白，芳香馥郁，株形硕大，盆栽布置厅堂、会场。南方可露地庭院栽植。

8.2.11 嘉兰

学名：*Gloriosa superba*

科属：百合科、嘉兰属。

形态：多年生蔓性草本，地下具根状块茎。叶卵状披针形，先端渐尖，形成卷须状，互生、对生或3叶轮生。花单生于茎的先端或数朵成疏散伞房花序，花被片6枚，红色有黄边，边缘呈皱波状，向上反卷。花期夏季。

原产地与习性：原产中国西南部及亚洲、非洲热带地区。喜温暖、湿润，不耐寒，生长适温22~24℃，低于12℃生长停滞。喜阳光，但夏季不耐强光直射。要求富含腐殖质、疏松肥沃、排水性好的沙质壤土。

繁殖：以分生小球及切割块茎繁殖，一般在早春进行，每一新切的块茎必须具有芽眼。也可用种子繁殖，春秋均可播种，2~3年后开花。

栽培：于早春栽植，在无霜地区可露地栽植，否则冬季宜将块茎掘出，放入室内过冬。进入休眠期宜减少浇水。栽培时还应设支架，以绑缚枝蔓。并需遮光60%。

用途：嘉兰枝蔓缠绕，花大色艳，花形奇特，花期较长，为优良攀缘植物。可种于阳台、棚架、亭柱、花廊等处，北方作垂直装饰材料室内盆栽观赏。

8.3　温室木本花卉类

8.3.1　一品红(图8-45)

学名：*Euphorbia pulcherrima*

别名：象牙红、老来娇、圣诞花、猩猩木、万年红。

科属：大戟科、大戟属。

形态：常绿直立灌木，茎光滑，含乳白色浆汁。单叶互生，卵状椭圆形至阔披针形，全缘、浅波状或浅裂，呈提琴形，背面被柔毛。花小，顶生，杯状花序，花期12月至翌年2月。着生于枝顶的总苞片为主要观赏部分，呈叶片状，披针形，绿色，花开放时转为红色。

原产地与习性：原产于墨西哥和中美洲，现在世界各地广为栽培，在我国云南、广东、广西等地可露地栽培，成为小乔木状。喜温暖、湿润及阳光充足的环境。耐寒性弱，华东、华北地区作温室盆栽。对水分要求严格，应适中。对土壤要求不严，以肥沃沙质壤土最好，耐瘠薄和弱碱，为典型的短日照植物。

图8-45　一品红

繁殖：均采用扦插繁殖，嫩枝及硬枝均可利用。硬枝插在早春花后进行。利用短剪下来的枝条，每段3节，长10cm左右，在切口蘸上草木灰或干土，稍干后再插入基质中，插后保持20℃以上，20~30d可以生根。嫩枝插在5~7月间进行，插穗长约6~8cm，保留部分叶片，剪后插穗随即插入水中，以免乳汁流出，然后扦插。插后半个月内宜经常喷水，注意遮荫，约20d可以生根。

栽培：小苗可用加肥培养土上盆，生长至10~20cm时，可进行摘心，逐年换入大盆，至一定大小后(一般为盆径33cm左右)，每年只翻盆。老株每年花后进行重剪，仅保留一年生枝基部的2~3节，春天再进行翻盆。翻盆时撕去大部分老根添入肥土，翻盆后浇一次透水，保持湿润不要再多浇水，待新梢长出后再逐渐加大水量。

4月下旬移出温室，放在阳光充足的场地，20d左右追液肥1次。在生长过程中需摘心1~2次，促生侧枝。在栽培中应控制肥水不可过多，尤其是秋季植株定型前，以免徒长或节间过长。待枝条长20~30cm时可以开始整形作弯，其目的是使株形矮小、花头整齐、均匀分布、提高观赏性。作弯的当天上午不要浇水，至午后枝条因控水由脆变软时再进行，以免折断。

为使一品红提前开花，可进行短日照处理，一般给予8~9h的日照，经45~60d左右便可开花。开花后的一品红短剪后入中温温室越冬，盆土宜干燥。没有进行促成栽培的植株，在秋季天气变凉前应进入高温温室养护，室温不得低于15℃，并置于光照充足处，以保证开花。种苗栽培应避免花芽形成，在秋冬至5月，可以在夜间22时至次日凌晨2时作加光处理。

同属其他栽培种：一品白（var. *alba*）：苞片白色。一品粉（var. *rosea*）：苞片粉红色。重瓣一品红（var. *plenissima*）：除总苞片变色似花瓣外，小花也变成花瓣状。此外，还有矮化一品红和苞片柠檬黄的品种。

用途：盆栽观赏，是圣诞节、新年前后的重要盆花，也常用作切花。温暖地区可用以布置花坛、花篱或作基础栽植。

8.3.2 狗尾红（图8-46）

图8-46 狗尾红

学名：*Acalypha hispida*

科属：大戟科、铁苋菜属。

形态：灌木，株高50~300cm。叶互生，卵圆形，先端尖，边缘有锯齿，叶柄披绒毛。穗状花序腋生，单性，无花瓣，雌花序稠集，圆锥状下垂呈尾状，鲜红色或紫红色，花期6~12月。

原产地与习性：原产于马来西亚。喜阳光，不耐寒，冬季要求室温15℃以上，喜肥沃的土壤。

繁殖：以扦插繁殖为主，在初夏选取充实嫩枝，插于沙床中，保持荫蔽和潮湿，约2~3周后即可生根。

栽培：苗期注意肥水管理，每两周施肥一次，促其健壮生长。每年春季4月中下旬翻盆一次。

用途：盆栽观赏，华南地区可作室外庭院观赏植物。

8.3.3 倒挂金钟（图8-47）

学名：*Fuchsia hybrida*

别名：吊钟海棠、灯笼海棠、吊钟花。

科属：柳叶菜科、倒挂金钟属。

形态：半灌木或小灌木，株高30~150cm。茎近光滑，枝细长稍下垂，常带粉红或紫红色，老枝木质化明显。叶对生或3叶轮生，卵形至卵状披针形，边缘具疏齿。花单生于枝上部叶腋，具长梗而下垂。萼筒长圆形，萼片4裂、翻卷。花瓣4枚，自萼筒伸出，常抱合状或略开展，也有半重瓣或带皱褶。花色有粉红、紫、橘黄、白色等，温室栽培花期一般春至初夏，夏凉地区为夏秋。浆果。

原产地与习性：原产秘鲁、智利、墨西哥等中、南美洲国家。喜温暖、湿润、冬季阳光充足、空气流通、夏季高燥、凉爽、半阴的环境。忌

图8-47 倒挂金钟

酷暑、闷热及雨淋日晒。气温达30℃时，生长明显较差，呈半休眠状态，在35℃以上，枝叶枯萎，甚至死亡。冬季温室最低温度应保持10℃，在5℃的低温下易受冻害。生长室温为10～25℃，要求有较高的空气湿度。土壤为肥沃的沙质土壤。花期很长，因栽培环境不同而有差异。

繁殖：扦插为主，除炎热的夏季外，周年均可进行，以春插生根最快。剪取长5～8cm生长充实的顶梢作插穗。温度20℃时，嫩枝插后两周便生根。生根后及时上盆，否则根易腐烂。

播种繁殖多在培育新品种时使用，如不进行人工授粉，花后很少结实。采种后应立即盆播，种子不能长期贮藏。小苗需培养至第二年才能开花。

栽培：倒挂金钟生长迅速，开花多，因此生长期应加强肥水供应，并随植株生长及时套入大盆或翻盆换土。生长期应进行多次摘心，促使多分枝，发育匀称，开花繁茂。每次摘心后2～3周即可开花，所以常用摘心来控制花期。也可作小树状整形，选枝粗、直立性品系，除去侧芽，养成直立主干。在选定高度后摘心，使其成为均匀的由3～5个分枝形成的树冠。还可再在这3～5个侧枝上嫁接平展下垂枝形的品种，使其成为优美的伞形树冠。

除夏季炎热时不施肥外，其他时间每隔10d施液肥一次，以腐熟的豆饼肥或粪肥为好。倒挂金钟的安全越夏是养护管理的关键，可将其置于防雨的荫棚下，不断地喷水降温，并加强通风。若叶子枯黄时可将上部枝条剪除，控制浇水，遮荫，令其充分休眠越夏。待8月下旬天气凉爽时，可进行换盆，再逐渐供肥水，促进生长。早霜到来前移入中温温室，并适当修整株形，摘除多余的新芽，入室初期适当遮光，入冬后可见充足阳光，并注意通风换气，否则白粉虱发生严重。

同属其他栽培种：白萼倒挂金钟（*F. alba-coccinea*）：茎近光滑，茎及叶色均较浅，花萼白或乳白色，花瓣红或深紫色，为园艺杂交种。长筒倒挂金钟（*F. fulgens*）：全株光滑，叶对生或互生，花簇生，细长，萼筒长于裂片2～3倍，萼及花瓣均为鲜红色。短筒倒挂金钟（*F. magellarica*）：叶对生或3枚轮生，萼裂片长于筒部，筒部常呈圆球状，绯红色，花瓣蓝紫色。此外，还有匍枝倒挂金钟、三叶倒挂金钟等。

用途：栽培品种极多，是我国常见的盆栽花卉，花形奇特，花期长，观赏性强，适用于盆栽和悬挂吊盆栽培，点缀客厅、花架、案头，也可剪枝插瓶。气候适宜地区可地栽布置花坛，也有少数观叶品种。

8.3.4 茉莉花（图8-48）

学名：*Jasminnum sambac*

别名：茉莉、茶叶花。

科属：木犀科、茉莉花属。

形态：常绿灌木。小枝细长有棱。上被短柔毛，略呈藤本状。单叶对生，椭圆形至广卵形，叶面脉略下凹，全缘。聚伞花序顶生或腋生，每序着花3～9朵，花冠白色，有单、重瓣之分，单瓣者香味极浓，重瓣者香味较淡。花期6～10月，其中以6～7月为最盛。

原产地与习性：原产我国西部和印度，现我国南北各地普遍栽培。性喜炎热，生长适温为25～30℃，不耐寒，冬季气温低于3℃时，枝叶易遭受冻害，如持续时间长，就会死亡。喜阳光和湿润，要求肥沃、湿润和排水良好的沙质壤土，耐肥力强，土壤的pH值5.5～7.0为宜，畏旱又不耐湿涝。

图8-48 茉莉花

繁殖：一般多用扦插繁殖。露地扦插以6～8月为宜，在温室内周年可插。选择当年生且发育充实、粗壮的枝条作插穗,插后注意遮荫并保湿,在30℃的气温下约1个月即可生根。茉莉的分蘖力强,多年生老株还可进行分株繁殖,春季结合换盆、翻盆,适当剪短枝条,利于恢复,并尽量保护好土团。此外,还可进行压条繁殖。选较长的枝条,在夏季进行,1个月生根,2个月后可与母株割离,另行栽植。

栽培:盆栽苗用加肥培养土上盆,栽植不可太深,栽后先遮荫养护待缓过苗后再移至阳光下,如光照不足,容易徒长,影响着花。前两年可随植株生长每年换入大盆一次,以后每年只翻盆换土。茉莉喜肥,因此培养土可加入20%的大粪干。生长期注意水肥管理,如空气干燥,需补充喷水,每周追施一次腐熟的人粪尿或油粕水。注意经常松土,若发现叶片黄化可浇灌硫酸亚铁500倍液。春末夏初可摘叶,促进新枝的生长和花芽的分化,花后枝条应及时短剪,可促使其发生新的侧枝而再次开花。冬季移入中温温室越冬,或经强剪迫使其休眠后置于低温温室内贮藏越冬。越冬期间停止施肥,节制浇水,春季出室后放阳光下养护。

同属其他栽培种:毛茉莉(*J. multiflor*):攀缘灌木,茎、叶、花均被黄褐色柔毛。花白色,花期冬、春季,具芳香。素馨花(*J. officinale*):常绿灌木,奇数羽状复叶对生,花白色,花期6~10月,芳香。

用途:茉莉叶色翠绿、花色洁白、香味浓郁,是很好的香花植物,常作盆栽观赏,其花朵也用作切花,可串编成形作佩饰,或以其花熏茶叶增加香味。花、叶、根均可入药。

8.3.5 扶桑(图8-49)

学名:*Hibiscus rosa-sinensis*

别名:佛桑、朱槿、朱槿牡丹、大红花。

科属:锦葵科、木槿属。

形态:常绿灌木,盆栽株高可达1~3m。茎直立而多分枝,在栽培中常整形成小乔木状。叶互生,卵形或广卵形,先端突尖或渐尖,叶缘具粗锯齿或缺刻,基部近全缘,具3主脉。花大,有下垂或直上之柄,单生新梢叶腋间,有单瓣、重瓣之分。单瓣者花冠漏斗状,蕊柱粗壮,伸出花冠之外;重瓣者雌雄蕊均瓣化,花瓣重叠,花形不固定。花色有白、黄、橙、粉红、鲜红、大红等,花期全年,夏秋最盛,但每朵仅开1~2d。蒴果,卵圆形。

图8-49 扶桑

原产地与习性:原产我国南部和印度,全国各地均有栽培。性喜温暖、湿润的环境。不耐寒,不耐旱,耐高温,不怕夏季的酷热。属强阳性植物,极不耐阴。对土壤的适应范围较广,但以在富含有机质、pH值为6.5~7.0的微酸性、肥沃且排水良好的土壤中生长最好。耐剪修,发枝力强。

繁殖:采用扦插繁殖为主。硬枝、嫩枝均可作插穗,发根适温为20~25℃,北方温室内周年可插,南方结合修剪多在4~5月进行。插后注意遮荫保温,一般30~40d可生根。扶桑也可芽接或枝接繁殖。播种仅用于杂交育种。

栽培:盆栽扶桑冬季应置于高温温室内养护,维持室温12~15℃以上,温度过低叶片将会脱落,在温室中置阳光充足处,注意通风。一般控制浇水,停止施肥,使之在新陈代谢强度较低的情况下安全越冬。春季晚霜过后再出室,放在阳光下养护。扦插苗上盆,盆土用腐叶土、壤土和沙等量混合,加入适量腐熟的堆肥,以后逐年换入大盆,到长成大棵后可两年翻盆换土一次。生长期间需充分灌水,夏季还要叶面喷水,每周追施液肥一次,否则土壤干燥和缺少肥料均会导致落蕾。扶桑生长迅速，修剪整形应从苗期开始，当苗株高20cm左右，即应摘心，促其分枝。一般每年早春在温室内应对老枝进行重剪，促使新梢提前发出。露地栽植的扶桑生长良好，易养成较大的植株。北方可在春暖后栽于露地阳光充足、排水良好的肥沃黏质土壤的苗床内，秋霜前上盆移入温室。此举在盆花生产中对缩短生产周期具有重要意义。扶桑花期长久，但秋凉后着花不多。如需冬季及早春用花，须将其提前进入温室，选向阳避风处放置，以达到催花目的。

同属其他栽培种：吊钟扶桑(H. schizopetalus)：又名拱手花篮，枝条柔弱倒垂，叶卵状椭圆形，先端尖锐。花腋生，倒垂，花瓣羽毛状，反卷，花红色或粉红色，花期12月至翌年5月。

用途：扶桑花期长，花大色艳，可盆栽观赏；南方多露地栽培，布置花坛，作花篱或散植于池畔、亭前、道旁和墙边；根、花均可入药，在我国栽培历史悠久。从全世界范围而言，扶桑在热带、亚热带地区，如泰国、新加坡及美国东南部等处，也普遍用于园林绿化。

8.3.6 珊瑚花（图 8-50）

学名：*Cyrtanthera carnea*

别名：芝麻花、红缨花。

科属：爵床科、珊瑚花属。

形态：草本或半灌木。高约1m，茎4棱，具叉状分枝。叶对生，卵形、矩圆形、卵状披针形，深绿色，稍粗糙，顶端渐尖，边全缘或微波状。花序穗状顶生，苞片矩圆形，绿色，花冠粉红色，具黏毛，花冠唇形。花期长，春季至秋季都可开花。

原产地与习性：原产巴西，现广植于世界各地，我国温室栽培。不耐寒，室温10℃以上生长较好。耐半阴，喜湿润。叶质脆，经风吹、暴雨淋易破碎。性较强健，生长迅速，不择土壤，以富含有机质且排水良好的沙质壤土为佳。

图 8-50 珊瑚花

繁殖：扦插繁殖。剪取带顶尖的嫩枝，长10～15cm，去掉下部1～2枚叶片，扦插于以粗沙为基质的插床上，地温18～25℃，用塑料膜覆盖，保湿，经常喷水或自动喷雾，约2～3周可以生根，4周后上盆，苗期及时摘心。

栽培：于春季4月翻盆，并进行短剪，以控制植株高度。5月上、中旬移至室外荫蔽、避风处培养。每半月施肥一次，并在四周洒水，以提高空气湿度。花谢后要及时摘除残花，以免影响观赏。9月中旬应移入温室，尽量多给予光照，室内温度应在10℃以上，否则进入休眠状态。要求潮湿、无烟尘的空气，且易遭霉菌危害，应予通风换气。因其不耐旱，生长期需要充足的水分，根部水稍有供应不足，叶片便会凋萎。冬天室内则应在土壤干燥时才浇水，如土壤连续潮湿，容易脱叶、烂根，有碍生长。

用途：珊瑚花的花序较大，花期长，又较耐阴，宜作室内花卉盆栽观赏，也可在公共场所成片摆放，还可制作盆景或切花。

8.3.7 金苞花

学名：*Pachystachys lutea*

别名：黄虾花。

科属：爵床科、厚穗爵床属。

形态：多年生常绿草本，株高30～50cm，多分枝。叶对生，椭圆形，亮绿色，有明显的叶脉。

穗状花序生于枝顶,像一座金黄色的宝塔,苞片金黄色,花白色,花冠唇形,花期自春至秋季。

原产地与习性:原产墨西哥和秘鲁。喜阳光充足,光线越足植株生长得越茁壮、株形越紧密。喜在高温、高湿的环境中栽培,越冬的最低温度不可低于10℃,否则停止生长,叶片脱落。土壤要求疏松、透气,忌用黏重土壤,较耐肥。

繁殖:扦插繁殖。用嫩枝顶梢作插穗,长8~10cm,去掉下部叶片,顶端有花苞的也应剪去。插床温度为20~25℃,保持较高的空气湿度和充足的水分,两周左右即可生根。

栽培:以肥分充足、疏松含腐殖性的盆土最为理想。盆栽可用泥炭土、腐叶土加1/2珍珠岩或1/3河沙和少量基肥配成培养土。上盆缓苗后可进行2~3次摘心,以促进分枝。生长期每1~2周追施一次液肥,肥料中氮、磷、钾的比例可以是等量的,肥料不足往往是金苞花生长较差、开花少而小的主要原因。北方盆栽,通常春天温度回升以后开始换盆,可同时修剪,降低植株的高度,促进分枝,剪下的枝条还可用于扦插。室内要求光照充足,天暖出窖后也不遮光或很少遮光,但应增加空气湿度,经常叶面喷水,并适度浇水才能使植株生长良好。9月底应移入温室,置于光照充足处,控制浇水。金苞花每当新梢出现,其顶端就会产生新的花序,只要栽培管理合适,有充足的阳光,温度保持15℃以上,便不断产生新芽,有新的花朵出现。因此温室栽培,要想冬季开花,夜间室温在15℃以上,白天在25℃左右即可。

用途:金苞花株丛整齐,花序大而密集,花色鲜艳美丽,深受人们喜爱,虽然引入我国的历史不长,但发展很快,目前国内许多城市均有栽培。金苞花是盆栽的理想材料,宜室内栽培观赏或成片摆放广场、景点和厅堂,也可夏季栽植于花坛中。

8.3.8 虾衣花(图8-51)

学名:*Beloperone guttata*

别名:虾夷花、狐尾木、虾衣草。

科属:爵床科、麒麟吐珠属。

形态:常绿亚灌木,茎柔软,节膨大,茎基木质化,丛生而直立,嫩茎节基红紫色。单叶对生,长椭圆形,先端尖,全缘。穗状花序顶生,端部常侧垂。苞片多数且重叠似虾衣,呈砖红至褐红色,宿存。花冠细长,伸出苞片外,唇形,白色,下唇喉部有3条紫色斑纹。盛花期4~5月,温室栽培全年均可开花。蒴果。

原产地与习性:原产墨西哥,现各地均有栽培。喜温暖、湿润和通气的环境。不耐寒,华北各地均作温室栽培。喜阳光,也较耐阴。对土壤适应性广,以富含腐殖质的沙质壤土为佳。

图8-51 虾衣花

繁殖:以扦插为主,全年均可进行。一般在春季或6月间盛花期过后进行,剪当年生充实枝条,每段3节作插穗。插后遮荫、保湿,在25℃气温下20d左右生根。生根后应上盆,随之摘心,促进多分枝。春季扦插者,秋季就可以开花。

栽培:用加肥培养土上盆,并于夏季生长旺盛季节每7~10d追施液肥一次,适当增加磷、钾肥比例,控制氮肥,以免徒长。每年春天结合翻盆进行短剪,促进分枝,并应设立支架绑扎枝条加以整形。夏季放置室外稍加遮荫,秋末移入温室阳光充足处养护,最低温度需要在5~10℃,停止浇水或少浇水,使其安全越冬。若最低温度在15℃左右,则可连续开花,花谢后及时修剪,以促使基部分枝,形成良好株形,再度开花。

用途：虾衣花株态自然，枝叶茂盛，花形奇特，宜盆栽观赏，也可作花坛布置或制作盆景。

8.3.9 鸭嘴花（图 8-52）

学名：*Adhatoda vasica*

科属：爵床科、鸭嘴花属。

形态：灌木，株高 2～3m，茎节膨大，幼枝有毛。叶对生，矩圆状披针形或矩圆状椭圆形，端尖，全缘。穗状花序顶生或腋生，苞片卵形，花冠唇形，白色，有紫色线条，花期春、夏。

原产地与习性：原产于印度。不耐寒，冬季室温需5℃以上。较耐阴，喜温暖、湿润环境。耐修剪。土壤要求肥沃、疏松。

繁殖：主要以扦插繁殖为主，也可用分株和播种法繁殖。

栽培：每年春季翻盆，生长期间需常浇水，保持盆土湿润。每半月施薄肥一次，以氮肥为主。花谢后，要及时剪除残花。

图 8-52 鸭嘴花

用途：盆栽观赏，南方温暖地区可作庭园绿篱栽培。

8.3.10 三角花（图 8-53）

学名：*Bougainvillea spectabilis*

别名：叶子花、九重葛、毛宝巾。

科属：紫茉莉科、三角花属。

形态：具有锐刺的木质藤本植物，枝叶密生茸毛，刺腋生。单叶，互生，卵形或卵圆形，全绿。花生于新梢顶端，常3朵簇生于3枚较大的苞片内，苞片椭圆形，形状似叶，有红、淡紫、橙黄等色，俗称之为花。花梗与苞片中脉合生，花被管状密生柔毛，淡绿色。花期很长，各地不一。瘦果。

图 8-53 三角花

原产地与习性：原产巴西以及南美洲热带及亚热带地区，我国各地均有栽培。性喜温暖、湿润气候。不耐寒，喜光照充足。喜肥，对土壤要求不严，以富含腐殖质的肥沃土壤为佳。生长强健，喜湿、极不耐旱，也忌水涝。萌芽力强，耐修剪。

繁殖：以扦插繁殖为主，也可用压条法繁殖。夏季扦插成活率高，可于6～7月花后选一年生半木质化枝条为插穗，长10～15cm，插于沙床或喷雾插床。插后经常喷水保湿，25～30℃时 20d 即可生根，再经40d 分苗上盆，第二年入冬后开花。春季扦插可采用生根粉促进生根。

栽培：可用泥炭土加入 1/3 细沙及少量麻酱渣混合作基质。因其生长迅速，每年需翻盆换土一次。翻盆时宜施用骨粉等含磷、钙的有机质作基肥，在生长期每半月施液肥一次，氮肥量要控制。夏季植株生长旺盛，需水量大，可每天两次。花期过后应对密枝、内膛枝、徒长枝进行疏剪，对其他枝条一般不修剪。盆栽大株三角花常绑扎成拍子形、圆球形等，以提高观赏性。也可春季通过修剪，使其分枝多，形成圆头形。地栽的还可设支架，使其攀缘而上。三角花在华南地区可以露地越冬，其他地区大多盆栽。盆栽三角花在秋季温度下降到25℃前移入高温温室中养护，可一直开花不断。冬季如降温至10℃以下则开始落叶休眠，如在冷室中越冬得到充分休眠，则春夏开花更为繁茂。

天暖出室后要放在阳光充足的场地养护。北方如欲使其在国庆节开花，需提前50d进行短日照处理。

用途：三角花苞片大而美丽，鲜艳似花，宜作室内大、中型盆栽观花植物，有时作切花或作盆景。在温暖地区的庭园绿化中还作攀缘植物应用或修剪成花篱。

8.3.11 栀子花(图8-54)

学名：*Gardenia jasminoides*

别名：黄栀子、白蟾花、黄枝、山栀。

科属：茜草科、栀子属。

形态：常绿灌木或小乔木。枝丛生，幼时具细毛。叶对生或3叶轮生，有短柄。叶革质，倒卵形或矩圆状倒卵形，全缘，顶端渐尖而稍钝，色翠绿，表面光亮。花大，白色，有芳香，单生于枝顶或叶腋，花冠高脚蝶状。果实卵形，橙黄色。

原产地与习性：原产我国长江流域以南各省区，北方也有盆栽。喜温暖，阳性，但又要求避免强烈阳光直晒。喜空气湿度高、通风良好的环境，宜疏松、湿润、肥沃、排水良好的酸性土壤，

图8-54 栀子花

是典型的酸性土植物。耐寒性差，温度在-12℃下，叶片受冻而脱落。萌芽力、萌蘖力均强，耐修剪。喜肥。对二氧化硫有抗性。

繁殖：播种、扦插、压条和分株均可繁殖。分株和播种均以春季为宜。种子发芽缓慢，播后常1年左右发芽，华北温室盆栽不易收到种子。扦插时以嫩枝作插穗，在梅雨季进行成活率高。压条在4月上旬，选取2～3年生强壮枝条压于土中，30d左右生根，到6月中、下旬可与母株分离。北方压条可在6月初进行。

栽培：4月下旬出室，夏季应在荫棚下养护，并注意浇水、喷水，雨后及时倒掉盆中积水。开花前多施薄肥，促进花朵肥大，当土壤偏碱，造成叶片黄化时，应适当施入硫酸亚铁或矾肥水。冬季室内越冬，温度不低于0℃。也可用加温、加光等方法促使其冬、春开花，还可用修剪的方法使其延迟开花。

用途：盆栽观赏，也可制作盆景或作切花材料，也是美化庭院的优良树种。根、叶、果均可入药，花含芳香油，可作调香剂。

8.3.12 龙船花(图8-55)

学名：*Ixora chinensis*

别名：山丹、英丹花、水绣球。

科属：茜草科、龙船花属。

形态：常绿小灌木，全株无毛。叶对生，薄革质，披针形，矩圆状披针形至矩圆状倒卵形，全缘，有极短的柄。聚伞花序顶生，花冠红色或橙黄色，花期6～11月。浆果近球形，紫红色。

原产地与习性：原产中国南部，分布于台湾、福建、广东、广西、马来西亚、印尼等地。性喜温暖，不耐寒。喜光，耐半阴。抗旱，也怕积水。要求富含腐殖质、疏松、肥沃的酸性土壤。

繁殖：用播种或扦插繁殖，也可分株、压条。播种最为简单，但成株期较长，故多采用扦插法。在梅雨季节，取当年生枝条，长约

图8-55 龙船花

12~15cm扦插,约15d左右生根。

栽培:生长期每月追施淡饼肥水1~2次。苗高15~20cm时应进行摘心。盆栽出室后,1~2年翻盆一次。如发现叶黄时,可施矾肥水。冬季需移入温室越冬,北方室温保持不低于5℃。

用途:龙船花株形美观,开花密集,花色红艳,花期久长。宜盆栽观赏,适合窗台、阳台和客厅点缀。在华南地区,可在园林中丛植,或与山石配植。其根是一味药材。

8.3.13 六月雪(图8-56)

学名:*Serissa serissdides*

科属:茜草科、六月雪属。

形态:半常绿小灌木,多分枝。叶对生,有短柄,常聚生于小枝上部,叶形变化大,通常为卵形至披针形。花多朵簇生于小枝顶端,近无梗,花白色,花期6~9月。

原产地与习性:原产于中国长江下游各省。不耐寒,喜温暖、阴湿环境,萌蘖力、萌芽力强盛,耐修剪、造型。要求肥沃的沙质壤土。

繁殖:扦插繁殖,早春或梅雨季节进行,插后需搭棚遮荫,并保持土壤湿润。

图8-56 六月雪

栽培:移植一年四季均可进行,但以2~3月为最好。在养护中一般每隔12周施稀薄液肥一次,以使枝叶健壮,开花茂盛。

用途:盆栽观赏,是极好的盆景材料,也可用作插花材料或露地配置应用。

8.3.14 米兰(图8-57)

学名:*Aglaia odorata*

别名:米仔兰、树兰、鱼子兰、碎米兰。

科属:楝科、米仔兰属。

形态:常绿灌木或小乔木,多分枝。奇数羽状复叶,互生,小叶3~5枚,具短柄,倒卵形,深绿色具光泽,全缘。圆锥花序腋生,花小而繁密,黄色,极香。花期从夏至秋,如温度适合其他季节也可开花。

图8-57 米兰

原产地与习性:原产我国南部各省区及亚洲东南部。性喜温暖、湿润、阳光充足的环境,能耐半阴,但不及向阳处开花繁密而健壮。不耐寒,除华南、西南外,均需在温室盆栽,冬季室温保持在12~15℃,则植株生长健壮、开花繁茂,土壤以肥沃、微酸性为宜,怕干旱。

繁殖:采用高压法和扦插法。高压法多在春季4~5月,选1~2年生壮枝,环状剥皮后,经50~60d即可生根,秋后即可断离母株上盆。扦插繁殖于6~8月剪取当年生顶端嫩枝,长约10cm,剪去下部叶片,插后保持95%的相对湿度和28℃的温度,约需2个月开始生根。因扦插生根比较困难,如于扦插前使用50ppm萘乙酸或吲哚乙酸溶液浸泡15h,有促进生根效果。

栽培:盆栽米兰秋季于霜前入中温温室养护越冬,温室保持12~15℃,低于5℃易受冻害。要注意通风、停止施肥、节制浇水,至翌年春季气温稳定在12℃以上再出室,置阳光充足处。盆栽米兰每1~2年需翻盆一次,新上盆的花苗不必施肥,生长旺盛的植株可每两周施稀释饼肥水一次,要经常保持盆土有一定湿度。夏季可经常向叶面喷水或向空气喷雾增加空气湿度。为促使盆栽植株生长得更丰满，必要时可对中央部位枝条进行修剪摘心，促进侧枝的萌芽、新梢开花。

用途：米兰树姿秀丽，枝叶茂盛，花香浓郁，为优良的香花植物。常盆栽以供观赏，在温暖地区的庭园中可露地栽植。花可以提炼香精，也是重要的熏茶原料，枝、叶可入药。

8.3.15 龙吐珠（图8-58）

学名：*Clerodendrum thomsonae*

别名：麒麟吐珠。

科属：马鞭草科、赪桐属。

形态：柔弱的木质藤本植物，茎4棱。单叶对生，深绿色，卵状矩圆形或卵形，先端渐尖，基部浑圆，叶脉由基部3出，全缘，有短柄。聚伞花序，顶生或腋生，呈疏散状，二歧分枝。花萼筒短，绿色，裂片白色，卵形，宿存。花冠筒圆柱形，柔弱，5裂片深红色，从花萼中伸出，雄蕊及花柱很长，突出花冠外，花期春夏。果实肉质球形、蓝色，种子较大，长椭圆形、黑色。

图8-58 龙吐珠

原产地与习性：原产热带非洲西部，现各地广为栽培。喜温暖、湿润的气候，不耐寒，开花期的温度约在17℃左右。喜阳光，但不宜烈日暴晒，较耐阴，花的分化不受光周期的影响，但较强的光照对花的分化和发育有促进作用。较喜肥，以肥沃、疏松、排水良好的微酸性沙壤土为宜，不耐水湿。

繁殖：以扦插繁殖为主，枝插、芽插、根插都可生根。扦插期以春、秋两季为好，也可6月份选取嫩枝扦插，注意遮荫、保湿，温度20~25℃，20d左右生根。播种繁殖，在春季进行，温度24℃，约10d可发芽，只是种子不易采取，应人工授粉。

栽培：小苗应及时用加沙的酸性腐殖质土上盆，盆底排水孔应加大，并做排水层。雨季要注意倒盆排水，栽培期间不可太湿，过分潮湿对开花不利，甚至落叶、烂根。每年翻盆换土一次，加施基肥。生长期再追施液肥2~3次，开花期间用等量的三要素肥料，浓度为0.2%，每周施肥两次。秋凉时应放置高温温室养护，使多受阳光，节制浇水，停肥。8℃以上的温室中可使其休眠，安全越冬。春季翻盆时，对上部枝条宜进行短截，促使萌发新枝。出室后宜放疏荫处，光线不足时，会引起蔓性生长，不开花。生长初期可摘心，使植株形态圆整、多分枝、多开花，也可绑扎成拍子形及各种形状的支架供枝蔓攀缘。为了保证有较高的空气湿度，可定期叶面喷水。此外，栽培环境的空气要新鲜，有药味或有乙烯的地方常会引起落花。

花期控制：用矮壮素浇入土壤可加速花的发育，控制温度不超过21℃，控制肥水量，使不生长出长蔓来，均能促进开花。

用途：龙吐珠叶色浓绿，花形奇特，开花繁茂。宜盆栽观赏，也可作花架、台阁上的垂吊盆花布置，花枝还常用于插花欣赏。全株可入药。

8.3.16 马缨丹（图8-59）

学名：*Lantana camara*

别名：五色梅、臭绣球。

图8-59 马缨丹

科属：马鞭草科、马樱丹属。

形态：直立或半藤本状灌木，株高 1m，全株披短毛，有气味。方茎，叶对生，卵形，叶缘具齿。伞形花序，小花密生，高脚蝶形。花色为红、黄、白等色。花期盛夏，华南地区全年可开花。

原产地与习性：原产于美洲地区，现广布于热带和亚热带地区。阳性，不耐寒，冬季室温保持在 5~6℃。对土壤要求不严，耐修剪，耐干旱。

繁殖：一般以扦插繁殖为主，也可用播种繁殖。

栽培：冬季需移至室内阳光充足处培育越冬，春季转暖后修去枯枝，翻盆后移至露地阳光充足处培养。夏季应适当多浇水，并每隔半月左右施薄肥，以促进开花繁茂。

用途：马樱丹适应性强，花期长。适于盆栽或庭园观赏。

8.3.17 蓝雪花(图 8-60)

学名：*Plumbago auriculata*

别名：蓝茉莉、蓝花丹、六倍利。

科属：蓝雪科、蓝雪花属。

形态：常绿小灌木，高约 100cm。枝具棱槽，幼时直立，长成后蔓性。叶薄，单叶互生，全缘，短圆形或矩圆状匙形，先端钝而有小凸点，基部楔形。穗状花序顶生和腋生，苞片比萼片短，花萼有黏质腺毛和细柔毛，花冠淡蓝色，高脚碟状，管狭而长，顶端 5 裂，花期 6~9 月。蒴果膜质。

原产地与习性：原产南非，现在世界热带各地均有栽培。性喜温暖，不耐寒冷，在华东及其他温带地区，作温室花卉栽培，生长适温 25℃。喜光照，稍耐阴，不宜在烈日下暴晒，要求湿润环境，干燥对其生长不利，不耐干旱，宜在富含腐殖质、排水畅通的沙壤土上生长。

图 8-60 蓝雪花

繁殖：多采用扦插、分株法繁殖，也可播种繁殖。播种宜春季进行，扦插可在春季、夏初或夏末进行。夏季扦插选嫩枝或半成熟枝，生根温度为 20~25℃ 最好，插后约 20~30d 即可生根。

栽培：北方盆栽，每年春季翻盆，盆土用腐叶土、厩肥土、沙质壤土各一份配制。翻盆时应适当修剪，注意保护新梢，对 3 年生以上的植株应强剪。生长期间需常施稀薄液肥，春夏生长季节每周施肥一次。天暖移出温室后，应置于半阴处或荫棚里。盆中要常浇水，周围要洒水，雨季忌积水，应注意盆内排水。秋凉后移入温室，冬季减少浇水量，使盆土偏干，室温需保持在 10℃ 以上，越冬温度不得低于 7℃，并给予光照。南方露地栽培，管理粗放。

用途：蓝雪花花色轻淡、雅致，是备受人们喜爱的夏季花卉，适宜盆栽观赏。南方也可露地栽种，美化环境。

8.3.18 硬骨凌霄(图 8-61)

学名：*Tecomaria capensis*

别名：南非凌霄、四季凌霄。

科属：紫葳科、硬骨凌霄属。

形态：常绿半藤本状或近于直立的灌木，枝绿褐色，具瘤状凸起。奇数羽状复叶，对生小叶 7~9 枚，卵形，叶缘具规则的

图 8-61 硬骨凌霄

锯齿。总状花序顶生,花冠漏斗状,略弯曲,橙红色至鲜红色,花冠管上略具深红色条纹。花期6~10月。蒴果线形。

原产地与习性:原产南非,我国早期引种栽培。喜温暖、湿润和阳光充足的环境,耐半阴,不耐寒,仅在华南、西南地区可露地越冬。4~10月生长适温为20~24℃,10月至翌年4月为12~16℃,冬季温度不可低于8℃。萌发力强。对土壤选择不严,喜肥沃、湿润、排水良好的沙壤土,忌积水。

繁殖:以扦插繁殖为主,还可进行压条繁殖。一般多在早春进行硬枝扦插,发根容易,也可于5月下旬至6月上旬用嫩枝扦插,遮荫、保湿,温度保持13~19℃,3~4周后生根。压条繁殖一般在5月下旬至6月上旬进行,一个月后生根。

栽培:在养护中要加强修剪和整形,主要在入冬花谢后进行,对所有的侧枝进行短剪,促使萌发更多的新侧枝。夏季可进行摘心,使养分集中供应花芽分化。苗期生长很快,需逐年换入大盆。从早春到开花前每月追施液肥1~2次。冬季移入低温温室越冬,来年4月中旬出室放在阳光充足处养护,盛夏要灌水充分,以防萎蔫。

用途:硬骨凌霄终年常绿,叶片秀雅,夏、秋季节开花不绝。宜作盆栽观赏及布置花坛,还可入药。

8.3.19 肖粉凌霄(图8-62)

图8-62 肖粉凌霄

学名:*Pandorea jasminoides*

别名:粉花凌霄。

科属:紫葳科、凌霄属。

形态:常绿藤本。叶对生,奇数羽状复叶,小叶5~9枚,卵形至披针形,全缘或有锯齿,光滑无毛。数花聚成圆锥花序,顶生,花冠漏斗状钟形,稍呈两唇状,花白色,喉部桃红色,花期夏、秋季。

原产地与习性:原产于非洲南部。喜温暖、湿润气候,不耐寒,但耐轻霜,需保持通风。喜排水良好、疏松的沙壤土。

繁殖:用播种、扦插法繁殖。

栽培:生长期宜搭支架,使其攀缘。冬季入温室培养,室温保持5℃以上。

用途:可盆栽观赏。

8.3.20 金橘(图8-63)

学名:*Fortunella margarita*

别名:罗浮、牛奶金柑。

科属:芸香科、金柑属。

形态:常绿灌木,多分枝,通常无刺。叶互生,革质,椭圆状披针形,表面深绿光亮,背面散生油腺点,叶柄具狭翅。花小,白色,单生或2~3朵簇生于叶腋,具芳香,花期6~7月。果熟期11~12月,果实倒卵形或椭圆形,果皮光滑,成熟后金黄色,有香味。

原产地与习性:原产我国南部,广布长江流域及以南各省区。喜阳光和温暖、湿润的环境,不耐寒,稍耐阴。耐旱,要求排水良好的

图8-63 金橘

肥沃、疏松的微酸性沙质壤土。

繁殖：用嫁接繁殖。砧木用枸橘、酸橙或播种的实生苗，嫁接方法有枝接、芽接和靠接。枝接，在春季3～4月用切接法。芽接在6～9月进行。盆栽常用靠接法，在4～7月进行。

栽培：盆栽金橘苗期每年翻盆一次，挂果以后可两年翻盆一次。一般都在休眠后期、复苏前进行，并同时进行修剪，每个侧枝仅保留2～3个芽，待新梢生长至6月上旬有了一定长度时，再在新梢长20cm、约保留4～5节处摘心，促使增加着果部位。以后每天只向叶片上喷水防止萎蔫，而盆土则处于相对干旱状态，可促使花芽分化，待腋芽膨大并开始显现花蕾后再正常浇水。开花前后要勤施肥，并应增加磷肥含量。夏季生长旺盛，要保持盆土湿润，并适当疏花、疏果，每枝上结果3～4个或稍多，并及时抹除秋梢，不使2次结果，以利果形、大小、成熟程度一致，提高观赏价值。果实成熟阶段，开始少浇水和停止施肥。秋后入低温温室休眠越冬，早春出室后置阳光充足处。

用途：果实金黄、具清香，挂果时间较长，是极好的观果花卉。宜作盆栽观赏及盆景，展现欣欣向荣的气势，并象征吉利。其味道酸甜可口，南方温暖地区栽植作果树经营。

8.3.21 夜香树（图8-64）

学名：*Cestrum nocturnum*

别名：木本夜香树。

科属：茄科、夜香树属。

形态：常绿灌木，侧枝下垂。叶互生，卵形，先端渐尖，边缘波浪状。花序顶生或腋生，花为黄绿色，夜间极香，花期7～10月。

原产地与习性：原产于美洲热带。阳性，怕霜冻，室温低于10℃则半休眠，稍耐弱碱。

繁殖：用扦插和分株法繁殖。

图8-64 夜香树

栽培：生长旺期需勤浇水，每10～15d施一次追肥。花后将枯干枝条和过密枝条剪除。温室盆栽，冬季需控制浇水，使植株得以休眠。

用途：夜香树枝条细长，晚上香气浓郁。宜盆栽观赏，温暖地区可露地栽培，布置于庭院、亭畔、塘边和窗前。

8.3.22 鸳鸯茉莉（图8-65）

学名：*Brunfelsia pauciflora*

别名：五色茉莉、二色茉莉、番茉莉。

科属：茄科、鸳鸯茉莉属。

形态：常绿灌木，株高1m左右。单叶互生，矩圆形或椭圆状矩形，全缘，叶色浅绿。花单生或数朵聚生，高脚碟形花冠。花色为蓝、紫色，渐淡至白色。花期4～10月，具芳香味。

原产地与习性：原产于南非。喜温暖、湿润气候，不耐寒，不耐强光。喜肥，不耐涝，要求土壤为排水良好的微酸性。

繁殖：可用扦插、压条法繁殖。

图8-65 鸳鸯茉莉

栽培：栽培管理容易，冬季在冷室内越冬。

用途：鸳鸯茉莉树姿优美，花色变化非常奇特。宜盆栽观赏，华东、华南地区可布置庭院。

8.3.23 九里香(图8-66)

图8-66 九里香

学名：Murraya paniculata

科属：芸香科、九里香属。

形态：常绿灌木。奇数羽状复叶，小叶3~9片，互生，卵形、匙状倒卵形至近菱形，全缘，表面深绿色，有光泽。伞房花序，顶生、侧生或生于上部叶腋内，花白色，极芳香。花期7~11月。

原产地与习性：原产于亚洲热带。喜温暖、湿润气候，要求阳光充足，不耐寒，稍耐阴，冬季室温不低于5℃。耐旱，要求土壤深厚、肥沃及排水良好的土壤。

繁殖：用播种、高压法繁殖，也可用扦插法繁殖。

用途：盆栽观赏，南方可作绿篱或植于建筑物周围。

8.3.24 白兰花(图8-67)

学名：Michelia alba

科属：木兰科、木兰属。

形态：常绿乔木，分枝少。单叶互生，叶较大，长椭圆形或披针状椭圆形，全缘，薄革质。花单生于当年生枝的叶腋，白色或略带黄色，极香。花期6~10月，夏季最盛。

原产地与习性：原产于喜马拉雅山及马来半岛。喜光及通风良好的环境，不耐寒，冬季温度不低于5℃。不耐干又不耐湿，喜富含腐殖质、排水良好、疏松肥沃、微酸性的沙质土壤。

图8-67 白兰花

繁殖：以嫁接繁殖为主，很少采用扦插、播种繁殖。

栽培：注意不使积水受涝，在碱性土中生长不良，干旱季节要适当浇水。全年中要摘叶2~3次，第一次在2月上旬于温室中进行；第二次在立秋时进行；第三次在秋花后进温室前进行。

用途：白兰花树姿优美，叶片清脆碧绿，是很好的香花植物，可切作佩花。盆栽观赏南北均宜，南方也作庭前树、行道树栽植。

8.3.25 鸡蛋花(图8-68)

学名：Plumeria rubra var. acutifolia

图8-68 鸡蛋花

科属：夹竹桃科、鸡蛋花属。

形态：落叶灌木或小乔木，枝呈叉状，小枝肥厚多肉。叶互生，较大，厚纸质，多聚生于枝顶，叶脉在近叶缘处连成一边脉。花数朵聚生于枝顶，花冠筒状，花色外面为乳白色，中心黄色，具芳香，花期5~10月。

原产地与习性：原产于美洲。喜高温、高湿、向阳的环境。耐干旱，不耐涝。生长适温20~26℃，冬天温度7℃以上可安全越冬。喜排水良好、肥沃的土壤。

繁殖：以扦插繁殖为主。

栽培：养护中不能过湿，夏季要注意控制浇水量。

用途：适合于庭院、草地中栽植，也可作盆栽观赏。

8.3.26 乳茄

学名：*Solanum mammosum*

别名：五指茄。

科属：茄科、茄属。

形态：小灌木，通常作一年生植物栽培。株高 1~2m，有皮刺，被短柔毛。叶对生，阔卵形，叶缘浅缺裂。花单生或数朵聚成腋生聚散花序。花冠 5 裂，青紫色。果实圆锥形，浆果，成熟后黄色或橙色，通常在基部具有乳头状突起。

原产地与习性：原产美洲热带地区。喜光，喜温热，生长适温 20~30℃。喜湿润，忌干旱、积水。宜肥沃、疏松土壤。

繁殖：播种，春季盆播，播后 7~10d 发芽；扦插，夏季用顶端嫩枝扦插，约 15~20d 生根。

栽培：栽培需肥沃、疏松和排水良好的沙质壤土。生长期每半月施肥一次，孕蕾至幼果期增施 2~3 次磷、钾肥。冬季应温室越冬，保持 10~25℃。

用途：乳茄果形奇特、果色鲜艳，为观果植物，可庭植、盆栽或作为切花材料。

8.3.27 朱砂根

学名：*Ardisia crenata*

别名：大罗伞、圆齿紫金牛。

科属：紫金牛科、紫金牛属。

形态：常绿灌木。叶互生，薄革质，长椭圆形，边缘有皱波状钝锯齿，齿间具隆起黑色腺点。伞形花序腋生，花冠白色或淡红色，有微香。浆果球形，鲜红色。花期 6~7 月，果期 10~12 月。

原产地与习性：产我国南部亚热带地区，日本也有。喜温暖、湿润、荫蔽和通风的环境，要求排水良好的肥沃壤土。

繁殖：播种，采后即播或经低温层积沙藏后进行春播。扦插，剪取半木质化嫩枝作插穗。

栽培：露地栽培宜选湿润、荫蔽等适宜处栽植。盆栽夏、秋季要求水分充足、通风良好，并保持半阴。冬季需减少水量，放置室内越冬，室温不低于 5℃。

同属其他栽培种：紫金牛(*A. japonica*)：常绿矮小灌木，有匍匐根状茎，叶聚集于茎梢，互生，椭圆形，花白色，果红色。斑叶朱砂根(*A. punctata*)：常绿灌木，叶全缘，有腺点，花白色，果深红色。罗伞树(*A. quinquegona*)：常绿灌木，叶缘有腺体，花白色或淡红色，果鲜红色。

用途：朱砂根树姿优美，是四季常青的观果植物，适宜园林中应用，也可盆栽观赏或剪枝插瓶。

8.4 温室多肉多浆花卉类

8.4.1 多肉多浆植物的概述

多肉多浆植物的形成主要是植物对环境的一种适应，大多数多肉多浆植物都是生长在极为干燥的环境下，为了适应环境，长期地生存下去，植物的各器官发生了一系列的变化，主根缩短，不明显，侧根发达；茎膨大，形成一个发达的贮水组织；叶缩小或退化呈针刺状、毛状，甚至消失；茎代替叶变为绿色进行光合作用，而另一些植物则形成了矮小多浆的类型。多肉多浆植物可供栽培的种类涉及约 50 余科，10000 多种，而其中仙人掌科植物就有 140 余属，约 2000 多种。目前国内栽培的种类主要为 7 个科：仙人掌科、百合科、龙舌兰科、景天科、萝摩科、番杏科、菊科，其他还涉及的科：有马齿苋科、酢浆草科、石蒜科、凤梨科等。

8.4.2 多肉多浆植物的观赏利用价值

(1) 不少多肉多浆植物体态小巧玲珑，适于盆栽，更宜于当今公寓式高层建筑的室内或阳台绿化装饰。多浆植物年生长量小，可几年不换土，不翻盆。

(2) 多肉多浆植物大都耐旱、抗瘠，少浇水、不施肥、粗放管理也能存活不死。

(3) 茎与叶形态多样，各有韵致，终年翠绿，可全年观赏。不少种类兼有十分美丽的花朵，丰富了观赏价值。

(4) 大都繁殖、栽培容易，更适于业余爱好者或初学养花者栽培。

(5) 许多种类特适合配置在岩石园中。

8.4.3 多肉多浆植物的产地

多肉多浆植物原产地主要在南、北美洲的热带及亚热带地区及其附近的一些岛屿，在澳洲、热带非洲也有一部分分布，从产地及生态环境上看，多肉多浆植物的地理环境大致可分为三类：

(1) 干旱沙漠和半沙漠地区。如：仙人掌类等。

(2) 热带雨林地区。如：昙花、蟹爪兰等。

(3) 高海拔地区。如：宝石花等。

8.4.4 多肉多浆植物的生长习性

(1) 光照：原产沙漠的多肉多浆植物，在旺盛生长季节要求阳光适宜、水分充足、气温也高。冬季低温季节是休眠时期，在干燥与低光照下易安全越冬。幼苗比成年植株需较低的光照。一些多肉多浆植物，如伽蓝菜、蟹爪兰、仙人指等，是典型的短日照性花卉，必须经过一定的短日照时期，才能正常开花。附生型仙人掌原产热带雨林中，终年均不适强光直射；冬季也不休眠，应给予足够的光照。

(2) 温度：多肉多浆植物除少数原产高山的种类外，都需要较高的温度，生长期中最低不能低于18℃，以25~35℃间最适。冬季能忍受的最低温度随种类而异，多数在干燥休眠情况下能忍耐6~10℃的低温，喜热的种类不能低于12~18℃。原产于北美高海拔地区的仙人掌，在完全干燥条件下经得住轻微的霜冻。原产亚洲山地的景天科植物，耐冻力较强。

(3) 水：由于大多数的多肉多浆植物生长在南、北美洲的热带地区，那里具有明显的雨季及旱季之分，雨季时，几乎每天都有一场暴雨，旱季时则滴雨不降，因此这些植物就形成了具有明显生长期及休眠期的特性，生长期中足够的水分能保证旺盛生长，吸收大量的水分，并迅速生长、开花、结果。生长期中缺水，虽不影响植株生存，但干透会致使生长停止。在旱季则生长减缓或停止，处于休眠或半休眠状态，休眠中需水很少，甚至整个休眠期中可完全不浇水，休眠期中保持土壤干燥能更安全越冬，借助于贮藏在体内的水分来维持生命。多肉多浆植物在任何时期，根部应绝对防止积水，否则会很快造成死亡。

水质对多肉多浆植物很重要，忌用硬水及碱性水。水质最好先测定，pH值超过7.0时应先人工酸化，使降至5.5~6.9间。

(4) 空气：多肉多浆植物原产于空气新鲜流通的开阔地带。在高温、高湿下，若空气不流通对生长不利，易生病虫害甚至腐烂。多肉多浆植物一般较抗空气污染，但酸雨是有害的。

(5) 土壤基质：沙漠地区的土壤多由沙与石砾组成，有极好的排水、通气性能。同时土壤的氮及有机质含量也很低。实践证明，用完全不含有机质的矿物基质，如矿渣、花岗石碎砾、碎砖屑等栽培沙漠类多肉多浆植物，其结果和用传统的人工混合园艺基质一样非常成功。矿物基质颗粒的直径以2～16mm间为宜。

基质的pH值很重要，一般以5.5～6.9间最适，不要超过7.0，某些仙人掌在超过7.2时，很快失绿或死亡。

热带雨林类的多浆植物的基质也需要有良好的排水、透气性能，但需含丰富的有机质并常保持湿润才有利于生长。

(6) 肥料：多肉多浆植物和其他绿色植物一样也需要完全肥料。欲使植株快速生长，生长期中可每隔1～2周施液肥一次，肥料宜淡，总浓度以0.05%～0.2%间为宜。施肥时不沾在茎、叶上。休眠期不施肥，要求保持植株小巧的也应控制肥水。附生型要求较高的氮肥。

8.4.5 多肉多浆植物的种类

1) 昙花(图8-69)

学名：*Epiphyllum oxypetalum*

别名：月下美人、琼花。

科属：仙人掌科、昙花属。

形态：多年生常绿灌木，茎直立，有分枝，主茎圆柱形，新枝扁平，为叶状、绿色，长阔椭圆形，中肋坚厚而边缘呈波缘状，上有节，叶退化。花着生于节处，较大，花冠筒很大，上有许多附属物，为紫红色，开放时花筒下垂，花朵翅起，花纯白色，谢时显淡紫红色，花具香味。花期6～10月，其中以7～8月为最好，常傍晚开放，约2～3h即谢花。

图8-69 昙花

原产地与习性：原产于热带美洲及印度。喜温暖、湿润及半阴的环境，不耐霜冻，冬季室内温度不得低于0℃，喜强光暴晒，喜肥，对土壤的适应性较强，但最好是栽植于排水良好的沙质壤土中。

繁殖：以扦插繁殖为主，也可用播种方法繁殖。扦插繁殖时间为春、秋季，选用生长健壮、肥厚的叶状枝，长20～30cm插入沙床；保持室温18～24℃，3周后生根。用主茎扦插当年可以开花，侧茎插则需2～3年才能开花。播种繁殖常用于杂交育种，从播种到开花需4～5年的时间。

栽培：盆栽时夏季需放置至半阴处（阳光过强则使变态茎萎缩、发黄），并保持良好的通风，同时应避开雨水冲淋，以免引起植物露根倾倒影响生长，上盆栽植时应施足基肥，生长期每半月施一次饼肥水。现蕾开花期增施一次磷、钾肥。肥水施用适当，能延长开花时间，但过量的肥水，尤其是过量的氮肥，再加上过阴，则会造成植株低矮，反而会造成不开花或开花很少。

为使昙花能在白天开花，可对花蕾长约10～12cm的植株进行遮光处理，自上午6时至下午7时进行人工遮光。晚上加以10h左右的人工光照，一般处理7～10d，就可改变昙花夜间开花的习性，而变为白天开花，并且还可以使开花时间长达10h之久。

用途：盆栽观赏。

2) 令箭荷花(图8-70)

学名：*Epiphyllum ackermannii*

科属：仙人掌科、昙花属。

图8-70 令箭荷花

形态：多年生常绿草本花卉，株高约50～100cm，茎直立，分枝多，叶状枝较宽，上面节较多，幼枝呈三棱形，顶梢发红，具疏锯齿，嫩枝上有短刺，中上部扁平，中脉明显出，老枝基部木质化，并具气生根。花着生于先端的两侧，花较大，花冠筒上具有附属物，但较小，为红色，花为红、白、淡绿、淡黄、橙红、深紫等色。花期4～5月。

原产地与习性：原产于墨西哥。喜温暖、湿润环境和肥沃、疏松、排水良好的微酸性腐叶质土，不耐寒，冬季需保持室温为10℃左右，并需阳光充足和较干燥的土壤，夏季需置于半阴处，并保持较高的空气湿度。

繁殖：常用叶状枝进行扦插繁殖。温室内一年四季均可进行，以5～9月为最好。选取二年生叶状枝，剪下后放荫凉处晾2天，使枝内水分稍干后插入6份腐叶土、4份粗沙拌合的培养土中，插后置半阴处，保持空气湿润，20～30d即可生根，可剪取整个枝节作插穗，也可以将一个枝节剪成几段分别作插穗，但应注意不要插颠倒了。

栽培：夏季开花期要求湿度较大，需勤浇水，但不宜太湿，春、秋季减少浇水，增加喷雾，保持较高的空气湿度，生长期每半月施肥一次，忌施用过多的氮肥，否则叶状枝过于繁茂会影响开花。现蕾期增施一次磷肥，促使花大且色艳，刚抽生的茎狭长柔软，不易挺立，需帮助支撑，以防折断，并有利通风，使株形匀称。夏季栽培时需给予适当的遮荫，防止强烈阳光直射。冬季阳光要充足，如荫蔽过度则会影响孕蕾开花。

用途：盆栽观赏。

3) 蟹爪兰（图8-71）

学名：*Zygocactus truncatus*

别名：螃蟹兰、蟹足霸王鞭、仙人花。

科属：仙人掌科、蟹爪属。

形态：多年生常绿草本花卉，茎多分枝，多节，向四面扩展，常成簇而悬垂，叶状茎扁平，倒卵形或矩圆形，基部截形，沿节片边缘有2～4个突起、显弯曲的粗锯齿。许多节片分叉形成节节相叠的链，长链绿色，光滑。花横生于茎节先端，不为漏斗状，花瓣开张反卷，花为淡紫色，有的品种还有橙红、黄、白等色。花期12月至翌年1月。

原产地与习性：原产于巴西热带雨林地区。喜温暖、湿润及半阴的环境，喜排水、透气性能良好、富含腐殖质的微酸性沙质土壤，不耐寒，冬季越冬温度不得低于10℃。

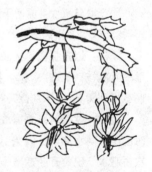

图8-71 蟹爪兰

繁殖：主要以扦插、嫁接方法繁殖。扦插繁殖在温室内一年四季都可进行。但以春、秋两季进行最好，剪取成熟的叶状茎2～3节，阴干1～2天，待切口稍干后插于沙床，保持一定的温度，3周后即可生根。嫁接繁殖采用劈接法，时间一般在5月中下旬至8月。砧木一般采用仙人掌（三角柱），要求不能过分老化。接穗用生长健壮的蟹爪兰嫩梢，先将已种植于5寸盆中的植株顶端截去，用一快且薄的刀在砧木的顶端切一口子，宽与深取决于接穗。取蟹爪兰嫩梢3～4节，将其基部削成楔形，并嵌进砧木切口内，利用砧木上的伤口薄、插穗粗，则能产生自身固定，如发生滑动，则可用大头针或强刺的植物加以固定。接好后，应将其放于干燥处，忌切口进水，需保持接口处的干燥。嫁接成活后砧木则起输导作用，本身不再长大、长粗，起到茎的作用。

栽培：要注意肥水管理，浇水要视具体情况，干了才浇。盆土不可过干、过湿。否则会造成花芽脱落。每隔10～15d施一次腐熟、稀释的人畜粪尿和豆饼、菜籽饼与牛角末泡制的液肥。要特别注意施花前肥，注意不施浓肥，更不宜将未经腐熟的干肥直接埋入根部，否则也会造成花芽脱落。平时注意盆内不能积水，以免引起烂根和茎节基部腐烂。为保持盆土排水良好，每年可在花后进行翻盆。翻盆时施足基肥。

蟹爪兰是短日照花卉，在冬春开花。要使它在国庆开花，可采用短日照处理。即自7月底、8月初起，每天下午4时到次日上午8时，用黑色塑料薄膜罩罩住，不透光线，同时加强肥水管理，至9月底、10月初花蕾就可逐渐开放。

用途：是冬春常用的盆栽观赏花卉。

4）仙人掌（图8-72）

学名：*Opuntia spp.*

科属：仙人掌科、仙人掌属。

形态：多年生常绿肉质植物，茎直立，扁平多枝，形状因种而异，扁平枝密生刺窝，刺的颜色、长短、形状、数量、排列方式因种而异，花色鲜艳，颜色也因种而异，花期4～6月。肉质浆果，成熟时暗红色。

原产地与习性：大多原产美洲，少数产于亚洲，现世界各地都广为栽培。喜温暖和阳光充足的环境，不耐寒，冬季需保持干燥，忌水涝，要求排水良好的沙质土壤。

繁殖：常用扦插繁殖，一年四季均可进行，以春夏最好，选取母株上成熟的茎节的一部分，用利刀割下，切口涂少量硫磺粉或草木灰，并让插穗稍晾1～2d后插入湿润的沙中，不使盆土过湿，很容易活。也可用嫁接、播种繁殖，由于扦插繁殖简易、成活率高，所以嫁接、播种不常使用。

图8-72 仙人掌

栽培：培养土可用等量园土、腐叶土、粗沙配置，可适当掺入陈石灰少许，也可用腐叶土或粗沙各半掺作培养土。植株上盆后置于阳光充足处，尤其是冬季需充足光照。仙人掌较耐干旱，但决不能因此忽视必要的供水，尤其是4～10月在仙人掌生长期要保证水分供给，通常是气温越高，需水量越多，并掌握"一次浇透，干透再浇"的原则，11月至翌年3月，植株处于半休眠状态，应节制浇水，保持土壤不过分干燥即可，温度越低则越应保持盆土干燥，通常是每1～2周浇水一次。生长季节适当施肥可加速生长。

用途：仙人掌姿态独特，花色鲜艳，常作盆栽观赏；一些仙人掌的果实还可食用，茎肉可制蜜饯；有的可作药用，多刺的种类在南方常用作攀篱。

5）量天尺（图8-73）

学名：*Hylocereus undatus*

别名：三角柱、月下皇后。

科属：仙人掌科、量天尺属。

形态：攀缘状灌木，株高3～6m。茎三棱柱形，多分枝，边缘具波浪状，长成后呈角形，具小凹陷，长1～3枚不明显的小刺，具气生根。花大型，萼片基部连合成长管状、有线状披针形的大鳞片，花外围黄绿色，内有白色，花期夏季，晚间开放，时间极短，具香味。

图8-73 量天尺

原产地与习性：原产于热带与亚热带雨林中。喜温暖湿润和半阴环境，怕低温霜冻，冬季越冬温度不得低于7℃，土壤以富含腐殖质丰富的沙质壤土为好。

繁殖：常用扦插繁殖。在温室内一年四季均可进行，但以春、夏季为最好，播后约一个月生根。

栽培：栽培较容易，春、夏季长期应充分浇水，每半月追施腐熟饼肥水一次，冬季减少浇水量，并停止施肥，盆栽量天尺难开花，温室地栽或露地栽培才能孕蕾开花。

用途：地栽于展览温室的墙角、边地，可展示出热带雨林风光，也可作为篱笆植物，盆栽则可作为嫁接其他仙人掌科植物的砧木。

6）木麒麟（图 8-74）

学名：*Pereskia aculeata*

别名：叶仙人掌。

科属：仙人掌科、叶仙人掌属。

形态：灌木状直立性植物，长大后呈攀缘状，茎木质化，具分枝和刺。叶互生，为广卵形有柄或无柄，叶稍厚，背面呈紫红绿色，叶基上着生刺。花较小，轮状单生或双生，有梗，花白色。花期夏季。

原产地与习性：原产于北美、南美热带。喜温暖、潮湿的气候，要求在散射光下生长，不耐寒，冬季室温应保持在10℃以上，喜肥沃、疏松的土壤。

繁殖：常用扦插法繁殖，因其性强健，故扦插成活率高。繁殖于春季或初夏进行，插后需保持较高的温度。

栽培：夏季保持土壤湿润，新上盆的植株一般一年不施肥，植株生长期间，每年春天施一次骨粉。栽培时需加以修剪。

用途：盆栽观赏，常作为其他多肉类植物嫁接时的砧木。

7）绯牡丹（图 8-75）

图 8-74 木麒麟

图 8-75 绯牡丹

学名：*Gymnocalycium mihanovichii* var. *friedrichii*

别名：红牡丹、红灯、红球。

科属：仙人掌科、裸萼球属。

形态：多年生肉质草本，植株呈扁球形，直径3～5cm，球径为深红、橙红、粉红和紫红色，成熟球体群生子球。球体具8棱，有突出的横脊。花细长，花冠筒漏斗状，着生于近端的刺座上，常数花同时开放。花淡红色或粉红色，花期春、夏季。

常见栽培种：牡丹玉（var. friedrichii）：又称瑞云牡丹，茎扁平球形，直径5～6cm，淡绿色，8棱，棱背瘦薄，花细长，淡红色。绯牡丹锦（var. friedrcchii aureorubro variegata）：茎扁球形，直径3～4cm，表面具红、黄色斑纹。

原产地与习性：原产于南美东部。喜温暖和阳光充足的环境，但在夏季高温时应稍遮荫，并使其通风。土壤要求肥沃和排水良好，要求空气流通，不耐寒，越冬温度不可低于8℃。

繁殖：用嫁接方法繁殖，繁殖时间温室内全年均可进行，但以春、夏季为好。由于球体没有叶绿素，因此必须用绿色的量天尺、叶仙人掌等作砧木。而效果最好的是量天尺，首选粗壮、柔嫩的扦插成活苗，上盆后使其服盆，5～6月从母株上选取健壮、无病虫害的子球，约直径为1cm左右，将底部用消毒的锋利刀片削平，砧木顶端也削平，并加以切角处理，然后将子球紧贴于砧木切口，嫁接成活的前提是砧木与接穗的髓心必须对齐，以及球与砧木之间不能产生裂口。接好后用棉纱绒等缚扎，并保持25～30℃的温度，一般7～10d后松绑，约两个月后即可观赏。

栽培：冬季除严格控制浇水和选择向阳处栽培外，还须加棉窗帘，以便调节光照和夜晚防害。生成期每1～2d对球体喷水一次，使球体更加清新、鲜艳。光线过强应适当遮荫，以免球体被灼伤。冬季需要充足的阳光。生成期每周施腐熟饼肥水一次。3～4年需重新嫁接，以便更新。栽培时还须注意红蜘蛛的危害，特别是梅雨季节，严重时整个球体会变成灰褐色完全失去观赏价值，甚至干枯死亡。发生时应即喷乐果药液，平时每月喷乐果和多菌灵一次。

用途：盆栽观赏，或配置于多肉植物专类园及作盆景材料。

8）金琥（图8-76）

学名：*Echinocactus grusonii*

科属：仙人掌科、金琥属。

形态：植株呈球形，深绿色，具20～37条厚且深的棱，并密生金黄色扁平强刺，顶端新刺座上密生黄色绵毛，花自径顶部中央抽生，径长约4～6cm，花钟形，黄色，花期6～10月。

原产地与习性：原产于墨西哥中部沙漠及半沙漠地区，以及美国西南部。性强健，要求阳光充足，但夏季则喜半阴，不耐寒，冬季温度维持在8～10℃，喜含石灰质的沙砾土。

繁殖：以播种繁殖为主，一般在晚春或初夏时进行，发芽非常容易。

栽培：在生长期每隔一星期施一次含磷为主的肥料，以促进其生长健壮。冬季节制施肥。金琥生长较快，每年需换盆一次。栽培时要注意通风良好及阳光充足，夏季给予适当的遮荫。

用途：盆栽观赏。

9）石莲花（图8-77）

图8-76 金琥

图8-77 石莲花

学名：*Echeveria secunda*

别名：八宝掌。

科属：景天科、莲花掌属。

形态：多年生肉质草本花卉。具粗壮根茎，在茎节上产生新植株。叶集生枝顶呈莲座状排列。叶倒卵形或狭倒卵形，质较厚，亮绿色，幼时灰色，先端略带红晕，表面具白粉。花腋生，为单侧聚伞花序，花冠红色，裂片带黄色，夏季开花。

原产地与习性：原产于墨西哥。喜温暖干燥和阳光充足的环境，不耐寒，冬季越冬温度不得低于10℃，耐半阴，需通风良好，土壤以排水良好的沙质壤土为宜，怕积水。

繁殖：常用扦插法繁殖。温室内一年四季都可进行，但以8～10月为宜。方法可用单叶插或用蘖枝及顶枝插。插穗采下后，需稍晾干。

栽培：生长期不宜多浇水，盆土过硬茎叶易徒长，失去观赏价值。每日施一次腐熟饼肥水或颗粒复合肥3～4粒。但施肥不能过多，盆栽2年以上植株老化、体态不佳，应及时加以更新。

用途：盆栽观赏，也可配置于花坛边缘或配作切花用。

10）大叶落地生根（图8-78）

学名：*Kalanchoe daigremontiana*

别名：宽叶落地生根、花蝴蝶。

科属：景天科、伽蓝菜属。

形态：多年生肉质草本花卉。株高40～50cm，全株蓝绿色。茎直立，圆柱状，光滑无毛，中空。叶对生，为披针状椭圆形，边缘具不规则的锯齿，其缺刻处长有小植株状的不定芽。花序圆锥状，花冠钟形，稍向外卷，花为粉红色，下垂，花期为12月至翌年4月。

原产地与习性：原产于东印度及我国南部。喜温暖、湿润环境，要求阳光充足、通风良好，不耐寒，冬季越冬温度须7～10℃，喜排水良好的土壤。

繁殖：常用扦插法繁殖，也可用不定芽和播种法繁殖。扦插繁殖在温室内可全年进行，但以5～6月为最好，采用叶插，一周后即可形成小植株。选用较大的不定芽可直接上盆种植。播种繁殖一般较少使用，在温度20℃的条件下，播后12～15d发芽。

栽培：栽培较为容易，生长期每月施腐熟饼肥水一次。茎叶生长过高时应注意摘心，促进其多分枝。

用途：盆栽观赏。

11）景天（图8-79）

图8-78 大叶落地生根

图8-79 景天

学名：*Sedum spectabile*

别名：八宝、蝎子草。

科属：景天科、景天属。

形态：多年生肉质草本植物，株高30～50cm。地下茎肥厚，地上茎圆柱形、直立、粗壮、略木质化。叶对生或轮生，肉质扁平，倒卵形，伞房花序密集，径10～13cm，花瓣淡红色，花期秋季。

原产地与习性：原产于我国，各地园林都有栽培。喜阳光，耐干旱，忌水湿，较耐寒。对土壤要求不严。

繁殖：以扦插、分株繁殖为主，在春季进行。也可进行播种繁殖。

栽培：栽培管理容易，生长期适当增施液肥，可使枝叶生长旺盛。

用途：盆栽观赏，也可用以布置花坛。

12）铁海棠（图8-80）

学名：*Enphorbia milii*

别名：虎刺、虎刺梅、麒麟刺、龙骨花。

科属：大戟科、大戟属。

形态：灌木，茎肉质，肥大，且多棱，茎上具硬刺。叶倒长卵形。花小，花苞片鲜红色或橘红色，十分美丽。

原产地与习性：原产热带非洲。喜光，耐旱，不耐寒，要求通风良好的环境和疏松的土壤，花期较长，自春至冬，但以春季开花较多。

繁殖：扦插繁殖。6～8月从老枝顶端剪取8～10cm长作插穗，置阴凉处一天，再行扦插，插后两个月生根，次年春季分栽。

栽培：栽培管理容易，注意盆土不能积水，浇水应掌握"一次浇透，干透再浇"的原则。生长期施以腐熟稀释的人畜粪尿。

用途：盆栽观赏，可扎缚成各种形状。

13）玉树珊瑚（图8-81）

学名：*Jatropha podogrica*

别名：佛肚树。

科属：大戟科、麻风树属。

图8-80 铁海棠

图8-81 玉树珊瑚

形态：落叶小灌木，株高40～50cm，茎秆粗壮，单秆或分株，肉质，中部膨大似酒瓶，又似老佛爷的突鼓肚皮。茎皮粗糙，常外翻剥落，小枝红色，多分株，叶大，为掌状盾形，3～5裂，平滑，被有白粉。聚伞花序生于茎秆顶端，花橙红色，花期12月至翌年5月。

原产地与习性：原产于中美洲西部、印度群岛。性喜高温、干旱和向阳环境，夏季宜予遮荫，土壤以排水良好的沙质土为最适合，不耐湿，不耐寒，冬季室温不得低于10℃。

繁殖：以播种繁殖为主，时间为5～6月，温室盆播，在25～30℃的室温下，3～4周发芽。

栽培：生长期浇水不宜过多，尤以秋冬气温较低，应严格控制。待萌发新叶后，每2周施腐熟饼肥水一次，冬季停止施肥，幼苗1年后翻盆，成年植株2～3年翻盆一次。

用途：盆栽观赏。

14）芦荟(图8-82)

学名：*Aloe vera* var. *chinensis*

别名：龙角。

科属：百合科、芦荟属。

形态：多年生常绿多肉植物，茎节较短，直立，叶肥厚，多汁，披针形，呈莲座状排列。叶粉绿色，叶缘有排列均匀的短刺，总状花序自叶丛中抽生，花橙黄色并具有红色斑点，花期7～8月。

原产地与习性：原产于非洲南部、地中海地区、印度，我国云南南部地区也有野生分布。喜温暖、干燥气候，耐寒能力不强，冬季室温不得低于5℃，冬季喜阳光充足，不耐阴，耐盐碱，喜排水良好、肥沃的沙质壤土。

繁殖：常用分株和扦插法繁殖，分株繁殖于早春3～4月结合翻盆进行，将母株周围密生的幼株取下，上盆即可。如幼株带根少，可先插于沙床，培养生根后再上盆，扦插繁殖于5～6月开花后进行，插后2周即可生根栽植。

栽培：生长旺盛期必须充足浇水，并每周施一次氮肥，夏季有较短的休眠期，应控制水分、保持干燥为好。幼株不耐高温和雨淋，宜略加遮荫，不能过度遮荫，在荫蔽的环境下多不开花。

用途：盆栽观赏，在我国西南和华南地区可露地栽植，作庭院布置。

15）虎尾兰(图8-83)

学名：*Sansevieria trifasciata*

图8-82 芦荟

图8-83 虎尾兰

别名：虎皮兰、虎耳兰。

科属：百合科、虎尾兰属。

形态：多年生常绿多肉植物，地下部分具匍匐状根茎。叶自根部发出，簇生，肉质，挺直，扁平或基部具凹沟或呈圆筒状，两面具白色和深绿色相间的横带状斑纹。花葶高60~80cm，小花3~8朵一束，1~8束簇生在花葶上，白色至淡绿色。

常见栽培种：金边虎尾兰(var. laurentii)：叶缘金黄色。

原产地与习性：原产于非洲，我国广东、云南等地常露地栽培。喜温暖、湿润而通风良好的环境，耐半阴，要求排水良好、富含腐殖质的壤土。

繁殖：常用分株、扦插法繁殖。分株方法简易，可在春季结合母株翻盆换土时进行，扦插在夏季进行，将叶片剪成5~10cm长的插穗进行扦插，约一月生根。

栽培：虎尾兰宜丛植，分株时株丛不宜分得过小，夏季注意充分浇水，并施以腐熟稀释的人畜粪尿，冬季控制浇水，否则易引起叶基部腐烂，夏季光照过强时应适当遮荫。

同属其他栽培种：柱叶虎尾兰(S. cylindrica)。广叶虎尾兰(S. thyrisiflora)。短叶虎尾兰(S. hahnii)。

用途：盆栽观赏。

16）龙舌兰(图8-84)

学名：Agave americana

别名：橡皮莲。

科属：龙舌兰科、龙舌兰属。

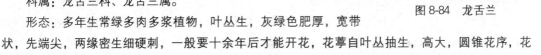

图8-84 龙舌兰

形态：多年生常绿多肉多浆植物，叶丛生，灰绿色肥厚，宽带状，先端尖，两缘密生细硬刺，一般要十余年后才能开花，花葶自叶丛抽生，高大，圆锥花序，花黄绿色，花期5~7月。

常见栽培种：金边龙舌兰(var. marginata)：叶缘带黄色条纹。黄心龙舌兰(var. mediopicta)：叶中心具淡黄色条纹。银边龙舌兰(var. marginata alba)：叶缘白色或淡粉红色。狭叶龙舌兰(var. striata)：叶窄，中心有奶油色条纹。

原产地与习性：原产墨西哥。喜光，耐旱，不耐寒，冬季气温不能低于5℃，喜排水良好、富含腐殖质的沙质壤土。

繁殖：分株繁殖，春季3~4月在母株进行翻盆换土时，将基部萌发的脚芽分开栽植。

栽培：栽培容易，管理粗放。盆栽注意置于光照充足处，防止盆土积水，南方地栽宜选择向阳处，不能栽植在低洼积水之处。

用途：盆栽观赏，南方露地布置花坛，也可配植于水池边、假山旁。

17）松叶菊(图8-85)

学名：Mesembryanthemum spectabile

别名：龙须海棠、姬松叶菊。

科属：番杏科、日中花属。

图8-85 松叶菊

形态：多年生常绿亚灌木状多肉植物。茎纤细，匍匐状，紫褐色。叶对生，长圆锥形，肉质，淡绿色，基部带紫晕。花顶生或腋生，形似菊科的花，有白、粉、橙、红、紫、黄等色，国内目前栽培的以粉红色为多，花径约4cm，中午日照强时盛开，夜晚闭合，花期5～8月。

原产地与习性：原产南非。喜强光，耐旱，不耐寒，忌夏季高温，要求排水良好、含腐殖质丰富的沙壤土。

繁殖：扦插或分株繁殖，在春、秋季进行。

栽培：栽培场地宜选择有充足光照处，管理粗放。由于枝条纤细呈匍匐状，应设立支架绑缚。

用途：盆栽观赏，由于开花时十分繁茂、艳丽，观赏价值很高。

18) 生石花（图8-86）

学名：Lithops pseudotruncatella

别名：石头花、曲玉。

科属：番杏科、生石花属。

形态：多年生常绿多肉多浆植物，无茎，2片叶肥厚对生，密接成缝状，形成半圆形或倒圆锥形的球体，形似卵石，灰绿色，成熟时自其顶部裂缝分成两个短而扁平或膨大的裂片，花从裂缝中央抽生，花大，单独座生，一般每年开花一次，黄色，午后开放，花期4～6月。

变种：红玉（var. mundtii）：球体高3cm，1～2个聚生，球状叶结实，淡灰色具深灰色条纹，花黄色。

图8-86 生石花

原产地与习性：原产于非洲南部。性喜温暖、干燥和阳光充足的环境，怕低温和强光，冬季越冬温度不能低于12℃，要求种植于排水良好的沙质壤土中。

繁殖：常以播种繁殖为主，4～5月进行，播后保持22～24℃的室温，约7～10d发芽，幼苗生长迟缓，管理必须谨慎。

栽培：植株应放置在阳光充足处，并保持周围环境的干燥，5～6月应加大浇水量，浇水最好采用浸盆法，防止水从顶部浇入植株缝中发生腐烂，盆土表面常放置形状、大小相近的卵石，以增加情趣。由于乍看上去与卵石难以分辨，人们称之"生命的石头"或石头花。

用途：盆栽观赏。

19) 球兰（图8-87）

学名：Hoya carnosa

科属：萝摩科、球兰属。

形态：常绿肉质藤本，常附生于枝上或石上，茎带气生根。叶厚而多汁，卵状至卵状椭圆形，先端渐尖。花肉质，丝绒状，为短柄的伞形花序，花柄被柔毛，花冠白色，花心淡红色，花期7～8月。

原产地与习性：原产于亚洲热带、澳洲。喜高温、高湿和半阴环境，冬季越冬温度应保持7℃以上，较适宜多光照和稍干的土壤。

繁殖：常用分株法繁殖，也可用扦插和压条法繁殖。

图8-87 球兰

栽培：夏、秋季需保持较高的空气湿度，并要防止太阳曝晒。

用途：盆栽观赏。

20）仙人笔（图8-88）

学名：*Senecio articulatus*

科属：菊科、千里光属。

形态：多年生肉质植物，株高30～60cm，茎短圆柱状，具节，粉蓝色，极似笔杆。叶扁平，提琴状羽裂，叶柄与叶片等长或更长。头状花序，白色带红晕。花期为冬、春季节。

原产地与习性：原产于南非。性强健，宜半阴，喜凉爽，喜散射光下生长，不耐寒，越冬温度必须保持在10℃以上，喜排水良好的沙壤土。

繁殖：以扦插繁殖为主。

栽培：因其在高温、潮湿条件下极易腐烂，因此在栽培中需保持盆土稍干燥些。

用途：盆栽观赏。

图8-88 仙人笔

8.5 温室观叶植物

观叶植物是以观赏叶色、叶形为主的一类花卉植物。观叶植物的叶色、叶形千姿百态、仪色万千、变化多样，富有迷人的魅力。一般来说，由于观叶植物的叶片绚丽多彩，相比之下，花朵便显得比较逊色，不为人们注意了，但部分观叶植物的花也相当瑰丽夺目，可以说是叶色与花颜共争艳，成为观叶与赏花共存的植物。由于观叶植物具有比观花植物更长的观赏期（一年四季均可观赏），再加上常看绿色植物有益于身心健康，因此，在今日繁华与快节奏的都市里，室内布置一些观叶植物，既有利于创造宁静、清醒、舒适、高雅的环境，又可寓保健于赏悦之中。

观叶植物大多数均耐阴，它们在散射光下能良好地生长，可长时间放在室内培养。它对种植的介质较随意，常可选用一些轻质材料栽植，并能种植于轻质的容器中，再加上观叶植物不需要施太多的肥料，故可以保持清洁感，也不会发出异味，栽培管理又简单，这时最吸引人。

所以，近来在许多国家掀起了一股"观叶热"，而且愈行愈热，前景十分广阔。

目前全世界的观叶植物约一千种以上。

图8-89 万年青

8.5.1 万年青（图8-89）

学名：*Rohdea japonica*

科属：百合科、天门冬属。

形态：多年生常绿草本植物，株高50～60cm，地下具短而粗肥根茎，具多数纤维根，叶基生，质厚，具光泽，带状或倒披针形，全缘，常呈波状，先端急尖，基部渐狭，背面中肋凸起，花葶自叶丛中抽生，顶端着生穗状花序，花小，花期为9～10月。果熟后呈红色。

常见栽培种：金边万年青（cv. *mariegata*）：叶片边缘黄色。银边万年青（cv. *variegata*）：叶片边缘白色。

原产地与习性：原产于中国及日本。喜温暖、湿润及半阴的环境，冬季要求阳光充足，夏季忌强光直射，不耐积水，土壤以微酸性、排水良好的沙质壤土和腐殖质土为宜，耐寒能力不太强，越冬温度不得低于5℃。

繁殖：以分株繁殖为主，也可用播种法繁殖。分株繁殖的时间为春、秋二季，将原株从盆中倒出，均分成数丛另行栽植。播种繁殖可在早春3～4月进行盆播，经常保持盆土湿润，温度保持在20～30℃，约经30d即可发芽。

栽培：生长健壮，适应性较强，栽培较简单，盆栽时生长期施以适度的稀薄液肥，夏季需置于荫棚下栽培，栽培时应保持适度的通风。

用途：为良好的观叶、观果盆栽花卉，在南方温暖地区可作林下、路边的地被植物。

8.5.2 广东万年青(图8-90)

学名：*Aglaonema modestum*

别名：亮丝草。

科属：天南星科、亮丝草属。

形态：多年生常绿草本植物，株高60～70cm，茎直立不分枝，节间明显。叶互生，叶柄较长，茎部扩大成鞘状，叶椭圆状卵形，先端渐尖至尾状渐尖，叶绿色。肉穗状花序腋生，短于叶柄，花期为秋季。

原产地与习性：原产于印度、马来西亚，中国及菲律宾也有少量分布。喜温暖、湿润的环境，耐阴，忌阳光直射，不耐寒，冬季越冬温度不得低于12℃，土壤要求选择疏松、肥沃、排水良好的微酸性壤土。

图8-90 广东万年青

繁殖：常用分株和扦插法繁殖。分株繁殖常于春季换盆时进行。扦插繁殖的时间以春、夏季为宜，插好后保持较高的空气湿度，并保持25～30℃的室温，约4周左右可生根。

栽培：生长期需充足的水分，休眠期需控制水分，夏季需放置于荫棚下栽培，并保持较高的空气湿度，而且叶面要经常喷雾，生长期最好施用含钾的液肥，每月应追施1次。多年老株常成匍匐状，姿态欠佳，应重新进行更新。

同属其他栽培种：斑叶万年青(*A. pictum*)：株高50～70cm，叶中脉两侧具白色斑点。白柄亮丝草(*A. commutatum. cv. pseudobracteatum*)：株高45～65cm，叶绿色，中央散落着许多黄绿色斑块，叶柄与茎也有黄白绿色斑纹。银玉亮丝草(*A. xcv. silver*)：株高40～50cm，植株直接从基部长出许多小株而呈丛生状，叶暗绿色，中央分布着许多银灰色斑块。波叶亮丝草(*A. crispum*)：株高30～40cm，叶面稍微有点波状起伏，叶片浓绿色，中央散落许多银白色斑块。长柄亮丝草(*A. xv. Malay Beauty*)：株高50～60cm，叶脉间的灰绿色斑块占据叶片表面的一半以上，叶柄较长。

用途：盆栽观赏，并可进行水栽。

8.5.3 花叶万年青(图8-91)

学名：*Dieffenbachia picta*

科属：天南星科、花叶万年青属。

图8-91 花叶万年青

形态：多年生常绿灌木状草本，株高60～150cm。茎粗壮，直立，节间短，叶形较大，为宽卵形至广带形，深绿色，具光亮，有多数不规则白色或淡黄色斑块。

原产地与习性：原产于南美。性喜高温、高湿、半阴的环境，不耐寒，冬季越冬温度不得低于15～18℃，土壤要求疏松、肥沃、排水良好。

繁殖：以扦插繁殖为主，生长期切取6～8cm茎段插于沙中，保持24℃左右的温度和较高的湿度，生根容易。

栽培：生长期宜多浇水，并在叶面喷水，保持湿润。春季展叶时需适当施以追肥，一般每10～15d施肥一次。夏、秋季节要严防阳光直晒，冬季则要求阳光充足。

用途：盆栽观赏。

8.5.4 紫背万年青(图8-92)

学名：*Rhoeo discolor*

别名：紫万年青、蚌花、紫锦兰。

科属：鸭跖草科、紫背万年青属。

形态：多年生常绿草本植物，株高20～40cm，具短茎，叶密生成束抱茎，剑形叶，重叠，叶面青绿色，背面深紫色。花白色，较小，花期8～10月。

常见栽培种：绿叶紫背万年青(var. *viridis*)：叶片绿色。斑叶紫背万年青(var. *vittata*)：叶背紫色，叶面黄绿色，具浅黄色条纹。

原产地与习性：原产墨西哥。喜温暖、湿润的环境，不耐寒，越冬温度不得低于5℃，生长期需保持较高的空气湿度和充足的阳光，但夏季怕强光直射，需适当遮荫，要求土壤疏松、肥沃、排水良好。

图8-92 紫背万年青

繁殖：常用播种、扦插和分株法繁殖。播种繁殖于春季3～4月在温室内进行盆播，控制温度为20℃左右，约一周后可发芽。扦插繁殖于3～10月均可进行，剪取顶端嫩枝插入沙床，2周后生根。分株繁殖于春季结合换盆进行。

栽培：生长期给予充足的阳光，保持盆土的湿润，并注意保持较高的空气湿度，每10d施稀薄的饼肥水一次，夏季一般置放于荫棚下生长，忌暴晒于强光下，以免灼伤嫩叶。冬季应在温室光照充足处栽培，并保持通风良好，3年更新一次。

用途：盆栽观赏。

8.5.5 龟背竹(图8-93)

学名：*Monstera deliciosa*

别名：蓬莱蕉、电线兰。

科属：天南星科、龟背竹属。

形态：常绿攀缘状藤本，株高7～8m，茎上长出多数深褐色的气生根，下垂。叶2列状互生，幼叶心脏形无孔，全缘，长大后呈广卵形叶，羽状分裂，在叶脉间往往有长椭圆形或菱形的缺刻状孔洞，叶片较厚，革质，为暗绿色，叶柄较长，1/2左右呈鞘状。肉穗状花序，

图8-93 龟背竹

先端紫色具佛焰苞，呈黄白色，花期11月。

原产地与习性：原产于中美洲的墨西哥等热带雨林地区。喜温暖、湿润和荫蔽环境，忌阳光曝晒和干燥，不耐寒，冬季夜间温度不得低于5℃，土壤以疏松、肥沃的腐叶土为好。

繁殖：常用扦插法繁殖，时间在春季4～5月进行，从茎节的先端剪取插条，插好后保持一定的温度。还可在夏、秋季节，将其侧枝整劈下，带部分气生根，直接栽植。

栽培：适应性强，栽培较容易。为使植株更健壮，除夏天外，应放在明亮的地方多见阳光。生长期每半月施一次稀薄饼肥水。冬季寒冷时宜适当控制浇水，室内栽培时还须保持空气流通。

用途：盆栽观赏，适用于室内、展览大厅及地铁中摆设和点缀。在南方庭院中可散植于池旁、溪沟和石隙中。

8.5.6 春羽

学名：*Philodenron selloum*

科属：天南星科、喜林羽属。

形态：多年生常绿草本植物，地下具粗壮的肉质根。茎较短，叶片从茎的顶端向四方扩散，为宽心脏形，羽状深裂，叶柄粗壮，较长。

原产地与习性：原产巴西、巴拉圭。喜半阴性，夏季忌阳光直射，不耐寒，冬季室温需保持在10℃左右，土壤以疏松、肥沃、排水良好的沙质土为最好。

繁殖：以分株繁殖为主，在5～7月间进行，将植株基部长出的小株切离，然后重新上盆。

栽培：春、秋季多见阳光，夏季需置于荫棚下生长，生长季节适当施一些稀薄液肥，肥料不能施得太多，否则易造成叶柄长而细软，弯曲下垂，降低观赏价值。生长期需水量较大，要求高湿度，冬季则需水较少。

同属其他栽培种：心叶喜林芋（*Ph. cordatum*）：常绿多年生草本植物，枝条具肉质气生根，叶为心形，较小，革质，绿色。戟叶喜林芋（*Ph. panduriforme*）：多年生常绿草本植物，叶3裂状，叶基戟形，绿色。

用途：盆栽观赏，也可水栽瓶中观赏。

8.5.7 吊兰（图8-94）

学名：*Chlorophytum comosum*

科属：百合科、吊兰属。

形态：常绿多年生草本，地下部有根茎，肉质而短，横走或斜生，叶细长，线状披针形，基部抱茎，鲜绿色。叶腋抽生匍匐枝，伸出株丛，弯曲向外，顶端着生带气生根的小植株。花白色，花被6片，花期春夏季。

常见栽培种：金心吊兰（var. *medio-pictum*）：叶缘中心部具黄白色纵向条纹。银边吊兰（var. *marginata*）：叶缘绿白色。金边吊兰（var. *variegatum*）：叶缘黄白色。

原产地与习性：原产南非。喜温暖湿润，喜半阴，夏季忌烈日，土壤要求疏松肥沃，室温20℃时，茎叶生长迅速，冬季温度要求不低于5℃。

图8-94 吊兰

繁殖：常用分株繁殖，于春季3月份也就是出温室前分离丛生的老株，进行分栽即可，或将匍匐茎上的小植株剪下栽培，也能很快长成大株。

栽培：吊兰很喜肥，故在栽培过程中肥水要充足，生长期每 10d 施一次追肥，如肥水不足易叶片发黄，叶尖枯黄，生长不良。除冬季外均可在室外生长，也可在普通居室栽培，注意清理植株，保持整洁。春、秋季喜半阴，夏季忌中午烈日，冬季要多阳光照射，冬季如阳光不足叶片会枯黄。

用途：是极为良好的室内悬挂观叶植物，可镶嵌栽植于路边石缝中，或点缀于水石或树桩盆景上，皆别具特色。

8.5.8 一叶兰（图 8-95）

学名：*Aspidistra elatior*

别名：蜘蛛抱蛋、箬叶。

科属：百合科、蜘蛛抱蛋属。

形态：多年生常绿草本，地下部有匍匐的根状茎。基生叶，叶片宽大，长可达 70cm，叶质硬，叶柄长。花单生，钟状，花梗短，花期春季。

常见栽培种：嵌玉蜘蛛抱蛋（var. *variegata*）：叶面上有白色或黄白色纵向条纹，又称金钱蜘蛛抱蛋。斑叶蜘蛛抱蛋（var. *pumctata*）：又称洒金蜘蛛抱蛋，叶面上有白色星斑。

原产地与习性：原产我国，性喜温暖、湿润的环境，略耐阴，喜疏松、肥沃、排水良好的沙质壤土，在西南地区可露地栽培，长江下游及华北地区需温室栽培。

图 8-95 一叶兰

繁殖：主要用分株繁殖，于春季结合翻盆进行，分株时株丛不宜过小。

栽培：常用排水良好的培养土栽培。生长期在室外置于荫棚下，需充足的水分，冬季在不加温的温室过冬，春季进行翻盆，注意盆土肥沃疏松，一般春秋季施追肥。

用途：为温室盆栽观叶植物，是用作室内盆花布置时不可缺少的陪衬材料，也可单独作为观叶植物布置。

8.5.9 文竹（图 8-96）

学名：*Asparagus plumosus*

图 8-96 文竹

科属：百合科、天门冬属。

形态：多年生蔓性草本，根部稍肉质，茎细柔，伸长呈攀缘状，叶状枝密生如羽片状，秋季在羽毛状细枝上开黄绿色小花，果实为浆果，成熟时呈紫黑色。

原产地与习性：原产于非洲南部。喜温暖潮湿的环境，怕强光和低温，冬季越冬温度不低于 5℃，不耐干旱，但忌积水，土壤以疏松肥沃的腐殖质土为最佳。

繁殖：以播种繁殖为主，也可用分株繁殖。播种须种子采收后立即播种，多以盆播，播后加盖玻璃，保持 20～25℃，且盆土需保持湿润，约 1 个月左右可发芽，发芽势不太强，有的种子需较长时间才能发芽整齐，苗高 10cm 左右可定植。分株可结合翻盆时进行。

栽培：文竹最好用腐殖质土掺以园土和沙土进行栽培，生长期间需保持排水良好，并要 10～15d 施加追肥，夏季注意稍荫蔽。在温室地栽需支架，冬季室内越冬，要求不低于 5～8℃，春季 4 月份可出温室。

同属其他栽培种：悦景山草（A. sprengeri）：又称武竹。多年生草本植物，地下具小块茎，多分枝，茎丛生而下垂，基部木质化，叶状枝扁平线形，花白色，浆果成熟时呈鲜红色，具光亮。

用途：作为温室盆栽观叶植物，摆设盆花时作陪衬用，也可作室内观叶植物布置，或作为切花材料，作插花之陪衬。

8.5.10 朱蕉（图 8-97）

图 8-97 朱蕉

学名：Cordylina fruticosa

科属：百合科、朱蕉属。

形态：常绿灌木，株高可达 3m，茎直立，单秆少分枝，茎秆上叶痕密集，叶聚生顶端，紫红色或绿色带红色条纹，革质阔披针形，中肋硬而明显，叶柄长 10～15cm，叶片长 30～40cm。花为圆锥花序，着生于顶部叶腋，淡红色。果实为浆果。

常见栽培种：锦朱蕉（var. amabilis）：又称美丽朱蕉，叶较宽，幼嫩时深绿色，有光泽，后出现白色及红色的条纹和斑点。三色朱蕉（var. tricolor）：叶阔卵圆形，端尖，新叶淡绿色，有乳黄色和红色不规则的斑点。紫叶朱蕉（var. coperi）：叶暗葡萄红色，背曲。

原产地与习性：原产澳洲及我国热带地区。喜高温多湿及阴的环境，喜排水良好的微酸性沙质壤土，不耐寒，越冬温度不低于 5℃。

繁殖：以扦插繁殖为主，也可分根、播种繁殖。扦插繁殖多于早春，取成熟枝去除叶片，剪成 5～10cm 左右的茎段，平插在沙床中，最好能保持 25～30℃ 的温度和较湿润的空气环境，约 1 个月左右可生根。剪去顶芽的老枝基部萌生分蘖，一年后分株。在产地可收到种子，进行播种繁殖。

栽培：在非产地需在温室中栽培，较温暖地区夏季在荫棚下栽培，忌烈日照射，冬季室温不低于 10℃ 为好。翻盆可在早春 3 月份进行。生长季节注意浇水，每隔半月施一次追肥。

用途：为优良的室内盆栽观叶植物。

8.5.11 龙血树（图 8-98）

学名：Dracaena draco

科属：百合科、龙血树属。

形态：乔木，稍分枝，株高 18m，茎有环状叶痕。叶大多集生于茎的顶端，剑形，无叶柄，质硬而挺直，被白粉，为灰绿色。圆锥形花序顶生，花绿白色，具香气。

原产地与习性：原产于非洲西北部。喜温暖湿润、阳光充足的环境，不耐寒，越冬温度最低为 5～10℃，喜富含腐殖质的疏松、排水良好的土壤。

繁殖：用扦插或播种繁殖。扦插繁殖在早春进行，也可在夏季进行，但需在室外荫棚下进行。播种繁殖在春季进行。

栽培：夏季生长旺盛时期应供给充足的肥水，春季换盆。

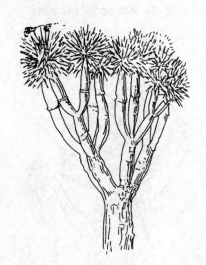

图 8-98 龙血树

同属常见栽培种：虎斑龙血树(*D. goldieana*)：亚灌木，株高 2m，叶卵形，簇生，绿色具光泽，叶面上有多数鲜绿色和银白色斑点及不规则横带。星龙血树(*D. godselliana*)：又称星点木，灌木状，轮状分枝，叶每节轮生 2～3 片，长椭圆形至长椭圆状卵形，叶面具多数不规则斑点。金边富贵竹(*D. sanderiana*)：株高 2～3m，茎直立细长，一般不分枝，叶为长披针形，绿色，沿叶边缘有黄白色的纵向条纹。

用途：是良好的盆栽观赏植物。

8.5.12 绿萝（图 8-99）

学名：*Scindapsus aureus*

别名：黄金葛。

科属：天南星科、绿萝属。

形态：多年生常绿草质藤本，茎粗 1cm 以上，具有气生根。叶卵状心形，长达 15cm 以上，绿色有光泽，并镶嵌若干黄色斑块。

栽培品种。

常见栽培品种有：金葛(cv. Golden Pothos)；银葛(cv. Marble Queen)；三色葛(cv. Tricol-or)，叶面具有绿、白、黄三色斑纹。

图 8-99　绿萝

原产地与习性：原产所罗门群岛。喜高温、潮湿环境，耐阴，生长适温为 20～30℃，冬季在 10℃ 左右可安全越冬，最低能耐 5℃ 低温。喜肥沃疏松、排水良好的微酸性土壤。

繁殖：以扦插繁殖为主，将茎蔓剪为 3～5cm 长的茎段扦插，20d 后便可生根，30～40d 可上盆。春夏均可进行扦插。水插也易生根。

栽培管理：可用吊盆栽培或桩柱式盆栽。盆土多用腐叶土、泥炭和沙混合而成；生长期每半月施液体肥料 1 次，经常浇水，每天向叶面喷雾 2 次。冬季减少浇水并停止施肥。每年春天换盆 1 次。夏季避免阳光直晒，冬季保持 10℃ 以上温度并置于光线充足处。5～7 月份可适当进行修剪。桩柱式栽培，可用保湿材料包扎桩柱，每盆 4～6 苗，紧贴桩柱定植，植后经常淋湿桩柱。

用途：是良好的室内盆栽观赏植物，也可进行水培观赏。

8.5.13 凤梨科植物

凤梨科植物种类繁多，约有两千种，有附生种类，也有地生种类，叶色丰富多彩，大多数凤梨科植物的叶都互抱叠生，呈莲座状排列，中间为漏斗状，形成"水塔"，森林中露水或雨水可将其装满，这些水是植物生长的主要水源，同时也有利于抵抗不良的气候。花朵从"水塔"中抽生，总状或穗状花序，有的长出，有的埋于其中。

近年来凤梨科植物发展非常迅速，不断有新的种类出现，成为室内盆栽观叶植物不可忽视的一大类别，目前主要栽培的种类涉及大约十个属。

1）光萼荷属(*Aechmea*)

本属有 150 个种和变种，多数是附生，少有地生。

(1) 光萼荷(*A. chantinii*)（图 8-100）：多年生草本，花从叶丛中抽生，苞片粉色或红色。

图 8-100　光萼荷

(2) 美叶光萼荷(*A. fasciata*)：多年生草本，叶片较宽，叶面被有或深或浅的银白色横纹，叶缘具坚硬黑色小点状锐刺。复穗状花序呈圆锥状排列，花朵小不易看到，苞片粉红色。

2) 凤梨属(Ananas)

本属约有5个种和变种，全为地生种。

(1) 金边凤梨(A. comosus)：叶片质地较薄，亮绿色，叶缘金黄色略带粉色，具锐刺，苞片橙红色，能形成小菠萝。

(2) 红菠萝(A. sagenaria)：苞片颜色鲜红，果也为红色。

3) 水塔花属(Billbergia)

本属约有50个种和变种，不定期开花，花大多为管状，苞片、花朵均美观，附生多数，少数地生。

(1) 水塔花(B. pyramidalis)(图8-101)：叶片矩状带形，较宽，呈绿色近无条纹，叶缘具稀齿，苞片粉红、橙黄、橙红等色，易开花，花期9～10月。

(2) 垂笑水塔花(B. nutans)(图8-102)：又名狭叶水塔花，叶线状披针形，狭长，花朵自然下垂，花丝较长，苞片粉红色。

图8-101 水塔花

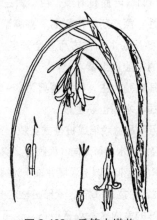

图8-102 垂笑水塔花

(3) 鸢尾叶水塔花(B. iridiflora)：叶狭长，深绿色，表面淡紫绿色，花萼红色或粉红色。

4) 姬梨属(Cryptanthus)

本属有22个种与品种，全部为地生种，植株最为矮小，叶丛较小，冠幅只有15cm左右，呈扁平的星状排列，叶形变化大，叶片常扭曲，叶缘波状具齿，叶面多数具异色条纹，花序短，埋于叶丛中。

(1) 姬凤梨(C. acaulis)(图8-103)：叶边缘有软刺，叶面褐绿色，背面淡褐绿色，花白色。

(2) 彩环姬凤梨(C. fosterianus)：叶灰绿色，被有深浅不同的褐色横纹。

(3) 三色姬凤梨(C. bromelioides)：叶面有乳黄、绿色等组成的宽狭不规则的纵纹，叶缘呈粉红色。

5) 果子蔓属(Guzmania)

本属约有110个种及变种，大多数为附生种，少数的为地生种。为多年生草本，叶带形，基部较宽，上部叶质软，常外卷呈倒伏状，叶面黄绿色，苞片披针形较大，排列较紧，先端开展，呈杯状，橙红、黄色等。

(1) 红杯果子蔓(G. lingulata)(图8-104)：苞片橙红色。

图 8-103　姬凤梨　　　　　　　　图 8-104　红杯果子蔓

(2) 黄杯果子蔓(*G. sanguinea*)：又名红叶果子蔓，叶长椭圆形，中间叶片下部为红色，上部为黄色，苞片为黄色。

6) 赪凤梨属(*Neoregelia*)

本属有 40 个种与变种，多数为地生，叶片上有纵向条纹，四季可开花。

(1) 赪凤梨(N. carolinae)(图 8-105)：成熟植株的莲座叶丛内轮基部呈深红色，花序埋于叶丛下，一旦开花植株将死亡。

(2) 三色赪凤梨(N. carolinae 'Tricolor')：又名三色凤梨，叶片绿色，中央具黄色纵纹，成熟植株内轮叶基深红色。

(3) 金边赪凤梨(N. carolinae 'Flandria')：叶丛较开展，叶缘金黄色。

(4) 红心赪凤梨(N. carolinae 'Meyendorfii')：又名红心凤梨，叶片绿色，成熟植株内轮叶基深红色。

7) 巢凤梨属(*Nidularium*)

本属有约 20 个种，多数为附生，叶片条形，常呈拱形外垂，莲座叶丛似鸟巢，叶片淡绿色，上有紫红色斑，苞片粉红色，以后逐渐变为深红色。

银色鸟巢凤梨(*N. innocentii*)(图 8-106)：叶面翠绿色，具银白色纵纹，近花期时中心橙红色，花朵小，乳白色。

图 8-105　赪凤梨　　　　　　　　图 8-106　银色鸟巢凤梨

8) 铁兰属(*Tillandsia*)

本属有500多种,有地生,也有附生,各种间差异很大。

(1) 铁兰(*T. cyanea*)(图8-107):叶丛呈莲座开展排列,叶线状披针形,内卷,花序呈扁平琵琶形,由苞片2列叠生而成,花为暗玫红色。

(2) 老人须(*T. usneoides*):线丝状枝条多数,不整齐,被有灰白色鳞叶。

9) 红剑属(*Vriesea*)

本属约有190种,有地生,也有附生,叶片上有横向条纹(斑带),叶缘光滑,细叶束管口小。

红剑(*V. splendens*)(图8-108):多年生草本,叶丛生直立,黄绿色,具暗绿至浅褐色横纹,花序较长,苞片鲜红色,排列紧密似剑,花期长。

图8-107 铁兰　　　　　　　图8-108 红剑

10) 雀舌兰属(*Dyckia*)

本属栽培种仅一种,常可在多肉植物中发现。

小雀舌兰(*D. brevifolia*)(图8-109):多年生草本,叶质坚硬,肥厚多汁呈半透明翠绿色,叶缘具锐刺,呈小白点状,总状花序,花梗长,花朵小,橙黄色。

原产地与习性:原产于美洲东部、南部的热带高温地区。喜温暖湿润的环境,要求空气湿度较大,冬季越冬温度需0~5℃,土壤选择疏松肥沃的酸性土壤。

繁殖:常以分株法繁殖,在花后利用根出的小芽进行繁殖。有些种类也可进行温室盆播。

栽培:夏季需在荫棚下生长。"水塔"内要经常保持水,并应使水质清洁,一般一个月要将贮水换一次,冬季停止贮水,如温度较高还需叶面喷水。春、夏季生长期宜施追肥,如发现植株停止生长或生长不良时,应及时地停止浇水和施肥。

用途:是重要的盆栽观赏植物,为良好的室内装饰植物。

图8-109 小雀舌兰

8.5.14 青紫木(图8-110)

学名:*Excoecaria cochinchinensis*

别名:红背桂、紫背桂。

科属:大戟科、土沉香属。

形态：常绿灌木，株高1m左右，茎多分枝，整个植株呈铺散状。叶对生，长椭圆形，似桂叶，正面深绿色，背面紫红色。花为穗状花序腋生，花期6~7月。

原产地与习性：原产越南及我国广东、广西。喜温暖环境，耐半阴，喜排水良好的沙质土壤和较干燥的环境，不耐寒，忌涝，要求通风良好的环境。

繁殖：以扦插繁殖为主，在春季剪取1~2年生的粗壮枝条，约长10cm左右，插入沙中，保持20~25℃，约一个月左右即可生根。

栽培：盆栽用土常用腐殖质土、泥炭、黄沙的混合土。生长期每月施追肥12次，冬季施以基肥。在南方可露地栽培，其他地区必须温室栽培。夏季在荫棚下度过，注意多浇水，冬季在温室栽培要控制水分，不宜过湿，室内温度保持10℃左右。

图8-110 青紫木

用途：盆栽观赏，常布置于厅堂、会场。

8.5.15 变叶木(图8-111)

图8-111 变叶木

学名：*Codiaeum variegatum*

科属：大戟科、变叶木属。

形态：常绿灌木或小乔木，株高50~250cm。茎干上叶痕明显。叶形变化较大，有条状倒披针形、条形、螺旋形扭曲叶及中断叶，叶片全缘或分裂，叶质厚或具斑点。总状花序腋生，单性，雌雄同株。3月开花，无观赏价值。

常见栽培种：宽叶类、细叶类、长叶类、扭叶类、角叶类、戟叶类、飞叶类等。

原产地与习性：原产南洋群岛及澳洲。喜高温、湿润、阳光充足的环境，要求夏季30℃以上的温度，冬季白天温度在25℃左右，晚间温度不低于15℃，气温10℃以下会产生落叶现象，土壤宜肥沃、排水良好。

繁殖：常用扦插繁殖，也可用压条繁殖。扦插繁殖时间为5~6月，插后保持高温多湿，一般3周后生根。压条繁殖以7月高温季节为好，1个月后愈合生根，2个月后从母株上剪下盆栽。

栽培：生长期注意肥水，保持较高的空气湿度和叶面清洁，一般每月施一次稀薄饼肥水，注意修剪，保持其优美的株形和色彩，每年春季可翻盆一次。

用途：盆栽观赏，南方可布置于庭院，同时其奇特多变的叶形还是极好的插花装饰材料。

8.5.16 彩叶草(图8-112)

学名：*Coleus blumei*

科属：唇形科、彩叶草属。

形态：多年生草本植物，常作一、二年生栽培，植高50~

图8-112 彩叶草

80cm，全珠被茸毛，方茎，分枝少，茎基部木质化。叶对生，卵形，先端尖，边缘有锯齿，绿色的叶面上有紫红色或异色斑纹或斑块。轮伞状总状花序，唇形花冠，花淡蓝或带白色，花期8～9月。

常见栽培种：皱叶彩叶草(var. verschaffeltii)：叶先端锐尖，基部楔形或心脏形，具不规则的齿牙裂，叶缘为圆齿牙状，叶上有紫红、朱红、桃红、淡黄等彩斑纹。

原产地与习性：原产于印度尼西亚的爪哇岛。性喜温暖、向阳及通风良好的环境，耐寒能力较弱，冬季一般在10℃以上才能安全越冬，温度过低叶片易变黄脱落，夏季高温时需适当遮荫。

繁殖：常用播种和扦插方法繁殖，播种时间为春、秋季均可，温室内随采随插，温度适宜1周就可发芽。扦插繁殖四季均可进行，但以5～6月间进行为最好，在温度15℃时易生根。

栽培：须日光充足，夏天适当遮荫，生长季节叶面宜多浇水，通过摘心来促使植株形成丛生形，并促使其多分枝。除留种外，一般花后应及时摘除残花，促使叶色更加鲜艳。

用途：为常见的盆栽观赏植物，亦可作花坛布置材料，同时也适宜配作花坛树木，还可作插花装饰的材料。

8.5.17 旱伞草(图8-113)

学名：Cyperus alternifolius
别名：水棕竹、伞草、风车草。
科属：莎草科、莎草属。
形态：多年生草本植物，株高60～100cm，地下部具短粗根状茎，茎直立丛生，枝棱形，无分枝，叶退化成鞘状，为棕色，包裹茎秆基部。总苞片叶状，披针形，具平行脉，20枚左右，伞形着生秆顶，花序穗状扁平形，多数聚集成大形呈伞形花序，花白色或黄褐色，花期6～7月。

图8-113 旱伞草

常见栽培种：矮旱伞草(var. nanus)，植株低矮，仅20～25cm高，秆较细。花叶旱伞草(var. variegatus)，叶和茎上都具白色条纹。

原产地与习性：原产于马达加斯加。喜温暖、湿润及通风良好的环境，喜土壤湿润，不怕水，不耐寒，有时可在水中生长，夏季荫棚下生长，冬季越冬温度为7～10℃，极耐阴。

繁殖：以分株繁殖为主，也可用播种、扦插法繁殖。分株繁殖多在春季3月份进行，将母株分开后另行栽植。扦插后可将茎顶部剪下3～5cm，剪去伞状叶1/2，将其茎插入沙中，伞状叶盘平铺沙面即可，在18～20℃的湿润条件下约1个月可生根。

栽培：盆土多用腐叶土或园土加河泥各半的土壤，栽培期间注意荫蔽，特别是在夏季高温季节需保持湿润，不使盆土过于干燥。生长期适当施肥，每10～15d施一次肥。

用途：适宜室内栽培，是较好的观叶植物，还可制作盆景，南方地区露地栽培。

8.5.18 花叶冷水花(图8-114)

学名：Pilea cadierei
别名：冷水丹、百斑海棠、花叶冷水团
科属：荨麻科、冷水花属。
形态：多年生草本，茎直立多分枝，株高30～40cm，茎绿

图8-114 花叶冷水花

色，叶对生，叶片椭圆形先端锐尖，3条主脉明显，脉间有大块银白色斑纹，十分美丽。花小，灰白色，不明显，秋季开花。

原产地与习性：原产越南。喜阴、耐肥、耐湿，喜温暖，喜排水良好的沙质壤土，生长健壮，抗病虫能力强。

繁殖：常用扦插及分株繁殖。除盛夏外，其余季节均可扦插，但以春季扦插为好，剪取2年生分枝的枝条，插入土中，两周左右即生根。分株多于秋季进行。

栽培：生长季节多施肥水，生长极旺。注意适当遮荫，保持温暖湿润的环境，冬季进温室栽培，一般不低于10℃即可，夏季在荫棚生长，注意浇水、喷水即可生长良好。生长季节每半月施肥一次，不宜过多。

用途：是一种极为美丽的观叶植物，常盆栽作为室内布置用，或作阳台、窗台的装饰植物。

8.5.19　鱼尾葵(图8-115)

学名：*Caryota ochlandra*

科属：棕榈科、鱼尾葵属。

形态：常绿大乔木，株高在南方可达20m，干单生，叶大、粗壮，复羽状分枝形，似鱼尾，小叶先端平面有缺刻，花序长可达3m，下垂，米黄色，果实球形。

原产地与习性：原产亚洲热带、亚热带及大洋洲。喜温暖湿润的环境，喜肥，盆栽需适当遮荫，喜排水良好的土壤，秋冬季需阳光，不耐寒。

栽培：作温室盆栽，盆土需肥沃、含有机质丰富、排水良好。春秋季适时追肥，夏季入荫棚，可浇水、喷水，冬季在温室栽培。

图8-115　鱼尾葵

繁殖：播种繁殖，一般作为温室盆栽，很少自行繁殖。

同属其他栽培种：短穗鱼尾葵(*C. mitis*)：小乔木，株高5～8m，叶片与鱼尾葵相似，有吸枝，聚生成丛，原产亚洲热带。

用途：盆栽观赏，用于大型会场布置。

8.5.20　棕竹(图8-116)

学名：*Rhapis excelse*

图8-116　棕竹

科属：棕榈科、棕竹属。

形态：常绿灌木，株高4～5m，茎有节，茎秆上有宿存的叶鞘，黑褐色。叶顶生，掌状裂叶狭长，呈扇形，深裂至全裂，裂片7～12枚，宽线形，叶草质而薄。花淡黄色，雌雄异株，花期4～5月。

原产地与习性：原产于中国南部。性喜温暖、湿润、半阴及通风良好的环境，不耐寒，忌夏季烈日，土壤要求富含腐殖质且排水良好的微酸性沙壤土。

繁殖：通常用分株法繁殖，时间在早春3～4月结合翻盆进行，用利刀将老株萌蘖多的株丛切成数丛，每丛最好要有4～5个萌蘖枝，切口涂以草木灰防腐，栽植后注意遮荫与保湿。

栽培：适应性较强，管理简单，夏季在遮荫棚中生长，注意浇水及喷水，并注意通风良好，生长期每月施肥一次，以施稀薄氮肥为好，并在液肥中加入少量硫酸亚铁，以保持叶片青翠浓绿。冬季应放在向阳处栽培，并控制浇水，停止施肥。

用途：以盆栽观赏为主，用于大型会场布置，或宴会布置，或大型建筑物的出入口布置。

8.5.21 蒲葵(图8-117)

图8-117 蒲葵

学名：*Livistona chinensis*

科属：棕榈科、蒲葵属。

形态：常绿乔木，主干直立，不分枝。叶集生于枝顶，叶较大，扇形，掌状中裂，先端有时下垂，叶柄3棱，基部具两行钩刺。肉穗状花序，腋生，花冠3裂，肉质，花较小，为黄绿色，花期5～6月。

原产地与习性：原产于我国南部广东、福建一带。性喜温暖多湿的环境，喜阳光充足，但忌夏季烈日，半耐寒，耐0℃左右的低温，能耐一定的水温，喜湿润、肥沃的有机质丰富的黏壤土。

栽培：夏季需置于荫棚下栽培，生长期每隔20d施肥一次，并保持盆土湿润。

用途：盆栽观赏。

8.5.22 袖珍椰子(图8-118)

学名：*Chamaedorea clegans*

别名：矮生椰子、好运棕、矮棕、客厅棕。

科属：棕榈科、袖珍椰子属。

形态：常绿单干矮灌木，株高1～3m。茎细长，绿色，有环纹。羽状复叶，小叶20～40片，镰刀形，长6～10cm，宽2～3cm，叶片稍弯垂。佛焰状花序生于叶丛下，具舟状总苞。花期5月，花极小，淡黄色。

同属其他栽培种：同属植物中常见可作观赏栽培的有：夏威夷椰子(*C. erumpens*)：又称竹茎玲珑椰子。丛生灌木，有地下茎，高可达2～4m。茎干纤细，绿色，形如竹状。羽状复叶，小叶披针形。佛焰状花序生叶下，雌雄异株，花橙红色。果熟时黑色。璎珞椰子(*C. cataractarum*)：又称富贵椰子。丛生灌木，高不及1.5m，茎粗壮。羽状复叶，小叶13～16对，线状披针形，柔软弯垂。花序从地茎处抽出。

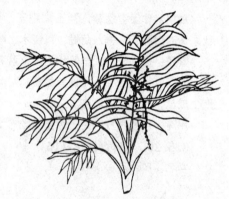

图8-118 袖珍椰子

原产地与习性：原产墨西哥至危地马拉，热带、亚热带地区广泛栽培，我国东南至西南各地有栽培。喜温暖湿润气候，忌烈日及高温，耐阴性强。适生温度20～28℃，较耐寒，可耐3℃以上的低温，但苗期抗寒能力差。对土壤要求不严，但肥沃、疏松土壤有利于生长。忌积水。

繁殖：播种繁殖。种子不耐干燥贮藏，应随采随播。发芽温度18℃以上，种子要4～6个月才发芽，播种时要对种子和苗床进行消毒。为促进种子萌发和出苗整齐，播种前可用35℃温水浸种24h。播种覆土深度以2～3cm为宜。播种后苗床要保持湿润。幼苗耐寒力差，秋冬季要注意保温防寒。

栽培：作盆栽观赏，常3株合栽1盆。盆土可用腐叶土、泥炭土、园土各1份配制。栽后置50%遮光的荫棚下养护。在生长季节，每月施肥1次，可用复合肥与饼肥间使用，并要保持充足水分。秋冬季气温下降时注意防寒，保持10℃以上可以安全越冬。如果温度保持15℃以上，不会休眠，但要保持湿度。

用途：盆栽观赏。

8.5.23 软叶刺葵（图8-119）

学名：*Phoenix roebelenii*

别名：美丽针葵、加那利刺葵。

科属：棕榈科、刺葵属。

形态：常绿木本观叶植物。株高达2～3m，雌雄异株。茎直立，常数株丛生。叶多数，质软，羽裂对生，约50个裂片，长25cm，宽1cm，向下弯曲，叶柄有软刺。果实长圆形。

原产地与习性：原产缅甸、老挝及中国云南的西双版纳等地。性喜高温，越冬安全温度在7℃以上，适较强光照，但忌阳光直射。要求空气中等湿度，土壤保持湿润。

图8-119 软叶刺葵

繁殖：播种或分株繁殖。

栽培：盆土用腐叶土和沙混合配制而成。夏季适当荫蔽，并充分浇水，但防积水烂根。冬季放向阳处，控制浇水。生长季每月施肥1次，2～3年换1次盆。

用途：宜室内盆栽及切叶。

8.5.24 散尾葵（图8-120）

学名：*Chrysalidocarpus lutescens*

科属：棕榈科、散尾葵属。

形态：常绿灌木，株高2～3m，茎从基部抽生，茎秆有环纹，叶羽状全裂，叶形较大，拱形下垂，裂片披针形，主脉隆起，花小成串，金黄色。花期3～4月。

原产地与习性：原产于马达加斯加。喜温暖、多湿及半阴环境，耐寒力较弱，冬季越冬温度需保持在10℃以上，对土壤要求不严格，但以疏松并富含腐殖质的土壤为佳。

图8-120 散尾葵

繁殖：以分株法繁殖为主，春季结合换盆进行，将分蘖多的植株用利刀切分2～3株，分别上盆。也可用播种法繁殖，播后只要温度适宜且栽培得当，3年就能长成大株。

栽培：生长季节应保持盆土湿润，且每月施1～2次薄肥。夏天应遮荫，冬季应置于光照良好的地方培育。

用途：为室内大型盆栽观赏植物。

8.5.25 马拉巴栗（图8-121）

学名：*Pachira aquatica*

别名：发财树、瓜栗。

图 8-121 马拉巴栗

科属：木棉科、瓜栗属。

形态：半落叶乔木，茎基部膨大，嫩茎及枝绿色。掌状复叶，小叶 5～7 枚，表面叶脉凹下。花单生叶腋或枝顶；花萼合生成管状，上部不对称 2 裂；花瓣 5 枚，分离，黄绿色。雄蕊多数，花丝下部合生成管状，上部呈 10 束分离。子房上位。蒴果卵形。花期 3～5 月。

原产地与习性：原产墨西哥。喜温暖湿润气候，喜光，既耐日晒也耐荫蔽。生长适温 20～25℃，6℃ 以上可安全越冬。喜疏松、肥沃、排水良好的微酸性土壤，磷钾肥可促进茎基部膨大。较耐干旱，可适应低湿度环境。

繁殖：常用播种繁殖，种子宜随采随播，宜用育苗筛育出小苗后，再移至营养袋培育。也可扦插繁殖，但扦插苗茎基常不膨大，而少用。

栽培：作观叶植物栽培，常先用营养袋育苗，当植株长至 80～100cm 时，拔起、去土，于阴凉处放置 3～4h，待茎变柔软时，选大小相近的 3～5 株苗，编成鞭状，再植于苗地，育成大规格苗备用。在培育过程中，每月施肥 1～2 次，应多施磷钾肥，促进生长和茎干膨大。育成大苗后，根据需要，确定留干高度，截去干顶，上盆定植。定植盆土宜用泥炭、河沙、腐殖土混合配制，定植后保持盆土湿润，每月施肥 1 次，1～2 个月即可出圃应用。

8.5.26 西瓜皮椒草（图 8-122）

学名：*Peperomia sandersii*

别名：银斑椒草、瓜叶椒草。

科属：胡椒科、豆瓣绿属。

形态：多年生常绿草本，茎短而丛生。叶基生，叶柄红褐色，叶片盾状着生，心状卵圆形，长约 6cm，叶脉浓绿色，8 条，辐射状，脉间具银灰色有规则的斑纹，状如西瓜表皮的斑纹，故而得名。穗状花序基出，具 3～5 分枝，花极小，着生于花序轴上凹穴内，花序轴肉质。

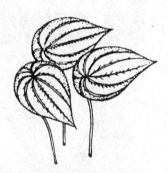

图 8-122 西瓜皮椒草

同属其他栽培种：皱叶椒草（*P. caperata*）：茎短，叶丛生。叶柄圆形，茶褐色。叶片心形，深绿色，叶面呈皱褶状。穗状花序，半黄色。乳纹椒草（*P. obtusifolia* cv. *variegata*）：叶椭圆形，肉质，长约 7～8cm，叶面银灰色，有光泽，主脉附近为绿色，两侧为乳黄色。

原产地与习性：原产南美热带地区，亚洲热带地区也有分布。喜温暖湿润气候，忌直射光。耐阴性强，宜于半阴处生长。生长适温 20～25℃，忌闷热，宜通风，不耐寒，8℃ 以上可安全越冬。要求疏松、肥沃和排水良好的土壤，不耐积水，稍耐干旱。

繁殖：用分株或扦插繁殖。分株繁殖宜在春秋两季进行。扦插常于春夏用全叶插，插叶宜带 1～2cm 叶柄，插至叶片约 1/3 处，宜用沙床扦插，扦插后床土保持适当湿润，水分不宜太多，可经常向叶面喷水，提高空气湿度，3～4 周可生根。

栽培：盆土宜用等量的泥炭土、河沙和蛭石混合配制，可加少量有机肥作基肥。宜在荫棚或温室内培植。生长季节保持盆土湿润，每月施薄肥 1～2 次，适当喷施硫酸镁，可使叶色更鲜艳。夏季高温时节，要加强环境通风降温，闷热天气不宜高湿，以免引起茎叶腐烂。冬季要注意防寒，保持 8℃ 以上可安全越冬。

用途：良好的盆栽观赏植物。

8.5.27　吊竹梅(图 8-123)

学名：*Zebrina pendula*

科属：鸭跖草科、水竹草属。

形态：多年生匍匐草本。茎稍肉质，多分枝，匍匐生长，节上易生根。叶半肉质，无叶柄，椭圆状卵形，顶端短尖，全缘，表面紫绿色，杂以银白色条纹，叶背紫红色，叶鞘被疏毛。花数朵聚生于小枝顶端。

常见栽培种：有红叶种及绿叶种，还有叶片具有白色条纹的种。

原产地与习性：原产墨西哥。喜温暖、湿润的环境，喜阴，要求土壤为肥沃、疏松的腐殖质土。

繁殖：以扦插及分株繁殖为主。扦插时间除夏季及冬季外均可进行，极易生根，成活率较高。分株繁殖在春、秋季进行，老株分株也易成活。

图 8-123　吊竹梅

栽培：适宜于悬挂栽培，栽培管理简单，生长季节置荫棚下，要求通风良好，适当施肥，但不宜过勤。注意给水，使盆土保持湿润。分枝过密时需适当疏枝、修剪，以利通风透光。

用途：多用作悬挂布置，极为美观，在窗前悬挂，犹如绿纱窗帘。

8.5.28　紫叶鸭跖草(图 8-124)

学名：*Setcreasea purpurea*

别名：紫叶草、紫竹梅。

科属：鸭跖草科、紫叶鸭跖草属。

形态：多年生常绿草本。茎肉质，下垂或匍匐状呈半蔓性，紫红色，每节有 1 叶。叶抱茎互生，披针形，全缘，叶色为紫红色，被有短毛。花生于枝端，较小，为粉红色，苞片盔状，花期5～10月。

原产地与习性：原产于美洲墨西哥。性喜温暖、湿润及阳光充足的环境，但在夏季忌强烈阳光直射，不耐寒，冬季越冬温度在6℃以上，不择土壤。

图 8-124　紫叶鸭跖草

繁殖：以分株繁殖为主，也可扦插繁殖，分株和扦插繁殖在春、秋季均可进行。

栽培：栽培容易，管理较粗放，夏季在强烈阳光下需给予适当遮荫，但过于荫蔽则会使叶片柔弱、失去光泽，夏季还应增加浇水，保持土壤湿润。

用途：盆栽观赏。

8.5.29　花叶竹芋(图 8-125)

学名：*Maranta bicolor*

别名：二色竹芋。

科属：竹芋科、竹芋属。

形态：多年生草本，株高30～40cm，具根状茎，肉质，白色，叶片卵状矩圆形，叶面绿白色，

图 8-125 花叶竹芋

中筋两侧叶脉间有褐红色斑纹,叶柄鞘状,总状花序,花小筒状,白色,花期夏季。

原产地与习性:原产巴西。性喜高温多雨,喜半阴,不耐寒,要求土壤疏松、排水良好,生长适温 10~24℃,如超过 32℃ 或低于 7℃ 则生长不良。

繁殖:主要用分株繁殖,多于春季 3~4 月结合翻盆进行分株,将老盆脱出后,除去土,将植株自然分离后上盆种植即可。

栽培:栽培竹芋用的盆土最好是以腐叶土、泥炭及沙混合为好,生长期每周施肥一次,夏季少施肥,每月 2 次,生长季节要注意每天给水,宜多喷水保湿,冬季盆土宜保持较干燥,不宜过湿。夏季荫蔽,冬季需阳光充足。

同属其他栽培种:斑马竹芋(*M. zebrina*):叶长椭圆形,叶面绿色似天鹅绒,中筋两侧有淡黄绿色、深绿色交互的横斑,叶背紫红色,原产巴西。花叶葛郁金(*M. picta*):株高 30cm,全株被天鹅绒软毛,中筋两侧具淡黄色羽状斑纹,叶背深绿紫色。红背葛郁金(*M. inisgnis*):叶广椭圆形,表面绿色,斑纹不明显,叶背紫红色。白脉竹芋(*M. leuconeura*):茎短,叶广椭圆形,叶表面深绿色,中筋两侧具白色斑纹,背面青绿色。竹芋(*M. arundinacea*):茎细而多分枝,丛生,叶具长柄,卵状矩圆形至卵状披针形,端尖,叶表面有光泽,绿色或带青色,背面色淡。

用途:盆栽观赏,常作室内布置用,作会场布置或单株观赏。

8.5.30 红羽竹芋

学名:*Calathea ornata* cv. Roseo-lineata

科属:竹芋科、肖竹芋属。

形态:多年生草本植物,株高 40~60cm,丛生性。叶片长椭圆形,叶面墨绿色,有平行的桃红色线状斑纹,与叶脉对角相交,叶背色淡红或暗紫红。

原产地与习性:原产于美洲热带、巴西等地。性喜温暖、高湿及半阴的环境,不耐寒,冬季越冬温度在 10℃ 以上,土壤以疏松、透气性良好的腐殖质壤土为佳。

繁殖:以分株繁殖为主,在春末夏初结合换盆进行。

栽培:夏季应保持较高的空气湿度,注意叶面应经常喷水,并置于荫棚下栽培,保持空气流通。生长期不必常施肥,特别是氮肥施用过多,易引起植株徒长,叶色浓绿不艳。冬季应放置在光线充足的地方栽培,并注意防寒,室温需保持在 10℃ 以上,并停止施肥,控制浇水。

同属其他栽培种:肖竹芋(*C. ornata*):株高约 1m,叶椭圆形,叶面黄绿色,有银白色或红色的细条斑,背面暗紫红色。孔雀竹芋(*C. makoyana*):株高 20~30cm,叶生长紧密,薄革质,呈卵圆形,叶面黄绿色并具金属光泽,主脉两侧具暗绿色线纹斑块,叶背棕红色。清秀竹芋(*C. louisae*):株高 20~30cm,叶卵圆形或长卵圆形,色暗绿,主脉两侧有黄绿色散射状条纹,叶背紫红色。

用途:为重要的室内盆栽观赏植物。

8.5.31 蕨类植物

学名:*Pteridophyta*

别名:羊齿植物。

蕨类植物是植物界的一大类群，广泛分布于世界各地，但大多生长在温暖、湿润的环境中，热带和亚热带最为繁茂，可见于阴湿地或树干附生。

蕨类植物多属多年生草本，叶美丽多姿，有的叶能产生孢子(称为生殖叶)；而有的叶不能产生孢子(称为营养叶)。营养叶与生殖叶差异明显的称为二型叶；二者无明显差异的称为一型叶。

蕨类植物耐阴性较强，要求高湿，用于室内栽培观赏。

常见栽培种：

(1) 翠云草(*Selaginella uncinata*)(图8-126)：卷柏科、卷柏属。枝柔软细弱，匍地蔓生。营养叶异形，中叶长卵形，侧叶卵状三角形。孢子囊穗四棱形，孢子囊卵形。分布于我国中、南部各省。喜生树下阴湿处，忌烈日。常用分株繁殖。浅根，栽植时可先耙松盆土，平铺植株后再以细土覆根。常用于兰花及盆景的盆面覆盖，使满盆翠绿有生气，且有利于保蓄水土。

(2) 肾蕨(*Nephrolepis cordifolia*)(图8-127)：骨碎补科、肾蕨属，又称凤尾山草。根部有半透明球形块根，被黄色茸毛。羽叶丛生。羽片矩圆形，密生，梢互相重叠。孢子囊位于叶缘及中筋间。分布于我国南方各省，生于林下阴湿处或树干上。用分株繁殖，亦可采孢子撒于泥炭或腐殖土上，撒后喷水保持阴湿，2个月可萌发，幼苗生长缓慢。栽培养护较简便，栽培土壤用壤土、腐叶土各4份、沙2份混合。冬季室温不低于5℃。可供室内观赏或剪叶作切花陪衬材料。

图8-126 翠云草

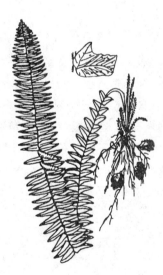

图8-127 肾蕨

同属常见栽培种：碎叶肾蕨(*N. exaltata* var. *scottii*)：叶短而多2回羽状复叶。细叶肾蕨(*N. e.* var. *marshallii*)：叶细而分裂3回羽状复叶。波斯顿蕨(*N. e. cv.* Bostoniensis)：从植株基部丛生出许多2回羽状复叶，裂片皱折。

(3) 铁线蕨(*Adiantum capillus-venerius*)(图8-128)：铁线蕨科、铁线蕨属，又称铁线草。根茎横走，黄褐色，被褐色鳞片。2回羽状复叶丛生，叶柄细长，较硬，黑褐色有光泽。羽片互生，斜扇形，上缘浅裂至深裂。叶脉扇状，孢子囊生于叶脉顶端。广泛分布于热带、亚热带地区林下阴湿处。繁殖、栽培方法同肾蕨。盆栽供观赏。

同属常见栽培种：鞭叶铁线蕨(A. caudatum)：1回羽状复叶，羽片斜三角形，叶轴前端延长成鞭状，鞭梢着地生根。

(4) 鹿角蕨(Platycerium bifurcatum)(图8-129)：水龙骨科、鹿角蕨属，又称蝙蝠蕨。叶丛生下垂，幼叶黄绿，成熟时深绿，外部叶呈扁平盾形，边缘具波状浅裂，覆瓦状，附生于树干之上，内有贮水组织，内部叶片直立丛生，裂片不规则椭圆形，呈鹿角状。孢子囊生于裂片顶部，原产澳洲热带，喜暖湿、通风环境。常悬挂栽培。多用分株繁殖，小株可扎附于朽木、棕皮上，亦可盆栽，需经常喷水保湿，悬挂于廊下、室内供观赏。

图8-128 铁线蕨

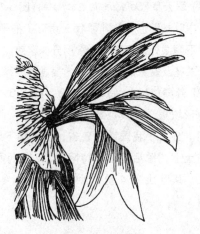
图8-129 鹿角蕨

(5) 鸟巢蕨(Neottopteris nidus)(图8-130)：铁角蕨科、巢蕨属。根状茎短，顶部有条形鳞片，呈纤维状分支。叶辐射丛生，叶丛中空如巢，叶片革质披针形、全缘，长70～90cm，叶柄棒状长约5cm。孢子囊狭条形，着生于叶脉上侧。原产亚洲热带，我国台湾、海南亦有分布。成大丛附生于雨林中的树干或岩石上，喜阴湿。用分株繁殖，可用棕皮将株丛的根茎包扎，悬挂于室内或水池旁。须经常喷水，越冬温度不低于10℃，空气湿度保持80%以上。

(6) 圆盖阴石蕨(Davallia canariensis)(图8-131)：骨碎补科、阴石蕨属。根状茎长而横生，密被绒状披针形鳞片，棕色至灰白色，叶3～4回羽状深裂。孢子囊群近叶缘着生于叶脉顶端，囊群盖圆

图8-130 鸟巢蕨

图8-131 圆盖阴石蕨

形。原产于中国，分布于华东、华南和西南。喜温暖干燥，夏季须半阴，常见于较干的山坡地。用分株繁殖，于春季翻盆时进行。夏季需经常喷水、适当遮荫，保持茎叶新鲜柔嫩。

(7) 贯众(*Cyrtomium fortunei*)(图 8-132)：鳞毛蕨科、贯众属。根茎粗壮、较短，直立而叶片展开，叶丛生，奇数 1 回羽状复叶，羽片 10～20 对，镰状披针形，边缘有缺刻状细锯齿，叶表面深绿色，背面浅绿色。孢子囊群散布叶背，着生于小脉顶端。原产于我国陕西南部及长江以南，日本及朝鲜也有分布。性喜阴湿，耐瘠薄，喜空气湿润，耐寒。繁殖以分株繁殖及孢子繁殖。注意浇水及喷水，并注意遮荫。

图 8-132　贯众

复习思考题

1. 掌握常见温室花卉的观赏特点、科属、主要习性与繁殖方法。
2. 常见报春花类的栽培种类有哪些？在形态上各有什么特点？
3. 秋海棠类根据茎的形态可分为几类？各有什么特点及代表种？
4. 天竺葵有哪些主要种类？各有何特点？
5. 常见的热带兰有哪些种类？各有何特点？
6. 简述非洲紫罗兰的繁殖方法与栽培要点。
7. 香石竹切花栽培要注意哪些技术环节？
8. 若使仙客来供应春节花市，应如何安排生产、管理？
9. 掌握本地区常见温室球根花卉的栽培要点及园林应用。
10. 如何栽培好一品红？并使之能在"十一"开花？
11. 根据扶桑的习性，应采取哪些相应的栽培措施？
12. 叙述多肉多浆植物主要涉及的科及其代表种。
13. 昙花、令箭荷花、蟹爪兰各有何观赏特点？
14. 结合观叶植物的特点，谈谈你对观叶植物发展的认识。
15. 凤梨科植物在形态和生态上有何特点？目前栽培种主要涉及哪几个属？各有哪些代表种？
16. 举例说明观叶植物繁殖的多样性。目前常用的繁殖方法是什么？
17. 目前常见栽培的蕨类植物有哪些？各有何特点？
18. 了解主要观叶植物的养护管理要点。

第 9 章　地被与草坪植物

本章学习要点：了解地被与草坪植物的类型，熟悉常见地被与草坪植物的种类，掌握地被与草坪植物选择的要领及草坪建植与养护管理要点。

现代园林很注意自然美和生态效益，发挥绿化在促进城市生态系统中良性循环的作用，采取多种措施提高绿化覆盖率，其中地被和草坪植物受到普遍的重视。近年来我国草坪事业迅速发展，地被与草坪植物已成为一门独立的科学。

9.1 地被植物

地被植物是地面覆盖植物的统称。园林地被植物较植物学上所指的地被植物含义更广泛，除了覆盖在裸露地面上的附地植物（苔藓）外，主要包括一些成片种植的、茎叶密集低矮的草本植物以及少量灌木和蔓生植物。园林中的地被植物大多是人工种植的，也有自生能力较强的野生植物。在园林绿化部门，将草坪植物和其他地被植物区分开来，这是因为草坪植物在养护上自成体系，但性质上它仍应是地被植物的重要组成部分。

地被植物是花卉植物在园林中大面积应用的有效途径，具有改善环境、增加层次、形成完美立体景观等功能。

9.1.1 地被植物的类型

大力发展地被植物是园林绿化的方向之一。地被植物的应用面尚可大大拓宽。按目前应用范围大致可分为以下几类：

1) 空旷地被

指在阳光充足的宽阔场地上栽培的地被植物，一般可选观花类的植物。如美女樱、常夏石竹、福禄考等。

2) 林缘、疏林地被

指树坛边缘或稀疏树丛下栽培的地被植物，可选择适宜在这种半荫蔽环境中生长的植物。如诸葛菜、石蒜、细叶麦冬、蛇莓等。

3) 林下地被

指在乔、灌木层基部、郁闭度很紧密的林下栽培的阴性植物。如玉簪、虎耳草、白芨等。

4) 坡地地被

指在土坡、河岸边种植的地被植物，主要起防止冲刷、保持水土的作用，应选择抗性强、根系发达、蔓延迅速的种类。如小冠花、苔草、莎草等。

5) 岩石地被

指覆盖于山石缝间的地被植物，是一种大面积的岩石园式地被。如常春藤、爬山虎等可覆盖于岩石上；石菖蒲、野菊花等可散植于山石之间。若阳光充足，可选择色彩鲜艳的低矮宿根花卉，景观异常美丽，国外称其为高山地被。

9.1.2 地被植物的选择

地被植物种类繁多，生态习性也不同。城市园林绿化中通常有以下几方面的选择要求：

1) 生长期长

地被植物要尽量采用多年生、绿叶期较长的常绿植物，在绿叶期外，植丛也能覆盖地表面，具有一定保护作用。

2) 高矮适度、耐修剪

地被植物一般为30cm以下，最高不超过70cm，矮灌木类应选择耐修剪或生长慢的，以便于控制高度。

3) 适应性强、抗逆性强

地被植物多为露地栽植，管理粗放，因此要选择抗逆性较强的种类，如抗寒、抗旱、抗病虫、抗瘠薄、抗环境污染、耐湿、耐盐碱、耐践踏等。可以节约管理费用，要注意从乡土植物中选择应用，效果较好。

4) 生长迅速、容易繁殖、管理粗放

地被植物与花卉不一样，要求繁殖的方法简便，如播种、分株、扦插等都易成活。苗期生长迅速，成苗期管理粗放。一次播种或栽植后能多年自行繁衍，如灌木、宿根和球根植物、自播能力较强的草花等，可以自成群落，常年只需稍加养护即可。

5) 具有观赏价值和经济价值

园林地被应具有美化园林的特色，应在花、果、叶等方面具有观赏价值，与环境中的其他景色相互协调。如能兼有药用、食用或其他经济用途则更佳。

9.1.3 地被植物的种植和养护

1) 细致整地

要使地被植物显示良好效果，必须在栽植前重视整地工作。将土壤翻松，清除杂草，捡去砖石。尽可能多施有机肥料作基肥，然后平整土地，再进行播种或植苗。

2) 适当密植、合理混栽

地被植物应尽早发挥其群体效果，故种植时应适当密植。密植程度要根据各种植物的生长速度、栽植时的大小及养护管理的条件而定。一般草本植物株行距20～35cm，矮生灌木40～50cm。过稀易生杂草，过密则生长不良。要防止空秃，一旦出现很不雅观，要及时补救，恢复美观。有些地被植物花繁叶茂，但生长期不长，可与其他植物轮流播种或混合栽植，可以收到延长观赏期的效果。如在同一树坛内春播紫茉莉、秋播诸葛菜，二者生长期相互衔接，且能自播繁衍，使树坛终年常绿。又如红色石蒜与麦冬混杂，在一片如茵草被中，缀着点点红花，分外别致。

3) 加强前期管理

无论是播种或植苗，种植后都应适时灌水，注意保苗、除草和追肥等工作，如有空缺还应注意补苗，使种植后的地被尽早达到郁闭状态，增强种群对环境的适应能力，预防病虫害发生。

4) 适时修剪

有些地被植物萌发枝力量强，耐修剪，经过适当修剪后，更能促使其枝叶繁茂，提高覆盖效率。所谓适时修剪，就是要依据各种地被植物的生长规律，不失时宜地及时剪修。如开花地被植物，花后应剪掉高起的花茎、残花，适当压低。

5) 更新复壮

在地被植物养护管理中，常常由于各种不利因素，使成片的地被出现过早的衰老。此时应根据不同情况，对表土进行刺孔，促使其根部土壤疏松透气，同时加强施肥浇水，则有利于更新复壮。对一些观花类的球根及鳞茎等宿根地被，则必须每隔5～6年左右进行一次分根翻种，否则也会引期自然衰退。在分株翻种时，应将衰老的植株及病株拾去，选取健壮者重新栽培。

9.2 草坪植物

草坪也常称为草地、草皮,是城市绿化的重要组成部分。草坪覆盖面积是评价现代化城市建设水平的重要标志之一。草坪植物以具有匍匐茎的多年生草本植物为主,大多数是禾本科草类,少数是莎草科和豆科植物,用以覆盖地面,成为大面积的草地。

大面积草坪起源于16世纪的欧洲。18世纪园林追求自然的牧场风格,以英国式园林为代表,大草坪是其主要标志之一。到19世纪30年代,草坪与一般地被植物区分开来,尤其是高档草坪出现后,草坪已成为现代园林中的要素之一,在园林中应用越来越广,成为花丛、花坛、树坛、花灌木的最佳陪衬物。

9.2.1 草坪的作用与类型

1) 草坪的作用

草坪在园林绿地中常用以覆盖裸露空地,保持庭园整洁,与周围的树木、花卉、建筑等配合协调,构成美的空间。草坪对整个的环境还起防护作用,具有防尘护土、降低阳光辐射、调节气候等作用。地表覆盖草坪之后,可使空气中的尘土减少到 1/6~1/3;夏季草坪比裸露地温度低 0.5~3.0℃;还能显著地增加空气中的氧含量和提高湿度。因此,草坪除在园林绿地中应用之外,学校、医院、运动场地等都广为铺设。

小块的、精致的草坪,有很高的观赏意义;开阔空间的草坪,常常是工作之余,一片理想的户外活动场地;利用草坪作运动场地、儿童游戏场地,使场地更清洁、松软、优美,可防止雨后泥泞、减少意外摔伤,有益于身体健康。

2) 草坪的类型

根据不同的区分形式,草坪类型有多种,其中根据草种的组合形式不同有单一草坪、混合草坪及缀花草坪之分;而依草坪的功能可分为以下5种:

(1) 游息草坪:主要供人们休息活动之用,多选择一些低矮、匍匐而耐践踏的草种种植。这种草坪应用范围较广,多为自然式,可设置在公园、医院、学校内。

(2) 运动草坪:主要作运动场地,如足球场、网球场、高尔夫球场、田径运动场、儿童游戏场等,可根据运动量及活动需要,选择具有特别耐践踏、耐修剪、低矮稠密等性能的草种栽培。

(3) 观赏草坪:又称装饰性草坪。如铺设在广场雕像、喷泉周围和纪念物前等处,作为景前装饰或陪衬景观。以细叶草类为宜,栽培管理要求精细。多为封闭式,整齐美观。

(4) 牧草草坪:以放牧为主,结合园林休憩的草坪,一般多在森林公园或风景区等处园林中应用。一般选用生长强健的优良牧草,利用地形排水,具有自然情趣。

(5) 护坡护岸草坪:在坡地、水岸为保持水土而铺设的草坪。一般选择适应性强、根系发达、草层紧密、抗性强的草种。

9.2.2 草坪植物的选择和常用草种

1) 草坪植物的选择

良好的草坪植物,应是:容易繁殖;有匍匐茎或分蘖性强,生长迅速,能在短时间内蔓生成草坪;株形低矮,叶片纤细,色泽均一,整齐美观;在一年内绿草期的时间长;耐践踏;耐重剪;抗性强,如抗旱、抗热、抗寒、抗病虫害等。

自然界完全具备上述条件的草坪植物很少，常用的草坪仅能接近这些条件，有的仅能具备其中一二点，因此常用混播法，集中各草种的优点。还可根据不同的用途，选择较为理想的草种加以种植。如游息草坪应选耐践踏、绿草期长、耐重剪的草种；观赏草坪要求叶片纤细，生长发育均衡，平整美观；北方地区应选耐寒力强的种类，南方则要求耐高温、高湿等等。

我国植物资源丰富，可作草坪的草种很多，应广泛开展资源调查。各地气候不一，可因地制宜，从乡土草种中选取优良的种类，经济而实用。

2）常用草坪植物

草坪草种类繁多，特性各异。依照叶片宽度可分为宽叶草类和细叶草类，前者叶片宽、茎粗壮、生长强健，适于大面积种植，如结缕草、地毯草、假俭草等；后者茎叶纤细，可形成致密草坪，但生长势较弱，如细叶结缕草、早熟禾以及野牛草等。依草种高低分为低矮草类和高型草类，前者株高一般在20cm以下，可形成低矮致密草坪，耐践踏，管理方便，但成坪时间长，成本高，不宜大面积使用和短期形成草坪使用，常见的有结缕草、细叶结缕草、狗牙根、野牛草等；后者株高30～100cm左右，一般为播种繁殖，生长快，能在短期内形成草坪，适于大面积草坪的建植，但必须经常刈剪，如早熟禾、剪股颖、黑麦草等。

依气候和地域分类可分为如下两类：

(1) 冷地型草坪植物

冷地型亦称"寒地型草"或"冬绿型草"。其主要特征是耐寒性较强，在部分地区冬季呈常绿状态或休眠状态，生长迅速，成坪时间短，可以大面积播种，适宜建造大型草坪，夏季不耐炎热，春、秋季各有一个生长高峰，十分适合于我国北方地区栽培。但冷季型草坪草在夏季高温多湿地区易发生病害，在南方越夏困难，其横走的地下茎与匍匐茎不如暖季型草坪草，植株高度达30～40cm，因此需要经常修剪，喜肥水，管理较费工。

① 草地早熟禾(*Poa pratensis*)：禾本科、早熟禾属。具疏根状茎及须根，主要分布在15～20cm土层内。秆直立，光滑，高50～75cm。叶片条形、柔软。我国华北、西北有野生分布。适宜在气候冷凉、湿度比较大的地区生长，耐寒力强，在我国北部-27℃的寒冷地区均能安全越冬，喜光，亦能耐阴，耐旱和耐热性稍差。华北绿草期270d，华东沿海基本常绿。常用播种繁殖，播种量每平方米15g左右。是目前欧美各大城市绿地中的主要草坪栽培品种，引入我国栽培应用的有"瓦巴斯"、"埃肯尼"等优良品种，表现良好。

② 早熟禾(*Poa annua*)：别名小鸡草。一、二年生低矮禾草，全株平滑无毛，植株丛生，秆高5～25cm，叶片扁平，柔软细长，先端呈小舟形。我国南北各地均有野生。此草自播力强，4～5月生长茂盛，并陆续开花，5～6月种子成熟脱落，老株枯萎，8～9月种子又萌发。耐寒力强，经冬不凋。较耐阴，不耐旱，也不耐践踏。绿草期270～290d。种子细小，播种繁殖，约60～70d即可成坪。以后任其自然繁殖，必须时铺撒些种子。

③ 多年生黑麦草(*Lolium perenne*)：禾本科、黑麦草属。具有细弱的根状茎，须根稠密。秆柔软，基部斜卧，高50～100cm。叶片窄而长，有微柔毛。原产欧洲，欧美广为栽培。喜温暖湿润气候，喜光，耐寒怕暑热，盛夏短期休眠。春秋宜多剪轧促进分蘖。上海、昆明可保持常绿，北方冬季生长停滞。多用播种繁殖，为混合草坪的主要成分，用于运动场等。在各种小型绿地上，常把其用作"先锋草种"，以便迅速形成急需的草坪。由于能抗二氧化硫等有害气体，可把它作为冶炼厂周围的净化草坪应用。

④ 小糠草(Agrostis alba)：禾本科、剪股颖属。多年生，基部斜卧，秆高60～90cm，具有细长地下茎，浅生于地表，繁殖力强。广泛分布于我国南北各地，喜冷凉湿润，耐寒，耐旱，抗热，喜阳，对土壤要求不严。北京地区全年绿色期可达200d以上，华中地区更长。以播种繁殖为主，亦可分根。再生能力强，用于各种游息草坪。可与其他草种混播，但比例不能过大，通常不应超过10%，否则会大大降低混播草坪的质量，这是由于它具有很强的侵占能力的缘故。

⑤ 匍茎剪股颖(Agrostis stolonifera)：多年生，秆高15～40cm。根多而纤弱，根系浅生。茎秆偃伏地面，匍匐枝着地生根，再生能力强。叶鞘无毛，稍带紫色；叶片扁平、线形、先端渐尖，长约5.5～8.5cm，宽3～4cm，两面有刺毛，粗糙。分布于华北及长江流域各省湿地。耐寒，较耐热，喜光，亦耐半阴，耐瘠、耐湿和短期涝、渍。华北地区全年绿色期250～260d。常用播种和移栽匍匐枝两种方法进行繁殖，可单用或混播，欧、美各国选择它作高级高尔夫球场的球盘用草种。

⑥ 羊茅草(Festuca ovina)：别名酥油草、绵羊茅等，禾本科、羊茅属。多年生，根须状，不具根状茎。秆纤细，直立，高15～25cm。分布于我国西北、西南、华北、东北各地，江苏亦有栽培。耐旱，耐寒，耐践踏，适应性强。西北地区绿期200d左右。种子小。通常应用种子直播成坪，播种量每平方米15～25g，种子发芽率高，顶土力差，苗期生长缓慢。广泛用于混合草坪。园林中可用作花坛、花境的镶边植物等。

⑦ 异穗苔草(Carex heterostachya)：别名大羊胡子草，莎草科、苔草属。多年生，根系发达，具有横走的细长根状茎。秆高15～30cm，三棱形，纤细。叶片从基部生出，短于秆，宽2～3mm。分布于华北、西北、东北各地。喜光，亦耐阴，耐旱，又耐湿，极耐寒，耐碱，适应性强。为我国北方主要乡土草坪。北京地区绿期约240d。以分株繁殖为主，亦可播种。不耐践踏，常作为封闭式草坪广泛栽培应用。

⑧ 白颖苔草(Carex rigesons)：别名小羊胡子草，多年生。具细长横走根状茎，根系发达，但覆盖力并不强。秆三棱形，基部黑褐色。叶短于秆，宽1～3mm。分布华北、西北、东北各地。耐寒，喜光略耐阴，耐旱又耐湿，喜肥但耐瘠，也是我国北方草坪常用的乡土草种，与杂草竞争力弱。北京地区绿期约240～250d。繁殖与用途与异穗苔草基本相同。

(2) 暖地型草坪植物

暖地型草又称"夏绿型草"。其主要特点是冬季呈休眠状态，夏季生长最为旺盛，进入晚秋，一经霜害，其茎叶枯萎褪绿。主要分布于我国长江流域以南广大地区。暖地型草坪草具有相当强的生长势和竞争能力，群落一旦形成，其他草种很难侵入，因此多用于建植单一草坪。

① 结缕草(Zoysiu japonica)：别名老虎皮草、锥子草。禾本科、结缕草属。多年生。具有立茎，一般高12～15cm，秆淡黄色。须根较深，可深入土层30cm以上，因此抗旱能力很强。叶革质，扁平，具一定韧度。分布于我国东北、华北至华东各省。喜光，耐高温，耐旱，不耐阴，耐践踏，能耐磨，它草脚厚，具有一定的韧度和弹性。华东地区绿草期260d，北方约180d。常用分株与铺草坯的方法进行繁殖，种子繁殖需采用催芽处理和改进与提高播种方法，才能获得成熟草坪。它是我国草坪植物中栽培最早、应用最多的一个草种。应用于各种开放性草坪，如足球场、运动场地、儿童活动场地等，还是良好的固土护坡植物。

② 细叶结缕草(Zoysiu tenuifolia)：别名天鹅绒草。多年生。叶纤细，稠密似毯，叶丛高10～15cm，具坚韧细长根状茎。分布于日本及朝鲜南部。喜光，不耐阴，耐湿，耐热，耐旱。草丛容易出现馒头形突起，导致外观起伏不平，如放松修剪，草层下面易出现毛毡化现象，影响渗水、透气，

使草坪成片干枯死亡。由于采收种子困难，一般习惯于用分株法繁殖。华东地区绿草期约270d。其草丛茂密，色泽嫩绿，外观似天鹅绒一样平整美观，但必须精细养护，因此较多用它作封闭式观赏草坪，或用于轻度践踏的开放草坪。

③ 狗牙根(*Cynodon daitylon*)：别名爬根草等。禾本科、绊根草属。多年生。植株低矮，生长力强，具根状茎或细长匍匐枝，茎节着地生根，夏、秋季蔓延迅速。叶扁平，先端渐尖，边缘有细齿，叶色浓绿。我国南北各地多有野生。性喜光，稍耐阴，喜湿润土壤，不耐干旱，稍能耐盐碱。华北绿草期约180d，华东约260d。由于种子稀少，且不易采收，故常用铺草块、雨季播茎的方法繁殖。耐践踏，再生力强，可广泛用于游戏草坪、运动场及护坡草坪。

④ 假俭草(*Eremochloa ophiuroides*)：别名苏州草、爬根草、蜈蚣草等。禾本科、蜈蚣草属。多年生。植丛低矮，高仅10~15cm。具匍匐茎，粗壮，交织成密覆土面的网络。叶扁平，先端钝尖。分布于长江流域以南各省。喜光，亦耐阴湿，耐干旱，较耐磨，耐践踏，适应重修剪，经过多次修剪后，草层会产生一定的弹性。沪宁地区绿草期240d。繁殖方法及应用同狗牙根。

⑤ 野牛草(*Buchloe dactyloides*)：禾本科、野牛草属。多年生。根系发达，具根状茎或细长匍匐枝。叶片线形，两面疏生有细小柔毛，叶长20cm，宽2mm，喜光，亦耐半阴。耐旱力强，2~3个月严重干旱，仍能维持生命。耐瘠薄。具有较强的耐寒性，在-39℃的低温情况下，仍能顺利地安全越冬。能耐一定的践踏与粗放管理。北京地区绿期180~190d，南京地区230~240d。野牛草是良好的草坪植物，抗二氧化硫、氟化氢等污染气体的能力强，可用作环境保护绿化材料；还可用作固土护坡和盐碱地的绿化覆盖材料。可以用种子直播法建立草坪，但采种、种子萌芽均有一定难度，故采用种茎直播成坪法、分株法等营养繁殖法较为普遍。

9.2.3 草坪的施工和养护

1) 草坪的施工

(1) 土地整理

草坪施工首先要整理土地，根据草坪的类型进行地形整理。如自然式的游息草坪，可以有适当的地形起伏，而规划式草坪则要求地形平整。不论是哪种草坪，都需要有一定的坡度以利排水。

铺设草坪的土壤无严格的要求。首先要将土壤全面翻耕20cm左右，并捡除瓦砾石块。视土壤状况结合翻耕施入适量的基肥，然后耙细、整平、压实。切忌图省工、不全面翻耕、推平土壤后即建立草坪，往往生长不良，秃斑黑黑，难以补救。

(2) 草坪种植

种植草坪，可用有性繁殖和无性繁殖法。

① 有性繁殖：即播种法。新鲜的草籽可直接播种，发芽困难的种子需在播种前进行催芽处理。播种时间春、秋皆可。北方只能在晚春；春季干旱地区常夏播；夏季酷热地区以秋播为佳。秋播可以避免夏季杂草繁茂，草籽经过一个冬季的生长发育，来年即可初步形成草坪，提高与杂草竞争的能力。为了尽快形成草坪，播种量宜密不宜太稀，具体的播种时期和播种量还要视草的种类和草籽质量而定。播种方法多用撒播法，力求均匀。播种前一日需浇足底水，播后覆薄土，然后用滚筒镇压，再浇水使土壤湿润。以后可根据草苗出土及生长状况、土壤及气候进行适当的水肥管理。

以上又可称为种子直播建坪法。目前流行于草坪业的，还有草坪植生带建坪法，简称"植生带"。所谓植生带就是将精选过的种子均匀排列或将种子浸渍于粘附剂中(例如甲基纤维素+阿拉伯胶+蔗糖的混合物等），然后均匀地铺粘于一定基质(例如无纺布、纱布或纸)上，成型是带状。长短、宽窄依需要和操作方便而定。应用植生带建立草坪时，将植生带卷成圆筒，吸湿并保湿于适温条件下，促使种子萌发至大多数种子露白；或直播将植生带平铺在整好的地面上。精细覆土、喷水，保湿，很快而且整齐、均匀地出苗，形成幼苗坪。植生带的纸和布在腐烂之前有利于保湿和延迟杂草的发生。采用植生带，对于适宜播种建坪的草种，比种子直播法更有优越性，但成本较高。

播种可用单一的草种，也可二三种草种按一定比例混播。混合草坪不仅能延长草坪植物的绿色观赏期，而且能提高草坪的使用效果和保护功能。例如夏季生长良好的和冬季抗寒性强的混合；宽叶草种和细叶草种混合；耐磨性强的和耐修剪的混合等。

② 无性繁殖：

a. 撒茎法：多用于匍匐茎或根状茎发达的草种。将草皮的匍匐茎切成5~10cm的小段，每段有节，然后将其均匀地撒播在整平、耙细的土面上，随即覆土、镇压、浇水，以后每日早晚均需喷水，直到生根发芽。此法春、秋均可进行。

b. 分株法：多用于丛生、分蘖性较强的草类，如细叶结缕草、莎草、苔草的一些种。将草皮掘起，然后按一定的株行距穴栽或行栽即可。栽后注意浇水保湿。分株法栽植密度宜大，否则成活后覆盖不均匀。

c. 铺设法：是将繁殖好的草皮用平板铲按厚度约3cm铲下来，再切成30cm×30cm的方块，每块均匀一致，重叠堆起，铲起装车，运送到整理好的场地铺设。铺栽草块时，块与块之间应保留0.5~1cm的间隙，防止遇水膨胀、边缘形成重叠。铺后用滚筒滚压，然后浇水，以后每隔一周进行一次，直到草坪完全平整为止。在国外，可使用起草坪机，将草坪按长条形起下，卷成卷，再装车运走。铺设法的优点是能很快形成草坪。施工季节宜于两季之间，有利于草皮的生长。

2) 草坪的养护

草坪养护是一项重要与细致的工作，养护管理不及时，会造成草坪质量下降，故要采取以下措施进行养护。

(1) 刈剪

草皮在生长季节，生长迅速，必须经常刈剪。约2~3周剪1次草，秋后宜少剪。剪草后草坪的高度一般为4~8cm，边角处可控制为10~15cm。如剪草勤，轧下的草嫩而短就可以不必收去，任其覆盖于草地作为覆盖物，可防止杂草丛生，腐烂后还可作肥料。如剪草间隔时间长，就必须将轧下的草收掉，因为草老而长，覆于草地有碍草皮生长。草坪刈剪工作需用专用草坪修剪机来完成。

(2) 灌溉

土壤干旱应经常灌溉草坪，而且给水要充分，应深达10cm的土层，如浇水过少仅使土表湿润，会使根系扩散于表土，易受干旱。在7~8月份更需注意灌溉，特别是要注意新植草皮的夏季灌溉，以免干旱致死。浇水宜在傍晚，一般用皮带管浇水，但新植草皮扎根不深，最好用喷洒灌溉。

(3) 施肥

土壤肥沃，可使草皮叶色嫩绿，生长繁茂，因此要多施肥。草皮铺设前，要施入足量的基肥，但经过一段时间后必须施以追肥。草皮施肥多用化肥，以氮肥为主，如用尿素，每亩每次2kg左右。有时也配合施些钾肥，有时溶于水进行灌溉，有时就直接干撒于草地后再灌溉，或在小雨前撒于草地。此外结合加土施用粉碎的塘泥，但不宜过厚。

(4) 挑草

草种要纯，除拟定中的一种或几种混合草种之外，其他均为杂草，必须予以挑除，否则不仅有碍美观，还会抑制目的草种的生长。挑草需要在早春开始，多次进行。务必在杂草结籽前挑尽。除手工操作之外，亦可用选择性除草剂进行化学除草。

(5) 加土滚压

草坪由于人为损伤，常使草坪空秃，土地裸露，故必须逐年加土以利草种再生。加土多在每年冬季进行，加土厚度每次0.5~1.0cm。要特别注意低洼处加土养草。加土后，再用滚筒进行滚压，以使草坪保持平整以及有一定的厚度。

(6) 切边

为了使草坪与路面、花坛、树坛有明显的界线，每年必须作2~3次切边。切边要整齐，有一定的倾斜度，切后要清扫整洁。

(7) 草坪更新

公园内草坪由于游人较多，践踏过久，土壤板结，草脚薄而稀疏，为保证草坪长期不衰败，必要时要进行草坪更新。根据情况选择更新复壮方法，如添播草籽；用钉筒或滚刀切断老根，施入肥料，使其新根生长、新芽萌发，此法为断根更新；还有新铺设的一次更新法等。

复习思考题

1. 地被植物的含义是什么？就其应用范围来说分成哪几类？
2. 怎样选择地被植物？
3. 种植与养护地被植物应注意哪几方面的问题？
4. 什么是草坪、草坪植物？
5. 草坪在城市中的作用是什么？
6. 结合周围实际，观察草坪的类型有哪些？
7. 草坪植物的选择标准是什么？
8. 常用的草坪植物有哪些？各有何特点？
9. 草坪施工中应注意哪些环节？
10. 为什么说草坪养护是一项重要与细致的工作？该如何进行？

第10章 花卉的应用

本章学习要点：了解花卉室内外应用的特点及应用形式；理解花坛、花境的概念及类型，掌握花坛、花境的主要养护技术；了解室内植物装饰的配置原则和处理手法，掌握插花艺术的基本造型手法和技术；掌握室内场所花卉应用的特点与技巧。

随着经济的迅速发展和物质文化生活水平的不断提高，人们对改善工作、学习、生活环境的要求越来越迫切。在园林绿地中应用花卉创造出五彩缤纷、花团锦簇、绿草如茵、香气宜人的景观；在公共场所、机关厂矿用花卉布置和装饰，使环境轻松、气氛活跃；人们迫切希望把具有观赏价值的绿色植物引入室内，用于点缀居室、美化厅堂及公共交际场所，以增加自然风光情趣，益于身心健康。花卉进入千家万户，使生活更加充实、舒适、美好。

花卉的应用是一门综合艺术，它充分表现出大自然的天然美和人类匠心的艺术美。它又是一门专业技术，必须熟练掌握花卉的性状，并通过各种手法表现加以扬长避短才能使其达到最完美的程度。

目前，许多国家都在建设"花园城市"，花卉广为人们所喜爱，它最终将成为日常生活中的必需品，因此花卉的应用在满足人们不断提高精神和文化需求方面有着广阔的前景。

10.1 花卉的室外应用

在园林绿地中除了栽植一些乔、灌木外，建筑物周围、道路两旁、疏林下、空旷地等，都是栽种花卉的场所，为环境添色。为此，花卉的室外应用是园林绿地重要的、不可缺少的组成部分。花卉在室外应用的常见方式即是利用其丰富的色彩变化及多姿的形态来布置出不同的景观。

10.1.1 花坛

1) 花坛的概念

花坛是一种古老的花卉应用形式，源于古罗马时代的文人园林，16世纪在意大利园林中广泛应用，17世纪在法国凡尔赛宫达到了高潮。

花坛是将同期开放的多种花卉，或不同颜色的同种花卉，根据一定的图案设计，栽种于特定规则式或自然式的苗床内，以发挥其群体美的效果。花坛的平面可以是单独的几何图形，也可以是几个几何图形的连续带状或成群组合。布置要求所用花卉的花期、花色、株形及株高等，要配置协调，具有规则的、群体的、有图案(色块)效果的特点。它是公园、广场、街道绿地以及工厂、机关、学校等绿化布置中的重点。

花坛的植物材料要求经常保持鲜艳的色彩与整齐的轮廓，并随季节的变化而进行更换，因此一般常选用一、二年生花卉。

2) 花坛的作用

(1) 美化环境作用

有生命的花卉组成的花坛，有较高的装饰性，是美化环境的一种较好的方式。在住宅小区、写字楼等高密度建筑楼群间，设置色彩鲜艳的花坛，可以打破建筑物造成的沉闷感，增加色彩，令人赏心悦目。

(2) 标志、宣传作用

市花是城市的象征，以市花组成的花坛可成为城市的标志。一个单位、一件事物结合其标徽或吉祥物，配以相应的花坛，也可起到标志的作用。而用花卉组合成的字体、标语图示更能直接起到宣传作用。

(3) 基础装饰作用

以花坛作配景，用以装饰和加强园林景物的，称为基础装饰。一座雕像如果以花坛装饰基座，会使雕像富有生命感；山石旁的花坛，可使山石与鲜花产生刚柔结合、相得益彰的效果；喷水池旁的花坛，不仅能丰富水池的色彩，还可作为喷水池的背景，使园林水景更显亮丽；建筑物的墙基、屋角设置花坛，不仅美化了建筑物，而且使硬质的墙体与地面连接的线条显得生动有趣，又加强了基础的稳定感觉。

(4) 分隔、屏障作用

花坛的形状、大小，特别是花木枝叶的浓密度、花卉栽植的密度及其生长的高度等等，可作为划分和装饰地面、分隔空间的手段，还可起到一种隐隐约约、似隔非隔、隔而不死的生物屏障的作用。

(5) 组织交通作用

城市街道上的安全岛、分车带、交叉口等处，设置花坛或花坛群(或称带状花坛、连续花坛)，可以区分路面，提高驾驶员的注意力，增加人行、车行的美感与安全感；火车站、机场、码头的广场花坛，往往是一个城市环境的标志和橱窗，对一个城市的艺术面貌起着十分重要的作用。

(6) 增加节日的欢乐气氛

五颜六色、鲜艳夺目的各色花坛，往往成为节假日欢乐气氛最富表现力的一种形式。近年我国南北方城市，每到节假日都是广设各式花坛，气氛热烈，色彩缤纷，游人赏之雀跃，纷纷拍照留影，故在节假日的花坛(尤其是有一定主题的花坛)往往是城市环境美化的主角，成为最受游人欢迎的一项生态形式。

3) 花坛类型

1) 依花坛形式及组合分类

① 立体中心式花坛：一般位于园路的交叉口、草坪中央。花坛通过整地和选择花卉相结合，组成中间较高、四周渐低、便于四周观赏的花坛。

② 模纹式花坛：利用不同品种镶嵌成各种曲线、图案或文字，形似毛毡，故又称毛毡花坛。采用的花卉种类要求枝叶细密、分枝性强的植物。也可用植株矮小、多花性的花卉，一般要求株高整齐一致。

③ 整形式花坛：常见于我国北方地区，设在路口、街头的重要景点。一般以动物造型为多，也有小的亭子、人物、吉祥物等。采用耐修剪、分枝性强的植物，如红绿草等，植物的养护要求较高。

④ 移动式花坛：利用一些可移动的容器栽植花草，布置于平时不设置花坛的地方制成花坛。这样的花坛布置，特别适合城市绿化、广场绿化及为一些特殊的节庆活动而设置。

⑤ 组合式花坛：由几个小型花坛组合成一个整体的花坛。各小花坛往往可以立体地上下分布，组成一定的造型，达到既允许花坛轮廓的变化，又有统一的规律，观赏者移动视点，才能欣赏花坛的整体效果，这种利用连续景观来表现花坛的艺术感染力，是花坛美的延续。其中的花卉只要满足花坛的总体要求，可以用不同种类或品种，最重要的是观赏期一致，体现整体效果。

⑥ 对称式花坛群(沉床式花坛)：一般在范围较大的绿地中要求有大面积花坛，而用一个花坛又难以办到，可以通过一组花坛以对称布置的方式来完成，花坛间可铺石筑路，以便游人步入其间；各小花坛的花卉材料也应注意对称布置，强调整体性；中央的主花坛可以设置喷泉、雕塑等。周围的花坛材料，不限于草本、木本，可以多样化，使整个花坛群的观赏期尽量延长，利用不同花期的

材料达到目的。

(2) 依花坛空间位置分类

由于环境的不同，花坛所处位置不一，设置花坛的目的各异，因此在园林中可根据空间位置设置以下不同形式的花坛。

① 平面花坛：花坛与地平面基本一致，为观赏和管理上的方便，花坛与地面可构成小于30°的坡度，既便于观赏到整个花坛的整体，又利于花坛的排水，其外部轮廓线，则应依环境需要采取各种不同的几何形。

② 斜坡花坛：坡地可设置斜坡花坛，但坡度不宜过大，否则水土流失严重，花材、花纹不易保持完整和持久。斜坡花坛多为一面观赏，可设在道路的尽头，面积大小、形状依实际环境、面积而定。

③ 台阶花坛：坡度过大或台阶两边，可设置台阶花台，层层向上，有斜面和平面交替，成为台阶两边的装饰，除利用开花花材外，也可适当加入持久的观叶材料，更富变化。

④ 高台花坛：在园林中，为了某种特殊用途，如为了分隔空间，或者为了与附近建筑风格取得协调统一的效果，或受该处地形的限制，可设置高于地面的花台，其形状、大小、高度依所在地的环境条件而定。

⑤ 俯视花坛：是指花坛设置在低于一般地面的地块上，必须从高处向下俯视，才能欣赏到花坛的整体纹样和色彩。在地形起伏的庭园中，利用低地设置，显示最美的俯视效果，俯视之余，可由小路走近花坛细赏。

4) 花坛的养护管理

(1) 浇水或喷水

根据天气情况，保证水分供应，宜清晨浇水，浇水时应防止将泥土冲到茎、叶上。供水的时间以及供水量的多少，视花坛所在地的环境条件而定，如向阳迎风处水分蒸发快，天气炎热水分蒸发快，气温低或阴天水分蒸发慢；花苗本身也因生长习性不同，存在着需求不同的特点。因此水分的提供，要根据现实情况以及对花材生长的特性进行，难以统一规定。而五色草花坛，尤其是立体花坛，必须采用喷水的方式进行，盆花装饰的花柱、特定造型花坛，都应以喷水方式补足所需水分。当前一些主要景点的主体花坛也可采用安装滴灌线路于各个部位，实行滴灌保持土壤湿润，又能避免喷水引起的因强度大小不易掌握而发生不均匀或冲刷土壤的弊端。同时还应做好排水措施，严禁雨季积水。

(2) 补肥

一般花坛土壤内已施有供花苗在观赏时间内的需肥，但某些花卉，如用作花柱的四季海棠、矮牵牛等，可以用营养液滴灌的手段，使之长时期接受补肥，以延续花期。花坛内的观叶植物，则可用叶面喷肥的方法进行补肥，使叶色保持正常状态。施肥后宜立即喷洒清水，严禁肥料沾污茎、叶面。

(3) 病虫害防治

由于花苗在花坛内观赏时间有限，整地时严格掌握用充分腐熟的肥料。一般情况，无需进行病虫害防治工作。但也有些花卉，后期易发生白粉病，叶上布满白粉，宜及时拔除、更换，避免在观赏处喷药，造成环境污染。

(4) 更新

花坛的更新是保证重点景观完美的一项措施。花坛内应及时清除枯萎的花蒂、黄叶、杂草、垃圾；及时补种、换苗。而且要避免种子落入花坛土壤，萌发小苗，影响下一轮花坛的质量，如已出现还必须人工拔除，以免搅乱了花坛纹理的清晰度。一级花坛内应无缺株和倒伏的花苗，无枯枝残花（残花量不得大于10%）；二级花坛内缺株和倒苗不得超过3～5处，无枯枝残花（残花量不得大于15%）。

(5) 植物的更换

由于各种花卉都有一定的花期，要使花坛（特别是设置在重点园林绿化地区的花坛）一年四季有花，就必须根据季节和花期，经常进行更换。每次更换都要按照绿化施工养护的要求进行。花坛换花期间，每年必须有1次以上土壤改良和土壤消毒。一级花坛每次换花期间白地裸露不得超过14d；二级花坛每次换花期间白地裸露不得超过20d。

现将花坛更换的常用花卉介绍如下，仅供参考。

① 春季花坛：以4～6月开花的一、二年生草花为主，再配合一些盆花。常用的种类有：三色堇、金盏菊、雏菊、桂竹香、矮一串红、月季、瓜叶菊、旱金莲、大花天竺葵、天竺葵、茼蒿菊等。

② 夏季花坛：以7～9月开花的春播草花为主，配以部分盆花。常用的有：石竹、百日草、半枝莲、一串红、矢车菊、美女樱、凤仙、大丽花、翠菊、万寿菊、高山积雪、地肤、鸡冠花、扶桑、五色梅、宿根福禄考等。夏季花坛根据需要可更换一二次，也可随时调换花期过了的部分种类。

③ 秋季花坛：以9～10月开花的春季播种的草花为主并配以盆花。常用花卉有：早菊、一串红、荷兰菊、滨菊、翠菊、日本小菊、大丽花及经短日照处理的菊花等。配置模纹花坛可用五色草、半枝莲、香雪球、彩叶草、石莲花等。

④ 冬季花坛：长江流域一带常用羽衣甘蓝及红甜菜作为花坛布置，露地越冬。

10.1.2 花境

1) 花境的概念

花境（flowerborder）是园林中从规则式构图到自然式构图的一种过渡的半自然式的带状种植，它利用露地宿根花卉、球根花卉及一、二年生花卉，栽植在树丛、绿篱、栏杆、绿地边缘、道路两旁及建筑物前，以带状自然式栽种、表现植物个体所特有的自然美以及它们之间自然组合的群落美为主题。它是根据自然风景中花缘野生花卉自然分散生长的规律，加以艺术提炼，而应用于园林景观中的一种方式。它一次设计种植，可多年使用，并能做到四季有景。另外，花境不但具有优美的景观效果，尚有分隔空间和组织游览路线之功能。

2) 花境的特点

(1) 花境有种植床，种植床两边的边缘线是连续不断平行的直线或是有几何轨迹可循的曲线，是沿长轴方向演进的动态连续构图。这正是与自然花丛和带状花坛的不同之处。

(2) 花境种植床的边缘可以有边缘石、也可无，但通常要求有低矮的镶边植物。

(3) 单面观赏的花境需有背景，其背景可以是装饰围墙的绿篱、树墙或格子篱等，通常呈规则式种植。

(4) 花境内部的植物配植是自然式的斑块式混交；所以花境是过渡的半自然式种植设计。其基本构成单位是一组花丛，每组花丛由5～10种花卉组成，每种花卉集中栽植。

(5) 花境主要表现花卉群丛平面和立面的自然美，是竖向和水平方向的综合景观表现。平面上不同种类是块状混交；立面上高低错落，既表现植物个体的自然美，又表现植物自然组合的群落美。

(6) 花境中各种花卉的配置比较粗放，不要求花期一致。但要考虑到同一季节中各种花卉的色彩、姿态、体形及数量的协调和对比，整体构图必须严整，还要注意一年中的四季变化，使一年四季都有花开。

(7) 一般花境的花卉应选花期长、色彩鲜艳、栽培管理粗放的宿根花卉为主，适当配以一、二年生草花和球根花卉，或全部用球根花卉配置，或仅用同一种花卉的不同品种、不同色彩的花卉配置。

3) 花境的类型

(1) 依花境的轮廓分

① 直线形花境：花境的边缘为笔直的线条，具有规则式的风格。一般其在布置时常将植物排列成某种图案。

② 几何形花境：花境外形为几何图形，如方形、圆形等。建造几何形的花境通常是为了突出它们的外形，为此，种上低矮的植物或边缘围种低矮的花篱能突显外形。

③ 曲线形花境：花境的边缘为曲线形，具有自然有趣的风格。一般在布置时边缘曲线要柔和舒展。

(2) 依设计形式分

① 单面观赏花境：为传统的应用设计形式，多临近道路设置，并常以建筑物、矮墙、树丛、绿篱等为背景，前面为低矮的边缘植物，整体上前低后高，仅供一面观赏。

② 双面观赏花境：多设置在道路、广场和草地的中央，植物种植总体上以中间高、两侧低为原则，可供两面观赏。这种花境没有背景。

③ 对应式花境：在园路轴线的两侧、广场、草坪或建筑周围设置的呈左右二列式相对应的两个花境。在设计上统一考虑，作为一组景观，多用拟对称手法，力求富有韵律变化之美。

(3) 依花境所用植物材料分

① 灌木花境：花境内所用的观赏植物全部为灌木时称为灌木花境。所选用材料以观花、观叶或观果且体量较小的灌木为主。

② 宿根花卉花境：花境全部由可露地过冬、适应性较强的宿根花卉组成。如鸢尾、芍药、萱草、玉簪、耧斗菜、荷包牡丹等。

③ 球根花卉花境：花境内栽植的花卉为球根花卉，如百合、石蒜、大丽菊、水仙、郁金香、唐菖蒲等。

④ 专类花境：由一类或一种植物组成的花境，称专类植物花境。如由叶形、色彩及株形等不同的蕨类植物组成的花境、由不同颜色和品种的芍药组成的花境、鸢尾属的不同种类和品种组成的花境、芳香植物组成的花境等。可用来布置专类花境的植物，在同一类植物内，其变种和品种类型多、花期、株形、花色等须有较丰富的变化，才有良好效果。

⑤ 混合花境：主要指由灌木和耐寒性强的多年生花卉组成的花境。混合花境与宿根花卉花境是园林中最常见的花境类型。

4) 花境的养护

花境虽不要求年年更换，但日常管理非常重要。为了使花境处于最佳的观赏状态，有必要对花境进行有规律的养护。如果花境在一开始就经过细致的准备，那么养护工作该是举手之劳。花境种植后，随时间推移会出现局部生长过密或稀疏的现象，需及时调整，早春或晚秋可更新植物（如分株或补栽），以保证其景观效果。

清除杂草工作是花境养护工作中较为重要的，有几种方法可使清除杂草的工作较为有效。第一种是通过彻底的地面处理来清除所有的多年生杂草。第二种是尽早抢在季节前期对每一花境进行处理。若有可能，可以在天气和土壤条件允许的情况下在冬季工作，也就是说，在前一年遗留下来的杂草及其他草本植物开始肆虐之前就将它们清除。如果拖到气候转暖，除草任务就成了一场艰辛的工作，尤其是在同时管理几个花境的情形时。另一减轻除草负担的办法是采用某种形式的地面覆盖。这一工作可以在冬季和早春除草之后进行，铺盖一层厚厚的树皮片或是腐熟厩肥可以防止大多数杂草萌发。

在花境养护中使用化学除草剂决不值得推崇。因化学除草剂的喷洒不可避免地会使药剂流到或滴落到植物上，并进而造成许多意外的损害。在较为密植的花境中使用锄头除草比较困难。这种工具必然会时而割断植物刚刚抽生的嫩枝，而且在比较稠密的种植区很难发现工作中的失误。最好是使用小铲子或是手耙进行除草，或是使用花境专用耙轻轻挖掘花床。

每年植株休眠期必须适当耕翻表土层，并施入腐熟的有机肥，每平方米 1.0~1.5kg。

对于枝条柔软或易倒伏的种类，必须及时搭架、捆绑固定。一般使用支架对于防止较高的植物倒伏至关重要，倒伏的原因可能是植物过于脆弱或大风损害，雨水也有可能使得花，尤其是重瓣花过于沉重而压弯植物。在上述危险发生前为植物作好支撑，这件工作可在植物长到一半时进行，将支架按照该植物长成时高度的 2/3 来安置。也就是说，支架此时应高于植物。该植物将顺着支架来生长。方法之一就是将栽在地里的豆类植物茎秆或灌木丛的顶部枝条弯曲交叉成水平状。另一种方法是在植物的四周安插数根短杆并用线绳编制网状结构。第三种办法是购买专业支架，它们形式各异，包括环状金属结构。单茎类植物只要在其附近的土壤里插入一根杆柱并加以系扣就完成了支撑工作。

花期过后及时去除残花及枯萎落叶，这不仅由于植物无须结籽而节省营养，而且使花境看上去更加整洁，从而更好地衬托出其余的花朵。某些植物在花开过后可将花朵摘除，而另有一些植物可以修剪至地表，这样，长出的新叶可以取代看上去开始枯萎的叶子。一旦茎叶开始变成棕色，也应加以剪除。同时还应及时做好病虫害防治工作。

精心管理的花境，可以保持 3~5 年的观赏效果。灌木花境当然可以更长。一级花境全年观赏期不得少于 200d，三季有花，其中可以某一季为主花期。二级花境全年可以某一季为主花期，观赏期不得少于 150d。三级花境的花卉生长与观赏期生长良好，一季观赏期不得少于 45d。

10.1.3 花台

是一种高出地面的花坛。花台四面用砖、石、混凝土等砌矮墙作台座，内部是栽植地，通常面积较小。其位置多在广场、庭园的中央或布置在建筑物的前面以及其他突出醒目、便于观赏的地方。

花台的配置形式一般可分为两类：

(1) 按整形式花台布置　其选材与花坛相似，但由于面积较小，一个花台内通常只选用一种花卉，除一、二年生花卉及宿根、球根类花卉外，木本花卉中的牡丹、月季、杜鹃、凤尾竹等也常被选用。由于花台高出地面，因而选用株形低矮、繁密匍匐、枝叶下垂于台壁的花卉，如矮牵牛、美女樱、天门冬、书带等十分相宜。

(2) 盆景式花台的布置　把整个花台视为一大盆景，按中国传统的盆景造型。常以松、竹、梅、杜鹃、牡丹为主要植物材料，配饰以山石、小草等。构图不着重于色彩的华丽而以艺术造型和意境取胜。这类花台其台座通常也是按盆景盆座要求设计的。

10.1.4 篱垣及棚架

利用蔓性和攀缘类花卉可以构成篱栅、棚架、花廊；还可以点缀门洞、窗格和围墙。既可收到绿化、美化之效果，又可起防护、荫蔽的作用，给游人提供纳凉、休息的场所。

在篱垣上常利用一些草本蔓性植物作垂直布置，如牵牛花、茑萝、香豌豆等。这些草花重量较轻，不会将篱垣压歪、压倒。棚架和透空花廊宜用木本攀缘花卉来布置，如紫藤、凌霄、络石、葡萄等，它们经多年生长后能布满棚架，有良好的荫蔽效果。特别应该提出的是攀缘类月季与铁线莲，具有较高的观赏性，它们可以构成高大的花柱，也可以培养成铺天盖地的花屏障，既可以弯成弧形做拱门，也可以依着木架做成花廊或花凉棚，在园林中得到广泛的应用。

在儿童游乐场地常用攀缘类植物组成各种动物形象。这需要事先搭好骨架，并通过人工引导使花卉将骨架布满，装饰性很强，使环境气氛更为活跃。

10.1.5 岩石园

以自然式园林布局，利用园林中的土丘、山石、溪涧等造型变化，点缀以各种岩生花卉，创造出更为接近自然的景色。

在园林中除了海拔较高的地区外，一般大多数高山岩生花卉难以适应生长，所以实际上应用的岩生花卉主要是由露地花卉中选取，选用一些低矮、耐干旱瘠薄的多年生草花，也需要有好阴湿的植物，如秋海棠类、虎耳草、苦苣苔类、蕨类等。

露地花卉除上述几种布置方式外还常按不同景观的需要三五成丛或成片地栽植于铺装的庭园、草坪上或道路拐弯处，形成自然式，这种花卉或花群的布置方式给人以豪放开阔的感觉。

10.1.6 水生应用

水生花卉可以绿化、美化池塘、湖泊等大面积的水域，也可以装点小型水池，并且还有一些适宜于沼泽地或低湿地栽植。栽种各种水生花卉使园林景色更加丰富生动，同时还起着净化水质、保持水面洁净、抑制有害藻类生长的作用。

根据不同的环境条件及景观要求，对水生花卉的选材有所不同，如沼泽地和低湿地常栽植千屈菜、香蒲等。静水的水池宜栽睡莲、王莲。水深1m左右、水流缓慢的地方可栽植荷花，水深超过1m的湖塘多栽植萍蓬草、凤眼莲等。在水深条件不能适应栽植的情况下，可按要求筑砌植槽或用缸、盆架设水中栽植。

10.2 花卉的室内应用

室内花卉应用，主要指室内空间的绿化布置，即利用自然界各种各样的植物，依照科学、艺术规律，充分发挥其功能与美的作用，因时因地制宜地合理布局，以达到卫生、舒适、雅致、美观、实用的效果。所选用的材料，主要是对人有益无害的、适于室内生长的阴性、半阴性、湿生、中生、旱生及水生观赏植物。从欣赏特点来说，有色彩绚丽的观花植物，有形状奇特的仙人掌植物，有比作"无声的诗和立体的画"的盆景以及千姿百态的插花艺术等。

10.2.1 室内绿化装饰的特点

(1) 适应室内的环境条件：由于室内空间有限，通风与光照较差，装饰效果的好坏，首先取决于对植物生态习性、形态特征的认识与应用。

(2) 具有一定的抗逆性，栽培容易，管理方便：鉴于室内环境条件所限，选用的植物对环境要有一定的适应能力，其栽培管理不需投入过多的人力、物力和时间。

(3) 具有观赏价值及景观效果，并适于室内装饰：要求叶色苍翠或艳丽，叶形奇特，植物形体大小适量，枝形多变，易于修剪造型，不受季节限制，能够较长时间保持其观赏价值。可兼观花、观茎、观芽、观根及观果，闻香者更为理想。

根据这些特点，阴生观叶植物用作室内装饰，不论在生态上、形态上以及色彩上都最能适应其要求。

10.2.2 室内植物装饰景观的艺术处理（配置原则）

1) 整体要和谐

是指应根据室内其他陈设物的数量、色彩等不同的情况，进行全面考虑，做到合理布局。如果是多方位、多层次的空间绿化装饰，还必须使每一个单一的空间统一在整体布局之中，避免在各个布局中出现同类植物或等量的重复，以形成一个富有变化的自然景观，使人感到有节奏、韵律。

2) 主次要分明

是指在同一方位内的空间，要有主景和配景之分。主景是装饰布置的核心，必须突出，而且要有艺术魅力，能吸引人，给人留下难忘的印象。配景是从属部分，有别于主景，但又必须与主景取得协调。

3) 中心要突出

主景在选材上通常是利用珍稀植物，或形态奇特、姿色优美、色彩绚丽的典型植物，以加强主景的中心效果。在一个建筑单元内，有卧室、厨房、卫生间及会客室等许多空间，重点装饰会客室，以展示主人的风貌，并反映其文化素养，也可谓之突出中心。在机关大楼里突出装饰门厅及会议室，以代表单位的精神面貌，同样为突出重点。

4) 比例要协调

观赏植物的室内装饰布置，植物本身和室内空间及陈设之间都有一定的比例关系。大的空间中装饰小的植物，就无法显示出气氛，也很不协调；小空间装饰大植物，显得臃肿闭塞，缺乏整体感。因此，装饰布置时，首先根据室内建筑空间的组成大小、形状及门窗的方位、尺度，然后依其性质、用途及内部设施，选择相应尺度的植物种类进行布置，使其彼此之间比例恰当、尺度适当、色彩和谐、主次分明富有节奏感与整体感，以创造出优美的环境。

10.2.3 室内植物装饰的处理手法

室内花卉装饰一般以不占用太多面积为准则，没有一定的模式，也不可能千篇一律。方式上大致有：

1) 规则式

这种形式是以图案或几何图形进行设计布局，即利用相同体形、同等大小和高矮的植物材料，以行列及对称均衡的方式组织分隔和装饰室内空间，使之充分体现图案美的效果，显示庄严、雄伟、简洁、整齐之感。

2) 自然式

这种形式学习中国园林设计手法，以突出自然景观为主，进行布局设计。在有限的室内空间内，经过精巧的布置，表现出大范围的景观。也是把大自然精华经过艺术加工，引入室内，自成一景。

3）镶嵌式

在墙壁及柱面适宜的位置，镶嵌上特制的半圆形盆、瓶、篮、斗等造型别致的容器，栽上一些别具特色的观赏植物，以达到装饰目的。或在墙壁上设计制作不同形状的洞柜，摆放或栽植下垂或横生的耐阴植物，形成具有壁画的、生动活泼的效果。

4）悬垂式

利用金属、塑料、竹、木或藤制的吊盆或吊篮，栽入具有悬垂性能的植物，悬吊于窗口、顶棚或依墙依柱而挂，枝叶婆娑，线条优美多变，点缀了空间，增加了气氛。

5）组合式

是指灵活地把各种手法混用于室内装饰，利用植物的高低、大小及色彩的不同把它们组合在一起，如同插花一样，随意构图，形成一个优美的图画，但要遵循高矮有序、互不遮挡的原则。

6）瓶栽式

即在各种大小、形状不同的玻璃瓶、金鱼缸、水族箱内种植各种矮小的植物以供观赏，装饰室内。通常的栽培方法有袖珍花园、玻璃瓶花园等等。在容器内，除瓶口及顶部作为通气孔外，大部分是封闭的，其物理性状稳定，受光均匀，气温变化小，水分循环吸收利用，适宜小植物的生长，病虫害少。

10.2.4 花卉装饰的材料

1）盆花

盆花具有布置更换方便、种类形式多样、观赏期长等优点，它除了可以配合露地花卉布置花坛、花境外，更是用于装饰陈设的主要材料。

(1) 盆花的分类

供陈设的盆花按其应用大致可分成四类：

① 大型常绿类：翠柏、棕榈、苏铁、南洋杉等。

② 小型常绿及观叶类：黄杨、蜘蛛抱蛋、天门冬、变叶木、蜈蚣草等。

③ 大型观花类：以木本为主，如扶桑、杜鹃、叶子花、夹竹桃等，主要供就地摆设。

④ 小型观花类：以草本为主，如瓜叶菊、兰花、仙客来、扶郎花等，主要供台架、几案上布置。

(2) 按环境选材

作装饰陈设用的盆花首先要求在盆栽条件下生长良好，观赏价值较高，而作为室内布置用的盆花，还要能适应阳光不足、通风不良、湿度较小等室内不良条件。选材时首先考虑其耐阴程度，然后再考虑对其他环境条件的适应性，可作以下分类：

① 耐阴：能适应室内条件，可供较长期的观赏，主要为常绿观叶类花卉。如苏铁、罗汉松、万年青、常春藤、蕨类植物等。这类盆花如在休眠期，虽然室内光线不足仍可陈设 2~3 个月之久，若室内阴暗，陈设数周即应更换。

② 较耐阴：大部分季节都不需直射阳光，唯冬季仍需相当的阳光照射，其对室内环境的适应性比第一类差，一般可供室内陈设 1~2 个月。如南天竹、八仙花、山茶花、日本五针松、天门冬等。

③ 不耐阴：要求阳光非常充足，并且在空气新鲜时才能保持观赏效果。这类花卉多数为观花类及少数观叶类植物，如三角花、茉莉、米兰、扶桑、天竺葵等，均不宜室内长期陈设。

④ 不适应于室内环境：不宜作室内陈设或仅供室外布置的花卉。露地花卉上盆栽培的均不适用于室内栽培，如矮鸡冠、一串红、大丽花、玉簪、百合等，必要时仅可供室内应用3～5d。而另外一些虽然上盆栽培也只可室外布置用，如半支莲、牵牛花、美人蕉、金光菊、荷花等。

2) 切花

植物的茎、叶、花、果实，无论其色彩还是其气味、姿容，凡是具有观赏价值的都可被切取下来作为装饰材料，统称为切花。切花比盆花应用起来更为方便，可被加工成插花、花束、花篮、花圈、佩花等多种装饰物。

(1) 插花

插花是以切取植物可供观赏的枝、叶、花、果、根为材料，插入容器中，经过一定的技术和艺术加工，组成一件精致美丽、富有诗情画意的花卉装饰品，艺术地再现自然美和生活美。所以插花既是一门技术，又是一种艺术创作活动。

插花作品被称为富有生机的艺术品。然而除此之外，它还具有装饰性强(插花艺术品极宜渲染、烘托气氛，富有强烈的艺术感染力，也就是说最容易美化环境)、作品精巧美丽(插花作品一般体积小，造型比较简洁，常以质取胜，是精、巧、美的艺术品)、随意性强(插花艺术的随意性、灵活性比较大，也就是说插花的创作和作品的陈设布置都比较简便和机动灵活)、时间性强(要求构思、造型迅速而灵活)的特点。

① 分类

a. 依花材性质分类：鲜花插花、干花插花、干鲜花混合插花、人造花插花(面包花插花)等。

b. 依用途分类：礼仪插花，这类插花的主要目的是为了喜庆、迎送、社交等礼仪活动，用来增添团结友爱、表达敬重、欢庆等快乐气氛，因此要求插花造型简单整齐、色彩鲜艳明亮、体形较大；艺术插花，主要是为美化装饰环境和艺术欣赏，既用来渲染、烘托气氛，又供艺术享受，使人产生美感的插花。

c. 依插花艺术的风格分类：①西方式插花，有时也称密集式插花，以欧美各国为代表，注重花材外形表现，注重追求插花作品的块面和群体的艺术效果，而不太讲究花材的个体线条美或姿态美，它主要表现图案美，造型简单、大方、凝炼，构图比较规则对称，色彩多数艳丽、浓厚、繁多，花材种类多，数量大，所以插花作品形体也比较高大，花材稠密，五彩缤纷，表现出热情奔放、雍容华丽、端庄大方的风格。②东方式插花，有时也称线条式插花，以我国和日本为代表。它强调崇尚自然、师法自然并高于自然，不仅注重花材的形体美和色彩美，而且更注重花材所表达的内容美，即意境美，讲究借物寓意，以形传神，表现诗情画意。

② 插花容器

供插花使用的容器比较广泛，除花瓶外，凡能容纳一定水量、满足切花水养要求的容器均可选用，如生活中使用的盆、碗、碟、罐、杯子，以及其他能盛水的工艺装饰品等。从质地上讲有瓷器、陶器、玻璃、金属和塑料制品、木制容器、竹编、大理石的、水磨石的和漆制容器等。天然的容器更富有自然美，如竹筒、竹篮、藤篮、果壳、贝壳等。西方人常用茶壶、烟缸来插花，也很别致。

容器的形状有多种，大体上可归纳为两类：一类是高身小口的瓶类容器，使用这类容器插花，一般不用花插或花泥，而将花枝直接插入瓶内，稍加扶持固定即可；另一类是浅身阔口的浅盆类容器，用它们插花就必须使用花插或花泥才能固定和支撑花材。

③ 基本构图形式

a. 自然式构图形式：也称不对称式构图。这种花形不拘泥于一定的形式，强调突出自然情调，再现自然美。其选材十分广泛，着重于模仿自然生长姿态，让花枝之间基本上处于对称平衡，使插花体看上去很自然。

　　b. 规则式构图形式：又称图案式插花。这种花形强调圆形对称，呈整齐的圆形、半圆形、长圆形、塔形、柱形及放射形等构图。

　　c. 盆景式构图形式：这种花形主要采用我国制作盆景的章法与技巧插成，多表现大自然的优美景观，着重意境构思，强调有物有情、情景交融。

　　d. 野味式构图形式：又称趣味式插花。多以自然界野生植物和田园果、蔬为素材，创作出富有淳朴、清新乡土气息的作品。它突破了以花枝为主的传统手法，所用的容器也不拘一格，使整个插花体更接近野趣，从而丰富了插花的艺术形式，形成了一个新的流派。

　　无论采用何种插花形式，都必须掌握画面韵律的变化，遵循对比与统一、对称与平衡的构图规律和美学原理来进行，才能使插花成为具有高度观赏价值的艺术装饰品。

　　④ 延长插花观赏期的方法

　　a. 热处理法：将草本花枝末端浸入热水中浸烫数分钟，取出后用清水漂净，进行处理后再水养，可延长观赏期。

　　b. 深水急救法：当花枝出现萎缩，立即将花枝末端剪去 12 寸，然后将花枝浸入盛满冷水的筒中，仅将花头露出水面，浸 1~2h，花头又会苏醒过来。

　　c. 折枝法：对一些花梗脆嫩的花枝，不要用剪刀剪断，而改用手来把它们折断，这样它们伤口的导管不会受到挤压，吸水能力较强，能延长水养时间。

　　d. 末端击碎法：对一些花木如玉兰、牡丹等，均可将花枝末端一寸左右击碎，这样可以扩大吸水面积，延长水养时间。

　　e. 使用鲜花保鲜剂：鲜花保鲜剂的作用在于灭菌防腐、促进吸水、增强营养、抑制枝叶水分蒸腾及防止花瓣脱落等。因此，合理地使用保鲜剂，是延长切花寿命的一项重要措施。

　　(2) 花束

　　花束，又名手花。即把切取下来的花枝，通过艺术构思，经过扎制成束，再加以精心装饰而成。它是一种高雅的礼品，在各种礼仪活动中应用最广泛，国际交往、迎送贵宾、大型庆典、宴会、祝贺、慰问等均可使用。

　　花束的制作过程中选材较重要，一般选用花柄挺直、叶片刚强、花冠硕大、色彩艳丽、香气馥郁、花朵初放的花枝。花束的形状、大小要根据用途及风俗习惯不同而异。在花色品种搭配上，既可选用由几种多色花卉组成的，也可选用由单一品种多色或单一品种的单一花色的花卉组成的。

　　扎制花束时要将选定的花枝茎上的小枝和刺剪去，同时除去杂叶。随后挑选一些花朵大、色彩艳丽的花枝放于中央作主体，四周再配以其他的花枝和装饰叶，使整个花束具有层次感。然后再用细线或细钢丝将基部扎紧，花枝基部用水浸湿，外包蜡纸或保鲜塑套，以延长观赏时间。握手处不宜太粗，整理后用锡纸、铝箔等包在外面，并饰以彩带，可增加其美感。

　　(3) 花篮

　　花篮是艺术插花中的特殊造型之一。通常采用竹、藤、柳等材料编织成篮状，内插以鲜花而成为花篮。它既可以作为祝贺礼品，又可以作为装饰品进行室内布置用，还可应用于丧事寄托哀悼。

　　花篮的形状多样，不拘一格，一般为圆形、椭圆形或长方形等。其大小差异悬殊。

为维持花篮所插花卉之新鲜，篮内常置一盛水的容器，内竖立花泥，以便扶持插入的花束。供花篮用的切花如过于细弱或姿态不适时，可用钢丝缠绕扶持，花枝过短可绑于细竹签上。在插入花枝之前，先插一些配叶对篮体加以遮挡和填补。花篮的提把也用配叶装饰或用彩带缠绕，可插一些不易干枯的花朵。最后插入主要花枝，为防止篮内花枝倾倒，应将花枝与提篮相应固定，并将固定物隐藏起来，制成的花篮应花朵茂盛、姿态丰满。

花篮扎制完成后还需要进一步加以装饰。如提手上打个蝴蝶结、做些长短不一的飘带，送时再插上自己的名片或贺卡，写上几句贺词，就更显亲切了。

(4) 花圈和花环

花圈和花环是用竹片或树枝做成环形，外包稻草，用绳捆紧成一草环，其外包以绸布或绑扎上绿色枝叶，上插鲜花构成。花圈多用于表示哀悼及祭奠活动。花环较花圈小，欧美国家常用作圣诞节的门上及壁面上的装饰，还可戴于被迎送的贵宾，以表示尊敬和爱戴。

花圈的选材一般以花朵素雅的为宜。对于茎枝柔软的草本花卉，因插入不便，应先扎成小束绑在竹签上，然后再插入草环上。花环的选材则丰富多样，常配以观果植物，最好选用香花材料，但需注意所选材料是不应污染衣服的。

(5) 佩花

是用细金属丝或线将花朵绑扎、串连编制而成，佩戴于胸前作服饰或戴于鬓发处作头饰的装饰物。

我国传统的佩花是茉莉、白兰、代代等。颜色素雅、香气袭人并且扎制精细，常有多种造型。

现代流行的佩花，色、香并重，常用亚香石竹、月季等颜色艳美的香花再配以文竹等纤细柔软的叶片构成饰物佩戴。其选材当以质地轻柔、花叶纤细美观、不易凋萎、不污染衣服且具芳香味的为佳。

10.2.5 几种室内场所的花卉应用方法

1) 大门口的花卉应用

大门是人进出的必经之地，是迎送宾客的场所，绿化装饰要求朴实、大方、充满活力，并能反映出单位的明显特征。布置时通常采用规则式对称布置，选用体形壮观的高植物配置于门内外两边，周围以中小形植物配置2~3层形成对称整齐的花带、花坛，使人感到亲切明快。

2) 门厅的花卉应用

门厅，宾馆称大堂，个人居家称客厅，是迎接客人的重要场所。对整体景观的要求，要有一个热烈、盛情好客的气氛，并带有豪华富丽的气魄感，才会给人留下美满深刻的印象。因此在植物材料的选择上，应注重珍、奇、高、大，或色彩绚丽，或经过一定艺术加工的富有寓意的植物盆景。为突出主景，再配以色彩夺目的小观叶植物或鲜花作为配景。

3) 走廊的花卉应用

此处的景观应带有浪漫色彩，使人漫步于此，有着轻松愉快的感觉。因此可以多采用具有形态多变的攀缘或悬垂性植物，此类植物茎枝柔软、斜垂盆外、临风轻荡，具有飞动飘逸之美，使人倍感轻快，情态宛然。

4) 楼梯的花卉应用

楼梯是连接上下的垂直走廊，其转角平台处是装饰的理想地方，靠角可摆放体形优美、苗条的植物加以遮挡，或不等高地悬挂一些悬垂性植物。在楼梯上下踏步平台上，靠扶手一边交替摆放较低矮的小盆花,上下楼梯时,给人一种强弱的韵律感、轻松感。也可利用高矮不同的盆花,自上而下、由低到高地摆放,以示高差的变化,缓和人们的心理感觉,又达到装饰的目的。

5) 书房的花卉应用

书房是以学习为主的场所,应突出安静文雅、催人奋进的特点。布置时要求简洁大方,具有减少疲劳、增加情趣的效能。因此主景可选择棕榈类的热带植物,再配以悬垂植物,伸延盆外的斜姿曲势,静观默察,似有流动之感,在静态中寓有动感,既优雅,又有生机,给人以奋发向上的启示。

6) 卧室的花卉应用

卧室作为休息睡眠的地方,绿化布置应突出宁静舒适、安逸无忧,利于睡眠和消除疲劳。色淡可造成一个雅洁的环境,显得宁静。微香有催眠入睡之功能,因此植物配置要协调和谐,少而静,多以1~2盆色彩素雅、株形矮小的植物为主。忌色彩艳丽、香味过浓、气氛热烈。

7) 办公室的花卉应用

要突出清静幽雅、美观朴素的特点。在窗台、墙角及办公桌等处点缀少量花卉。

8) 会议室的花卉应用

在布置时要因室内空间大小而异。中小型会议室多以中央的条桌为主进行布置。桌面上可摆放插花和小型观叶、观花类花卉,数量不能过多,品种不宜过杂。大型会议室常在会议桌上摆上几盆插花或小型盆花,在会议桌前整齐地摆放1~2排盆花,可以是观叶与观花植物间隔布置,也可以一排是观叶的、一排是观花的。后排要比前排高,其高矮以不超过主席台会议桌为宜,形成高矮有序、错落有致和观叶、观花相协调的景观。

9) 各种会场的花卉应用

(1) 严肃性的会场:要采用对称均衡的形式布置,显示出庄严和稳定的气氛,选用常绿植物为主调,适当点缀少量色泽鲜艳的盆花,使整个会场布局协调、气氛庄重。

(2) 迎、送会场:要装饰得五彩缤纷、气氛热烈。选择比例相同的观叶、观花植物,配以花束、花篮,突出暖色基调,用规则式对称均衡的处理手法布局,形成开朗、明快的场面。

(3) 节日庆典会场:选择色、香、形俱全的各种类型植物,以组合式手法布置花带、花丛及雄伟的植物造型等景观,并配以插花、花篮等,使整个会场气氛轻松、愉快、团结、祥和,激发人们热爱生活、努力工作的情感。

(4) 悼念会场:应以松柏等常青植物为主体,规则式布置形成万古长青、庄严肃穆的气氛。与会者心情沉重,整体效果不可过于冷感,以免加剧悲伤情绪,应适当点缀一些白、蓝、青、紫、黄及淡红的花卉,以激发人们化悲痛为力量的情感。

(5) 文艺联欢会场:多采用组合式手法布置,以点、线、面相连装饰空间,选用植物可多种多样、内容丰富,布局要高低错落有致。色调艳丽协调,并在不同高度以吊、挂方式装饰空间,形成一个花团锦簇的大花园,使人感到轻松、活泼、亲切、愉快,得到美的享受。

(6) 音乐欣赏会场:要求以自然手法布置,选择体形优美、线条柔和、色泽淡雅的观叶、观花植物,进行有节奏的布置,并用有规律的垂吊植物点缀空间,使人置身于音乐世界里,聚精会神地去领略那和谐动听的乐章。

复习思考题

1. 露地花卉的应用有哪几种形式?各有何特点?

2. 花坛的概念。花坛有何作用？
3. 依花坛形式及组合分类，花坛主要有哪几类？各有何特点？
4. 叙述花坛养护要点。
5. 花境的概念。花境有何特点？
6. 如何选择花境植物？
7. 叙述花境养护管理要点。
8. 室内绿化装饰的配置原则是什么？
9. 了解插花的分类与基本构图形式。
10. 练习切花的几种装饰形式，并加以熟练的掌握。
11. 了解几种场合的绿化装饰方法，并能利用所学的花卉种类合理地进行室内装饰布置。

第 11 章　花卉生产和贸易

本章学习要点：了解花卉生产管理的内容和花卉经销的主要途径，能合理地进行花圃的区划、生产管理和经销核算，提高花卉产品的质量和经济效益。

11.1 花卉生产

花卉生产是农业生产中园艺生产的一部分，国外把花卉生产称为"花卉工业"。而花圃是专门进行栽培与生产花卉的圃地，其管理水平的高低不但决定着花卉生产的成败，也决定着生产的经济效益。

11.1.1 花圃的种类

按照生产目的和经营情况来分，大致可分以下几种：

1) 生产性花圃

这类花圃的主要任务是从事花卉生产，所生产的花卉主要是为了销售，花圃实行企业化管理。生产性花圃有综合经营的，一般规模较大。由于单一的生产有助于提高劳动生产率、降低成本、增加收益，所以专业化的花圃是发展方向，国外的发展经验也证明了这一点。生产性花圃，又可分为：育苗性花圃(如种苗公司)、盆花性花圃(专门生产盆花和观叶植物)、切花花圃(以生产各种切花为主)、盆景制作花圃等。

2) 服务性花圃

这类花圃是建立在某企业单位之下，所生产的花卉主要是满足本企业单位的需要。花圃的经营内容和规模与企业的性质、大小密切相关。设在学校、医院、宾馆、各厂矿企业内的花圃一般规模较小；设在公园、植物园、大型厂矿、绿化公司、房产公司、大型建设集团内的花圃，多数规模较大，具有很强的经营实力。服务性花圃由于其供应特点，所以通常是综合经营的，生产多样化的花卉产品。

3) 综合性花圃

这类花圃的配置往往小而全，既有生产经营，又有服务经营。花卉生产方面，品种追求齐全，不仅有露地花卉，还有温室盆花、切花及盆景、树苗等。花圃兼有服务项目，如承接园林工程、经营花店、花卉租摆等等。这类花圃在花卉生产发展的初期最为常见。目前国内许多花圃即为此类。

4) 连锁性花圃

这是生产性花圃发展到了高一级的花圃类型。为了扩大规模，在主花圃以外建立新的子花圃，这些相对独立经营的子花圃，在经营品种、特色等方面由主花圃指导、协调，从而形成一个较大的集团，使其更具有竞争能力。

11.1.2 花圃的建立

花圃的建立必须考虑投入和产出的关系，一般要注意以下几方面：

1) 花圃建立的条件评估

这是建立花圃首先要做的工作。对建立花圃的可行性做出评估，主要内容包括投资条件、经费来源、优惠政策、地理位置、交通状况、运输方式、水电供应、气候和土壤条件等。此外还包括生产种类、材料(包括种苗、肥料、基质等)提供等。

服务性花圃常设置于企业单位的附近，便于产品供应及管理，其他花圃地理位置的选择应以交通状况、运输方式、水电供应、气候和土壤条件、生产目的、生产种类、供应范围等为依据综合考虑。

2) 花圃的区划

花圃应包括生产区、繁殖区、办公区、生活区、冷库、材料室等。其中生产区对专业化生产的专类花圃比较简单，但是综合经营的花圃则应根据各类花卉对环境条件的不同要求，及其栽培管理的特点来进行合理规划，可分别建立草花区、水生花卉区、温室区、花木区、切花生产区以及兰花区、菊花区等，各花圃可以根据本单位生产的主要花卉种类来调整分区。为了避免花卉种子的天然混杂和人为混杂，应将繁殖种子的圃地和草花区隔开一定的距离。

此外，花圃建立时，还应对准备生产的产品做出行销的评估。主要包括：行销对象、内销或外销、消费层次对产品的质量要求及行销的有关政策（如海关、检疫、税收、运输等）。同时，必须考虑劳动者的知识结构、工资、劳保、福利、用工形式和其他相关问题。

11.1.3 花圃的管理

在我国，随着园林事业的发展与人民生活水平的提高，花卉的需求不仅在数量上，而且对供应季节、种类及品种上都提出了更高的要求。花圃的合理设置与科学的管理是搞好花卉生产、满足人民对花卉的需要、提高花卉质量、打入国际市场的重要条件。

1) 实务管理

花圃的实务管理主要包括以下几个：

(1) 生产计划的制订与实施：花圃生产计划主要有年度计划，它是花圃日常工作的依据，是根据花圃的性质和发展的规划，按生产需求和市场供求状况，在每年年底或年初制订。主要内容包括产品的种类、品种、数量、规格以及供应的时间。产品不仅含有当年出圃的，也包括跨年继续培养的。产品的质量要求可以另定，目前国家已颁布花卉产品等级标准。在制订生产计划的同时，还应把财务计划制订出来，即劳动工资、材料、种苗、消耗、维修以及产品收入和利润等。为保证年度计划的实施，还需要季度和月份计划。要经常督促和检查计划的执行情况，以确保生产计划的落实。随着市场经济的发展变化，销售计划的制订也显得越来越重要。花圃的生产以获利为目的，因此要根据每年的销售情况、市场变化、花圃的设施等，及时做出生产种类和品种的调整。

(2) 花卉产品的布置与调整：为了充分利用温室和露地的生产面积，花卉的合理布置是非常重要的。花卉种类多、生长期不一、习性差别大，供应和销售时间也不尽相同，这使得花卉的布置工作更为复杂，而且需要经常进行调整。

一、二年生花卉寿命不到一周年，所以每年甚至每半年左右需要调整一次田间布置，以适应生产任务的变动及其对轮作的要求。需每年采收贮藏的球根花卉、生长快且每年进行分株的宿根花卉，亦需要每年调整布置。一些需要经过多年培养才能出圃、可在一地生长多年的木本花卉或不宜每年移植的球根花卉、宿根花卉，则依其习性数年调整一次。每次花卉的安排，应考虑到下一次调整的可能状况，最好有较长期的花卉布置规划。花苗生长每茬占地时间较短，故需随时根据出圃状况及育苗任务调整土地的使用。

在安排温室的使用面积时，直接栽于种植床的花卉其用地布置与调整和上述露地花卉类似。盆栽花卉随着植株的长大，应相应扩大盆距，一、二年生的盆花生长迅速，常需数周即调整一次，最好使因扩大盆距而增加的面积与同时盆花出圃所留下的空间相同，这样温室利用最为经济。

(3) 花卉品种的保存和良种繁育：优良而又丰富的花卉种类与品种，是花圃最宝贵的财富，也是办好花圃的前提条件之一。有时引进一个优良品种，经繁殖后，可使经济收益大大提高；一些当地所特有的名贵品种亦很珍贵。因此，在整个生产过程中必须做到品种不丢失、不混乱，同时还要做到不断提高优良品种的特性和不断培育出新的优良品种，它是衡量一个花圃技术水平高低的重要标志之一，甚至可以左右花圃的经济命脉。要做好上述工作，首先要具备全面的、较高的栽培和繁育技术，要有一套完整的品种管理制度和良种繁育措施，要将此项工作作为花圃技术管理的重要内容。凡需保存的花卉种类、品种应建立档案，并将其与一般生产的花卉分开栽培。名贵或稀有的品种和易退化的品种更要加强繁育工作，同时还应有一个专门的新品种培育场所，或有专门的新品种来源。花卉市场的竞争，在很大程度上是品种的竞争。

(4) 生产成本和销售核算：生产成本和销售核算关系着生产经营成果。

① 产品成本核算：任何产品生产都要进行成本核算和控制，以此决定生产和经营的盈亏。具体操作时，可根据原始记录核算各种费用，然后再结合面积或产量计算产品成本。成本费用项目主要有人工费和物质资料费。

② 花卉的销售核算：花卉的销售过程，是花卉价值、销售利润的实现过程。花卉的销售价格由产品成本、销售税金和销售利润组成。合理地组织销售核算工作，是有计划地管理销售工作的重要条件。

2) 业务管理

花圃各级人员的分工要明确。花圃的总经理在全面管理生产业务的基础上，主要负责和外界的联系，掌握市场动态，具体来定货、销售、制订花圃生产计划和扩大业务的计划，并将具体要求落实各管理人员。管理人员的业务素质，是办好花圃的关键。管理人员应充分理解总经理的意图，并加以具体实施。花圃职工的任务是完成管理人员布置的工作。

花圃总是以提高效益、扩大生产规模为目的，合理利用先进的技术和设备是有效途径之一，也是花圃发展所必需的。

花圃工作是一项园艺生产，工作安排的合理性非常重要，如时间安排不当，会出现忙闲不均，大大降低生产效率，因此应安排好花圃的常年管理日程。现以京、津地区为例，将花卉在不同季节的主要工作介绍如下，供参考。

(1) 露地花卉的管理日程

① 春季(3～5月)：整地作畦；修整灌溉设施；逐步撤除防寒覆盖物及花坛、草坪中的枯草、杂物(2月下旬至3月中旬)；拆除风障及临时性冷床(5月中下旬)；秋播花卉的移植及春季花坛布置(4月下旬至5月上旬)；早春播种(2月下旬至3月上旬)；一般春播及育苗(4月中旬至5月下旬)；春植球根花卉栽种(4月中旬至5月)；宿根花卉的分株(3月上旬至4月下旬)；需压条繁殖的应及时压条；水生花卉的种植；补栽草坪缺苗处，藤蔓花卉新生枝条的诱引、绑扎；灌溉工作。

② 夏季(6～8月)：整修排水系统(6月上中旬)；春播花卉定植及夏季花坛布置(6月上中旬)；秋植球根花卉的采收(6月中下旬)；秋播花卉种子采收(6月中旬至7月中旬)；草花扦播及夏播一年生花卉，供"十一"布置用(6月下旬至8月中旬)；夏季花坛的更换；排涝工作(7月下旬至8月中旬)；木本花卉的靠接、芽接；中耕除草；秋播花卉播种(8月中旬至9月上旬)；防治病虫害。

③ 秋季(9～11月)：秋播花卉分苗、育苗(9月上旬至10月中旬)；秋植球根花卉栽种(9月中旬至10月上旬)；秋季花坛布置(9月中下旬)；春植球根花卉采收及宿根花卉分株(10月中下旬)；春播花卉种子采收(10月中下旬)；冷床、温床设置(10月中旬至11月上旬)与风障架设(10月下旬)；秋播花卉移入冷床(10月中旬至11月上旬)或植于风障前及覆盖防寒(10月下旬至11月中旬)；初冬

播种(11月中下旬);露地插床的防寒工作(10月下旬至11月中旬);露地越冬花卉灌水(11月下旬);秋耕及清扫庭园;冷床、温床管理;防治病虫害。

④ 冬季(12月至翌年2月):冷床、温床管理;积肥;机具设备检查;春季整地准备(2月中下旬)。

(2) 温室花卉的管理日程

① 春季(3~5月):多年生的花卉的分株、分球;木本花卉的换盆、翻盆或下地培养;播种、扦插;停止加温(4月中下旬);撤除温室蒲席、棉帘等保温材料,换上遮荫用的苇帘或遮阳网;盆花逐渐移出冷室、温室(4月中旬至5月中旬);设荫棚(5月中下旬);多浆植物的扦插、嫁接;准备、整理露地扦插床。

② 夏季(6~8月):花木雨季嫩枝扦插;春播、春插花苗的培育;播种冬春开花的温室草花;温室秋植球根花卉的采收(6月);雨季防止盆栽花卉盆内积水;迎"十一"短日照花卉开始遮光处理;温室的清洁、消毒与维修。

③ 秋季(9~11月):继续播种冬春开花的温室草花及温室秋植球根花卉的栽种(9月);夏季休眠的花卉换盆、翻盆;春季下地栽植的花卉上盆;盆花分批移入冷室、温室(9月中旬至10月中旬);除去温室上的遮荫物、安装保温材料(10月中下旬);温室开始加温(11月上旬);晾晒水仙,根据需要上盆养护。

④ 冬季(12月至翌年2月):扦插繁殖(12月至翌年3月);播种繁殖(1~3月);温室加温防寒、整理运花防寒用具;部分花木促成栽培,满足春节需要;购买肥料、花盆等物品,检查农机具。

花圃的其他管理工作,如切花、盆花的出圃;花卉的日常养护,浇水、施肥、除草、修剪整形、病虫害防护等四季均有,可根据需要随时进行。另外,积肥、培养土配置、土壤的消毒、设备的维修,季节限制不大,可结合有关工作同时进行,或根据其他任务之忙闲,灵活调度。由于花卉种类甚多、栽培目的要求不同、每年各旬气候因子的变化差异,以及土壤、肥料、水分、光照、温度、通风等环境条件还是以人工调节为主、植株生长情况不会年年相同、每年花卉生产任务也不一样,因此各地在决定每旬做什么工作时要综合考虑。

11.2 花卉贸易

11.2.1 国内花卉的销售

花卉销售是花卉生产发展的关键,是联系花卉生产和社会消费的纽带,是花卉经营的重要环节。销售的起点是生产者,终点是消费者。花卉产品主要的销售形式,按商品是否经过中间商,可分为直接销售和间接销售。

(1) 直接销售:直接销售是企业采用产销合一的经营方式,不经过任何中间商转手的销售方式。其优点是生产者与消费者直接见面,生产者能及时了解市场行情,可以节约流通费用。其缺点是企业要承担繁重的销售任务,要投放一定的人力、物力和财力,如经营不善,会造成产销之间失衡。

(2) 间接销售:间接销售是指商品从生产领域转移到消费领域时要经过中间商的销售。其优点是促进生产企业集中人力、物力和财力组织好产品生产,利用遍布各地的中间商,有利于开拓市场。其缺点是不利于生产与消费之间的联系,增加了流通费用,提高了商品价格,也易造成产销脱节。

中间商是指从事商品经销的批发商、零售商和代理商等经销商。广义的中间商包括经销商、经纪人、仓库、运输、银行和保险等机构。

无论是直接销售还是间接销售，花卉产品到达消费者手中的主要渠道是花卉市场或花店。

(1) 花卉市场：一般是以花卉批发为主。国外有大型的花卉批发市场，是由不少花卉企业组成的。荷兰的阿斯米尔(Arsmeer)鲜花市场，是世界最著名的花卉批发市场。它是始于20世纪50年代的合作性专业花卉市场，目前已实现了电脑化管理。批发市场的主要任务是收集各地花卉，并负责销售。

国内的花卉市场各地区情况不一。有些是以批发为主兼零售，销售范围是以本地区为主。长距离跨地区的销售，如从昆明、广州、上海销往京、津地区的花卉，仍是以用户与生产者直接联系为主。

(2) 花店：属于花卉的零售市场，是直接将花卉卖给花卉消费者的场所。一些发达国家，有难以计数的花店。

① 经营形式与市场调查：花店在开设前，应作经营形式和市场调查的评估。经营形式可分一般水平的或高档次的，一般零售或零售兼批发、零售兼花艺服务的等。

对花店的位置及环境要作分析，如对区域内医院、饭店、百货公司等重要单位的用花可能性要作调查。根据调查决定花店规模、使用面积、花店外观设计等。

② 花店经营的可行性：花店经营与发展情况应有一个可行性报告。报告的数据有所在地区的人口、同类相关的花店、交通情况、本地花卉的产量与用量(包括宾馆、百货公司、大型厂矿企业以及城区的发展状况)。

可行性报告应解决的问题有如何促销花卉用量、开拓花卉市场、向主要用花单位取得供应权、训练花店人员扩展连锁店等。

③ 花店的经营项目：常见的花店经营项目有鲜花(盆花)的零售与批发；花卉材料(培养土、花肥、花药)等的零售与批发；缎带、包装纸、礼品盒等的零售服务；花艺设计与外送各种礼品花的服务；室内绿化设计与养护管理；婚丧事的会场、环境布置；花艺培训、花艺期刊、书籍的发售，花卉知识的咨询；园林绿化工程设计、施工；花卉苗木、盆景销售和花卉租摆。

经营花店有许多实务工作要做，鲜花的采购是确保品质的第一步，鲜花的保鲜不仅影响鲜花的质量，而且关系到花店的形象。

花卉促销除了正确估计市场，广告、宣传、推广、介绍也是十分必要的营销手段。如设计一份独具风格的目录和一些花卉的标牌；配合大型活动，通过媒介提高知名度；举办讲座等。也可通过推销人员主动出击，延伸经营的触角。

此外，还有多种零售花卉的经营方式，如租商场柜台、饭店内设柜台、临时摊位、电话服务、邮购、网上销售等。

11.2.2 国际花卉贸易

在花卉国际贸易中，市场信息和质量是贸易成败的关键。花卉产品的进出口有其特殊性，为做到运输后保持产品的质量，必须掌握有关的政策和要求，如海关、检疫、税收等的政策，运输方式、空运的航班、运费以及公路运输过程等的要求。

花卉产品进口与其他货物进口的一般程序大致相同。从贸易洽谈到合同履行完成，有订立合同、确定运输方式、投保、结汇赎单、报关提货、验货索赔等几个环节，但花卉产品的时效性十分重要。

花卉产品出口打入国际市场，是许多花卉生产者的愿望。一般来讲外销产品应以新品种、高质量、高价格的花卉为主。花卉出口工作是个复杂的过程，其出口程序较一般产品出口更为复杂。但是，商品出口的一般程序是大致相同的，包括订立合同、备货、催证、审证、改证、租船(或飞机)订舱、报检、报关、投保、装货和制单结汇等环节和工作。

复习思考题

1. 花圃按经营目的和规模可分成几类？
2. 如何建立花圃？
3. 花圃的管理主要有哪些工作？根据当地情况制定出常年花圃管理日程。
4. 花卉销售的主要形式有哪些？花卉国际贸易有哪些特殊性？
5. 如何经营花店？花店的主要经营项目有哪些？
6. 了解国家及地方已颁布的花卉技术操作规程、规范。
7. 了解国家已颁布的花卉产品等级标准。

附录 实训计划

实训一　整地作畦实训

一、实训目的
通过实习，熟练掌握花卉栽培中整地作畦的基本操作。

二、材料准备
长线绳、白灰、锤子、橛子、铁铲、平耙等。

三、操作方法
首先要清整场地，将石块、瓦片、残根、杂草等杂物清除干净。将不平坦的地面垫平。再按设计要求定点放线，一般畦宽 1.2m，做好畦埂。畦埂要分层填土、踏实，埂宽 25～30cm，高 15～20cm。然后整理畦床，翻地、细碎土块、耙平土面。整地深度依需要而定。

四、评价标准
(1) 畦面要求平整，表面土粒均匀，如黄豆大小，畦面不积水。
(2) 畦与沟边要直，要平行。
(3) 沟底无砖、石块、草根、不积水。

五、提交实训报告（总结）

实训二　露地花卉的栽植技术实训

一、实训目的
通过实习使学生掌握花卉间苗、移植、定植等操作技术。

二、材料准备
(1) 材料：各种适时的花苗、肥料。
(2) 用具：盛苗器（塑料箱、篮等）、浇壶、水管、花铲、锄头、苇帘等。

三、操作方法
(1) 间苗：对已长真叶的幼苗适时间苗。对过密的幼苗、品种不同的植株、杂草等要进行间拔。间苗后立即浇水，使根部与土壤密合、不透风。间苗可分几次进行，当苗过密时可再间苗。

(2) 移植：移植前做好准备工作，提前给花苗浇水，对栽植地进行整地、作畦。
① 起苗：裸根起苗，用花铲将苗带土壤成块掘起，抖掉根群附土，拉出花苗。带土起苗，用花铲在苗床中分块切取进行起苗。
② 栽植：开出栽植横沟，在沟内灌足水分，趁水未渗下去，将苗按一定距离排在沟内，还土整平、扶正花苗。也可按株行距挖穴栽植。
③ 浇水：栽植后立即浇透水，缓苗期间可设置苇帘遮荫。

(3) 定植：施入适量基肥，依花卉种类确定株行距，挖穴栽植。大株的宿根花卉和木本花卉要结合根部修剪，剪去伤根、烂根和枯根，栽后浇水。

四、评价标准
(1) 间苗：留优去劣，分布均匀。注意不要牵动存留的幼苗。
(2) 移植：裸根起苗时，不要拉断根；带土起苗时，不要弄散土团。栽植深度、距离适宜。

(3) 定植：株行距适宜。

五、提交实训报告（总结）

花卉栽植时应注意哪些问题？

实训三　盆栽花卉栽植技术实训

一、实训目的

掌握秧苗（盆播小苗的移植）和花卉的翻盆技术。

二、材料用具

(1) 材料：需要移植的盆播小苗，需翻盆的花卉、花盆、培养土、肥料、碎瓦片等。

(2) 用具：镊子、竹签子、花铲、筛子、喷壶及浸盆容器。

三、操作方法

(1) 秧苗：选好要移入花苗所用的盆，垫盆底排水孔，依次装入粗粒、细粒的培养土，留出至盆沿 1~2cm 左右的水口，墩实。用浸盆法浇水，保持土面平整。将需移植的小苗用浸盆法湿透，用手、镊子或竹签提出小苗，品字形栽植，注意株行距，不埋没叶片和生长点。喷清水，置阴处养护。

(2) 翻盆：配制盆土，选适宜的花盆，垫盆底排水孔，施基肥并装入培养土。轻击盆壁将待翻盆的花卉从原盆中脱出，除去部分旧土，修去枯根、烂根（可结合分株）。栽入植株，注意位置居中及深浅适宜，墩实、浇透水，置阴处养护。

四、评价标准

(1) 秧苗：起出的小苗植株完整，不伤根系。种植深度适宜，不伤根茎，排列整齐均匀，间距适当。浇水要适当，浇后土面无裂缝，苗不倒、不歪、不露根。

(2) 翻盆：脱盆时防止盆土散裂和植株损伤。种植时保持根系伸展，种植后植株不摇动，忌种植过深。翻盆后盆的排列整齐平整，中间高、周边低，留距适当。浇水后植株不歪。

五、提交实训报告（总结）

记述盆播小苗移植及翻盆的操作要点。

实训四　花卉的整形修剪实训

一、实训目的

使学生了解并掌握花卉的整形、修剪方法，合理运用以调整花卉的生长势、提高观赏价值。

二、材料准备

(1) 材料：盆栽旱金莲等植物材料，江苇或细竹枝、金属丝、扎绳。

(2) 用具：剪刀、钳子、枝剪、小刀、大平剪等。

三、操作方法

(1) 摘心：一串红茎部留 2~3 节，摘去主枝或侧枝上的顶芽。

(2) 除芽：菊花腋芽用手掰去，脚芽用小刀挖掉。

(3) 剥蕾：芍药去掉侧蕾。

(4) 剪截：月季休眠期重剪，生长期疏剪和轻剪。剪去内向枝、徒长枝、交叉枝、平行枝、枯枝及病虫害枝。花后剪去残花及枝梢，剪到5小叶处。剪去嫁接苗的根萌条。

(5) 修剪：五色草按图样随时修剪，以保证纹理清晰、界线整齐。

(6) 设支架、绑扎：香豌豆、茑萝、牵牛牵引到棚架上。提前将旱金莲顶芽摘除，促使其多发侧枝，侧枝蔓生下垂至一定长度，架设单面观赏支架，将旱金莲枝条均匀列布在支架上，绑扎固定。此外应清除残花败叶，保持整洁、美观，防止病虫害滋生，这一点对花坛尤其重要。

四、评价标准

月季修剪后留枝分布均匀，长度适宜。剪口要靠近节，剪口芽向外，剪口平整，略倾斜。修剪后分枝均匀、通风透光，遵循强枝弱剪、弱枝强剪的原则。

五色草修剪后，纹理清晰、界线整齐。

其他操作项目熟练，无遗漏，无枯枝烂叶，工完场清，严格执行安全操作规范。

五、提交实训报告（总结）

绘制常见的单面观赏的支架图形，说明设支架的目的，设支架、绑扎的要点。观察旱金莲的生长、开花状况。

实训五　球根花卉的栽培管理实训

一、实训目的

掌握球根栽植、采收及贮藏的方法。

二、材料准备

(1) 材料：唐菖蒲、美人蕉等露地球根花卉。

(2) 用具：盛球根的容器(纸袋、布袋)、木架、刀、枝剪、铁锹、帘子、花盆、温度计、细沙、稻谷糠。

三、操作方法

(1) 球根的栽植：整地作畦，栽植时大球根挖穴，小子球开沟。栽植深浅、株行距依球根的种类而定。栽植后浇一次透水。

(2) 球根的采收及贮藏方法：

① 球根的采收：在花卉生长停止、茎叶枯黄未脱落、土壤略潮润时，用铁锹将植株掘起，去掉过多附土，剪去地上部分，晒干或阴干(唐菖蒲可翻晒数天，使其充分干燥。大丽花、美人蕉阴干至外皮干燥。大多数秋植球根如郁金香、水仙等于夏季采收，采收后不可置于炎日下曝晒，晾至外皮干燥即可)。有的球根如唐菖蒲应大、小球分开。

② 球根的贮藏：对需要贮藏的球根在贮藏前要进行严格挑选，去除病球、伤球或切除球根病斑，切口涂以草木灰，贮藏条件因种类而异。对于通风要求不高，且要保持一定温度的种类，如大丽花、美人蕉、百合等，可放在花盆内，室内地上或窖内贮藏，球根之间用细沙、稻谷糠填充。对于要求通风良好、稍干燥的球根如唐菖蒲、风信子、水仙、郁金香等可堆放在通风条件好的室内木架上，数量少时，可用纸包或布袋装好，放在通风处。球根贮藏期间还要控制好温度，春植球根应保持在5℃左右，不可低于0℃或高于10℃，秋植球根要放在干燥、凉爽处，勿受潮受热。

四、评价标准

(1) 球根的栽植：不同种类的球根栽植深浅、株行距均适宜。

(2) 球根的采收及贮藏：采收的球根完整，贮藏中没有霉烂、损坏，栽植后能正常地生长发育。

五、提交实训报告（总结）

(1) 实习结束后以小组为单位，整理出登记表，记录球根的特征、处理方法。
(2) 如何采收、贮藏花卉的种球？

实训六　露地花卉种类应用情况调查实训

一、实训目的

(1) 了解当地应用的露地花卉的种类。
(2) 能了解这些花卉的主要观赏特点和应用方式。

二、材料准备

笔、记录本。

三、操作方法

(1) 组织参观当地的花展、大型公共绿地或大型公园。
(2) 对现场的花卉形态进行观察、记录。
(3) 对这些花卉的应用形式进行记录分析。

四、评价标准

(1) 能正确识别现场应用的露地花卉，了解它们的观赏特点。
(2) 基本掌握当地露地花卉的应用方式。

五、提交实训报告（总结）

完成实训报告，对当地常用的花卉种类列表整理，内容包括：种名、学名、别名、科属、主要形态特征、应用形式。

实训七　室内花卉种类应用情况调查实训

一、实训目的

(1) 了解当地应用的室内花卉的种类。
(2) 能了解这些花卉的主要观赏特点和应用方式。

二、材料准备

笔、记录本。

三、操作方法

(1) 组织参观当地的大型温室。
(2) 对现场的花卉形态进行观察、记录。
(3) 对这些花卉的观赏特点进行记录分析。

四、评价标准

(1) 能正确识别现场应用的常见花卉。
(2) 基本掌握常见室内花卉的观赏特点和应用形式。

五、提交实训报告（总结）

完成实训报告，对当地常用的室内花卉种类列表整理，内容包括：种名、学名、别名、科属、花色、主要花期(观赏期)、观赏特点、园林用途。

实训八　插花技艺实训

一、实训目的
(1) 了解东西方插花的技术要点,理解东西方插花的构思要求。
(2) 掌握东西方插花的基本创作过程。

二、材料准备
(1) 器皿：插花瓶或盆(东方式)、塑料盆(西方式)。
(2) 花材：创作所需的适量花材。
(3) 辅助材料：花泥(花插)、钢丝、绿胶带等。
(4) 工具：剪刀、美工刀等。

三、操作方法
(1) 教师示范
① 将花泥(花插)或固定材料固定在器皿中。
② 按顺序(构图要求)插入线条花、焦点花、补充花、叶材等。
③ 整理、加水。
(2) 学生模仿
按操作顺序进行操作。

四、评价标准
(1) 造型符合东西方插花的要求,色彩搭配合理。
(2) 整体作品放置平稳,花材插制牢固。
(3) 保证每一花材都能浸到水。
(4) 作品完成后场地能清理干净。

五、总结
按照评价标准在组内进行作品互评,选出组内若干作品由教师进行评议。

注：东方式瓶插、东方式盆插、西方式插花可根据实际情况选择一种进行实训,也可全部进行。

实训九　花坛(花境)布置实训

一、实训目的
了解花坛(花境)布置的基本技法,掌握花坛(花境)放样施工过程。

二、材料准备
(1) 场地：80~100m^2 空旷种植地。
(2) 花材：时令草本花卉 1200~1600 盆。
(3) 花坛(花境)设计施工图。
(4) 种植工具及浇水设备等。

三、操作方法
(1) 识图分析：能正确识读花坛(花境)设计施工图,正确了解设计者的设计意图。

(2) 现场放样：根据花坛(花境)设计施工图进行现场放样。

(3) 花坛(花境)布置：根据放样进行正确种植。

(4) 整理及浇水：种植完成后进行场地整理，并为所有花卉进行充分浇水。

四、评价标准

(1) 识图分析正确。

(2) 植物配置应用恰当，数量、种类选用合理。

(3) 种植过程按图施工，符合要求。

(4) 场地清理到位，浇水充足。

五、提交实训报告

内容包括：花坛(花境)布置过程中的得失分析、总结。

注：①可根据具体情况选择一种形式进行实训，也可都进行。②实训时根据具体情况可将学生进行分组(8~10人)操作。

实训十　参观花圃或花卉市场调查实训

一、实训目的

(1) 了解花圃的类型、规划与花圃的经营管理。

(2) 了解花卉产品的销售方式及所采用的销售策略。

二、材料准备

笔、记录本、绘图纸。

三、操作方法

(1) 组织参观当地的花圃。

(2) 组织学生到当地花卉市场进行调查研究。

四、评价标准

(1) 能进行花圃的规划，掌握花圃经营管理的主要内容。

(2) 基本掌握花卉市场的动态。

五、提交实训报告(总结)

(1) 绘制花圃的分区和种植图。

(2) 完成调查报告，内容可包括：经营项目、花卉产品的类型、货源、价位、销售对象、消费者需求状况、销售方式及所采用的销售策略等。

参 考 文 献

[1] 北京林业大学园林系花卉教研组. 花卉学. 北京：中国林业出版社，1990.
[2] 叶剑秋. 花卉园艺. 上海：上海文化出版社，1997.
[3] 罗镪. 花卉生产技术. 北京：高等教育出版社，2005.
[4] 陈俊愉，程绪珂. 中国花经. 上海：上海文化出版社，1990.
[5] 王意成，郁宝平，何小洋等. 新品种花卉栽培使用图鉴. 北京：中国农业出版社，2002.
[6] 孙世好. 花卉设施栽培技术. 北京：高等教育出版社，1999.
[7] 鲁涤非. 花卉学. 北京：中国农业出版社，1998.
[8] 傅玉兰. 花卉学. 北京：中国农业出版社，2001.
[9] 吴涤新. 花卉应用设计. 北京：中国农业出版社，1994.
[10] 朱迎迎. 花卉装饰技术. 北京：高等教育出版社，2005.
[11] 卢思聪. 中国兰与洋兰. 北京：金盾出版社，1994.
[12] 王华芳. 花卉无土栽培. 北京：金盾出版社，1997.
[13] 韩烈保等. 草坪建植与管理手册. 北京：中国林业出版社，1999.
[14] 林伯年等. 球根和室内观叶植物. 上海：上海科学技术出版社，1994.
[15] 胡绪岚. 切花保鲜新技术. 北京：中国农业出版社，1996.
[16] 芦建国. 花卉学. 南京：东南大学出版社，2004.
[17] 李少球，胡松华. 世界兰花. 广州：广东科学技术出版社，1999.
[18] 薛聪贤. 观叶植物 225 种. 郑州：河南科学技术出版社，2000.